机场鸟击防范系列丛书
民航局安全能力建设资助项目

飞行区维护与保障

李荣波　施泽荣　白文娟　杨佳阳　赵文娟　编著

合肥工業大學出版社

图书在版编目(CIP)数据

飞行区维护与保障/李荣波,施泽荣等编著 .—合肥:合肥工业大学出版社,2018.1(2024.7 重印)

ISBN 978-7-5650-3835-8

Ⅰ.①飞… Ⅱ.①李… ②施… Ⅲ.①民用机场—飞机跑道—维修 Ⅳ.①V351.11

中国版本图书馆 CIP 数据核字(2018)第 028087 号

飞行区维护与保障

李荣波 施泽荣 白文娟 杨佳阳 赵文娟 编著　　　　责任编辑 汪 钵

出 版	合肥工业大学出版社	版 次	2018 年 1 月第 1 版
地 址	合肥市屯溪路 193 号	印 次	2024 年 7 月第 4 次印刷
邮 编	230009	开 本	787 毫米×1092 毫米 1/16
电 话	理工图书出版中心:0551-62903004	印 张	18.75
	营销与储运管理中心:0551-62903198	字 数	427 千字
网 址	press. hfut. edu. cn	印 刷	安徽联众印刷有限公司
E-mail	hfutpress@163. com	发 行	全国新华书店

ISBN 978-7-5650-3835-8　　　　定价:52.00 元

如果有影响阅读的印装质量问题,请与出版社营销与储运管理中心联系调换。

序

自古以来，人类对鸟类的飞行都有着极大的兴趣。“列子御风”“嫦娥奔月”，翱翔蓝天之梦，自古有之。随着社会的发展，人们对“腰缠十万贯，骑鹤下扬州”的憧憬之心，日渐浓厚，充分反映出古代人们对快捷、安全、舒适、美观的飞行器的向往与追求。一百多年前，飞机的发明给人类插上了“金翅膀”，使飞行成为一种抵挡不住的诱惑。

人类的飞行，比鸟类晚了1.5亿多年。随着科学技术的不断发展，人类终于可以与鸟类共游一片蓝天。然而，蔚蓝的天空并不平静，当飞机与鸟类同时使用同一空域时，鸟击灾害就发生了。据不完全统计：全世界民航业，每年有大约2万起不同程度的鸟击灾害发生，造成直接和间接经济损失约150亿美元。以美国为例，该国民航业每年因鸟击灾害导致直接经济损失约6.3亿美元、间接经济损失约25.2亿美元、飞机停场超过50万小时。鸟击灾害给人类造成了巨大的生命和财产损失，也带来了巨大的社会影响和心理压力。自20世纪50年代以来，全世界因鸟击造成的灾害共计：民航业有103架飞机损毁，706架飞机被击伤，3980人伤亡；军方有312架军机损毁，981架飞机损伤，396名飞行员伤亡（其中272人死亡、124人受伤)。更为严重的是，2005年美国“发现”号航天飞机升空时，燃料箱前端遭遇鸟击。因此，国际航空联合会（FAI）把鸟击灾害定为“A”级航空灾难。鸟击造成的灾害，也使人们在乘坐飞机时平添了几分心悸。

在人们的想象中，柔弱的小鸟与飞机相撞是以卵击石，而事实绝非如此。飞机真的害怕小鸟，鸟击飞机的威力非同一般。据测定，一只800g的小鸟，在飞机相对速度为300～500km/h时撞击飞机，就相当于一枚小型炮弹击中飞机。一只小鸟如果被吸进发动机，就会使进气道阻塞或打断涡轮叶片，导致空中停车、失火或操纵失控，造成灾难事故。

鸟击灾害并非是个新问题，早在1912年，美国人卡尔·罗杰斯（Kari

Rogers）驾机飞越美洲大陆时，就因鸟击导致坠机身亡。随后，为防止鸟击灾害的发生，飞机设计专家做了大量改进。但是，喷气发动机时代的到来，进一步加剧了鸟击灾害的发生。因为，早期飞机的活塞式发动机噪音大、速度慢，鸟类在空中还来得及避让飞机，即使发生鸟击灾害其损失也比较小，然而，现代喷气式飞机的速度快、噪音小、体型大，发动机的涡轮叶片与螺旋桨极易受到鸟击而遭损坏。因此，如何减控鸟击灾害的发生，确保飞行安全，已成为各国政府共同关心的一个大问题。

随着航空业的快速发展，鸟击灾害问题被列入航空业的议事日程，因地制宜地制定综合防治与控制措施，坚持“以防为主，防治并举，土洋结合，经济有效”的原则，“治早、治小、治了”，及时清除鸟击带来的飞行安全隐患，已成为全人类的基本共识。目前，摆在我们面前的现实是，机场上空和地面上的鸟类及其他有害生物，已成为飞行安全的大敌。因此，要防止鸟击灾害、确保飞行安全，就不能等到事故发生了才仓促应对，而要“以防为主”，打主动仗，在鸟类迁徙、集群、繁殖、扩散及活动峰值期，做好防控工作。也就是说，不但要认识防治对象，熟悉防控措施，还要掌握相应的鸟类及其他有害生物的活动规律，通过系统的调查研究和周密的计算分析，综合各种信息来预测（判断）鸟击灾害发生的高峰期、发生数量以及可能受到危害的航线、机种、飞行高度等。只有做到“知己知彼”，才能取得最佳的防治效果。鸟击灾害基础理论的研究工作，是我国鸟击灾害防治工作的基础，是减控鸟击灾害的重要环节，是保证飞机安全起降的重要工作。

在机场鸟击灾害防治工作中，我们要建立一支以机场专业人员为主的鸟击防灾专业队伍，广泛开展鸟击防范基础理论的研究工作，形成特有的鸟击防范理论体系和防灾综合治理模式，从而及时、有效地防治鸟击灾害的发生，为飞行安全做出贡献。

机场鸟击防范是一项崭新的、前所未有的工作，与气象、地质、害虫等自然灾害相比，鸟击防范没有完整的理论体系，缺乏先进的仪器设备，缺乏专业技术人才，更没有深厚的理论基础积淀。可以说，机场鸟击防范工作，国内外起步都很晚，在理论体系的建设、应用技术的研究开发以及人才培养等方面都是白手起家。为开拓这一新的领域，广州民航职业技术学院的教师们抓住机遇，率先协同相关专家学者进行深入探讨与研究。首先，从基础理论体系建设

入手，针对机场鸟击灾害的特点，编写出一套综合性的“机场鸟击防范系列丛书”，初步形成了较为完整的理论体系；其次，以全国不同生态、不同区域的民用和军用机场为研究基地，为培养鸟击防范专业技术人才，建立了一套鸟击防范综合治理模式；再次，利用现代雷达扫描技术，研究航空鸟击灾害预测预报与控制技术。

“机场鸟击防范系列丛书”让我耳目一新，特别是《鸟击防灾预测与预报技术》。据我了解，目前国内外尚无他人开展这一领域的系统研究，这是一种创新和探索。该系列丛书的出版，为我国在鸟击防范工作理论体系建设方面抢占世界理论研究和实践的制高点创造了条件，并且首开先河，开拓思路，为后续研究夯实了基础。该系列丛书既有比较深厚的理论基础，又有丰富的实践案例，图文并茂，通俗易懂，集科学性、实用性、可读性于一体。由于时间等诸多原因，该系列丛书不够完善，甚至有不少疏漏之处，尽管如此，仍希望其能得到相关专家学者和同行的批评、指正；同时，也期盼更多的同仁及有兴趣的人士能够了解、支持并加入这一研究领域，为提升我国机场鸟击防范技术水平，实现有效治理做出贡献。毋庸置疑，该丛书必将对我国鸟击防范工作起到积极的指导和促进作用。可以说，它是一套具有科研参考价值和教学实用价值的好书，这是我在阅读该丛书后的观感，也是欣然为序的原因。相信广大读者读后也会有同感。

希望本套丛书的出版能进一步推动我国民航、军用机场鸟击防范工作的进步，使鸟击防范理论研究、新技术应用及鸟击防范人才培养工作，走在世界的前列。

广州民航职业技术学院院长 吴万敏

二〇一五年五月十八日

目　录

第一章　机场基础知识

机场，也被称为飞机场、空港，是飞机等航空器的驿站。机场运行的主要航空器有飞机、直升机，它们在机场可以进行起飞降落、机务检修、上下旅客、装卸货物、过夜停留等。国际民航组织将机场定义为：供航空器起飞、降落和地面活动而划定的一块地域或水域，包括域内的各种建筑物和设备装置。为了提高运行效率和安全性，机场除了跑道之外，通常还会设有塔台、停机坪、航空客运站、维修厂等设施，并提供机场管制、空中交通管制等其他服务。

第一节　机场的分类

机场有不同的使用者、不同的航线、不同的大小、不同的使用用途和不同的地位等，所以对机场的分类会有很多种方法，常用的分类方法主要有以下五种。

一、根据服务对象划分

根据服务的不同对象进行划分，机场可以分为：民用机场、军用机场、军民合用机场。

民用机场，是专供民用航空器起飞、降落、滑行、停放以及进行其他活动使用的划定区域，包括附属的建筑物、装置和设施。民用机场包括民用运输机场和通用航空机场。民用运输机场，是可以供运输旅客或者货物的民用航空器起飞、降落、滑行、停放以及进行其他活动使用的划定区域，包括附属的建筑物、装置和设施，主要供公共航空运输活动使用，也可以供通用航空活动使用。通用航空机场，是专门承担除个人飞行、旅客运输和货物运输以外的其他飞行任务，比如公务出差、空中旅游、空中表演、空中航拍、空中测绘、农林喷洒等特殊飞行任务的机场。

军用机场，是供军用航空器起飞、着陆、停放和组织、保障飞行活动的场所，是航空兵进行作战训练等各项任务的基地。由它构成的机场网战略地位十分重要。军用机场按设备的情况可分为：永备机场、野战机场和其他机场。永备机场，是空军航空兵作战训练使用的机场。它具有永久性的各种建筑物和固定的设备，一般都有修筑人工道面，如水泥或沥青混凝土道面。野战机场，是供航空兵短时期使用的机场。它设有临时性的建筑物和野战性的活动设备，一般不修人工道面，为了保障雨季的使用，铺设能拆卸的装配式道面或处理土壤。此外，为保证战事的需要，还要有其他机场，如预备机场，一般是将旧机场进行简单整修后做备用机场，平时不使用，只有航空作战时机动使用，或当使用中的备用、野战机场遭敌方破坏后才使用。

军民合用机场，是既为军用又为民用的机场。军民合用机场对军民融合发展有着极为重要的现实意义和战略作用。首先，对国家而言，军民合用机场极大地节约了机场建设的成本。通常情况下，机场的选址较为苛刻，特别是在高原等特殊地域，可建机场的合适地理位置更属稀缺资源。同时，建设机场耗资巨大，如果仅仅将其用作单一用途无疑是一种极大的浪费。因此，军民合用机场可以避免在同一区域内重复建设机场设施。其次，军民合用机场对军民双方都有极大的好处。站在军队的角度，军用机场的军民合用将大大提升军用机场的保障能力，而民用机场的军民合用则无疑是在为空军应对各种紧急情况和未来战争预设了更多的立足点；站在民航的角度，军用机场的军民合用将大大增加其运输能力，有助于扩大旅客和货运吞吐量，从而缓解现在民用机场的不足，而民用机场的军民合用也大大拓展了民用机场的保障功能。

二、根据航线性质划分

根据航线的不同性质进行化分，民用机场可分为国际机场、国内机场。

国际机场，是指供国际航线定期航班使用的机场，机场设有出入境和过境设施，并设有海关、边防检查（移民检查）、卫生检疫、动植物检疫和商品检验等政府联检机构。这类机场通常规模较大，除经营国际航线外，一般也供国内航班使用。

国内机场，是供飞国内航线的飞机使用的机场。国内机场没有国际航线定期航班，也不会有政府联检机构。

三、根据航线布局划分

按机场航线布局进行划分，可以将民用机场划分为枢纽机场、干线机场和支线机场。

枢纽机场，是指国际、国内航线密集的机场，是全国航空运输网络和国际航线的空中枢纽。旅客在此可以很方便地中转到其他机场。枢纽机场是中枢航线网络的节点，是航空客运、货运的集散中心。其最主要的特征是：航班航线密集、高比例的中转业务和高效的航班衔接能力。枢纽机场又分为门户机场、大型枢纽机场、中型枢纽机场和小型枢纽机场。

干线机场，是指以国内航线为主，兼有少量国际航线，可全方位建立跨省、跨地区的国内航线，连接枢纽机场和直辖市、省会、自治区首府，客运量较为集中的机场。一般是省会、自治区政府所在地及重要旅游、开放城市的机场。

支线机场，在目前和可预见的时期内，进出港航线主要呈单向分布，非辐射性分布，航班以国内和省内为主，机场处于非首都、非省会或自治区首府城市，服务的旅客群体以本地为主。这些机场客运量较少，机场规模也不大，并且机场的航线多为本省区航线或邻近省区短途航线。

四、根据机场所在城市划分

根据机场所在城市的地位、性质进行划分，民用机场可分为Ⅰ、Ⅱ、Ⅲ、Ⅳ类机场。

Ⅰ类机场，为全国政治、经济、文化中心城市的机场，是全国航空运输网络和国际航

线的枢纽，运输业务量特别大，除承担直达客货运输外，还具有中转功能。

Ⅱ类机场，也可以称为国内干线机场。是省会、自治区首府、直辖市和重要经济特区、开放城市、旅游城市以及经济发达、人口密集城市的机场，可以全方位建立跨省、跨地区的国内航线，是区域或省区内航空运输的枢纽，有的可开辟少量国际航线。

Ⅲ类机场，也可以称为次干线机场。是国内经济比较发达的中小城市，或一般的对外开放和旅游城市的机场，能与有关省区中心城市建立航线。

Ⅳ类机场，即支线机场及直升机机场。

五、根据旅客乘机目的划分

根据旅客乘机的不同目的进行划分，民用机场可分为始发/目的地、经停（过境）、中转（转机）机场。始发/目的地机场，始发和目的地旅客占旅客总数的比例较高，目前国内机场大多属于这类机场。经停机场，位于航线的经停点上，没有或很少有始发航班飞机，这里的经停，一般为技术经停（如飞机加油等），飞机停驻时间较短。中转（转机）机场，有相当大比例的旅客乘飞机到达后，立即转乘其他航线的航班飞往目的地。

第二节　机场的构成

民用机场由多个功能区构成，这些功能区主要包括飞行区、航站区、货运区、行政办公区、生活服务区以及机务维修设施区、供油设施区、空中交通管制设施区、安全保卫设施区、救援和消防设施区、地面交通设施区以及机场公用设施区等组成。

一、飞行区

飞行区是为飞机地面活动及停放提供适应飞机特性要求和保证运行安全的构筑物及空间的统称，包括升降带、跑道端安全区、滑行道、机坪和机场净空。飞行区是航空器在机场运行的重要区域。

二、航站区

航空运输的早期阶段，机场不过是一块能供飞机起降的场地，供给旅客使用的建筑物只有一幢房子或棚子。20 世纪 30 年代开始，有了条形道面和候机室。当时货运量很小，且多为旅客班机带货，常不设货运航站。随着航空业务量的发展，客、货业务逐步分开，并增添了许多新设施，逐渐形成了现代化的机场和完整的航站区。

航站区是航空运输业务（旅客和货物）的陆、空交换区域的统称，由旅客航站区、货物航站区、机坪、航站区管制中心、供应服务设施区、航站交通及停车场等区域组成。航站区是机场的客货运输服务区，是为旅客、货物、邮件空运服务的区域，是机场空侧和陆侧的交接面，是地面与空中两种不同交通方式进行转换的场所。

旅客航站区通常包含有办理各种乘机手续的设施、连接飞机的设施、连接地面交通的设施及各类服务性、商业性设施和营运机构，是供旅客完成从地面到空中或从空中到地面

转换交通程序的场所，是功能性极强的流通性建筑物。航站楼通过各种服务与设施，不断地集散着到达和出发的旅客。为了使旅客能在航站楼方便、快捷地办理各种手续，同时又能在航站楼隔离区对不同类型的旅客进行有效分隔，以保证空防安全，航站楼必须合理的规划、安排旅客和行李流程。小型航站楼分为单层流程、步行登机的单层或两层建筑物，中型以上航站楼分为一层半流程或两层流程的低层建筑物。两层流程的航站楼可以很好地将出发旅客和到达旅客完全分隔开，提高了运输效率。旅客流通量的多少、旅客和行李处理方式的繁简不同，造成旅客航站的规模相差很大。

客运业务繁忙的大型机场一般建有较大规模的、多功能的、现代化的航站楼，航站楼应具有鲜明、清晰的地方性，使旅客到达时就能直观地立即辨别出到达的地点，并有新鲜明朗的感觉和清楚的导向性。旅客航站建筑物在功能上应具有“流程自明”的特点，使旅客能够很自然地、顺畅而无遗漏地通过所有必需的乘机程序，在形式上不求华美，而要朴素、明快、简洁、多样，表现出地域性等方面的特点；在布局上要有相当的可扩展性，以适应交通量、交通形式等方面的转变；在工程结构上应有较大的灵活性，内部格局可以改变，以适应程序、机型、航线等方面变化。在旅客流通量大时，常需将地下铁道引入旅客航站地下层，在结构和构造上应予提前规划。

航站楼内的主要设施有旅客服务设施、生活保障设施、行李处理设备和行政办公用房等，主要供旅客办理各种进出港、中转手续及候机之用。其中最重要的是旅客服务设施，主要包括：航空公司售票、问询、值机（供旅客办票、托运行李）、安全检查、行李提取、出入境管理、海关检查、卫生检验检疫等柜台，航班动态显示设施，旅客登机设施，休息厅，自动扶梯等。除必备的航空业务设施外，为提高服务水平，满足旅客多方面、多层次的需求，大型机场航站楼通常还要开辟出大量空间安排各种旅客生活设施，如商店、免税店、银行、饭店、酒吧、网吧、会议厅、健身房、娱乐厅、书店、医务室、母婴室、托幼所、宾馆、出租车服务区等。这些生活服务设施的设置不仅给旅客带来方便，同时也增加了机场的收益。

机坪是航站区内飞机停放的区域，一般紧邻航站楼的机坪俗称为站坪。机坪是民用机场运输作业的核心区域。在这里，航空器要上下旅客、装卸货物，进行机务检查、维修和各种地面保障工作。为了完成飞机起飞前的准备和到达后的各项作业，地面保障服务中会用到大量的地面特种车辆和设备，如加油车、电源车、气源车、清水车、平台车等。机坪上的停机位按照离航站楼的远近分为近机位和远机位两类。近机位通常是指靠近航站楼的机坪停机位，旅客可利用登机桥方便地上下航空器；远机位位于远离航站楼的开阔机坪区域，旅客需乘坐摆渡车到达远机位，然后通过客梯车上下航空器。有些机场还会设过夜停机坪，供停航时间较长或过夜的飞机停放用；有的机场还设隔离坪，供专机或由于其他原因需要与正常活动场所隔离的飞机停放用。

近机位直接通过廊桥将候机厅和飞机连接起来，使得旅客可以方便快捷地登机，提升旅客服务的同时，也大大提高了登机的效率。所以，将航站楼设计成能容纳更多的近机位的形式是不错的选择。但是由于飞机体型巨大，为了让航站楼的空侧边能够容纳更多的飞机，往往要进行延展和变形。航站楼水平布局方案归纳起来主要有下述四种基本形式。

1. 直线型：航站楼空侧边沿直线向两侧延伸，以增加近机位数量。飞机机头向内，

沿直线停靠在航站楼旁，旅客通过登机廊桥上下飞机，如图 1－1 所示。

2. 指廊型：航站楼空侧边向外伸出若干个指形廊道，在廊道两侧安排机门位，以延展航站楼空侧边的长度，并在指廊两侧设置停机位，从而大大增加近机位的数量，如图 1－2所示。

3. 卫星型：在航站楼主体周围一定范围内，布置多座卫星式建筑物，这些建筑物通过地下、地面或高架廊道与航站楼主体连接。卫星建筑物周围设有停机位，飞机环绕卫星建筑停放，如图 1－3 所示。

4. 摆渡车型：飞机停在远机位，通过接送旅客的摆渡车来建立航站楼与飞机之间的往返，如图 1－4 所示。这种布局方式一般会跟前面三种布局方式结合使用，从而使机场的近机位和远机位都能得到充分利用。

图 1－1　直线型布局（襄阳刘集机场）

图 1－2　指廊型布局（广州白云国际机场）

图 1－3　卫星型布局（法国戴高乐国际机场）

图 1－4　摆渡车型布局

三、货运区

通常情况下，国内外小型机场航站区的功能往往兼顾客货运输。因为，大型机场的客货量都较大，为了提高处理能力，通常大型机场都专设货运站，且与航站楼相隔较远，形成单独的货运区。货运区主要是用来为货物办理托运手续、货物装机、从飞机上卸货、临时储存货物、交付货物等的地方。主要由货运仓库，装卸场，货物收发、分拣、安检等设施及停车场组成。对于货机来往较多的机场，一般还设有专门的货机坪。货机坪一般设置在离机场货站较近的远机位。

四、机务维修设施

每个机场机务维修设施的规模大小各有不同，其规模大小须根据机场需要提供的机务维修服务类别进行设置。多数机场对飞机，只承担航线飞行维护工作，即只对飞机在过站、过夜或飞行前进行例行检查、保养和排除简单故障，其规模较小，只设一些外场工作间、工具间、充电间、航材库，并配备电源车、气源车、牵引车即可。而少数大型机场，则承担飞机结构、发动机、设备及附件等的修理和翻修工作，其规模较大，设有飞机库、修机坪、各种车间、车库和航材库等。

五、供油设施

机场供油设施是机场储油和加油设施的统称，主要是指机坪加油管网和飞机加油车。设施基本上与一般油库相同，包括收发油、储油及其他各种配套设施。收发油设施又可分为铁路油槽车装卸油设施、汽车油槽车装卸油设施、运码头装卸油设施和输油管四种。机场日常的航油供应，通常主要来自机场专用油库。飞机及其他航空器加油通常有三种方式：一是通过罐式加油车，即加油车从使用油库加油，然后再开到飞机或其他航空器附近对其进行加油。这种带油车辆在机坪行驶，对机坪安全很不利，应有专门的管理制度。二是加油井加油，加油井中配有流量计、加油软管卷盘、过滤器、空气分离器等，加油人员打开井盖，拉出软管接入航空器油箱口即可实施加油。这种加油方式对停机位置的机坪要求较高，同时每个加油井都要配置相同的装置，增加了设备投入和设备维护的工作量。三是通过加油栓加油，加油栓只是一个与地下加油管线相连的栓阀，因此必须借助管线加油车才能工作。管线加油车除不带油罐以外，其他设备与罐式加油车类似。加油栓要比加油井小很多，且不设净化、计量设备，便于维护。管线加油车因不带油罐，尽管仍然增加了机坪车辆，但这种方式却使因加油而产生危险的可能性大为减小。因此，通过加油栓使用管线加油车加油是目前国内最为常见的加油方式。

六、空中交通管制设施

空中交通管制是指利用通信、导航技术和监控手段对飞机飞行活动进行的监视和控制等措施，目的是保证飞行安全和有秩序飞行。空中交通管制设施主要包括塔台、航管、通信、导航、气象等设施，管制员利用这些设施完成监视、识别和导引覆盖区域内的飞机。

七、安全保卫设施

民用机场的安全保卫设施比较完善，目的是提高机场的防入侵、抗冲击能力，提高对异常事件、突发事件的识别和处置能力，防止非法干扰事件，保障民用航空运输安全。机场安全保卫设施主要包括机场围界设施、巡逻道路、进出口控制及机场安全防范监控系统控制中心等。

八、救援和消防设施

为了能快速应对机场范围内的事故、火灾等紧急情况，机场都会配备一定的救援和消防设施。消防站、急救站的位置须尽可能地靠近飞行区，并和飞行区间设有直接、方便的道路相连。在最佳能见度和地面条件良好的情况下，从消防站开出的消防车，到达飞机场

上任何一个出事地点的时间不能超过3分钟，在有道面的地段争取不超过2分钟。为此，在有两条或多条跑道的大型机场，须布置两个或两个以上消防站，从消防站的观察控制室里应能瞭望到机场飞行区里飞机的活动情况。救援中心通常和机场消防站布置在一起。

机场救援和消防设施主要包括应急救援指挥中心、消防站、急救站、消防车、救护车等。由于救援对象主要是在机场及其附近发生事故、空难的航空器乘客，所以对机场的消防设备、救援设施的配备和技术要求有严格的标准。消防救援设备种类繁多，除常见的消防车外，还有破拆车、航空器拖车、顶升气囊、活动道面等。机场救援与消防保障等级可以根据表1-1来确定。

表1-1　机场救援与消防保障等级

保障等级	飞机机身全长（m）	最大机身宽度（m）
一	[0，9）	2
二	[9，12）	2
三	[12，18）	3
四	[18，24）	4
五	[24，28）	4
六	[28，39）	5
七	[39，49）	5
八	[49，61）	7
九	[61，76）	7
十	[76，90）	8

注：当航空器的机身长度与宽度不在同一等级时，按高等级确定救援与消防保障等级。

消防保障等级为三级及以上的机场，应设消防站。当一个机场设置有两个及以上消防站时，通常应指定其中一个为主消防站，其余的为消防执勤点。当消防站的救援不能满足应答时间的要求时，应增设消防执勤点。消防保障等级三级以下的机场可不设消防站，但应按要求建设消防车库及与其相通的消防员备勤室。消防保障等级为三至五级的机场，要配备消防车的数量为3～4辆；消防保障等级为六至十级的机场，要配备消防车的数量为8～12辆。

九、机场公用设施

机场公用设施是指机场为旅客提供公共服务的各种公共性、服务性设施。通常情况下，机场的公用设施主要包括供水、供电、供燃气、供热、空调、污水处理、垃圾处理、住宿、餐饮、医疗、金融和邮政等。

十、行政办公区

行政办公区是指供机场管理部门、航空公司、政府联检等行政单位办公用区域。有时，还包括民航管理机构、民航安全监督管理机构、空管机构、公安及军方代表处等。

十一、生活服务区

机场生活区是为机场职工及其家属提供居住和生活的区域，主要包括宿舍、商店、菜市场、学校、食堂、娱乐休闲场所、物业、环卫及绿化管理机构等设施。

十二、地面交通设施

为了使旅客和机场、航空公司工作人员快捷地进出机场，机场与其所服务城市之间必须建立快捷的陆侧交通联系。现代化的机场往往拥有多种形式的机场陆侧交通方式，如公路、轻轨、地铁、磁悬浮、铁路、水路进出机场。目前，我国大部分民用机场的陆侧交通工具主要还是汽车、地铁和轻轨。为此，机场在航站楼附近设有合理的进出机场道路系统，如地上和地下停车场等交通设施。机场地面交通设施的合理布局，可以对客流量进行合理疏导，保证旅客换乘顺畅，对提高旅客进离港效率和促进机场的可持续发展具有重要的现实意义。

第二章　机场飞行区构成

机场飞行区，是在工作实践中，为便于划区管理而人为划分的一个区域。在国际民用航空公约中并没有飞行区这一概念，只有运转区和活动区的提法。所谓运转区，通常是指机场内用于飞机起飞、着陆、滑入、滑行的部分，但是不包括机坪。所谓活动区，一般是指机场内用于飞机起飞、着陆、滑行和停放飞机及其他飞行器的部分，由运转区和机坪组成。因此，在国际民用航空公约中，活动区这一概念大致相当于飞行分区的地面设施部分。

飞行区是指机场供飞机起飞、着陆、滑行和停放使用的场地和近空空域，包括升降带、跑道端安全区、滑行道、机坪和机场净空（如图 2-1 所示）。为了保证航空安全和运作高效，飞行区配有各种设施，且各种设施必须满足相应的技术标准。

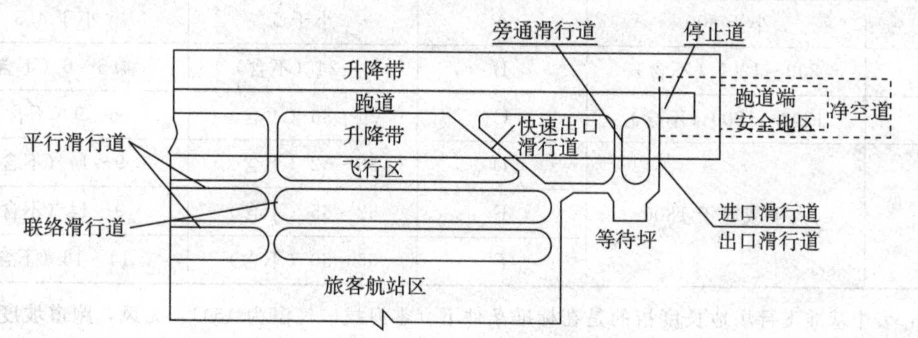

图 2-1　机场飞行区平面设计示例

第一节　飞行区等级划分

飞行区等级常用来指机场等级，象征着机场飞行区对飞机及其他航空器的接纳能力。根据国际民航组织的规定，飞行区等级根据指标Ⅰ和指标Ⅱ来划分（表 2-1）。其中指标Ⅰ的判断指标是“飞机基准飞行场地长度”，它是指飞机以规定的最大起飞重量，在海平面高度、标准大气条件、无风和跑道纵坡为零的条件下，飞机起飞所需的最小飞行场地长度。翼展，是指固定翼飞行器的机翼左右翼尖之间的距离，是衡量机翼气动外形的主要几何参数之一。翼展和主起落架外轮距的示意图如图 2-2、图 2-3 所示。根据机场起降的最大机型可以确定机场飞行区等级，根据飞行区等级也可以判断该机场的跑道长度以及适用的最大机型。

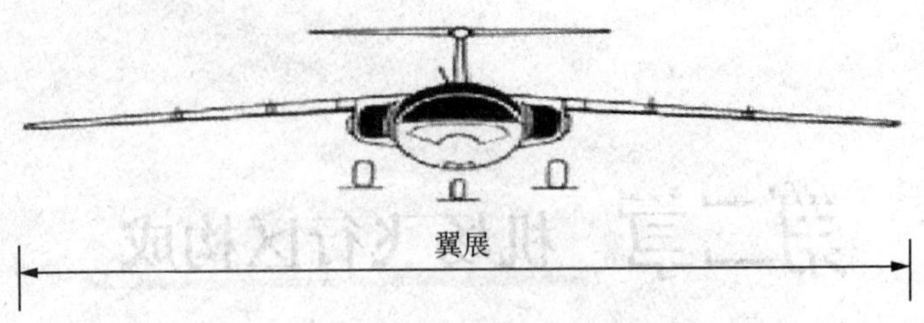

图 2-2　飞机翼展示意图

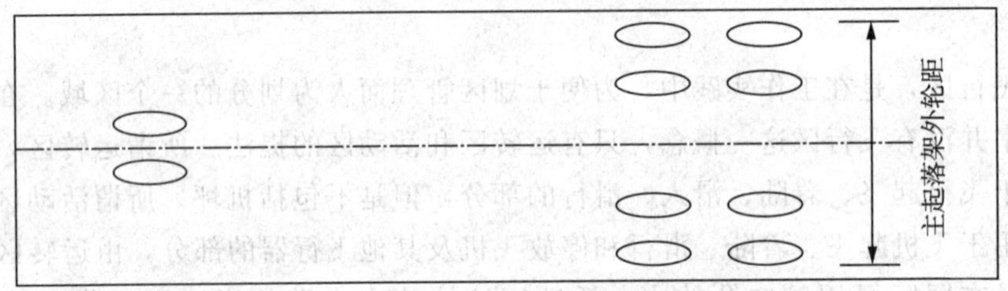

图 2-3　飞机主起落架外轮距示意图

表 2-1　飞行区等级指标

飞行区指标Ⅰ	基准飞行场地长度（m）	飞行区指标Ⅱ	翼展（m）	主起落架轮距（m）
1	小于 800	A	小于 5	小于 4.5
2	800～1200（不含）	B	5～24（不含）	4.5～6（不含）
3	1200～1800（不含）	C	24～36（不含）	6～9（不含）
4	大于或等于 1800	D	36～52（不含）	9～14（不含）
		E	52～65（不含）	9～14（不含）
		F	65～80（不含）	14～16（不含）

注：表中基准飞行场地长度指的是在标准条件下（零海拔，气温为 15℃，无风，跑道坡度为零），以该机型规定的最大起飞重量为准的最短平衡场地长度或最小起飞距离。

例如，根据表 2-2 所列波音 B757-200 飞机的基准飞行场地长度、翼展和主起落架外轮距三个参数，我们从表 2-1 中判断得出其所需的飞行区等级为 4D。

表 2-2　目前世界上主要民航运输机的基本参数

序号	机型	翼展（m）	飞机长度（m）	飞机高度（m）	最大起飞重量（t）	最大着陆重量（t）	最大客座数（个）	发动机数量及类型	进近速度（km/h）	基准飞行场地长度（m）	主起落架外轮距（m）	所需飞行区等级
1	AN24（安 24）	29.2	23.5	8.3	21.0	21.0	47	2 涡桨	220	1600	8.8	3C
2	Y7-200A（运 7-200A）	29.2	24.7	8.9	21.8	21.2	60	2 涡桨	220	—	8.8	3C

（续表）

序号	机型	翼展（m）	飞机长度（m）	飞机高度（m）	最大起飞重量（t）	最大着陆重量（t）	最大客座数（个）	发动机数量及类型	进近速度（km/h）	基准飞行场地长度（m）	主起落架外轮距（m）	所需飞行区等级
3	Yak42（雅克 42）	34.9	36.4	9.8	56.5	50.0	120	3 涡扇	237	—	—	4C
4	B737 - 300（波音 737 - 300）	28.9	33.4	11.1	61.5	51.7	145	2 涡扇	254	2749	6.4	4C
5	B737 - 500（波音 737 - 500）	28.9	31.0	11.1	60.6	51.7	132	2 涡扇	259	—	6.4	4C
6	MD82（麦道 82）	32.9	45.1	9.2	68.3	59.0	155	2 涡扇	250	—	6.2	4C
7	MD90（麦道 90）	32.9	46.5	9.3	73.0	63.6	165	2 涡扇	254	—	6.2	4C
8	A320 - 200（空客 320 - 200）	33.9	37.6	11.8	73.5	64.5	179	2 涡扇	256	2480	8.7	4C
9	TU154M（图 154M）	37.6	47.9	11.4	100.0	80.0	164	3 涡扇	269	2160	12.4	4D
10	B757 - 200（波音 757 - 200）	38.1	47.3	13.5	108.8	89.8	200	2 涡扇	250	2057	8.7	4D
11	B767 - 300（波音 767 - 300）	47.6	54.9	15.9	156.5	136.1	260	2 涡扇	241	—	10.8	4D
12	A310 - 300（空客 310 - 300）	43.9	46.7	15.8	153.0	124.0	204	2 涡扇	232	1845	10.9	4D
13	A300 - 600（空客 300 - 600）	44.8	54.1	16.6	170.5	138.0	278	2 涡扇	250	2332	10.9	4D
14	IL86（伊尔 86）	48.6	60.2	15.5	210.0	175.0	350	4 涡扇	261	—	—	4D
15	MD11（麦道 11）	51.7	61.2	17.6	280.3	207.7	340	3 涡扇	287	2926	12.5	4D
16	A340 - 200（空客 340 - 200）	60.3	59.4	16.7	253.5	281.0	375	4 涡扇	—	—	—	4E
17	B747 - SP（波音 747 - SP）	59.6	56.3	20.1	315.7	204.1	291	4 涡扇	261	2710	12.4	4E
18	B777 - 200（波音 777 - 200）	60.9	63.7	18.4	267.6	206.0	380	2 涡扇	—	—	12.4	4E
19	B747 - 400（波音 747 - 400）	64.9	70.7	19.6	385.6	285.8	400	4 涡扇	285	3383	12.4	4E
20	A380 - 841（空客 380 - 841）	79.8	72.7	24.2	560.0	386.0	555	4 涡扇	261	2750	13.8	4F

美国联邦航空局有另外的一种飞行区等级划分方法，他们采用“机场基准代号”对机场进行分类，参见表 2－3 所列。分类的主要依据是飞机的进近速度和翼展。据表 2－2、表 2－3 所知，B747－400 飞机所对应的机场基准代号为 DV。

表 2－3　FAA 机场基准代号

进近速度类别	进近速度（knot[1]）	设计机型类别	飞机翼展（m）
A	小于 91	Ⅰ	小于 15
B	91～121（不含）	Ⅱ	15～24（不含）
C	121～141（不含）	Ⅲ	24～36（不含）
D	141～166（不含）	Ⅳ	36～52（不含）
E	大于或等于 166	Ⅴ	52～65（不含）
E	大于或等于 166	Ⅵ	65～80（不含）

注：[1] 1knot＝1.852km/h。

第二节　跑　道

跑道是陆地机场上供飞机起飞和着陆用的一块长方形场地，是机场的核心设施之一。在整个机场的平面布局中，跑道的位置和数量起主导作用。它不仅影响机场本身的平面布置，而且影响机场在城市中的位置选择。跑道的布置直接影响机场的用地规模、净空限制的范围、噪声影响的范围，也受到机型、风向、运量等因素的影响。

一、跑道运行类别

跑道根据其配置的无线电导航设施的情况，可分为非仪表跑道和仪表跑道两大类。非仪表跑道，是指只能供飞机用目视进近程序飞行的跑道。仪表跑道，是指根据飞行仪表和对障碍物保持规定的超障余度所进行的一系列预定的机动飞行的跑道。仪表跑道又分为三种：非精密进近跑道、类精密进近跑道和精密进近跑道。非精密进近跑道是指有方位引导，但没有垂直引导的仪表进近跑道。类精密进近跑道是指有方位引导和垂直引导，但不满足建立精密进近和着陆运行要求的仪表进近跑道。精密进近跑道是指使用精确方位和垂直引导，并根据不同的运行类型规定相应最低标准的仪表跑道。

根据决断高（DH）和跑道视程（RVR）［或能见度（VIS）］将精密进近和着陆分为以下类别。

Ⅰ类（CatⅠ）运行：DH 不低于 60m（200 英尺），VIS 不小于 800m 或 RVR 不小于 550m 的精密进近着陆；

Ⅱ类（CatⅡ）运行：DH 低于 60m（200 英尺）但不低于 30m（100 英尺），RVR 不小于 300m 的精密进近着陆；

ⅢA 类（CatⅢA）运行：DH 低于 30m（100 英尺）或无决断高，RVR 不小于 175m 的精密进近着陆；

ⅢB类（CatⅢB）运行：DH低于15m（50英尺）或无决断高，RVR小于175m但不小于50m的精密进近着陆；

ⅢC类（CatⅢC）运行：无决断高和无跑道视程限制的精密进近着陆。

其中，跑道视程是指位于跑道中线上的航空器飞行员所能看到跑道道面标志或跑道边灯或中线灯的距离。决断高度（DA）或决断高（DH），是在精密进近或类精密进近中规定的一个高度或高，在这个高度或高上，如果不能建立为继续进近所需的目视参考，必须开始复飞。其中DA以平均海平面为基准，DH以入口标高为基准。

将以上跑道运行类别用树形图表示，如图2-4所示。VNA表示目视助航设施。

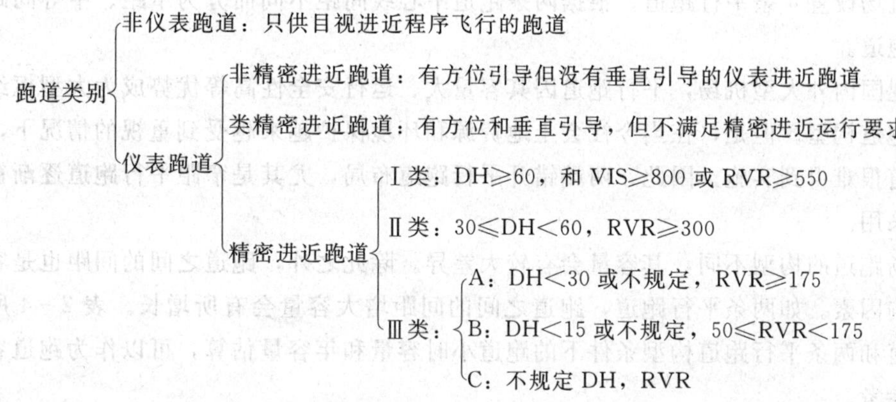

图2-4　机场跑道运行类别划分（单位：m）

二、跑道数量和构型

1. 跑道的数量

机场跑道的数量主要取决于机场的容量（即年起降架次）需求。除此之外，机型组合、跑道运行类别、运作方式、气象条件和周边环境等因素对跑道数量的选取也有影响。

一般情况下，机场的初始旅客量较少，大部分机场在初建时通常只设一条跑道，也有运输量大的机场设两条甚至更多的跑道。跑道按其作用可分为主要跑道、辅助跑道。主要跑道，是指在条件许可时比其他跑道优先使用的跑道，按使用该机场最大机型的要求修建，长度较长，承载力也较高。辅助跑道，也称次要跑道，是指因受侧风影响，飞机不能在主跑道上起飞着陆时，供辅助起降用的跑道。由于飞机在辅助跑道起降都有逆风影响，所以其长度比主跑道短些。

2. 跑道的构型

跑道构型主要是指跑道的数量、方位以及航站楼区相对于跑道的位置。跑道的基本构型一般有单跑道、交叉跑道、开口（V型）跑道和平行跑道四种，多跑道的实际构型均由这四种基本构型复合而成。

（1）单条跑道构型

单条跑道构型是最简单的一种构型。航站区尽可能靠近跑道中部，由联络滑行道与跑道连接。这种构型占地少，适用于中小型地方机场或飞行量不大的干线机场。

（2）交叉跑道构型

当常年风向变化使得机场的使用必须要求由两条或两条以上跑道交叉布置时，产生交叉跑道构型，并把航站区布置在交叉点与两条跑道所夹的场地内。

（3）开口（V型）跑道构型

两条跑道不相交，散开布置。与交叉跑道一样，当一个方向来强风时，只能使用一条跑道；当风小时，两条跑道可以同时使用。

（4）平行跑道构型

根据跑道的数目及其间距，它们的容量一般相同。常见的为两条平行跑道，国际上也有些大机场设置4条平行跑道。根据两条跑道中心线间距不同而分为窄距、中等间距和远距平行跑道。

纵观国内外大型机场，平行跑道因其容量大、运行安全性高等优势成为大型枢纽机场的主流跑道构型。但是，在当今社会土地资源和环境保护越来越受到重视的情况下，远距平行跑道很难得到实施。因此，两端错开平行跑道布局，尤其是窄距平行跑道逐渐被一些机场所采用。

机场跑道的构型不同，其容量会有较大差异。除此之外，跑道之间的间距也是容量的重要影响因素。如两条平行跑道，跑道之间的间距增大容量会有所增长。表 2-4 所列为单条跑道和两条平行跑道构型条件下的跑道小时容量和年容量估算，可以作为跑道容量概算时的参考。

三、跑道的方位

在选择机场跑道方位时，除了要提高跑道利用率外，还要考虑利于航空安全以及减少环境噪声等方面。其中，对提高航空安全水平和跑道利用率而言，考虑的主要因素是风。风对飞机起飞，特别是着陆安全影响较大。飞机不宜侧风着陆，也不宜顺风着陆。因为顺风着陆容易使飞机在超过规定的地点接地，也使着陆滑跑距离增大，甚至可能造成冲出跑道的事故。飞机最好是逆风着陆，但如果逆风风速过大飞机也不能安全着陆。

表 2-4 不同跑道构型的跑道小时容量和年容量估算表

序号	跑道构型	组合指数[2]（%）（C+3D）	小时容量（架次/h）		年服务量（架次/年）
			目视飞行	仪表飞行	
1	（单条跑道）	81～120	55	53	210000
		121～180	51	50	240000
2	210~760m[1]	81～120	105	59	285000
		121～180	94	60	340000
3	761~1310m[1]	81～120	111	70	300000
		121～180	103	75	365000

（续表）

序号	跑道构型	组合指数[2]（%）（C+3D）	小时容量（架次/h）		年服务量（架次/年）
			目视飞行	仪表飞行	
4	大于1310m	81～120 121～180	111 103	105 99	315000 370000

注：[1] 此值适用于前后错开的平行跑道的当量间距，当量间距的确定方法有：

a. 如果是向较近的入口进近，并且跑道实际间距小于 1310m，则当量间距为按实际间距加上一段距离，每错开 150m 增加 30m，直至最大限值 1310m 为止。

b. 如果是向较远的入口进近，并且跑道实际间距大于 300m，则当量间距为按实际间距减去一段距离，每错开 150m 减少 30m，直至最小限值 210m 为止。

[2] 组合指数：C 类飞机所占百分数加上 D 类飞机所占百分数的 3 倍。C 类飞机指最大起飞重量为 5670～136080kg、尾流涡流分类属大型的飞机；D 类飞机指最大起飞重量大于 136080kg、尾流涡流分类属重型的飞机。

飞机在有大侧风的情况下着陆会随侧风偏移，不容易对准跑道，极有可能发生不安全事件。所以在有大侧风时，机场就要关闭。机场跑道的最大允许侧风分量一般由航行部门根据机型作出规定。作为粗略的标准，对于基准飞行场地长度大于或等于 1500m 的飞机，最大允许侧风分量为 10m/s，如果跑道摩阻性能不良，应不大于 6.5m/s；对于基准飞行场地长度为 1200～1500m 的飞机，最大允许侧风分量为 6.5m/s；对于基准飞行场地长度小于 1200m 的飞机，最大允许侧风分量为 5m/s。

通常，我们用机场利用率的概念来表示风对机场跑道使用的影响。机场利用率是指在风的影响下机场能够保证飞机起飞、着陆的可能性，用百分比表示。某机场的跑道利用率为 95%，表示机场能保证起飞、着陆的时间百分率为 95%。即在风的影响下，平均一年能够保证飞机起飞着陆的天数为 365×95%=347 天。所以，确定跑道方位时，应尽量把跑道设在机场利用率最大的方向上，以使得一年能起飞着陆的日数最多。根据规定，机场利用率应不小于 95%。当机场利用率少于 95%时，应考虑设置次要跑道，以保证机场利用率不小于 95%。为了获得机场最大的跑道利用率，必须根据机场所在地的风频率统计资料，即一年中各段风速在各个方向的发生次数资料（见表 2-5），或风频率统计的形象图示，即风徽图（风玫瑰图）（如图 2-5），按一定规则来确定最佳跑道方位。

表 2-5 某机场所在地全年风频率统计表（%）

风速（m/s） 风向	0～5.9	6.0～7.9	8.0～9.9	10.0～12.9	13.0～14.9	15.0～17.9	≥18.0	合计
北	1.80	0.14	0.03	0.01	0	0	0	1.98
北东北	1.18	0.16	0.01	0	0	0	0	1.35
东北	1.68	0.07	0.02	0	0	0	0	1.77
东东北	0.68	0.01	0	0	0	0	0	0.69

（续表）

风速（m/s） 风向	0～5.9	6.0～7.9	8.0～9.9	10.0～12.9	13.0～14.9	15.0～17.9	≥18.0	合计
东	1.00	0.55	0.41	0.40	0	0	0	2.36
东东南	3.91	0.35	0.08	0.01	0	0	0	4.35
东南	5.00	0.48	0.08	0.01	0	0	0	5.57
南东南	1.11	0.01	0.02	0.01	0	0	0	1.15
南	2.97	0.13	0.04	0.01	0.01	0	0	3.16
南西南	1.50	0.31	0.08	0.09	0	0	0	1.98
西南	13.90	1.32	0.65	0.12	0.02	0	0	16.01
西西南	6.45	1.07	0.45	0.25	0	0	0	8.22
西	8.67	2.56	2.46	1.54	0.07	0.06	0	15.36
西西北	4.27	1.30	0.76	0.33	0	0	0.02	6.68
西北	4.87	1.02	0.49	0.25	0	0	0	6.63
北西北	1.69	0.13	0.09	0.01	0	0	0	1.92
无风	20.82	—	—	—	—	—	—	20.82
合计	81.50	9.61	5.67	3.04	0.10	0.06	0.02	100

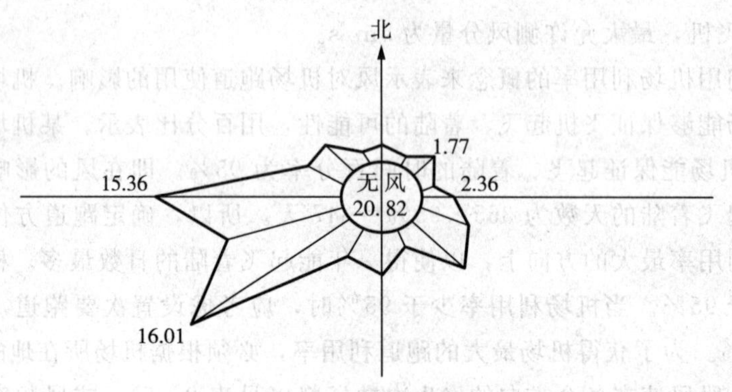

图 2-5　某机场所在地风徽图

机场的跑道号码标志实际上反映了跑道的方位信息。跑道号码标志通常由两位数字组成，如果是两条或两条以上平行跑道，还应另加一个字母。当飞机向跑道一端进近或从一端起飞时，其进近或起飞方向与磁北方向（采用与磁北方向而不是真北方向夹角的原因是由于机载航空罗盘是利用地磁场来确定方向的）将呈一夹角，其夹角值从磁北开始顺时针度量。将夹角值除以 10，并四舍五入取其整数，即为跑道这一端的号码。如果整数只有个位数，则应在该整数前加 0，如图 2-6 所示。

在有平行跑道的情况下，跑道号码中的字母排列宜采用下列顺序（从进近方向看，从左至右）：

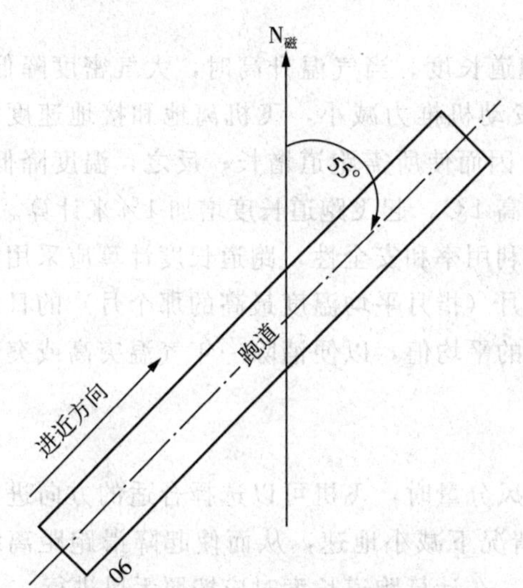

从磁北方向顺时针至进近方向的夹角是55°，其十分之一是5.5，四舍五入后为6，故跑道号码为06。

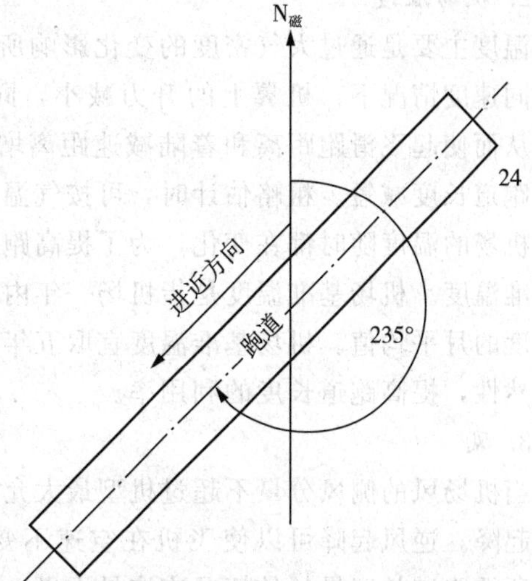

从磁北方向顺时针至进近方向的夹角是235°，其十分之一是23.5，四舍五入后为24，故跑道号码为24。

图 2-6　跑道号码命名规则

——两条平行跑道："L""R"；

——三条平行跑道："L""C""R"；

——四条平行跑道："L""R""L""R"；

——五条平行跑道："L""C""R""L""R"

——六条平行跑道："L""C""R""L""C""R"。

在指定跑道号码时，应统筹考虑机场总体规划跑道构型、跑道使用模式及运行指挥规则等方面的要求。

四、跑道长度

跑道的长度对机场能接纳的机型、航行安全、用地规模和机场费用等都有很大影响。但是，跑道长度应坚持恰到好处的原则。事实上，跑道长度过长会增加机场占地、建设投资和维护支出，而且影响其他功能区的规划布局。

跑道的长度取决于很多因素，比较重要的因素包括：机场所在地的海拔标高、机场气温、风、跑道纵坡、跑道表面状况、起降机型的飞行性能等。

1. 机场标高

机场标高，是指机场跑道最高点距离平均海平面的垂直距离。机场标高不同，大气压力也不同。随着机场标高的增加，大气压力降低，大气密度下降，于是飞机发动机推力降低、飞机离地速度和接地速度均要增加，使得飞机起飞的滑跑距离和着陆滑跑距离相应增大，故跑道长度需求增加；反之，机场标高降低，则所需跑道长度减短。高原机场跑道比相同等级的平原机场跑道要长，原因就在于高原气压比平原要低。粗略估计时，可按机场标高每增高 300m，跑道长度增加 7%来计算。计算跑道长度时，气压应根据机场所在地气象台实测资料确定。

2. 机场温度

温度主要是通过大气密度的变化影响所需跑道长度。当气温升高时，大气密度降低，在相同速度情况下，机翼上的升力减小，同时发动机推力减小，飞机离地和接地速度增加，从而使起飞滑跑距离和着陆减速距离增大，因而使所需跑道增长；反之，温度降低，所需跑道长度减短。粗略估计时，可按气温每增高1℃，起飞跑道长度增加1%来计算。

机场的温度随时都在变化，为了提高跑道的利用率和安全性，跑道长度计算应采用机场基准温度。机场基准温度是指机场一年内最热月（指月平均温度最高的那个月）的日最高温度的月平均值。机场基准温度宜取五年以上的平均值，以便消除一年气温突高或突低的偶然性，提高跑道长度的利用率。

3. 风

当机场风的侧风分量不超过机型最大允许侧风分量时，飞机可以选择合适的方向进行逆风起降。逆风起降可以使飞机在空速不变的情况下减小地速，从而使起降滑跑距离缩短。所需跑道长度最长的情况应该是无风，所以，在计算跑道长度时应按照无风进行。

4. 跑道纵坡

跑道在修建时很难保证完全水平。如果跑道有纵坡，飞机逆坡起飞时，因飞机发动机的推力要克服飞机重力在纵坡方向上的分力，所以需要跑道长度较长；反之，飞机顺坡起飞时所需跑道较短。因此所需跑道长度通常按逆坡起飞的不利情况确定。粗略估计时，可按逆坡每增加1%，所需跑道长度增加7%来计算。

5. 跑道表面状况

跑道的表面如有积水、冰雪，则会降低跑道的道面摩阻性能，从而使飞机减速时所需跑道长度增加。在确定跑道长度时，要结合当地的气候特征进行计算。

6. 飞机性能

所需跑道长度关键取决于飞机的性能。通常情况下，每个机场跑道都会服务于多种机型，不同的机型所需的跑道长度不同。通常，机型较大的飞机所需跑道长度较长。在计算跑道长度时，需要根据对跑道长度要求最大的设计飞机性能来计算跑道长度。

7. 跑道长度的确定

为了保证飞机在各种条件下都使用安全，在计算跑道长度时，应按照飞机质量最大、气温最高、气压最低、无风、逆坡起飞顺坡着陆、飞行员驾驶不够精确等不利条件因素进行计算。

除此之外，确定跑道长度还需要考虑很多其他方面的影响因素，比如机场的建设经费、机场建设的地形条件限制、机场的长远规划等。

五、跑道的宽度

1. 跑道宽度

跑道要有足够的宽度，以满足飞机安全地在道面上起降滑跑的要求。在设计跑道宽度时要考虑的因素主要有：跑道运行类别，如仪表跑道、非仪表跑道、精密进近跑道、非精密进近跑道等，飞机主起落架外轮距，飞机滑跑时的横向偏移等。考虑到机场侧风影响以及飞行员驾驶水平差异，跑道宽度必须具有一定的宽度裕量。通常民用机场跑道宽度要求

见表 2-6 所列。

表 2-6 跑道最小宽度要求 （单位：m）

飞行区等级指标Ⅰ	飞行区等级指标Ⅱ					
	A	B	C	D	E	F
1[1]	18	18	23	—	—	—
2[1]	23	23	30	—	—	—
3	30	30	30	45	—	—
4	—	—	45	45	45	60

注：[1] 代码 1 或 2 的精密进近跑道宽度应不小于 30m。

2. 跑道道肩

作为跑道和土质地面之间的过渡，在紧接跑道边缘要铺设道肩，以减少飞机一旦冲出或偏出跑道时被损坏的风险，也起到减少雨水从邻接土质地面渗入跑道下面土基的作用，确保土基强度。跑道道肩通常用水泥混凝土或沥青混凝土筑成，一般会与跑道使用相同的材料铺设。由于飞机不在道肩上滑行，所以道肩的厚度比跑道薄一些。

设置跑道道肩的目的在于：

(1) 对道面边缘起保护作用，防止飞机发动机吸入石子和杂物；

(2) 坚实且平整的道肩还可以增加道面的有效宽度，使发动机的尾流不会吹到土面区，从而改善道面边缘的工作状况，使道面的使用寿命延长；

(3) 道肩应具有足够的强度，在飞机偶然滑出跑道时，道肩可以承担机轮荷载，使飞机免遭结构性损坏，还可以支撑可能在道肩上行驶的地面车辆；

(4) 道肩作为结构道面与邻近地面之间的过渡地区，可以使跑道表面的雨水在离跑道边缘较远的地方渗入土质区，从而保护跑道道面土基；

(5) 道肩也可用于在其上设置助航灯光。

跑道道面两侧的道肩宽度至少为 1.5m，飞行区指标Ⅱ为 D 或 E 的跑道，应确保道肩加上结构道面的总宽度不小于 60m。飞行区指标Ⅱ为 F 的跑道，道面和道肩的总宽度不应小于 75m。跑道道肩的内边应与跑道道面齐平。其横向最大横坡不应超过 2.5%。

六、跑道视距

为了保证飞机在跑道上滑行时飞行员有良好的视野，当跑道纵向变坡不能避免时，必须要保证飞行员的视线在一定距离内不因跑道表面的几何缺陷而被遮挡，这种要求就是所谓的视距要求。跑道视距应具有下列条件：

(1) 飞行区指标Ⅱ为 A 的跑道，在高于跑道 1.5m 的任何一点上应通视至少半条跑道长度内的高于跑道 1.5m 的任何其他点；

(2) 飞行区指标Ⅱ为 B 的跑道，在高于跑道 2m 的任何一点上应通视至少半条跑道长度内的高于跑道 2m 的任何其他点；

(3) 飞行区指标Ⅱ为 C、D、E、F 的跑道，在高于跑道 3m 的任何一点上应通视至少半条跑道长度内的高于跑道3m的任何其他点。

当不设置全长度的平行滑行道时，在单跑道全长应提供无障碍视线。在交叉跑道的机场，为了运行的安全，在交叉地区应考虑提高视距标准。上述规定的视距要求如表2-7所列。

表2-7 跑道视距要求

飞行等级指标Ⅱ	跑道上视点位置高度（m）	跑道上被视点位置高度（m）	最小视距
A	1.5	1.5	半条跑道长度
B	2	2	
C、D、E、F	3	3	

七、跑道坡度

1. 跑道纵坡

跑道纵坡可分为平均纵坡和有效纵坡。平均纵坡，为跑道中心线两端高差除以跑道长度；有效纵坡，是指跑道中心线上最高点与最低点的高差除以跑道长度。跑道长度计算通常采用平均纵坡。

跑道的纵坡应尽可能平缓。理想的跑道纵坡断面为水平面，也就是纵坡为零。但实际上，由于机场场址的地势变化以及对工程量、成本的考虑，很难做到纵坡为零。为了保障飞行安全并提供足够的跑道视距，跑道纵坡应尽可能平缓。跑道各部分纵坡不应大于表2-8中规定的值。

表2-8 跑道各部分最大纵坡

飞行区指标Ⅰ	4	3	2	1
跑道上最高点、最低点差值与跑道长度的比值	1%	1%	2%	2%
跑道两端各四分之一长度	0.8%	0.8%[1]	2%	2%
跑道其他部分	1.25%	1.5%	2%	2%
相邻两个坡度的变化	1.5%	1.5%	2%	2%
变坡曲线的最小曲率半径（m）	30000	15000	7500	7500
变坡曲线的曲面变化率，每30m为	0.1%	0.2%	0.4%	0.4%

注：[1] 指适用于Ⅱ类或Ⅲ类精密进近跑道，否则为1.5%。

2. 跑道横坡

当跑道上有积水时，会使得跑道道面摩阻性降低，甚至会造成飞机机轮水上滑飘现象，很容易出现航空事故。为了杜绝这种危险的出现，跑道道面必须要能够将道面的积水快速排除。为了做到快速排水和飞机运行平衡，跑道宜采用双面坡，跑道中线两侧的横坡应对称，如图2-7所示；并使各部分的横坡基本一致，关于机场跑道横坡的标准具体见表2-9。条件许可时宜采用该表中规定的最大横坡，在与跑道或滑行道相交处可根据需要

采用较平缓的坡度。

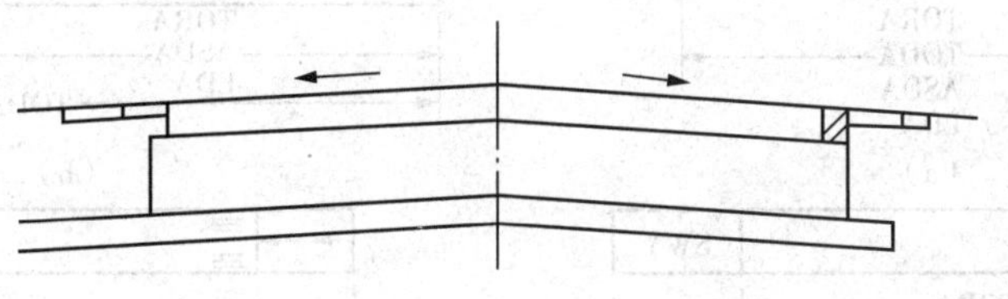

图 2-7 道面横坡

表 2-9 跑道横坡

飞行区指标Ⅱ	F	E	D	C	B	A
最大横坡	1.5%	1.5%	1.5%	1.5	2%	2%
最小横坡	1%	1%	1%	1%	1%	1%

八、跑道公布距离

为了让飞行人员了解机场的跑道长度等距离信息，以便使飞机能准确安全地进行起飞着陆，机场需要将每个方向飞机起降的各种可用距离公布到航行资料汇编中，即“跑道公布距离”。

跑道公布距离包括以下四个：

(1) 可用起飞滑跑距离 TORA（Takeoff Run Available）：飞机起飞时做地面滑跑使用的跑道长度；

(2) 可用起飞距离 TODA（Takeoff Distance Available）：可用起飞滑跑距离 TORA 加上所设置的净空道长度；

(3) 可用加速-停止距离 ASDA（Accelerate - Stop Distance Available）：可用起飞滑跑距离 TORA 加上所设置的停止道长度；

(4) 可用着陆距离 LDA（Landing Distance Available）：适用于飞机着陆时做地面滑跑使用的跑道长度。

当跑道不设置停止道及净空道，而跑道入口又位于跑道末端时，以上四个公布距离应相等，见图 2-8 (a)。

设置净空道时，可用起飞距离 TODA 应包括净空道长度，见图 2-8 (b)。

设置停止道时，可用加速-停止距离 ASDA 应包括停止道长度，见图 2-8 (c)。由于周围净空条件受限，停止道无法用作净空道，因此可用起飞距离 TODA 与可用起飞滑跑距离 TORA 相等。

当跑道入口永久内移时，可用着陆距离 LDA 应去掉跑道入口内移长度，见图 2-8 (d)。当停止道和净空道同时设置，且跑道入口内移时，4 个可用距离如图 2-8 (e) 所示。

图 2-8 所示的公布距离均为从左向右起飞或着陆。如从两个方向起降，可照此组合。内移的跑道入口只影响向该跑道入口进近的可用着陆距离，不影响所用相反方向运行的公布距离。

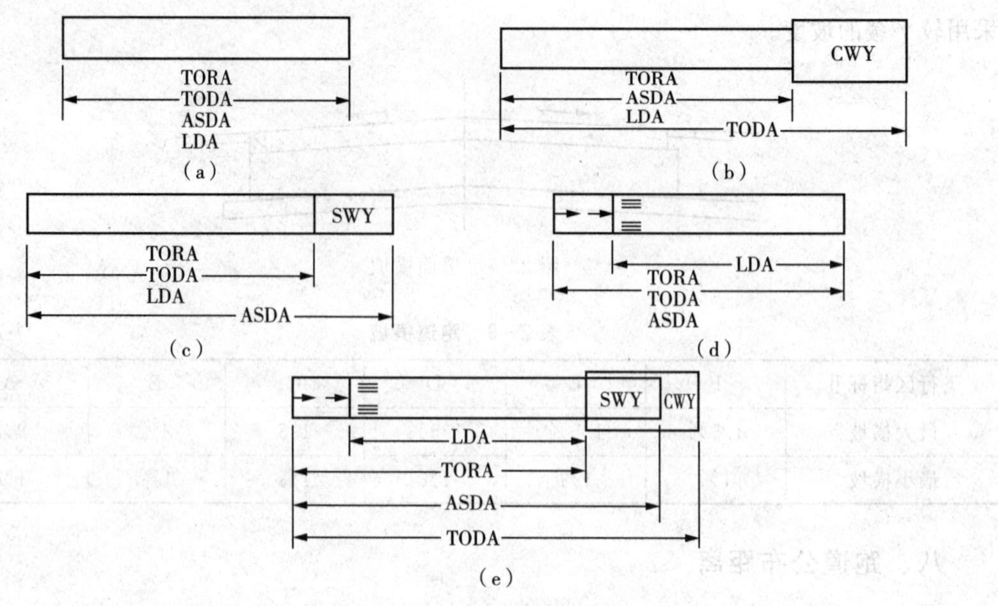

图 2-8　跑道的公布距离

注：所示的全部公布距离均为从左至右运行

跑道公布距离的公式关系：

TODA＝TORA＋CWY（净空道）

ASDA＝TORA＋SWY（停止道）

LDA＝TORA－入口内移

图 2-9 给出了提供跑道公布距离的一种格式。如果跑道的某个方向，由于飞行上的原因禁止起飞、降落，或既不能用于起飞也不能用于降落，则须用“不适用”（not usable）或缩写“NU”字样予以公布。

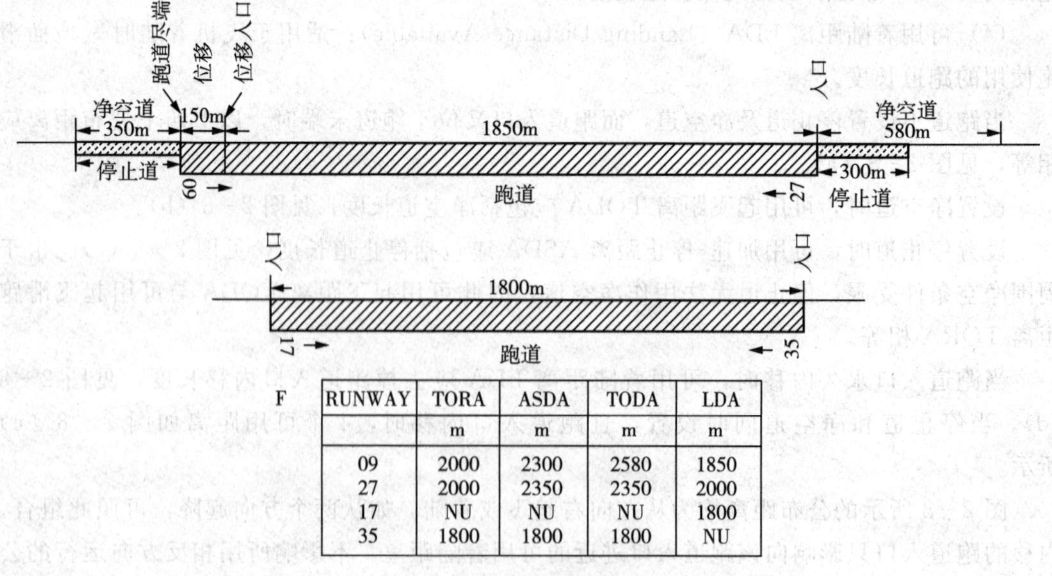

RUNWAY	TORA m	ASDA m	TODA m	LDA m
09	2000	2300	2580	1850
27	2000	2350	2350	2000
17	NU	NU	NU	1800
35	1800	1800	1800	NU

图 2-9　跑道公布距离示例

第三节　滑 行 道

滑行道是机场内设置的供飞机滑行所用的规定通道。滑行道的主要功能是提供从跑道到机坪和维修区的通道，应使刚着陆的飞机迅速离开跑道，不与滑行起飞的飞机相干扰，并尽量避免延误随后到来的飞机着陆。此外，滑行道还提供了飞机由机坪进入跑道的通道。滑行道将性质不同和分散的机场各功能区（飞行区、航站区、维修区与供应区）连接起来，使机场最大限度地发挥其容量作用并提高运行效率。

一、滑行道系统的组成

各滑行道组成了机场的滑行道系统。滑行道系统的各组成部分起着机场各种功能的过渡媒介作用，是机场充分发挥功能所必需的。滑行道系统应使飞机往来于跑道和机坪之间的活动受到最小的限制，应能在没有明显延误的情况下满足飞机在跑道系统上的起降需求，应使滑行道保证至少 30km/h 的平均滑行速度。如图 2－10 所示，滑行道系统的组成主要有以下十个部分：

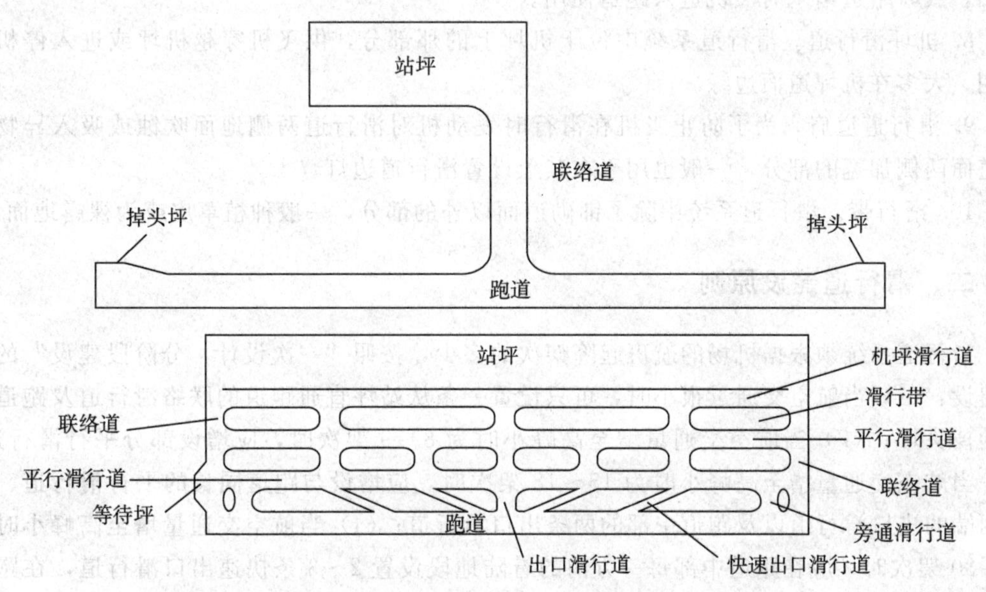

图 2－10　滑行道系统组成（注：滑行道道肩本图中无法显示。）

1. 联络道。直接连接机坪和跑道端头的那部分滑行道，交通量小的机场只设一条，交通量较大的机场需要在跑道两端同时设置。双平行滑行道之间设置垂直连接的短滑行道，也称为联络滑行道，供飞机从一条平行滑行道通往另一条平行滑行道用。

2. 掉头坪。交通量较小的机场会设置的一种滑行道，将跑道端加宽，用于飞机在掉头坪原地掉头。

3. 平行滑行道。当机场交通量较大时，需要设置一条与跑道平行，短于跑道或与跑道等长的滑行道，称为主滑行道，又称为平行滑行道。平行跑道供飞机通往跑道两端用。

在交通量很大的机场，通常设置两条平行滑行道，分别供飞机来往单向滑行使用。这两条平行滑行道合称为双平行滑行道。

4. 出口滑行道。供着陆飞机脱离跑道用。交通量较大的机场，除了设在跑道两端的出口滑行道外，还应在跑道中部设置。设在跑道中部的滑行道有直角出口滑行道和锐角出口滑行道两种。锐角出口滑行道亦称为快速出口滑行道。

5. 快速出口滑行道。交通量很大时，为了减少飞机着陆时占用跑道的时间而设置的一种与跑道成锐角的出口滑行道，供飞机在速度较大时脱离跑道。快速出口滑行道与跑道的交角应不大于45°，也不应小于25°，宜为30°，一条跑道上有多条快速出口滑行道时，交角宜相同。快速出口滑行道应在转出弯道后有一个直线距离，其长度应使飞机滑行到与其相交的滑行道之前能完全停住。该长度、交角和飞机减速度等有关。一般地，飞行区指标Ⅰ为3或4时，直线段长度宜不小于75m；飞行区指标Ⅰ为1或2时，直线段长度宜不小于35m。

6. 等待坪。交通量超过跑道最大容量时，为了让飞机等待起飞，而将两端联络道加宽形成的一种滑行道。

7. 旁通滑行道。设置在跑道端附近，供准备起飞的飞机决定不起飞时从联络道迅速滑回，或联络道堵塞时飞机进入跑道使用。

8. 机坪滑行道。滑行道系统中位于机坪上的那部分，供飞机穿越机坪或进入停机位使用，大多在机坪道面边缘。

9. 滑行道道肩。为了防止飞机在滑行时发动机对滑行道两侧地面吹蚀或吸入异物而对道面两侧加宽的部分，一般也用于在其上设置滑行道边灯。

10. 滑行带。滑行道系统中除了铺砌道面以外的部分，一般种植草皮或为裸露地面。

二、滑行道建设原则

滑行道系统须根据机场的航班起降架次的多少，按照“一次设计，分阶段建设”的原则建设：(1) 当航空交通量很小时，可只设置一条从站坪直通跑道的联络滑行道及跑道两端的掉头坪；(2) 当航空交通量增至高峰小时为8～9架次时，应增设部分平行滑行道；(3) 当航空交通量增至高峰小时为15～18架次时，应增设与跑道同长的平行滑行道、跑道两端的进口滑行道以及跑道中部的两条出口滑行道；(4) 当航空交通量增至高峰小时为25～30架次时，应在跑道中部每一方向的着陆地段设置2～3条快速出口滑行道，在跑道端部宜增设旁通滑行道或等待坪；(5) 当航空交通量进一步增大时，宜设第二条平行滑行道。

滑行道的建设既要满足当前的使用要求，又要经济节约，还要满足未来的扩建规划。每期工程要为下一期扩建提供方便。滑行道布局要简洁明了，尽量直线布置，减少转弯和交叉。在转弯和交叉点应设置大半径弯道和必要的增补面。应避免穿越跑道。尽量使塔台能看到所有滑行道。同时，滑行中的飞机应不影响停放的飞机，也不干扰导航信号。若滑行道上滑行的航空器或行驶的车辆突出障碍物限制面或干扰无线电助航设备，在该滑行道上应设立跑道等待位置，确保等待的航空器或车辆不侵犯无障碍物区、进近面、起飞爬升面或仪表着陆系统、微波着陆系统的临界/敏感区等各限制区，并且不干扰无线电助航设

备的运行。

三、滑行道技术要求

1. 滑行道宽度

由于飞机在滑行道上的速度比在跑道上的速度低很多，因此滑行道的宽度比跑道宽度也小。滑行道宽度 W_T 所选定的最大宽度是用飞机的主轮距 T_M 加上轮子到道面边缘的净距 c 得出的：

$$W_T = T_M + 2c$$

飞行区指标Ⅱ为 F 且交通密度为高时，机轮至滑行道道面边缘间的净距宜大于 4.5m，以允许较高的滑行速度。不同飞行区等级的滑行道最小宽度见表 2-10。

表 2-10 滑行道道面最小宽度

飞行区指标Ⅱ	滑行道道面的最小宽度（m）
A	7.5
B	10.5
C	15（飞机纵向轮距小于 18 时） 18（飞机纵向轮距大于或等于 18 时）
D	18（飞机主起落架外侧轮距小于 9 时） 23（飞机主起落架外侧轮距大于或等于 9 时）
E	23
F	25

为了防止伸出于滑行道边缘的涡轮发动机吸入可能损坏发动机的石子或其他物体，也为了防止滑行道两侧附近地面被吹蚀，故在滑行道两侧对称的设置道肩。滑行道道肩表面要经过整备，使道面与附近地面有个过渡区，民航机场一般采用铺砌道面来加工道肩。滑行道与两侧道肩总宽度见表 2-11。

表 2-11 滑行道道面及道肩最小总宽度

飞行区指标Ⅱ	滑行道直线段道面及道肩的最小总宽度（m）
C	25
D	38
E	44
F	60

为了保护在滑行道运行的飞机的安全，同时也为减少飞机偶尔滑出滑行道时造成的损害，在滑行道两侧还应设置安全地带，以构成滑行带。滑行带应经过平整。

滑行道道肩和滑行带构成了无障碍地区，可使飞机偶然进入或紧急进入时受到的危害

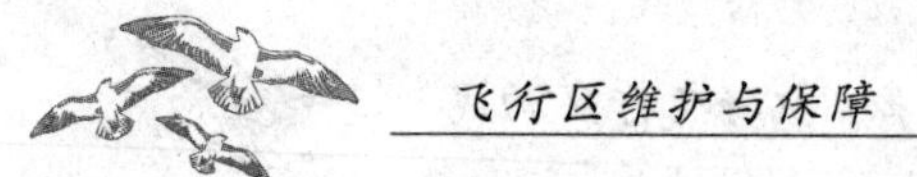

减至最小，同时还能支撑进入该地区的消防救援车辆。

2. 滑行道坡度

滑行道的最大纵坡、竖曲线最小半径和最大横坡见表 2－12。

表 2－12　滑行道坡度

飞行区指标Ⅱ		F	E	D	C	B	A
纵坡	不大于	1.5%	1.5%	1.5%	1.5%	3%	3%
	变坡曲线的变化率（最小曲率半径 m）	每 30m 不大于 1%（3000）	每 30m 不大于 1%（3000）	每 30m 不大于 1%（3000）	每 30m 不大于 1%（3000）	每 25m 不大于 1%（2500）	每 25m 不大于 1%（2500）
横坡	不大于	1.5%	1.5%	1.5%	1.5%	2%	2%
	不小于	1%	1%	1%	1%	1%	1%

滑行道视距规定如下：

（1）基准代字为 C、D、E、F 时，在高于滑行道 3m 的任何一点处，应能看到据该点至少 300m 的距离内的全部滑行道道面；

（2）基准代字为 B 时，在高于滑行道 2m 的任何一点处，应能看到据该点至少 200m 的距离内的全部滑行道道面；

（3）基准代字为 A 时，在高于滑行道 1.5m 的任何一点处，应能看到据该点至少 150m 的距离内的全部滑行道道面。

3. 滑行道最小间距

为了保证飞机运行安全、滑行道与跑道、滑行道与滑行道，滑行道与物体之间要有一定的距离。这个距离与规划运行的最大飞机翼展和飞机主起落架外轮与滑行道边缘的净距（最大容许侧向偏移）有关。

（1）平行滑行道之间的距离：确定平行滑行道之间（其中之一可能是机坪滑行道）的最小间隔的依据是在各滑行道上滑行的飞机都向对方侧向偏移至滑行道边缘时，翼尖之间保持足够的净距（即安全距离）。

（2）滑行道与物体之间的距离：在滑行道与机坪滑行道上，飞机的滑行速度假定相等，因此二者和物体的距离也认为是相等的。当飞机一旦偏离滑行道中心线时，飞机翼尖和物体之间保持一定的净距。

（3）飞机机位滑行通道与物体之间的距离：飞机在机位滑行道上滑行速度较低，驾驶员注意力提高，较少偏离中心线，因此侧向偏移要小一些，所以不是假设达到最大允许侧向偏移。

（4）平行滑行道与跑道的最小间隔距离：要求位于平行滑行道中心线上的飞机翼尖不侵入升降带。

具体规定间距数值见表 2－13。

表 2－13　滑行道的最小间距

飞行区指标Ⅱ	滑行道中线距跑道中线的距离								滑行道中线距滑行道中线的距离	滑行道中线（不包括机位滑行通道）距物体的距离	机位滑行通道中线距物体的距离
	仪表距道				非仪表跑道						
	飞行区指标Ⅰ				飞行区指标Ⅰ						
	1	2	3	4	1	2	3	4			
(1)	(2)	(3)	(4)	(5)	(6)	(7)	(8)	(9)	(10)	(11)	(12)
A	82.5	82.5	—	—	37.5	47.5	—	—	23.75	16.25	12
B	87	87	—	—	42	52	—	—	33.5	21.5	16.5
C	—	—	168	168	—	—	93	—	44	26	24.5
D	—	—	176	176	—	—	101	101	66.5	40.5	36
E	—	—	—	182.5	—	—	—	107.5	80	47.5	42.5
F	—	—	—	190	—	—	—	115	97.5	57.5	50.5

注 1：第（2）～（9）栏中的间隔距离代表跑道和滑行道的一般组合。

注 2：第（2）～（9）栏中的距离不能保证在一架等待飞机的后面有足够净距以允许在平行滑行道上的另一架飞机通行。

第四节　机　坪

机坪是飞机停放、上下旅客、装卸货物、对飞机进行各种地面服务（如机务维修、上水、配餐、加电、清洁等）的场所，是民用机场运输作业的核心区域。

一、机坪的分类

机坪上的停机位分为近机位和远机位两种。近机位，靠近航站楼布置，旅客可通过登机廊桥方便地上下飞机；远机位，位于远离航站楼的开阔机坪区域，旅客须乘坐摆渡车到达远机位，然后通过客梯车上下飞机。

机坪按照功能的不同划分为客机坪、货机坪、等待机坪和维修机坪。(1) 客机坪：供旅客上下飞机用的停机位置。客机坪的构型及大小，主要取决于飞机数量、旅客登机方式及旅客航站的构型。(2) 货机坪：在货运量大和专门设有货运飞机航班的机场，需要有专门处理空运货物陆空转换的货物航站及相应的货机坪。航空运输业的货运量增长很快，货机坪的位置要充分适应预测货物吞吐量的发展。(3) 等待机坪：一般设在跑道端部。为预备起飞的飞机等待放行或为另一架飞机的绕行提供条件。选用等待机坪或绕行滑行道，主要根据飞机场高峰飞行架次、场址条件和可能性确定。(4) 维修机坪：为飞机停放及各种维修活动提供的场所。维修机坪的布置，除应考虑维修设备的不同要求外，还要考虑飞机试车时气流的吹袭影响，它可能对停放或滑行的飞机、地面设备、人员造成威胁。

二、机坪的设置要求

1. 机坪设施要求

航空器地面保障和运输服务涉及大量的特种车辆和设备，如加油车、电源车、空调车、清水车、污水车、行李车、平台车等。所以机坪上应设置特种车辆和地面设备停放区域，通常设置在指廊通道下或站坪和服务车辆道旁的适当位置。供飞机加油的机坪必须安装静电接地装置。静电接地位置应根据飞机停放和加油点位置进行确定。机坪上通常设置有飞行前校正高度表的位置，使飞机在起飞前校正高度。飞行前校正高度表位置的高程，必须为该位置场地的平均高程，精确至米。供小型飞机停放的机坪上，应设置飞机系留装置。刚性道面上的系留装置应避开道面接缝。站坪还要设置所需的供水、供电、供油、照明设施，飞机锚泊设施，飞机引导、停靠装置等。

2. 机坪强度、平整度要求

机坪的道面强度应能承受使用该机坪的各种机型的荷载。机坪的坡度应能防止其表面积水，并在符合排水要求的条件下尽可能平坦。飞机机位部分的最大坡度，宜不大于0.8%。机坪表面的平整度要求与对跑道道面的平整度要求相同。

3. 机坪道肩要求

机坪应设置道肩，道肩表面应与其相邻的机坪道面齐平。道肩宽度应不小于1.5m，并应满足机坪上停放或滑行飞机的外侧发动机位于道肩范围内。道间的横坡宜较其相邻的机坪坡度大0.5%，但是，最大坡度应不大于2.5%。

4. 机坪的布局

机坪面积应按机型、机位数、飞机停放形式及运行方式、平均每架飞机停放面积、安全净距、机坪滑行通道、机坪服务车道布置等进行综合规划。机坪机位数，应按典型高峰小时飞机起降架次、机型及其组合、飞机占用机位时间、机位利用系数等进行计算。

飞行区指标Ⅱ为D、E、F的机场，宜设置一个隔离机位，用于停放不宜与其他飞机混停的飞机。隔离机位距其他机位、建筑物或公用地区的净距不小于100m，并不得位于地下燃气、燃油管道以及电力或通信电缆之上。

5. 飞机停驶方式

飞机进、出站坪机位，既可依靠自身的滑行（滑入、滑出），也可依靠飞机牵引车（拖入、推出）。飞机停靠后相对机位可有五种方位：机头向内、机头斜角向内、平行、机头斜角向外、机头向外，见图2-11所示。不同的进出机位方式和飞机停靠方式，不仅影响站坪设计，还与飞机地面服务便捷程度以及发动机噪声、喷气吹袭对旅客和航站楼的影响程度等有关系。显然，机头向内、由牵引车推出时所需机位尺寸最小。此时，机头与航站楼净距较小，便于与登机桥搭接。飞机发动机对航站楼无喷气喷袭，噪声干扰也最小。

飞机滑入、滑出，机头斜角向内时，无需牵引车，主舱门距机门也比较近，噪声、喷气吹袭对航站楼的影响也比较小。但由于飞机滑出时要转较大的弯，故与机头向内时

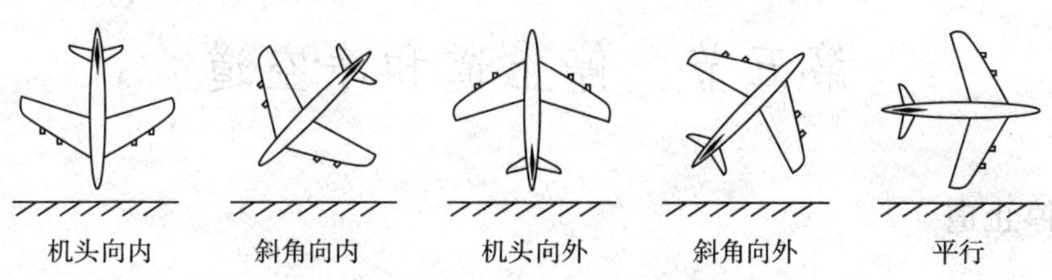

图 2-11　飞机停靠方式

相比所占机位尺寸较大。飞机滑入、滑出，平行于航站楼放置时，会占用相当大的机位尺寸。

6. 机位尺寸

机位尺寸主要取决于飞机的大小（翼展和机身长度）和进出机位的停驶方式。同时也要考虑地面服务的方便，以及建筑物与相邻飞机的净距。

飞机在机位停靠时，许多地面服务车辆、设备要对飞机进行地面服务。在确定机位尺寸时必须考虑这些车辆和设备的运行、就位、移动的方便性。由于地面服务、站坪有时会显得很拥挤，对飞机及其安全运行不利。因而，近年来出现了无车辆站坪的概念。所谓无车辆站坪，就是用固定在站坪机位下的各种固定设备取代地面车辆，从而减少在机坪上活动的地面服务车辆。但由于固定设备都是根据一定的机型设计的，故对机型改变的适应性降低。

为了保障机坪能安全、有序的运营，防止碰撞或危险接近，可采用“地面活动引导和管制（SMGC）系统”。SMGC 系统是由一系列的助航设备（目视或非目视）、无线电通信设备、引导和管制程序组成。

确定机位尺寸时，飞机与相邻的停放飞机、滑行飞机、建筑物或固定物的净距应符合表 2-14 中的规定值。当飞行区指标Ⅱ为 D、E、F 并且机头向内停放时：对于具有依靠目视停靠引导系统进行方位引导的机位，机位上停放的飞机与任何邻近的建筑物的净距、另一机位上的飞机和其他物体之间的净距可适当减小；航站楼（包括固定的旅客廊桥）与机头之间的净距可减小至 3.75m。

表 2-14　机坪停放飞机的最小净距　（单位：m）

飞行区等级指标Ⅱ	A	B	C	D	E	F
在滑行道（除机位滑行通道外）上滑行的飞机与机坪上停放的飞机的净距、建筑物和其他物体之间的净距	8.75	9.5	10.5	14.5	15	17.5
在机位滑行通道上滑行的飞机与停放的飞机的净距、建筑物和其他物体之间的净距	4.5	4.5	6.5	10	10	10.5
机位上停放的飞机与相邻机位上的飞机的净距以及邻近的建筑物和其他物体之间的净距	3	3	4.5	7.5	7.5	7.5
停放的飞机主起落架外轮与机坪道面边缘的净距	1.5	2.25	4.5	4.5	4.5	4.5
机坪服务车道边线距停放飞机的净距	3	3	3	3	3	3

第五节　停止道和净空道

一、停止道

1. 设置目的

停止道设在跑道端部，供飞机中断起飞时能在其上面安全停住，以弥补跑道长度的不足。停止道应整备或修建得能承受飞机中断起飞时的荷载，不致使飞机机构受损。由于使用次数很少，所以停止道可以铺设低级道面。

机场设置停止道可以减短跑道长度。但由于跑道两端都要设长度相同的停止道，使机场占地面积增大，因此在征地困难的地区，不宜设停止道。

2. 设置要求

停止道的宽度和与其连接的结构跑道宽度相同；长度应等于飞机加速-停止距离与跑道道面长度之差；其表面摩阻特性应不小于结构道面的表面摩阻特性。停止道的坡度和变坡应与跑道坡度相同，但停止道上可不采用：(1) 跑道两端各四分之一长度 0.8%的纵坡限制；(2) 飞行区指标Ⅰ为 3 或 4 的跑道，停止道与跑道相接处和停止道上的最大变坡率可为每 30m 不大于 0.3%（最小曲率半径为 10000m）。

二、净空道

1. 设置目的

设置净空道的目的在于飞机可在其上空进行一部分爬升，确保飞机在净空道范围内完成初始爬升（高度为 10.7m），以弥补跑道长度的不足。净空道设在跑道两端，其土地应由机场当局管理，以便确保不会出现危及飞行安全的障碍物。

2. 设置要求

净空道起点应设在可用起飞滑跑距离的末端，即跑道道面末端。净空道对称的设在跑道中心线延长线两侧，总宽度至少为 150m。净空道长度最大不超过可用起飞滑跑距离的一半。

净空道的地面不应突出于 1.25%升坡的平面，该平面的底边是一条水平线，并且：

(1) 与含有跑道中线的垂直面相垂直；

(2) 通过位于可用起飞滑跑距离末端处跑道中线上的一点。

当净空道地面的坡度相对小，或当平均坡度为升坡时，净空道的地面坡度应避免急剧向上的变坡。在这种情况下，净空道中线延长线两侧各 22.5m 或跑道的一半宽度（取其较大值）范围内的坡度、变坡和自跑道至净空道的过渡，宜和与其相连的跑道的坡度、变坡相一致。

净空道一般为植草的压实土道面，其上不应设有对空中的飞机安全有危害的设备或装置。因航行需要在净空道地面上设置的设备或装置应满足易折要求，安装高度应尽可能低。

第六节　防吹坪

跑道两端应设置防吹坪，当其他铺筑面可以起到防吹坪的作用时，可以不单独设置。

一、设置目的

由于涡轮发动机喷出气流对地面有很强的吹蚀作用，特别是对跑道端外地面区域影响更大。为了防止紧靠跑道端的地面受到燃烧气体的吹蚀，同时也避免提前着陆的飞机有碰上跑道端部裸边的危险，因此在跑道入口前一定距离内设置防吹坪，在该区域内可铺砌道面或植草皮。

二、设置要求

防吹坪的宽度不应小于结构道面的宽度加上道肩的宽度。防吹坪的长度要求：自跑道端向外延伸的距离不应小于表 2－15 中的要求。

防吹坪表面应能承受飞机气流的吹蚀，其强度应确保飞机过早接地或冲出跑道时对飞机的危害最小。防吹坪应与其相连的跑道表面齐平，坡度应满足升降带及跑道端安全区相应部位的坡度要求。为了防止飞行员在空中将防吹坪看作跑道，防吹坪的颜色宜与跑道表面的颜色有显著差别，以便于区分。

表 2－15　防吹坪最小长度

飞行区指标Ⅱ	防吹坪的最小长度（m）
A	30
B	45
C、D	60
E、F	60，宜为 120

第七节　升降带

一、升降带的概念

为了减少飞机一旦冲出跑道而遭受损坏的危险，也为了保证飞机安全起降，特意划定出一块包括跑道、停止道在内的矩形场地，称为升降带。

升降带主要用于保证飞机在起飞着陆滑跑过程中一旦偏出跑道时的安全保证。升降带在跑道周围形成了一个保护区和事故缓冲区，其范围内不允许有危及飞行安全的障碍物，如设有助航设备需要满足易折要求。升降带的土质地区应平整并压实，其纵横坡度应足以防止积水并且符合无线电导航设施的技术要求。但纵横坡度不宜过大，以防止雨水冲蚀地面和确保飞机偏出跑道时的安全。

二、升降带的要求

1. 升降带的长度

升降带应在跑道入口前，自跑道端或停止道端至少向外延伸下述距离：

(1) 飞行区指标Ⅰ为1的仪表跑道——60m；

(2) 飞行区指标Ⅰ为2、3或4的跑道——60m；

(3) 飞行区指标Ⅰ为1的非仪表跑道——30m。

2. 升降带的宽度

升降带应在全长范围内，从跑道中线及其延长线向每侧扩展一定距离，其距离不小于表2-16中所列数据。

表2-16 升降带宽度

飞行区指标Ⅰ		4	3	2	1
每侧扩展距离（m）（距跑道中线）	仪表跑道	150	150	75	75
	非仪表跑道	75	75	40	30

3. 升降带的平整

升降带的一定宽度范围内的地面需要平整，以供飞机在滑出跑道的情况下使用。升降带平整区域为：由跑道中线及其延长线向两侧延伸，对于基准代码为3或4的跑道各75m；对于基准代码为2的跑道各40m；对于基准代码为1的仪表跑道各40m，但对于基准代码为1的非仪表跑道是各30m。上述内容如表2-17所列。

表2-17 升降带平整的最小范围

飞行区指标Ⅰ		3或4	2	1
自跑道中线及其延长线向两侧延伸（m）	仪表跑道	75	40	40
	非仪表跑道	75	40	30

而对于基准代码为3或4的精密进近跑道的升降带宜进行较大范围的平整，如图2-12所示。需要平整的部分在升降带中部扩大为距离中线105m。

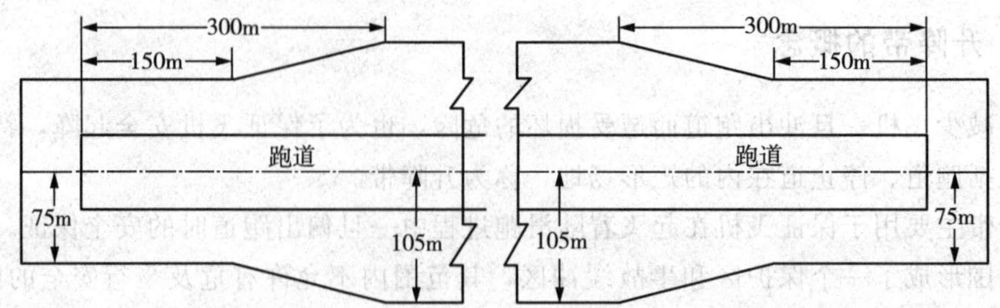

图2-12 基准代码为3或4的精密进近跑道的升降带的平整范围

与跑道、道肩或停止道相接部分的升降带表面应与跑道、道肩或停止道相齐平，不得高于跑道、道肩或停止道边缘，并且不宜低于跑道、道肩或停止道边缘 30mm 以上。

升降带平整范围内不应设置开口的排水明沟，在有结构物并且其表面需与升降带表面齐平时，可采用从结构物顶部向下放坡到至少比升降带表面低 0.3m 的方法来消除直立面，如图 2－13 所示。凡功能上不需要在表面上的其他物体，应埋至不小于 0.3m 的深处。在升降带平整范围内，与跑道相交的其他跑道或滑行道，其道肩铺筑面与土面相接处应采取措施消除道面结构直立面。

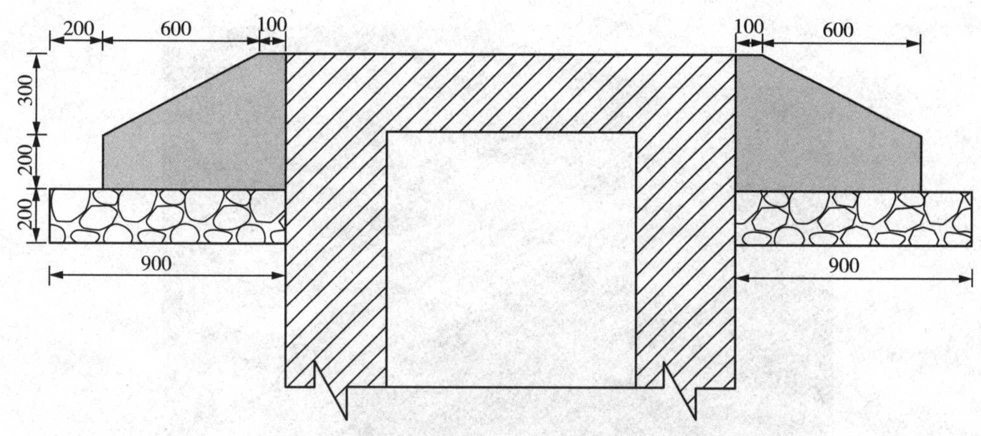

图 2－13　升降带平整范围内结构物的混凝土保护示意图

4. 升降带的强度

升降带在其平整范围内，应使其强度达到足够要求，减少在承载能力上与跑道的差异，以使得偶尔滑出跑道的飞机遭受的损害减至最小。

5. 升降带平整范围内的坡度

升降带平整范围内的纵、横坡坡度应符合表 2－18 中的规定值。纵坡变化应平缓，避免急剧的变坡或突然的反坡。为利于排水，从跑道道肩或停止道的边缘向外的头 3m 内的横坡应为降坡，坡度可达到 5%。

升降带平整范围以外任何部分的横坡升坡应不超过 5%，条件允许时，降坡坡度宜不超过 5%。

表 2－18　升降带平整范围的坡度要求

飞行区指标Ⅰ	4	3	2	1
纵坡，不大于	1.5%	1.75%	2%	2%
横坡，不大于	2.5%	2.5%	3%	3%

6. 升降带内的物体

位于升降带上可能对飞机构成危险的物体，应视为障碍物，并尽可能将其移除。除了为保证飞行安全所必需的并符合易折性要求的目视助航设备或出于飞机安全目的应安放在升降带内的设备、设施外，升降带在下列范围内不应有固定的物体：

(1) 飞行区指标Ⅰ为 4 和飞行区指标Ⅱ为 F 的Ⅰ、Ⅱ、Ⅲ类精密进近跑道，距跑道中

线两侧各 77.5m 以内；

(2) 飞行区指标Ⅰ为 3 或 4 的Ⅰ、Ⅱ、Ⅲ类精密进近跑道，距跑道中线两侧各 60m 以内；

(3) 飞行区指标Ⅰ为 1 或 2 的Ⅰ类精密进近跑道，距跑道中线两侧各 45m 以内。

当跑道用于起飞或着陆时，升降带上述区域内不应有可移动的物体。需要说明的是：对于升降带平整度、强度、坡度等要求是针对升降带平整范围的，平整范围之外的区域并不要求达到这些指标的规定值。图 2－14 所示为机场的升降带区域。

图 2－14　机场的升降带区域（葡属马德拉群岛丰沙尔机场）

第八节　跑道端安全区

在升降带两端，应设置跑道端安全区，用来减少起飞、着陆的飞机偶尔冲出跑道以及提前接地时遭受损坏的危险。其道面必须平整、压实，并且不能有危及飞行安全的障碍物。

一、跑道端安全区尺寸

跑道端安全区应自升降带端向外延伸至少 90m。飞行区指标Ⅰ为 3 或 4 的跑道端安全区宜自升降带端向外延伸至少 240m；飞行区指标Ⅰ为 1 或 2 的仪表跑道端安全区宜自升降带端向外延伸至少 120m。跑道端安全区的宽度应至少等于与其相邻的跑道宽度的 2 倍，条件许可时应不小于与其相邻的升降带平整部分的宽度。

设置跑道端安全区时，应考虑提供足够长度以将极有可能出现的各种不利运行因素的组合所导致的冲出跑道的飞机抑制住。在精密进近跑道上，仪表着陆系统的航向台一般是第一个直立的障碍物，跑道端安全区应延伸到这个设施。在其他情况和非精密进近跑道或非仪表跑道上，第一个直立的障碍物可能是道路、铁路或其他人为的或自然的物体，在这种情况下，跑道端安全区应尽可能地延伸到该障碍物。

对于某些需要提高跑道运行安全裕度的现有机场尤其是军用机场，可安装飞机拦阻系统。拦阻系统设计时应考虑的飞机参数包括但不限于允许的起落架载荷、起落架构型、轮胎接触压力、飞机重心和飞机速度等。拦阻系统应针对使用跑道要求最严格的飞机机型进行设计，并确保不会给提前接地的飞机造成危险。此外，拦阻系统的设计应允许飞机消防和救援车辆安全进出并在其中行驶。

二、跑道端安全区内的物体

位于跑道端安全区内可能对飞机构成危险的物体应被视为障碍物，并尽可能移除。在跑道端安全区范围内，应采取措施消除结构直立面，如图 2－13 所示。

三、跑道端安全区坡度与强度

跑道端安全区应经过清理、平整，移去障碍物，还要设法保证达到必要的强度和坡度要求，以减少偶尔进入该地区的飞机遭受的损害，同时也利于救援和消防车辆的活动。但跑道端安全地区的表面质量可不必做得和升降带同样好。

跑道端安全区的坡度应使该地区的任何部分不突出进近面或起飞爬升面，并且：

(1) 跑道端安全区的纵坡的降坡应不大于5%，变坡应平缓，避免急剧的变坡或反坡；

(2) 跑道端安全区的横坡，其升坡或降坡均应不大于5%，并应满足通信导航和目视助航设施场地要求，不同坡度之间的过渡应尽可能平缓。

第九节　机场净空

由于飞机在机场区域内的飞行高度比较低，所以必须在机场上空划出一个区域，对机场周边影响飞行安全的障碍物进行高度控制，这个区域叫作净空保护区。通常，跑道两端各 20km，两侧各 10km 都属于净空保护区。在净空保护区内不能有超高的建筑物、树木、广告牌等固定障碍物，也不能有影响净空安全的漂浮物、烟雾、无线电干扰、灯光、车辆等。

一、障碍物限制面

为保障航空器起降安全和机场安全运行，防止由于机场周围障碍物增多而使机场无法使用，特规定了几种障碍物限制面，用以限制机场及其周围地区障碍物的高度。突出障碍物限制面的物体，可能在某些情况下造成对仪表进近程序或有关的目视盘旋程序增加超障高度或超障高，或者对飞行程序设计造成实际影响。这些障碍物限制面为净空保护提供了具体依据。

1. 内水平面

内水平面是位于机场及其周围以上的一个水平面中的一个面，如图 2－15、图 2－16 所示。内水平面的作用在于为飞机做目视盘旋飞行时提供一个安全的净空区。

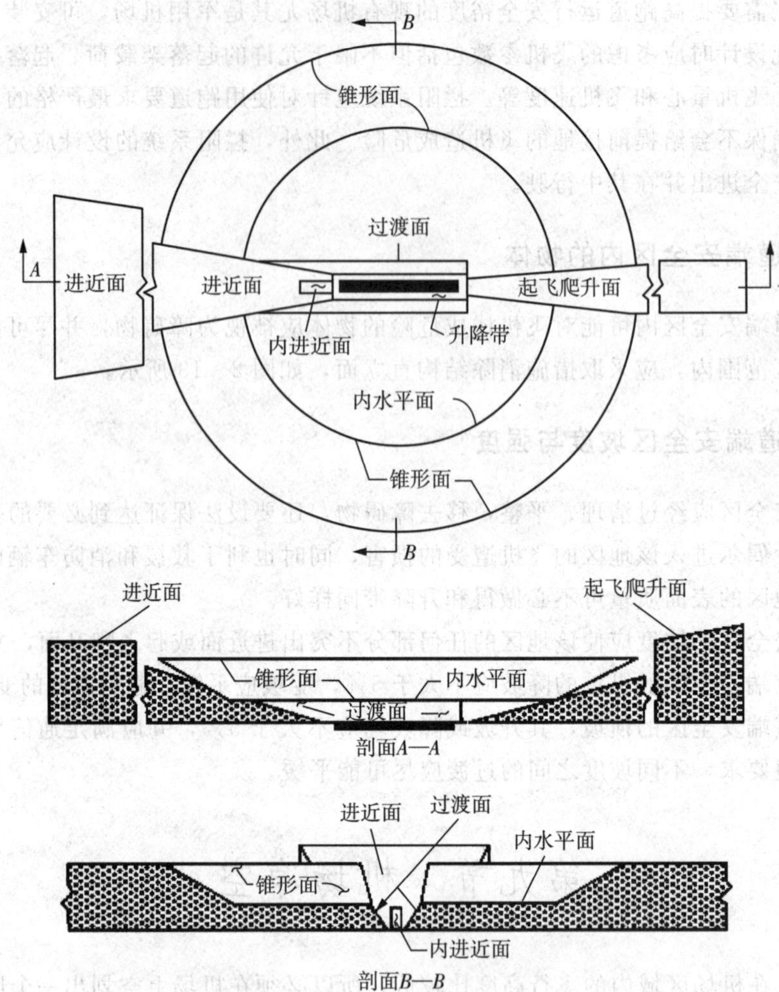

图 2-15　障碍物限制面示意图

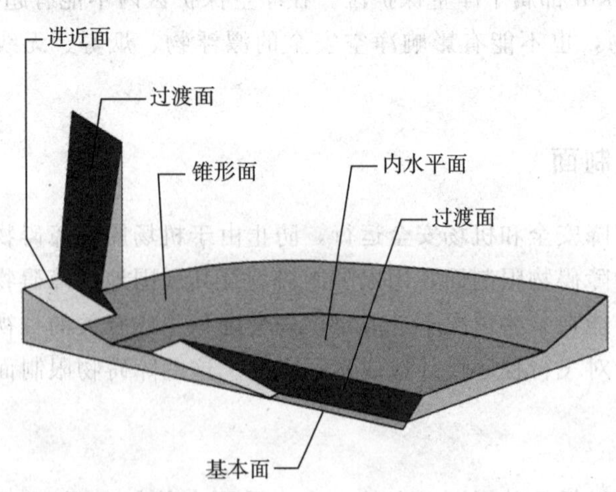

图 2-16　障碍物限制面立体示意图

内水平面的起算标高应为跑道两端入口中点的平均标高。以跑道两端入口中点为圆心，按表 2-19 规定的内水平面半径画出圆弧，再以与跑道中线平行的两条直线与圆弧相切成一个近似椭圆形（当机场有多条跑道时，确定内水平面的原理一样，只不过会有多段圆弧和切线），形成一个高出起算标高 45m 的水平面。

表 2-19 进近跑道的净空要求

障碍物限制面及尺寸[a]			跑道类别									
			非仪表跑道				非精密进近跑道			精密进近跑道		
										Ⅰ类		Ⅱ类或Ⅲ类
			飞行区指标Ⅰ				飞行区指标Ⅰ			飞行区指标Ⅰ		飞行区指标Ⅰ
锥形面	坡度		5%	5%	5%	5%	5%	5%	5%	5%	5%	5%
	高度（m）		35	55	75	100	60	75	100	60	100	100
内水平面	高度（m）		45	45	45	45	45	45	45	45	45	45
	半径（m）		2000	2500	4000	4000	3500	4000	4000	3500	4000	4000
内进近面	宽度（m）		—	—	—	—	—	—	—	90	120[b]	120[b]
	距跑道入口距离（m）		—	—	—	—	—	—	—	60	60	60
	长度（m）		—	—	—	—	—	—	—	900	900	900
	坡度（m）		—	—	—	—	—	—	—	2.50%	2%	2%
进近面	内边长度（m）		60	80	150	150	150	300	300	150	300	300
	距跑道入口距离（m）		30	60	60	60	60	60	60	60%	60	60
	散开率（每侧）		10%	10%	10%	10%	10%	15%	15%	15%	15%	15%
	第一段	长度（m）	1600	2500	3000	3000	3000	3000	3000	3000%	3000	3000
		坡度	5%	4%	3.33%	2.50%	3.33%	2%	2%	3%	2%	2%
	第二段	长度（m）	—	—	—	—	—	3600[c]	3600[c]	12000[c]	3600[c]	3600[c]
		坡度	—	—	—	—	—	2.50%	2.50%	3%	2.50%	2.50%
	水平段	长度（m）	—	—	—	—	—	8400[c]	8400[c]	—	8400[c]	8400[c]
		坡度	—	—	—	—	—	1500	1500	15000	15000	15000
过渡面	坡度		20%	20%	14.3%	14.3%	20%	14.3%	14.3%	14.3%	14.3%	14.3%
	内过渡面坡度		—	—	—	—	—	—	—	40%	33.3%	33.3%

（续表）

障碍物限制面及尺寸[a]		跑道类别									
		非仪表跑道				非精密进近跑道			精密进近跑道		
									Ⅰ类		Ⅱ类或Ⅲ类
		飞行区指标Ⅰ				飞行区指标Ⅰ			飞行区指标Ⅰ		飞行区指标Ⅰ
复飞面	内边长度（m）	—	—	—	—	—	—	—	90%	120[b]	120[b]
	距跑道入口距离（m）	—	—	—	—	—	—	—	距升降带端的距离	1800[d]	1800[d]
	散开率（每侧）	—	—	—	—	—	—	—	10%	10%	10%
	坡度	—	—	—	—	—	—	—	4%	3.33%	3.33%

注：a. 除另有注明外，所有尺寸均为水平度量。

b. 飞行区指标Ⅱ为 F 时，该宽度增加到 155m。

c. 可变的长度。

d. 或距跑道端距离者，两者取小者。

2. 锥形面

锥形面是从内水平面周边起向上和向外倾斜的一个面，如图 2－15、图 2－16 所示。锥形面是根据飞机按目视盘旋进近程序平行跑道方向飞行时，与飞行高度相同的障碍物应保持足够的距离来确定的。

锥形面的起端应从内水平面的周边开始，其起算标高应为内水平面的标高，以 1∶20 的坡度向上和向外倾斜，直到符合表 2－19 规定的锥形面外缘高度为止。锥形面的界限应包括：

（1）底边：与内水平面周边相重合。

（2）顶边：高出内水平面一个规定高度的近似椭圆水平面的周边。锥形面的坡度应在与内水平面周边成直角的铅垂面中度量。

3. 进近面

进近面是跑道入口前的一个倾斜的平面或几个平面的组合，如图 2－15、图 2－16 所示。进近面的作用在于保障飞机进近飞行时的障碍物限制要求。进近面的界限应包括：

（1）一条内边：位于跑道入口前的一个规定距离处，一条规定长度且垂直于跑道中线延长线的水平线。内边的标高应等于跑道入口中点的标高。

（2）两条侧边：以内边的两端为起点，自跑道的中线延长线均匀地以规定的比率向外散开。

（3）一条外边：平行于内边。

进近面的具体参数详见表 2－19。

当采用横向偏置、偏置或曲线进近时，自进近面内边两端按规定的散开率均匀散开的两侧边应对称于横向偏置、偏置或曲线进近的地面航迹的中线延长线。进近面的坡度应在包含有跑道中线的铅垂面内度量，同时应连续包含任何横向偏置、偏置或曲线进近的地面航迹的中线。

4. 内进近面

内进近面是进近面中紧靠跑道入口前的一块长方形部分，如图 2－15、图 2－16 所示。内进近面的作用在于保护最接近跑道入口的进近飞机，用于精密进近跑道，呈长方形。进近面的界限应包括：

(1) 一条内边：与进近面内边的位置重合，一条规定长度且垂直于跑道中线延长线的水平线。

(2) 两条侧边：以内边的两端为起点，平行于包含跑道中线的垂直平面向外延伸。

(3) 一条外边：平行于内边。

内进近面的宽度、长度、坡度等技术要求参照表 2－19。

5. 过渡面

过渡面是沿升降带边缘和部分进近面边缘坡度向上和向外倾斜到内水平面的一个复合面，如图 2－15、图 2－16 所示。过渡面的界限应包括：

(1) 底边：从进近面侧边与内水平面相交处开始，沿进近面侧边向下延伸至进近面的内边，再从该处沿升降带的全场与跑道中线相平行。底边上沿进近面侧边部分的标高等于进近面在该点的标高，底边上沿升降带部分的标高等于跑道中线或其延长线上最近点的标高。

(2) 顶边：位于内水平面的平面上。

过渡面的坡度应在与跑道中线成直角的铅垂面内度量。其坡度要求参见表 2－19。

6. 内过渡面

内过渡面是类似于过渡面的面，但更接近于跑道，如图 2－17 所示。内过渡面的界限应包括：

(1) 底边：从内进近面的末端开始，沿内进近面的侧边向下延伸到该面的内边，从该处沿升降带平行于跑道中线至复飞面的内边，然后再从该处沿复飞面的边线向上至该边线与内水平面相交处为止。底边沿内进近面和复飞面的侧边部分的标高等于该点特定面的标高，底边沿升降带部分的标高等于跑道中线或其延长线上最近点的标高。

(2) 顶边：位于内水平面的平面上。

内过渡面的坡度应在与跑道中线成直角的铅垂面内度量。

7. 复飞面

复飞面是位于跑道入口后面一个规定距离的、在两侧内过渡面之间延伸的一个倾斜平面，如图 2－17 所示。复飞面的作用在于保证飞机在精密进近跑道上复飞时的安全。复飞面的界限应包括：

(1) 一条内边：位于跑道入口后面一个规定的距离，并垂直于跑道中线的水平线。内边的标高应等于在内边位置处的跑道中线的标高。

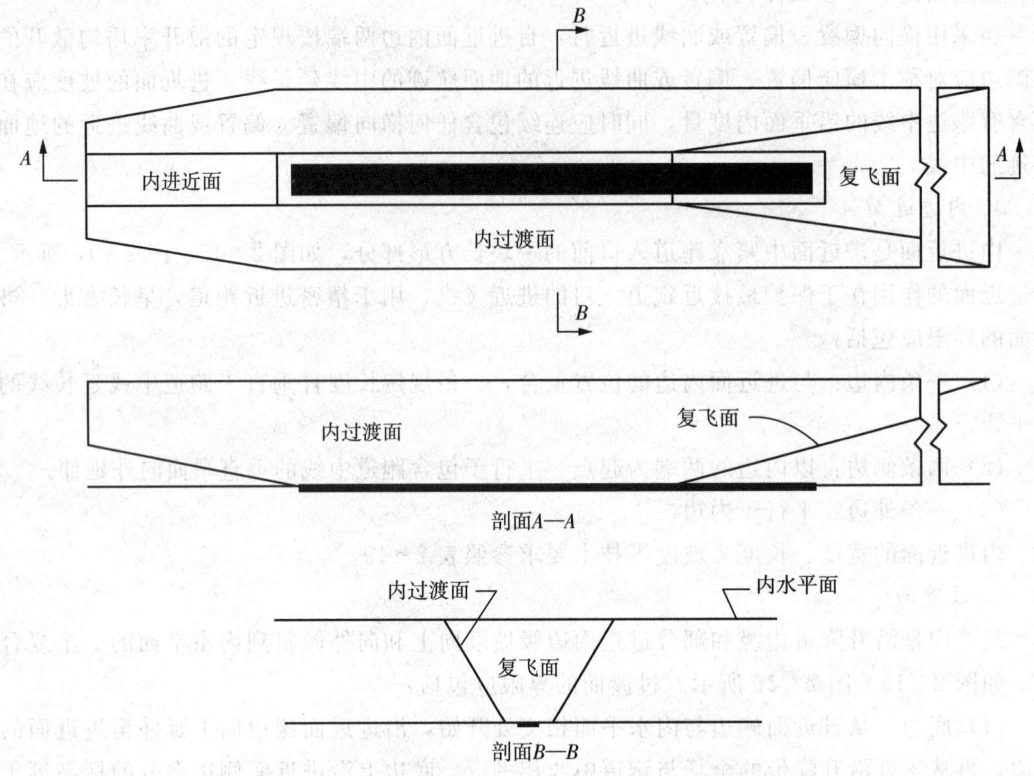

图 2－17　内进近面、内过渡面和复飞面示意图

(2) 两条侧边：以内边的两端为起点，并从含有跑道中线的垂直平面以规定的比率均匀地向外扩展。

(3) 一条外边：平行于内边，并位于内水平面的平面内。

复飞面的坡度应在含有跑道中线的铅垂面内度量。其技术要求请参见表 2－19。

8. 起飞爬升面

起飞爬升面是跑道端或净空道端外的一个倾斜平面或其他规定的面，如图 2－15 所示。起飞爬升面的界限应包括：

(1) 一条内边：位于跑道端外规定距离处，或当设有净空道而其长度超过上述规定距离时位于净空道端处，垂直于跑道中线的一条水平线；内边标高应等于从跑道端至内边之间的跑道中线延长线上最高点的标高，当设有净空道时，内边标高应等于净空道中线上地面最高点的标高。

(2) 两条侧边：以内边的两端为起点，从起飞航道以规定的比率均匀地扩展至一个规定的最终宽度，然后在起飞爬升面的剩余长度内继续维持这一宽度。

(3) 一条外边：垂直于规定的起飞航道的一条水平线。

在起飞航道为直线的情况下，起飞爬升面的坡度应在含有跑道中线的铅垂面内度量。在起飞航道带有转弯的情况下，起飞爬升面应是一条含有对其中线的水平法线的复合面，该中线的坡度应与直线起飞航道的坡度相同。起飞爬升面的具体净空要求请参考表 2－20。

表 2-20 起飞爬升面的净空要求

障碍物限制面及尺寸[a]	飞行区指标Ⅰ		
	1	2	3或4
内边长度（m）	60	80	180
距跑道端距离[b]（m）	30	60	60
散开率（每侧）	10%	10%	12.5%
最终宽度（m）	380	580	1200，1800
长度（m）	1600	2500	15000
坡度	5%	4%	2%

注：a. 除另有规定者外，所有尺寸均为水平度量。

b. 若净空道长度超出规定的距离，起飞爬升面从净空道末端开始。

c. 在仪表气象条件和夜间目视气象条件下飞行，当拟用航道含有大于 15°的航向变动时，采用 1800m。

二、障碍物限制原则

1. 障碍物限制严格原则

一般情况下，跑道一端会同时作为飞机起飞和降落使用，起飞障碍物限制面和进近面会有重合，此时，障碍物限制高度应按较严格的要求进行控制；内水平面、锥形面与进近面相重叠部分，障碍物限制高度也应按较严格的要求进行控制。

当一个机场有几条跑道时，应按表 2-19 和表 2-20 的规定分别确定每条跑道的障碍物限制范围，其相互重叠部分应按较严格的要求进行控制。

若当地条件与海平面标准大气条件相差很大，宜将表 2-19 所规定的坡度适当减小。减小的幅度取决于当地条件与海平面标准大气条件之间的差异程度以及使用该跑道的飞机的性能、特性和操作要求。

若已存在的物体没有达到 2%（1∶50）坡度的起飞爬升面，新物体应限制在保持原有的无障碍物面或保持一个坡度减小至 1.6%（1∶62.5）的限制面内。

障碍物限制面以外的机场附近地区，距机场跑道中心线两侧各 10km、跑道端外 20km 以内的净空保护区内，高出地面标高 30m 且高出机场标高 150m 的物体应视为障碍物，除非经航行部门研究认为其并不危及飞行安全。

在机场障碍物限制范围内超过起飞爬升面、进近面、过渡面、锥形面以及内水平面的现有物体应予拆除或搬迁，除出下列情形：

（1）经过研究认为在航行上采取措施，该物体不致危及飞行安全，并经民航行业主管部门批准。该物体应按规定设置障碍灯和（或）标志。

（2）该物体被另一现有不能搬迁的障碍物所遮蔽。

2. 障碍物遮蔽原则

遮蔽原则是：当物体被现有不能搬迁的障碍物所遮蔽，自该障碍物顶点向跑道相反方向为一水平面，向跑道方向为向下 1∶10 的平面，任何在这两个平面以下的物体，即为被该不可搬迁的障碍物所遮蔽。遮蔽原则的应用应经航行部门研究认可。

以遮蔽物宽度的两个端点，按进近面/起飞爬升面的散开率向内画平行线（进近面/起飞爬升面重叠时采用进近面的散开率），直至平行线相交或者平行线与进近面/起飞爬升面相交，自遮蔽物顶点向跑道方向为向下 1∶10 的平面，向跑道相反方向为一水平面，由这几个面相交所围成的区域为可遮蔽范围（见图 2－18）。

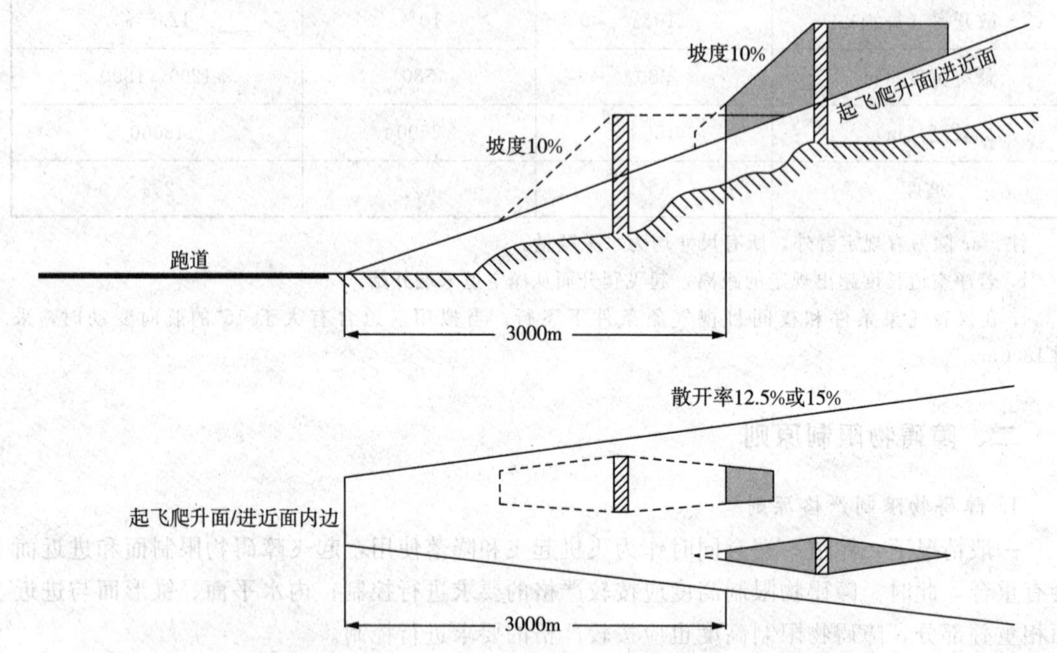

图 2－18　进近面/起飞爬升面遮蔽物可遮蔽范围（灰色区域）

在进近面/起飞爬升面中使用遮蔽原则时，拟建物体必须位于进近面/起飞爬升面从其内边起至 3000m 以外的区域，而遮蔽物可以位于进近面/起飞爬升面的任何区域，即遮蔽物可以位于进近面/起飞爬升面内边起至 3000m 以内。新物体或现有物体进行扩建的高度不应超出起飞爬升面、进近面、过渡面、锥形面以及内水平面，除非该物体被另一现有不能搬迁的障碍物所遮蔽。

第三章 机场道面

机场道面是供飞机起飞、着陆、滑跑以及进行飞行区准备和维护保养的场地，是机场最重要的基础设施和服务资源，主要包括跑道、滑行道和机坪。为了满足喷气式飞机的高胎压和喷出的高温、高速气流，以及能应对各种自然因素（如雨、雪、温度和日照）的长期作用，机场道面的表面状况和结构承载力应满足规定的技术标准，以充分保障飞机起降滑跑的安全。

第一节 机场道面分类

一、按道面材料分类

1. 水泥混凝土道面

水泥混凝土道面是以水泥作为胶结材料，辅以砂石骨料，加水拌和均匀，铺筑而成的道面，在必要时会加入适量外加剂、掺加料或其他改性材料等。这种道面具有强度高、耐侵蚀、使用品质好、应用广泛等优点。但初期投资大，完工后需要较长的养护期，不能立即开放交通，且养护维修难度大、耗时长。对于道面维修作业实施不停航施工时，水泥混凝土道面很少采用（不影响飞机起降、滑行、停放等区域除外。）

2. 沥青类道面

以沥青材料作为黏结剂，辅以砂石骨料、矿粉以及外加剂，在一定温度下拌和均匀，碾压成型后构成的道面。这类道面的优点是：平整性好，飞机滑行平稳、舒适；强度较高，能够满足各种飞机的使用要求；铺筑完成后不需要养护期，可以立即投入使用，特别适合于机场的不停航施工。但沥青材料对温度较为敏感，在温度超过60℃时就会发软，影响沥青道面的强度。若飞机发动机的气流作用时间较长则对沥青道面会产生影响，故跑道端部和机坪很少采用沥青道面。在停机坪上，沥青道面也会受到航油的侵蚀，导致沥青被溶解，混合料散碎，进而形成坑洞，使沥青道面遭到破坏。

3. 砂石类道面

在碾压平整的土基上，铺筑砂石类材料，经充分压实而成的道面。这是早期出现的机场道面。因其承载力低，晴天扬尘，雨天泥泞，无法飞行，目前在民用机场中应用较少。

4. 土道面

土道面是指以平整碾压密实的土质表面作为道面的面层，供飞机起落滑跑之用的道面。这种道面造价低，施工简便，主要用于轻型飞机起降的机场。军用机场的应急起飞跑道通常为土质道面。土道面通常都种植草皮，以提高其承载力。

5. 其他类道面

如钢板道面、水上机场的水面道面、冰上机场的冰道面等。

二、按道面品质分类

按照机场道面的不同品质，可分为以下三类：

1. 高级道面

这类道面的面层用高级材料构成。道面结构强度高、抗变形能力强、稳定性和耐久性好。水泥混凝土道面、配筋水泥混凝土道面、预应力钢筋混凝土道面、沥青混凝土道面均属高级道面，其中以水泥混凝土道面和沥青混凝土道面应用最为广泛。高级道面具有良好的使用品质，受气候条件影响小，是目前民用运输机场广泛采用的机场道面。

2. 中级道面

中级道面主要包括沥青贯入式、碎石和沥青表面处置等类型的道面。这类道面无接缝，表面平整，使用品质尚可。中级道面初建费用远低于高级道面，可以根据机场使用机型的发展变化和需要分期建设，这在投资上是有利的。

3. 低级道面

低级道面主要包括沙石道面、土道面和草皮道面。这类道面承载力低，通常作为轻型飞机的起降场地，用于初级航校机场、滑翔机场和农用机场等。

三、按道面力学性质分类

按照荷载作用下道面的受力特征和计算图示，机场道面划分为两种基本类型：刚性道面和柔性道面。

1. 刚性道面

刚性道面的面层是一种强度高、整体性好、刚度大的板体，能把基本荷载分布到较大的土地面积上，因此刚性道面结构承载力大部分由道面板本身提供。水泥混凝土道面、配筋混凝土道面和预应力钢筋混凝土道面等都属于刚性道面。设计刚性道面时，考虑的主要因素是混凝土的结构强度。刚性道面板主要在受弯拉条件下工作，其承载力由板的厚度、混凝土弯拉强度、配筋率以及基层和土基的强度来确定。正确设计的刚性道面，能够承受机轮荷载在板内引起的弯拉应力，把荷载分散到更大面积的基层和土基上，使土基不致产生过大的变形。由于水泥混凝土具有较高的抗压强度，荷载在板内引起的压应力一般不起控制作用，而混凝土的弯拉强度则比抗压强度低得多。当荷载引起的弯拉应力超过混凝土的弯拉强度时，板将产生断裂，导致刚性道面的破坏。因此在设计刚性道面时，考虑的主要强度因素是抗弯拉强度。

2. 柔性道面

柔性道面抵抗弯曲变形的能力弱，各层材料的弯曲抗拉强度均较小，在轮载作用下表现出相当大的形变性。因此只能把轮载压力传布到较小的面积上，各层材料主要在受压作

用状态下工作。柔性道面有沥青类道面、沙石道面、土道面等。轮载作用下柔性道面弯沉值（变形）的大小，反映了柔性道面的整体强度。当荷载引起的弯沉值超过允许弯沉值时，柔性道面就会发生损坏。因此，机场柔性道面厚度设计通常以允许弯沉作为控制标准。同时对面层下表面的弯拉应力进行验算。

四、按道面施工方式分类

1. 现场铺筑道面

现场铺筑道面是指将拌和均匀的道面材料现场铺筑而构成的道面。水泥混凝土道面、沥青类道面以及各种沙石道面结合料处治土道面等都属于现场铺筑道面。

2. 装配式道面

装配式道面的面层不是在现场浇筑的，而是在工厂预制运抵现场装配而成的。这类道面包括水泥混凝土砌块、预应力钢筋混凝土板、钢板道面等，目前应用很少。

第二节　机场道面构造

飞机机轮荷载与自然因素对道面结构的影响，随深度增加而逐渐减弱。因此，对道面材料的强度、刚度和稳定性的要求也随深度而逐渐降低。为满足这一特点，降低工程造价的方法是将机场道面结构设计为多层结构。表面用高级材料，下层用次高级材料，底层用低级材料。按使用要求、受力状况、土基支撑条件和自然因素影响程度的不同，在土基顶面采用不同规格和要求的材料分别铺设垫层、底基层、基层和面层等结构层。如图3－1所示。

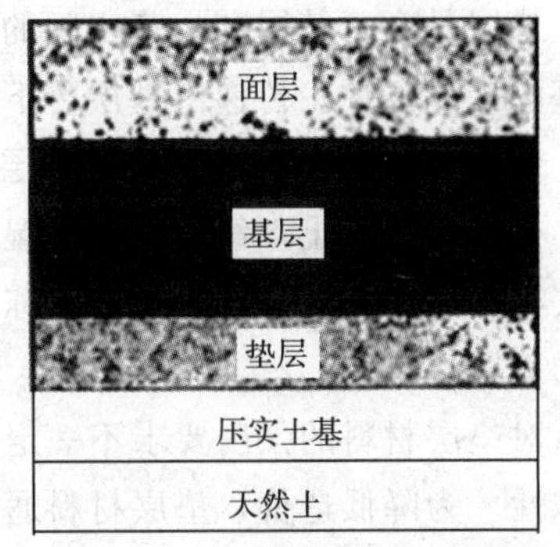

图3－1　道面结构图

一、面层

机场道面的面层是直接同机轮和大气相接触的一层，承受机轮荷载的竖向应力、水平力和瞬时冲击力的作用，同时又受到降水的侵蚀作用、温度变化和阳光照射等自然因素的影响。面层的作用是为飞机起飞、降落和滑跑提供良好的道面状况，同时在保持自身完好性的前提下，把机轮荷载传递和扩散到基层中去。为了达到上述要求，面层应具有较高的结构强度、刚度和温度稳定性，还要耐磨、不透水，其表面还应具有良好的平整度和抗滑性，来保证飞机起降和滑行时既能满足舒适性又可以安全地加、减速。目前，在民用机场中广泛使用的面层材料有水泥混凝土和沥青混凝土。

二、基层

机场道面的基层是面层和垫层或压实土基之间的结构层，是道面层次中的承重结构。

面层传导下来的垂直荷载由基层承载，并将荷载进一步扩散到垫层或土基层。所以，基层要具有足够的强度和刚度。基层因为在面层之下，所以其受自然因素的影响不如面层，但基层必须有足够的水稳定性和抗冻性。

机场道面基层的作用主要有以下四点：

(1) 改善土基的受力状况，延缓土基塑性变形的积累，从而使面层获得均匀稳定的支撑，保证道面的使用寿命。

(2) 缓和水、温度变化对土基的影响。通过设置基层，可以减少基轮荷载对土基的压力，隔断或减轻水对土基的作用，改善道面的水、温度状况，控制和抵抗土基不均匀、冻胀的不利影响。

(3) 提高道面结构承载力，改善面层的受力条件。良好的基层可以给予面层较大的支撑力，将面层的荷载分散到较大的面积上，从而减小压强，保护面层。

(4) 为铺筑面层提供平整坚固的作业面，从而改善施工条件。

常用作机场道面的基层材料的有水泥稳定类（包括水泥稳定砂砾、水泥稳定土、水泥稳定碎石）、石灰稳定类（石灰稳定土、石灰稳定碎石）、石灰工业废渣类（石灰粉煤灰土、石灰粉煤灰碎石、石灰粉煤灰矿渣）、石灰煤渣类（石灰煤渣土、石灰煤渣碎石、石灰煤渣矿渣）、有机结合料稳定类（沥青稳定碎石）等。

三、垫层

垫层是介于基层和土基之间的层次，其主要作用有：隔水、排水、防冻以改善基层和土基的工作条件；传递由基层传下来的垂直荷载，以减小土基所产生的变形。

垫层并不是必须设置的结构层次，主要是在土基水温状况不良时设置。如地下水位高，排水不良，土基经常处于潮湿状态的地段；排水不良的挖方地段，有裂隙水、泉水等水文不良的挖方地段；季节性冰冻地区可能产生冻胀的中湿、潮湿地段；基层可能受到污染的地段。

对垫层材料的强度要求不一定高，但其水稳定性要好，用作防冻层时还应具有较好的抗冻性。为降低造价，垫层材料通常就地取材，一般采用砂砾石或碎石；用作防冻层或隔温层时，如有炉渣等导热系数低的材料，则效果更佳；当缺乏砂石料或矿渣炉渣等颗粒材料时，也可采用水泥或石灰等结合料稳定土作垫层，但在季节性冰冻地区的潮湿地段，石灰土抗冻性能较差，不应采用。设置垫层，可以增加道面结构总厚度，从而减小积存的冻胀量，是季节性冰冻地区防治或控制道面冻胀的重要措施。

四、压实土基

压实土基是道面结构的最下层，承受全部道面上层结构的自重和机轮荷载应力。土基的平整性和压实质量，在很大程度上决定着整个道面结构的稳定性。因此，无论是填方还是挖方土基均应按要求予以压实。对于特殊土质应采取相应的技术措施，以免在机轮荷载和自然因素的长期反复作用下，产生过量的形变或其他病害，从而加速道面结构的损坏。

第三节　机场道面技术要求

飞机的起降、滑行、停放等操作都是在机场道面上完成。道面要承受飞机的重力荷载、水平荷载，抵抗发动机高速高温喷气流的吹蚀，同时还要承受冷热交替、干湿变化、冻融循环等自然因素的持续作用。近年来，随着高胎压、超重型飞机的使用，对道面的技术要求也越来越高。只有道面有良好的技术性能，才能保证飞机起降、滑行的安全平稳。

机场道面暴露在大气环境中，直接承受机轮荷载的作用和环境因素的影响，应以具有足够的弯拉强度、疲劳强度、抗压强度和耐久性。此外，为保证飞机起降安全与乘客舒适性，面层还应具有良好的抗滑、耐磨、平整等表面特性。

一、强度和刚度

飞机在道面上滑行或停放时，不仅会把竖向压力传给道面，还会同时把水平荷载传给道面。此外，道面内的温度变化也会引起温度应力。在这些外力的作用下，道面结构内会产生拉应力、压应力和剪切应力。如果道面结构整体或某一部分的强度或抗变形能力不足以抵抗这些应力时，道面就会出现断裂、沉陷、波浪或轮辙，使道面使用性能降低。因此，道面结构整体及其各组成部分，应具备同机轮荷载和温度荷载相适应的强度。为此，要正确分析机轮荷载和温度荷载作用下道面结构的应力状况，研究道面结构的强度形成机理，从而设计和修建出经久耐用的机场道面。

刚度是指道面结构抵抗变形的能力。道面的整体或某组成部分的刚度不足，即便是强度足够，也会在机轮荷载作用下产生过大的变形，使道面出现波浪、轮辙和沉陷等不平整的病害，影响飞机滑行的平稳性或者促使道面结构出现断裂现象，缩短道面的使用寿命。因此，不仅要研究道面结构的应力和强度之间的关系，还要分析其荷载和变形的关系，使整个道面结构及各个部分的变形量控制在允许的范围内。

二、抗滑性

为了满足航空运输的需要，要求机场道面允许飞机在较恶劣的气象条件下进行起飞和着陆，这样机轮与道面间必须有足够的摩阻力，这是防止飞机制动时打滑和方向失控的重要保证。大型民用运输机对着陆时的操纵和制动的可靠性有较高的要求，而这种可靠性在很大程度上取决于机轮与道面之间有无足够的摩阻力。因此机场道面的防滑问题就是飞机滑跑的安全问题。

表示机场道面抗滑性能的主要指标有道面摩擦系数和道面粗糙度。影响轮胎与道面之间摩擦系数大小的因素很多，诸如飞机滑行速度、道面粗糙度、道面状态（干燥、潮湿或被污染）、轮胎磨损状况、胎面的花纹、轮胎压力、滑溜比等。摩擦系数的测定方法和仪器有很多，国际民航组织和中国民航管理部门规定应使用有自湿装置的连续摩阻测试仪测量跑道的摩擦系数。我国许多军用机场目前还在使用摆式摩擦系数测定仪。摆锤底面装有轮胎面组成的滑块，以一定高度自由下摆，经潮湿道面时，因摩擦而损失部分能量，由回摆高度可知损失能量的大小，根据功能原理确定道面的抗滑性能。实验条件大致相当于以50km/h速度滑跑时的摩擦情况。

道面的粗糙度也称为纹理深度，系指道面的表面构造，包括宏观构造（粗纹理）和微观构造（细纹理）。粗纹理是指道面表面外露集料之间的平均深度，可用填砂法等方法测定；细纹理是指集料自身表面的粗糙度，用磨光值表示。道面表面的纹理构造，使道面表面雨天不会形成较厚的水膜，避免飞机滑跑时产生水上漂滑现象。在飞机滑跑速度不高时，道面表面的水来得及从滚动的机轮下排出，一部分水则被控制在集料表面的纹理之中。这时轮胎同道面表面能保持有摩阻作用的接触。细纹理对潮湿表面的抗滑起决定作用，当滑跑速度较高时，粗纹理对道面抗滑性起决定作用，其功能是提供排水通路，使道面表面的水能从高速滚动的机轮下迅速排出，从而避免形成水膜，使轮胎仍能同道面保持接触。而细纹理提供的低速抗滑性能在高速滑跑条件下仍能发挥作用。显然，飞机滑跑速度越大，迅速排出表面水，所需要的纹理深度越大。因此，在道面设计和施工时应当有效的控制道面表面的纹理深度，以获得足够的道面摩阻力。

平均纹理深度通常采用填砂法测量，计算公式如下式中。

$$\delta=\frac{40V}{\pi D^2}$$

式中，δ——平均纹理深度；

V——填满圆面积内凹下部分所用砂量；

D——摊砂圆面积的直径。

提高水泥混凝土道面的抗滑性能，通常采取增大其纹理深度的表面处理措施。

三、平整度要求

机场道面平整度，是指道面的表面对于理想平面的竖向偏差，是表征道面表面特性的一个重要指标。它对飞机在滑行中的动力性能、行驶质量和道面承受的动力荷载三者的数值特征起着决定性的作用。

1. 道面不平整产生原因及其影响

机场道面在刚刚投入使用时的平整度是满足设计要求的，但是，在使用过程中由于受到荷载和自然因素的长期反复作用，就会产生道面不平整。一般来说，机场道面不平整产生的原因主要有以下五种情况：在飞机荷载的不断作用下，使道面在竖向方向产生累积塑性变形；地下水位的升降会引起土基和基层的不均匀沉降；基层或土基中的水结冰引起的道面鼓胀，冰融化引起道面承载力下降，道面凹陷；道面上下层的温度差，产生温度应力引起的道面板的翘曲；道面表面的磨耗、剥落、腐蚀、拥包等病害情况引起的道面表面不平整。

机场道面不平整可能产生的主要影响：(1) 道面不平整会使道面摩阻性不均，尤其是在雨雪天气时会造成道面低洼处积水结冰，严重影响飞行安全；(2) 飞机在不平整道面上滑行时，会造成飞机的颠簸和震动，从而使飞机乘员舒适度降低，也影响飞行员的仪表判读和对飞机设备的操控；(3) 当飞机高速滑行时，剧烈的震动可能造成起落架过

载甚至折断，震动会使飞机承受的动载增加，导致机件磨损甚至脱落，使用寿命下降；（4）飞机的震动使得飞机对道面的竖向荷载增大，从而加速道面的破坏，缩短道面使用寿命。

2. 道面平整度评价方法和标准

机场道面平整度评价的指标有很多，比较常见的有三米尺下最大空隙、国际平整度指数 IRI（International Roughness Index）、驾驶舒适度指数 RQI（Ride Quality Index）、飞机竖向加速度、机场道面平整度指数 APRI（Airport Pavement Roughness Index）、道面平整度指数 PSI（Pavement Smoothness Index）等。国际民航组织的标准是"竣工的跑道道面磨耗层表面的平坦度在用三米直尺测量时，不论直尺以任何方向放在任何地方直尺底边与道面之间的空隙应不大于 3mm"。

三米尺方法对测量人员的技术水平和测量设备要求较低，因而被许多机场所采纳。测量水泥混凝土道面平整度的方法是用三米直尺沿块板两对角线各平放一次，用塞尺测量直尺与板块之间的最大间隙，即为该处道面的平整度。测定沥青混凝土道面平整度的方法是用三米直尺沿道面纵向和横向十字交叉各放一次，用塞尺测量直尺与道面间的最大间隙即为该处道面的平整度。平坦度的测点数由调查区域面积决定，通常是每 2000m^2 测一个点，位置用随机抽样法确定。

根据民航有关规定，可将沥青和水泥混凝土道面的变形损坏划分为轻度、中度和重度三个等级，分别如表 3－1、表 3－2 所示。

表 3－1　沥青混凝土道面三米尺变形损坏评价标准

评价等级	轻度	中度	重度
变形高度超过 10mm 的面积（m^2）	小于 20	20～50	大于 50

表 3－2　水泥混凝土道面三米尺变形损坏评价标准

评价等级	轻度	中度	重度
三米尺测得变形高低差（mm）	小于 5	5～10	大于 10

四、气候稳定性

机场道面暴露在自然环境中，受各种气候因素（光照、温度、湿度等）的影响，道面结构的性能会发生变化，很多情况下，道面收到自然气候的破坏比遭受机轮荷载作用的破坏更为严重。常见的气候造成的病害有沥青道面在夏季高温季节可能会变软、泛油，出现轮辙和拥包；在冬季低温时又可能因收缩受到约束出现开裂，这将影响道面的使用品质和使用寿命。同样，水泥混凝土道面在水的作用下会出现唧泥或板底脱空，进而造成板的断裂，这些都给其结构设计和材料组成设计带来复杂性。为此，在进行机场道面设计时，要充分调查和分析机场周围的气候条件、水文地质条件，研究建筑材料的性能同温度和湿度的关系，在此基础上选取合适的设计参数和结构组合，设计出在当地气候条件下具有足够稳定性的道面结构。

五、耐久性

道面的耐久性是指道面在长期的自然因素影响和荷载反复作用下，仍能保持正常使用状态的能力。机场道面在其使用年限内（通常水泥混凝土设计使用年限为30年左右，沥青混凝土为15年左右），受到轮载和气候长期、反复作用，道面结构的整体或某一组成部分会逐渐出现疲劳损坏和塑性变形累积。若耐久性不足，道面使用较短的时间后就需要修复或改建，既干扰正常飞行，又造成投资的浪费。为此，设计和修建的机场道面结构，应使其在使用寿命年限内，具有较高的抗疲劳和抗塑性的变形能力。

六、经济性

机场建设是一项浩大的工程。为了减少建设成本，道面设计不仅要保证各项技术达到要求标准，还应考虑建设经费最低。在考虑节省建设经费的时候，要把前期建设费用、将来的维修维护费用以及因维修造成的停航的损失全部计算在内，从而得出一个经济最优方案。这就要求机场道面的设计和施工人员进行充分调查论证，多方案比较，以提高机场道面建设的经济性。

第四节　水泥混凝土道面施工

水泥混凝土道面是以水泥与水拌和成的水泥浆为结合料，以碎（砾）石、砂为集料，再添加适当的外加剂、掺和料拌制成的混凝土铺筑的道面。由于具有强度高、刚度大、使用耐久等优点，水泥混凝土广泛应用于国内外机场道面工程。

一、水泥混凝土道面的技术要求

1. 道面设计强度

道面水泥混凝土板在飞机机轮荷载以及环境温度变化等因素作用下，将产生压应力和弯拉应力。水泥混凝土抗压强度较大，一般都会满足设计要求，所以，在水泥混凝土道面设计中，主要考虑道面的弯拉强度。

水泥混凝土在不同的龄期，其强度会有不同，龄期越长，强度越高。此外，材料组成、制备与施工工艺、养生条件等也是影响水泥混凝土强度的重要因素。由于机场水泥混凝土道面在完工90d内往往不会正式开放运行，机场水泥混凝土道面设计通常以90d龄期的强度为标准。但是为便于施工控制，混凝土配合比试验及施工过程中的强度测试，通常以28d龄期的强度为基准。通常水泥混凝土90d龄期的强度是28d龄期强度的1.05～1.1倍。

一般来说，水泥混凝土道面的强度越高，其寿命越长。在混凝土板厚相同的情况下，当混凝土弯拉强度由5MPa增加至5.5MPa时，允许累积作用次数可增大约5.9倍。混凝土强度在一定程度上还与混凝土的耐久性、耐磨性及抗冻性等性能的好坏有关。因此，在条件许可时应尽量采用较高的混凝土设计强度。我国《民用机场水泥混凝土道面设计规范》（MH/T 5004—2010）中规定，飞行区等级指标Ⅱ为 A、B 的机场，其道面混凝土设计弯拉强度不得低于 4.5MPa，飞行区指标Ⅱ为 C、D、E、F 的机场，其道面混凝土设计弯拉强度不得低于 5MPa。

2. 道面耐磨性

在飞机机轮的摩擦冲击下，道面水泥混凝土表面会发生磨耗甚至剥落，首先磨损的是水泥砂浆，然后是显露出的粗集料，长期的磨耗不仅会减薄混凝土板的厚度，降低道面的整体强度，而且会降低混凝土表面的平整度和抗滑性。当引起集料松散时，还会对飞机的安全运行构成严重危害。混凝土的耐磨性能与水泥的质量、水灰比、集料的硬度及混凝土的密实性等有关。为提高混凝土的耐磨性，应尽量选用强度等级较高的硅酸盐水泥、普通水泥或道路水泥。矿渣水泥因耐磨性较差，不应使用。尽量降低水灰比，同时保证足够的水泥用量。在可能的情况下选择质地坚硬、耐磨性好的集料。施工中应将混凝土混合料振捣密实。

3. 道面耐冻性

在结冰地区，冻融循环作用会造成道面的破损。混凝土的水灰比大则孔隙率大，可能存留的水分也多，对混凝土的耐冻性不利。所以对于地处严寒地区的水泥混凝土道面应严格控制混凝土混合料的水灰比和用水量。集料级配良好时，可以减少混凝土的孔隙率，提高混凝土的耐冻性；提高混凝土混合料本身的抗冻性（坚固性）对道面混凝土的耐冻性有利。另外，减少集料中的含泥量，振捣时增加混凝土的致密度、掺加引气剂，均可提高道面混凝土的耐冻性。

水泥混凝土抗冻性以抗冻等级表示。抗冻等级是采用龄期 28d 的试块，在吸水饱和后承受反复冻融循环以抗压强度下降不超过 25%而质量损失不超过 50%所能承受的最大冻融循环次数来确定。混凝土质量控制标准规定的抗冻性等级为 F50、F100、F150、F200、F250、F300、F350、F400、>F400 等九个等级。依据规范规定，对于严寒地区（年最低月平均气温小于－10℃），道面混凝土的抗冻性标号应不低于 F300；对于寒冷地区（年最低月平均气温为－10℃～0℃），道面混凝土抗冻性标号应不低于 F200。

4. 道面抗滑性

为保证飞机起飞和着陆时能够在道面上稳定滑跑加速和减速，机轮与道面之间必须具有足够的摩阻力，这是防止飞机制动时打滑和方向失控的重要保证。影响轮胎与道面之间摩擦系数大小的因素很多，如飞机滑行速度、道面粗糙度、道面状态（干燥、潮湿或被污染）、轮胎磨损状况、胎面的花纹、轮胎压力、滑溜比等。因潮湿状态下道面摩擦系数不仅小于干燥状态，而且随速度的增大而迅速减小，国际民航组织和中国民航管理部门规定应使用有自湿装置的连续摩阻测试仪测量跑道的摩擦系数。因此道面宜采用双向横坡设计，以保证道面上的积水能快速排掉。

另一个对道面抗滑性相关的指标是道面纹理深度，系指道面的表面构造，包括宏观构造（粗纹理）和微观构造（细纹理）。粗纹理是指道面表面外露集料之间的平均深度，可用填砂法测定；细纹理是指集料自身表面的粗糙度，用磨光值表示。道面表面的纹理构造使道面表面在雨天不会形成较厚的水膜，避免飞机滑跑时产生“水上漂滑”现象。在道面设计和施工时，应当有效控制道面表面的纹理深度，以获得足够的道面摩阻力。

《国际民用航空公约附件14——机场》建议新建跑道道面的平均纹理深度不应小于1mm。我国《民用机场飞行区技术标准》（MH 5001—2013）规定跑道的平均纹理深度应不小于0.8mm，该规定未区分新建道面和旧道面。在年降水量大于800mm的地区，飞行区指标Ⅱ为D、E、F时，跑道及快速出口滑行道应先拉毛后刻槽，其拉毛后的平均纹理深度为0.6～0.8mm；除快速出口滑行道外，其他滑行道以及机坪应采用拉毛的方法制作表面纹理，其纹理深度应不小于0.4mm。

5. 组成材料

道面水泥混凝土主要由水泥、细集料、粗集料、水、外加剂和掺和料组成。

(1) 水泥

水泥混凝土面层应选用旋窑生产的道路硅酸盐水泥、硅酸盐水泥或普通硅酸盐水泥，满足收缩性小、耐磨性强、抗冻性好、含碱量低特性的水泥，不宜选用早强型水泥，所选水泥的各项技术指标应符合国家现行标准。水泥混凝土设计强度不小于5MPa时，所选水泥实测28d抗折强度宜大于8MPa。水泥的物理性质及化学成分宜符合《民用机场飞行区水泥混凝土道面面层施工技术规范》（MH 5006—2015）以及国家现行有关标准的规定。

(2) 细集料

细集料（天然砂或机制砂）宜采用细度模数为2.65～3.20的中粗砂，且应质地坚硬、耐久、洁净，符合级配要求。天然砂的含泥量（按质量计）应小于2%，泥块含量（按质量计）应小于1%。道面水泥混凝土采用机制砂时，应检验砂浆磨光值，其值宜大于35，并且宜在混凝土中掺入引气高效减水剂。

砂中不应混有草根、树叶、树枝、塑料、石灰块、煤块、炉渣等杂物。砂中如含有云母、轻物质、有机物、硫化物及硫酸盐、氯盐等，其含量应符合规定。当砂中可能含有引起混凝土碱集料反应的碱活性矿物时，应进行碱活性检验。

(3) 粗集料

粗集料应采用碎石或机轧卵、砾石，并且质地坚硬、耐久、耐磨、洁净，符合规定级配，最大粒径不应超过31.5mm。碎石和机轧卵、砾石宜采用4.75～16mm及16～31.5mm的两级石子配成，并符合级配要求。道面水泥混凝土用粗集料宜进行碱活性检验。经碱集料反应试验后，试件无裂缝、酥裂、胶体外溢等现象，在规定试验龄期的膨胀率应小于0.10%。

碎石、卵石、砾石的含泥量（按质量计）应小于1%；泥块含量（按质量计）应小于0.5%；坚固性采用硫酸钠溶液法检验，经5次循环后，其质量损失严寒地区应不大于3%，其他地区应不大于5%；针片状颗粒含量（按质量计）4.75～16mm的应小于15%，16～31.5mm的应小于10%；有害物质含量中有机物应合格，硫化物及硫酸盐（按SO_3质量计）应小于1%。机轧砾石中软弱颗粒含量按质量计应不大于5%；氯化物含量（以氯离子质量计）应小于0.02%。含有酸、碱结晶体的粗集料应进行浸泡冲洗。碎石和卵石、砾石中不应混有草根、树叶、木块、塑料、煤块、石灰块、炉渣等杂物。

机轧卵、砾石应用粒径100mm以上卵、砾石材料进行破碎，破碎后颗粒呈菱形，每块石料应至少有两个破碎面。

(4) 水

符合《生活饮用水卫生标准》(GB 5749) 的饮用水可作为水泥混凝土拌和、冲洗集料及养生用水。使用其他水源作为拌和用水时，水质应符合表 3-3 的要求。

表 3-3 水泥混凝土拌和用水水质技术指标

项次	项 目	钢筋混凝土	素混凝土	试验方法
1	pH 值	大于或等于 5.0	大于或等于 4.5	GB/T 6920
2	Cl^- 含量 (mg/L)	小于或等于 1000	小于或等于 3500	GB/T 11896
3	SO_4^{2-} 含量 (mg/L)	小于或等于 2000	小于或等于 2700	GB/T 11896
4	碱含量 (mg/L)	小于或等于 1500	小于或等于 1500	GB/T 176 火焰光度计法
5	可溶物含量 (mg/L)	小于或等于 5000	小于或等于 10000	GB 5750
6	不溶物含量 (mg/L)	小于或等于 2000	小于或等于 5000	GB/T 11901
7	其他杂质	不应有漂浮的油脂和泡沫；不应有明显的颜色和异味		—

因非饮用水的水质情况较复杂，所以水泥混凝土拌和用水采用非饮用水时，应与饮用水进行水泥凝结时间与水泥胶砂强度的对比试验。对比试验的水泥初凝时间差与终凝时间差均不应大于 30min，被检验水样配制的水泥胶砂 3d 和 28d 强度不应低于饮用水配制的水泥胶砂相应龄期强度的 90%。

(5) 外加剂

选用水泥混凝土外加剂的品种及含量应根据施工条件和使用要求，并通过水泥混凝土配合比试验选用。所选外加剂不应危害人体健康或对环境造成污染。外加剂的现场适应性检验应采用工程实际使用的胶凝材料、集料和拌和用水进行试配，并确定合理掺加量。不宜选用含钠离子和钾离子的外加剂。有抗冻要求时，混凝土中应使用引气剂。引气剂应选用表面张力值大、引入水泥浆体中气泡多而微小、气泡稳定时间长的产品。常用的外加剂有减水剂、早强剂、缓凝剂和引气剂等。

(6) 掺和料

水泥混凝土中可掺加适量Ⅰ、Ⅱ级干排或磨细低钙粉煤灰，并了解所用水泥中已掺混合材料的种类和掺量，通过混凝土配合比设计试验确定合适的粉煤灰掺量、相应的混凝土配合比和施工工艺。掺加粉煤灰可以提高水泥混凝土的强度和耐久性。

(7) 钢筋

钢筋的品种、规格应符合设计要求，其质量应符合国家相关标准的规定，每 60t 至少进行一次拉拔试验和冷弯试验。钢筋线密度不应有负偏差。钢筋应顺直，不应有裂纹、断伤、刻痕、表面油污和锈蚀。

二、水泥混凝土道面分块与接缝

(一) 道面分块

随着一年四季大气温度的变化，混凝土面层会产生不同程度的胀缩变形。此外，即使在一天之内，由于昼夜温差较大，温度变化周期较短，在面层厚度范围内呈现不均匀分布，也会造成面层上下底面的温度坡差，使其产生翘曲变形。此类胀缩和翘曲变形一旦受到约束，将在面层内产生温度应力。若此应力超出极限值，面层即产生裂缝或被挤碎。分块即采用接缝将水泥混凝土板分割为较小尺寸的板块，目的是消除或减小混凝土板内的温度应力，避免不规则裂缝等病害的产生，保持道面外观整齐，从而改善道面的使用性能。

水泥混凝土板宜采用矩形。矩形板平整性好，而且便于施工。一般按跑道、滑行道、各机坪独立分块，各部位道面的分块尺寸变化宜尽量少，将不规则尺寸的板块布置在道面边缘或各部位道面交接处。因在荷载和温度变化的作用下非矩形板的板角、板边易于破损，非矩形板的短边长不宜小于 1m，板角不宜呈锐角或大于 180°的角。当无法避免上述不利情况时，可对这些薄弱部位进行加筋补强。

当采用现浇水泥混凝土作为道肩面层时，其分块应视道肩宽度以及相邻道面板的分块尺寸而定，尺寸以 1.5～3m 为宜，分块宜接近或为正方形。滑行道上飞机滑行渠化严重，轮载重复次数较高，因此应尽量使主要使用机型的主起落架机轮离开纵缝而从板的中部通过，以改善板的受力条件。跑道中心线以及双面坡滑行道的脊线应与纵缝相重合，目的是防止道面面板的中部沿脊线产生贯通裂缝，同时也是为了便于施工。

板的平面尺寸应根据当地气温、板厚、采用的集料和施工工艺确定。矩形板板宽宜取 4～5m，板宽与板长之比以 1∶1～1∶1.25 为宜，板长不得小于 3m。厚 1 度小于 25cm 的板，板长不宜超过 5m。厚度大于等于 25cm 的板，板长不宜超过 6m。分块接缝不应错缝，在道面交接、交叉处出现错缝时，应采用胀缝或平缝隔开。

（二）道面接缝

设置接缝的目的是控制板的收缩应力和翘曲应力所引起的裂缝出现的位置，避免板的膨胀，产生过大的压应力，提供板间足够的荷载传递能力，防止表面水沿接缝下渗以及杂物落入缝内，并满足施工需要。

根据接缝与道面中线的关系，道面接缝可以分为纵缝和横缝两种。纵缝是平行于道面中线方向的施工缝，一般设置在道面中间。横缝是垂直于道面中线方向的接缝，分为缩缝、胀缝和施工缝三种。不同形式的接缝，对于减小或消除面层内的温度、胀缩及翘曲应力具有不同的作用。各种接缝的设置条件和构造要求也不相同，但是在任何形式的接缝处，板体都不可能是连续的，其传递荷载的能力会有所降低，而且任何形式的接缝都难免要渗水，因此对各种形式的接缝都必须为其提供相应的传递荷载及防水构造。目前接缝主要通过集料嵌锁作用、传力杆或拉杆等形式传递荷载。

1. 纵向施工缝

纵向施工缝是根据施工需要，在摊铺道之间设置的接缝。当道面板厚较大时普遍采用企口缝。企口缝应先铺筑混凝土板凸榫的一边，拆模后形成阳企口。飞行区指标Ⅱ为 C、D、E 的机场跑道中间的三条纵向施工缝以及滑行道中间的三条纵向施工缝，飞行区指标Ⅱ为 F 的机场跑道中间的五条纵向施工缝以及滑行道中间的三条纵向施工缝，都宜在板厚中央设置拉杆，其构造如图 3－2 所示。拉杆应采用螺纹钢筋，并垂直于混凝土板的中线、平行于道面表面。纵向施工缝缝槽宽度一般为 8mm，缝槽下部应设置直径不小于 10mm 的垫条，垫条可采用泡沫塑料或性能满足要求的其他材料。

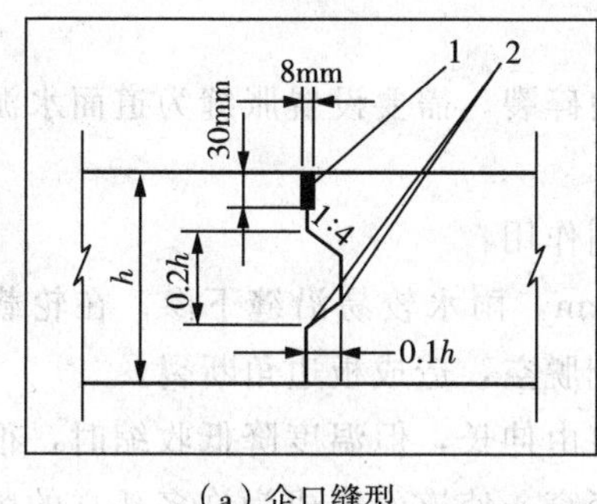

（a）企口缝型

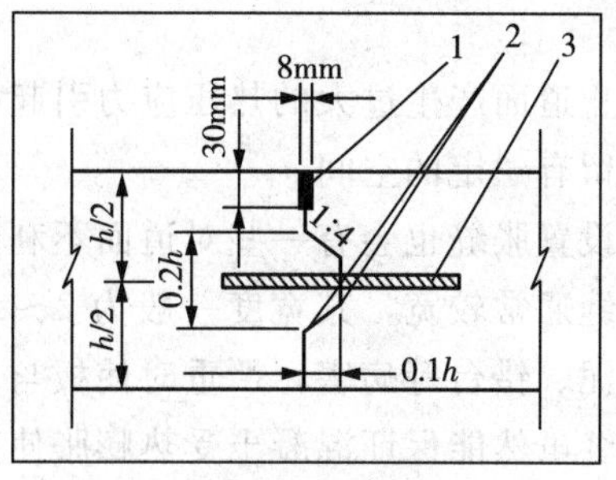

（b）企口加拉杆型

图 3－2　纵向施工缝构造

1—填缝料；2—半径 10mm 的圆弧；3—拉杆

2. 横向缩缝

为了减轻混凝土板因温度变化而产生的翘曲应力和收缩应力，控制混凝土板横向收缩裂缝出现的位置和防止不规则裂缝的产生，宜设置横向缩缝。垂直于摊铺方向的横向缩缝，一般采用假缝。假缝缝槽宽度一般为 8mm，下部应设置直径不小于 10mm 的垫条。横向缩缝通常采用两种形式：假缝型和假缝加传力杆型，见图 3－3。

在下列假缝内，宜在板厚中央加设传力杆：

（1）未设置胀缝跑道及平行滑行道两端各 100m 范围内的假缝；

（2）临近道面自由端的三条假缝；

（3）紧邻胀缝的三条假缝；

（4）钢筋混凝土板的假缝。

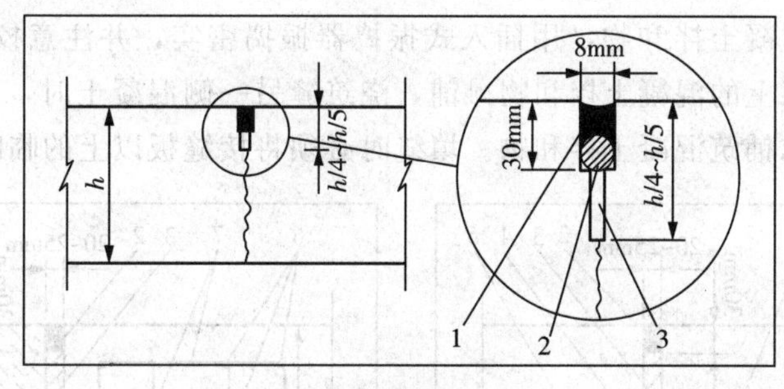

（a）假缝型

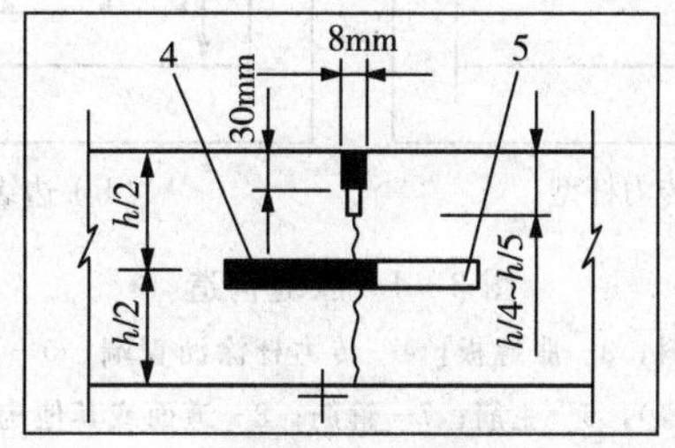

（b）假缝加传力杆型

图 3－3　横向缩缝

1—填缝料；2—嵌条；3—下部锯缝；4—传力杆涂沥青端；5—传力杆

3. 胀缝

为了防止道面产生过大的热压应力引起板角碎裂，需要设置胀缝为道面水泥混凝土板的受热膨胀留有一定的空间。

但是，设置胀缝也会有一些对道面不利的副作用：

（1）胀缝通常较宽，其宽度一般为 2～2.5cm，雨水较易沿缝下渗，在轮载反复作用下会形成唧泥、错台等病害，严重时使板与基础脱空，造成板边角断裂。

（2）胀缝虽然能保证混凝土受热膨胀使其自由伸长，但温度降低收缩时，很难恢复至原来位置。经多年反复循环后缩缝变宽，胀缝变窄，使道面板成为许多孤立的版块，导致道面使用性能恶化。

（3）若干年后接缝材料老化，砂石等杂物便易于落入胀缝内，造成接缝区的混凝土在膨胀受阻时产生碎裂破坏或拱起。

（4）胀缝施工较为复杂，不容易把握质量，如传力杆位置不准确等会引起许多后患。混凝土道面板接缝的破坏主要发生在胀缝处，而缩缝处的损坏量要少得多。

胀缝带来的病害很难有效地修复，因此，工程实践中，水泥混凝土道面开始减少或者尽量不设胀缝。在下列情况下有必要设置胀缝：

（1）道面与房屋排水结构及柔性道面等固定构造物相接处；

（2）道面交接、交叉及弯道处（板厚大于 25cm 且在夏季施工时，以及交接处某一方向的道面长度较短时可不设胀缝）。

（3）在冬季浇筑混凝土道面（施工期间昼夜平均气温不超过 5℃或最低气温低于－2℃）；

（4）采用膨胀性大的集料（如砂岩或硅酸质集料）。

混凝土铺筑终了时进行胀缝施工。传力杆和接缝板的安装和固定如图 3－4 所示。先浇筑传力杆以下的混凝土拌和物，用插入式振捣器振捣密实，并注意校正传力杆的位置，然后再摊铺传力杆以上的混凝土拌和物摊铺，浇筑缝另一侧混凝土时，先拆除端头钢挡板及钢钎，然后按要求铺筑混凝土拌和物。填缝时必须将接缝板以上的临时插入物清除。

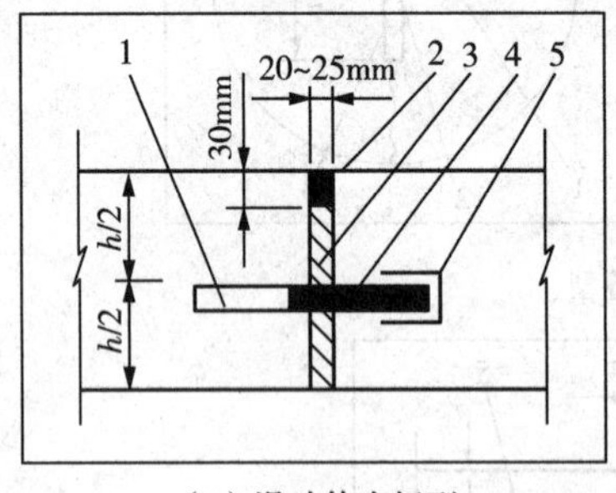

（a）滑动传力杆型

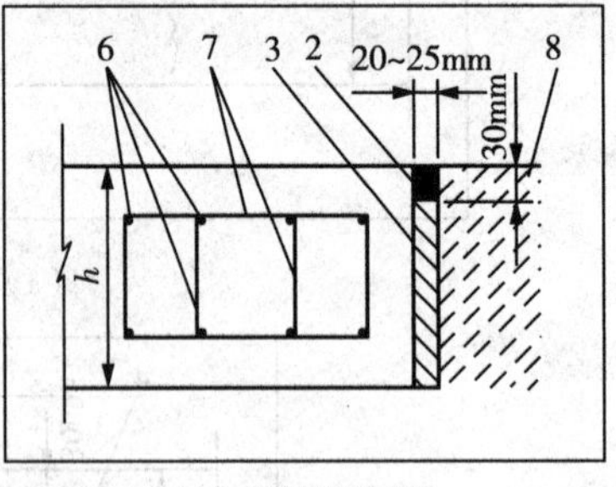

（b）边缘钢筋型

图 3－4　胀缝构造

1—传力杆；2—填缝料；3—胀缝板；4—传力杆涂沥青端；5—长 10cm 套筒（留 30mm 空隙填以泡沫塑料、纱头等）；6—主筋；7—箍筋；8—道面或其他构筑物

胀缝通常采用滑动传力杆型或边缘钢筋型，其构造如图 3－4 所示。其钢筋布置一般采用长 40～60cm、直径 20～38cm 的光圆钢筋，每隔 30cm 设一根。杆的半段固定在混凝土内，另一段涂以 1mm 厚的沥青，并在沥青表面撒一层滑石粉，再套上长 8～10cm 的铁

皮或塑料套筒，筒底与杆端之间留出宽3～4cm的空隙，并用木屑与弹性材料填充，以利于板的自由伸缩。

4. 横向施工缝

浇筑混凝土因故中断时，必须设置横向施工缝。其位置应设在分块设计确定的横缝、缩缝或胀缝处，以保持断面接缝的整齐。设在胀缝处的横向施工缝采用滑动传力杆型构造；设在缩缝处的横向施工缝通常采用平缝加传力杆型构造，也有采用企口缝型构造的，虽然能节省钢材，但其使用性能不及加传力杆的平缝。横向施工缝缝槽宽度一般为8mm，缝槽下部应采用直径不小于10mm的垫条，见图3-5所示。

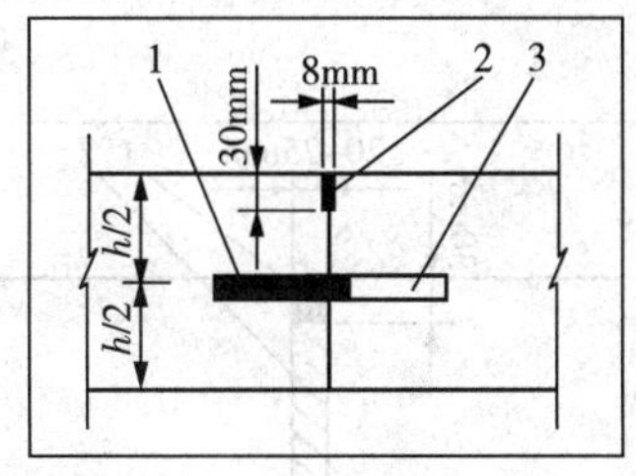

图3-5 横向施工缝构造

1—传力杆涂沥青端；2—填缝料；3—传力杆

5. 交接平缩缝

在道面交接、交叉及弯道处不设置胀缝时，应设置交接平缩缝。设置交接平缩缝的目的是减少两个不同方向的道面，因温度变化发生不同位移时带来的约束应力。在道面交接较差及弯道处不设置胀缝时，应采用交接平缩缝将不同方向的道面隔开。交接平缩缝处先浇混凝土板的侧面应平滑，并且粘贴油毡或其他防水隔离材料。

交接平缩缝处的两侧板边一般采用边缘钢筋予以补强，也可采用厚边型交接平缩缝。交接平缩缝还可用于预计将来需要延长的道面边缘。交接平缩缝缝槽宽度一般为8mm，缝槽下部应设置直径不小于10mm的垫条，如图3-6所示。

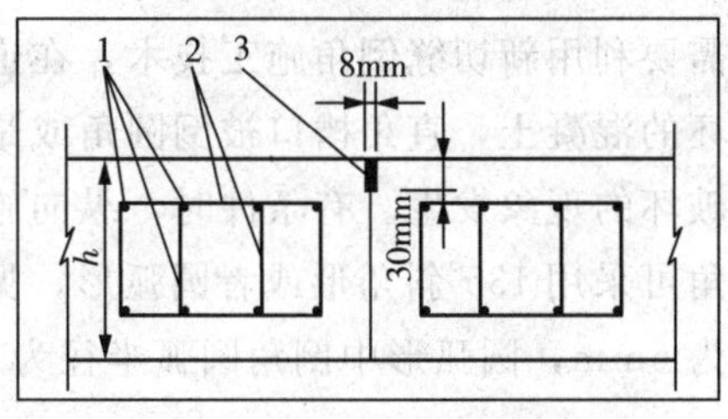

图3-6 交接平缩缝构造

1—主筋；2—箍筋；3—填缝料

6. 道肩接缝

采用现浇水泥混凝土作道肩面层时，接缝有纵向施工缝、横向缩缝及胀缝三种。道肩面层的纵向施工缝应采用平缝，其构造如图3-7（a）所示。道肩面层的横向缩缝应采用假缝，其构造如图3-7（b）所示。道肩面层纵向施工缝、横向缩缝的缝槽宽度一般为

8mm，缝槽下部应设置直径不小于 10mm 的垫条。道肩面层应设置胀缝，其胀缝宜与相邻面板的接缝对齐，其间距宜为 10～15mm，其构造如图 3－7（c）所示。

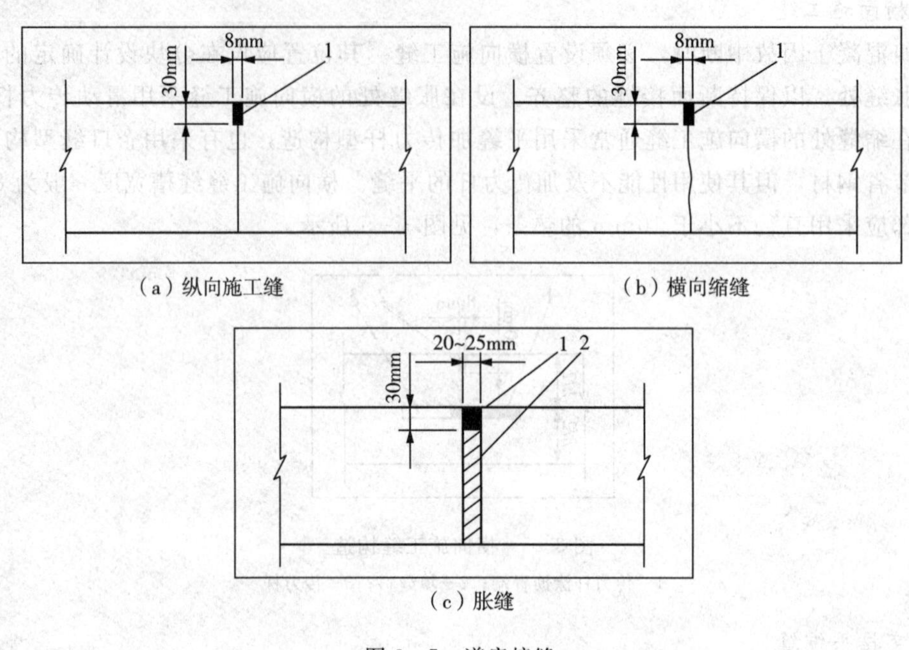

（a）纵向施工缝　（b）横向缩缝

（c）胀缝

图 3－7　道肩接缝

1—填缝料；2—胀缝板

7. 切缝倒角施工

道面的胀缝、交接平缩缝宜设置倒角。接缝处是飞行区水泥混凝土道面中最为薄弱的位置，在使用过程中飞行器轮载会对其频繁作用，极易在接缝表面出现损坏、剥落等情况，影响道面的使用性能。

通常情况下飞行区水泥混凝土道面接缝结构多以上宽下窄形态为主，填缝料的储存槽为直角槽口。这种情况下，如果飞行器轮载频繁作用于表面槽口端位置的水泥混凝土时，则会导致斜切式破坏。因此需要利用新切缝倒角施工技术，在道面切缝施工时，事先切割去除直角尖端位置可能被破坏的混凝土，直角槽口被倒圆角或是倒斜角形式所取代，有效地减少或避免了道面接缝被破坏的现象发生。有条件时，纵向施工缝、横向缩缝、横向施工缝也可设置倒角。接缝倒角可采用 135°斜角形或者圆弧形，见图 3－8。斜角形中倒角斜边对应的两条直角边边长均为 6mm，圆弧形中倒角圆弧半径为 6mm。

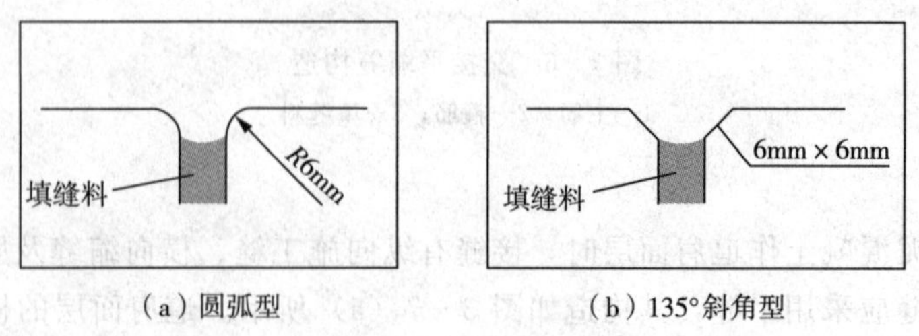

（a）圆弧型　（b）135°斜角型

图 3－8　接缝倒角

8. 接缝料

(1) 拉杆：拉杆应采用螺纹钢筋并设置在板厚中央。拉杆的间距以 500～900mm 为宜。最外边的拉杆距接缝或自由边的距离可采用 250～350mm。

(2) 传力杆：传力杆应采用光圆钢筋并设置在板厚中央。其长度的一半再加 50mm，应涂以薄层沥青或加塑料套。胀缝处的传力杆，尚应在涂沥青的一端加套筒，内留空隙，填以泡沫塑料、纱头等。套筒端应在相邻板中交错布置。板最外边的传力杆距接缝或自由边的距离一般为 150～200mm。

(3) 胀缝板：胀缝板应选用能适应混凝土板的膨胀和收缩，施工时不变形、耐久性良好的材料。可采用的材料有聚乙烯泡沫塑料板、泡沫橡胶板、泡沫树脂板等。

(4) 填缝料：填缝料应选用与混凝土表面黏结牢固、回弹性好、能适应混凝土板的胀缩、不溶于水、不透水、高温时不溢出、低温时不脆裂的耐久性材料。可采用的材料有聚氨酯类、改性聚硫类、有机硅类等。

三、混凝土铺筑施工

(一) 拌和及运输

1. 拌和

混凝土的拌和应符合下列规定：

(1) 搅拌机装料顺序宜为细集料、水泥、粗集料，或粗集料、水泥、细集料。进料后边拌和边均匀加水，水应在拌和开始后 15s 内全部进入搅拌机鼓筒。

(2) 混凝土应拌和均匀，根据搅拌机的性能和容量通过试拌确定每盘的拌和时间。拌和时间从除水之外所有材料都已进入鼓筒时起算，至拌和物开始卸料为止。双卧轴强制式搅拌机拌和最短时间宜不小于 60s，加纤维时应延长 20～30s，加粉煤灰时应延长 15～25s。

(3) 外加剂溶液应在 1/3 用水量投入后开始投料，并于搅拌结束 30s 之前应全部投入搅拌机。

(4) 引气混凝土的每盘搅拌量应不大于搅拌机额定容量的 90%。

2. 运输

运输混凝土宜采用自卸机动车，并以最短时间运到铺筑现场。运输应符合下列规定：

(1) 运输工具应清洗干净、不漏浆，运料前应洒水润湿车厢内壁；停运后应将车厢内壁冲洗干净。

(2) 混凝土从搅拌机出料直到卸放在铺筑现场的时间，宜不超过 30min，期间应减少水分蒸发，必要时应加以覆盖。

(3) 不应用额外加水或其他方法改变混凝土的工作性。

(4) 运输道路路况应良好，避免运料车剧烈颠簸致使拌合物产生离析，明显离析的混凝土拌和物不应用于面层铺筑。

(5) 混凝土搅拌机出料口的卸料高度以及铺筑时自卸机动车卸料高度均应不超过 1.5m。

(二) 试验段铺设

水泥混凝土道面面层施工前应铺筑试验段。

试验段宜在次要道面部位铺筑，铺筑面积大小根据试验目的确定，每个标段不宜超过 5000m²。

通过试验段铺筑应确定如下内容：

（1）混合料搅拌工艺：检验砂、石、水泥及用水量的计量控制情况，每盘拌和时间，混合料均匀性等。

（2）混合料运输：检验在现有运输条件下，混合料有无离析现象，运到铺筑现场所需时间、工作性变化情况等。

（3）混合料铺筑：确定混合料铺筑预留振实的沉落高差，检验振捣器功率、行走速度及振实所需时间，有效振实范围，检查整平及做面工艺，确定拉毛、养护、拆模及切缝最佳时间等。

（4）通过试验段测定混凝土强度增长情况，检验强度是否符合设计要求及施工配合比是否合理。

（5）检验施工组织方式、机具和人员配备以及管理体系。

在试验段铺筑过程中，应做好各项记录，认真检查试验段的施工工艺、技术指标是否达到设计要求，如某项指标未达到设计要求，应分析原因并进行必要的调整，直至各项指标均符合设计要求为止。施工单位应对试验段情况写出总结报告，经批准后方可进行正式铺筑施工。

（三）模板制作安装

模板应选用钢材制作。在弯道部位、异形块部位可选用木模。

钢模板应有足够的刚度，不易变形，钢板厚度应大于 5mm。钢模板应做到标准化、系列化、装拆方便、便于运输，其各部分尺寸应符合设计要求。木模板宜采用烘干松木或杉木，厚度应为 20～30mm，不应有扭曲、折裂或其他损伤现象。木模板的内壁、顶面与底面应刨光，拼接牢固，角隅平整无缺。模板在使用过程中应注意维护，及时检查校正其外形尺寸并保证企口的完整性。模板应支立准确、稳固，接头紧密平顺。模板接头、模板与基层接触处均不应有漏浆现象。模板与混凝土接触面应涂隔离剂。

立模精度应符合表 3-4 的规定。

表 3-4　立模精度指标

检查项目	精度要求
平面位置偏差（mm）	小于或等于 5
高程偏差（mm）	小于或等于 2
20m 拉线检查直线性偏差（mm）	小于或等于 5

混凝土铺筑前，应对模板的平面位置、高程等进行复测；检查模板支撑稳固情况、模板企口是否对齐。在混凝土铺筑过程中，应设专人跟班检查，如发现模板变形或有垂直和水平位移等情况应及时纠正。

（四）混凝土摊铺和振捣

混凝土的摊铺应符合下列规定：

（1）混凝土摊铺厚度应按所采用的振捣机具的有效影响深度确定。若采用平板振捣器，当混凝土板厚度小于220mm时，可一层摊铺；当混凝土板厚度大于220mm时，应上下分层湿接，在下层混凝土经振实、整平后，铺筑上层混凝土。当采用自行排式高频振捣器时，可按混凝土全厚一次摊铺。

（2）混凝土摊铺厚度应预留振实的沉落高差，该值应根据所用振捣机具通过现场试验确定，一般可按混凝土板厚的10%～15%预留。

（3）混凝土摊铺应与振捣配合进行，在摊铺过程中，因机械故障、突然断电等原因造成临时停工时，对已铺筑的混凝土应加以覆盖，防止失水。未经振实且已初凝的混凝土应予以清除。

（4）摊铺时所用机具和操作方法应防止混凝土产生离析。混凝土的振捣，宜采用自行排式高频振捣器。

（5）振捣过程中，应辅以人工和平板振捣器找平，并应随时检查模板有无下沉、变形、移位或松动，若有应及时修正。

（6）边部设有拉杆、传力杆时，应采用手持插入式振捣器，以便对自行排式振捣器无法振捣的部位进行辅助振捣。

（五）混凝土整平、做面

1. 整平、揉浆

宜采用三辊轴整平机对经过振捣器振实的混凝土表面进行振平、揉浆；填仓或异形板部位宜采用振动行夯进行振平，再用特制钢滚筒来回滚动揉浆，提浆厚度宜为3～5mm。

2. 找平

混凝土表面经整平、揉浆后，在混凝土仍处于塑性状态时，应采用长度不小于3m的直尺检测表面平整度。表面上多余的水和浮浆应予以清除，表面低洼处应立即用混凝土填平、振实并重新修整，表面高出的部位应去掉并重新加以修整，不应深挖。

3. 做面

混凝土表面抹面的遍数宜不少于三遍，将小石、砂压入板面，消除砂眼及板面残留的各种不平整的痕迹。做面时不应在混凝土表面上洒水或洒干水泥。

（六）拉毛

做面工序完成后，应按照设计对平均纹理深度的要求，在混凝土凝固前将表面拉毛，拉毛纹理应垂直于纵向施工缝，必要时可采用槽毛结合法以达到要求的平均纹理深度，平均纹理深度可用铺砂法测定。在拉毛过程中，对拉毛器的压力要适当，速度不宜过快，中间不宜停顿，保证槽深、槽宽均匀一致，槽型应完整，不允许出现毛边现象。拉毛施工过程如图3-9所示。

图3-9　拉毛施工

（七）养生

水泥混凝土面层应选择合理养生方

式，保证强度增长及其他性能，防止混凝土产生微裂纹与裂缝可选用养生剂、节水保湿养生膜、复合土工膜、土工布等材料。采用土工布时，应及时洒水保持混凝土表面湿润。

在蒸发量大时，宜采用喷洒养生剂与覆盖保湿的组合养生方式。在干旱缺水地区，宜采用养生剂、节水保湿养生膜或复合土工膜进行养生。在不停航施工时，宜采用养生剂进行养生。当采用养生剂进行养生时，应在做面拉毛后及时喷洒养生剂。养生剂应喷洒均匀，喷洒后，表面不应有颜色差异。养生剂的现场平均喷洒剂量宜在试验室测试剂量的基础上适当增加。

当混凝土表面有一定硬度（用手指轻压表面不显痕迹）时，应及时均匀洒水并覆盖养生材料，以保证混凝土表面处于湿润状态。混凝土拆模后，其侧面也应及时覆盖并洒水养生。养生用水与新浇筑的面层混凝土温度差不宜超过15℃。

养生时间应根据混凝土强度增长情况确定，宜不小于水泥混凝土达到90%设计强度的时间，且应不少于14d，养生期满后方可清除覆盖物。混凝土在养生期间，不应有车辆在其上通行。

（八）拆模

拆模时不应损坏混凝土板的边角、企口。最早拆模时间应符合表3-5的规定。

表3-5　混凝土板成型后最早拆模时间

日平均气温（℃）	混凝土板成型后最早拆模时间（h）
5～10（不含10）	72
10～15（不含15）	54
15～20（不含20）	36
20～25（不含25）	24
大于或等于25	18

拆模后如发现混凝土板侧壁出现蜂窝、麻面、企口榫舌缺损等缺陷，应及时报告建设工程师或建设单位，并研究确定处理措施。设置拉杆的模板，拆模前应先调直拉杆，并将模板孔眼里的水泥灰浆清除干净。拆模后，侧面应及时均匀涂刷沥青，设计缝槽以下不应露白，并及时覆盖养生。

（九）道面刻槽

水泥混凝土强度达到设计要求后，方可在道面表面上刻槽。槽形应完整，不应出现毛边现象。跑道刻槽的方向应垂直于跑道的中线，快速出口滑行道处刻槽的方向应利于道面排水。年最低月平均气温不低于0℃的地区，槽的深度、宽度均应为6mm，年最低月平均气温低于0℃的地区，槽的形状应采用上宽6mm、下宽4mm、深6mm的梯形槽，相邻槽中线间距应为32mm（根据使用经验，寒冷地区如使用矩形刻槽，则槽的边部容易在融雪水结冰膨胀时以及除雪设备铲雪时损坏，因此寒冷地区刻梯形槽）。

槽可以连续通过道面的纵缝，距横缝应不小于75mm、不大于120mm。嵌入式灯具附近300mm范围内不应进行刻槽。

在刻槽过程中应及时将废料冲洗并清理干净，水泥灰浆宜收集处理，并且不应将废料直接排入土面区或机场雨水排水系统。

(十) 面层保护

水泥混凝土面层达到设计强度之前，车辆不应在其上通行。水泥混凝土面层达到设计强度后，需要在其上设置临时通道时，应在该处混凝土面层加覆盖物予以保护。

水泥混凝土道面面层在未交工前，施工单位应指定专门的看守人员，设立各种警示标志，保护混凝土道面面层及其附属设施的完整性。混凝土道面面层宜在行业验收后正式开放使用。在开放使用之前，应将面层清理干净。

第五节　沥青混凝土道面施工

一、沥青混凝土材料要求

沥青混凝土混合料集料的粒径大小以方孔筛为准。

工程所用的沥青、矿料和外加剂等各种原材料，必须持有出厂质保书，进口材料须经海关商检合格。任何材料进入现场都应按规定要求进行检验并登记，签发材料验收单。验收单应包括产地、品种、规格、数量、质量、日期等。材料应分别堆放或隔离，并在料堆上插牌予以注明。改性剂或改性沥青供应商应提供产品的名称、代号、标号、成分、质量检验单，以及运输、贮存、使用方法和与健康、环保、安全等有关的资料。

1. 沥青材料

飞行区指标Ⅱ为D、E、F的机场的沥青混凝土道面应采用机场道面石油沥青，其技术标准应符合表3-6的规定。对于飞行区指标Ⅱ为C的机场，可采用重交通道路石油沥青。

表3-6　机场道面石油沥青技术标准

<table>
<tr><th colspan="2">试验项目</th><th>AB-130</th><th>AB-110</th><th>AB-90</th><th>AB-70</th><th>AB-50</th></tr>
<tr><td colspan="2">针入度（25℃，100g，5s）(0.1mm)</td><td>120～140</td><td>100～120</td><td>80～100</td><td>60～80</td><td>40～60</td></tr>
<tr><td colspan="2">延度（5cm/min，15℃）不小于（cm）</td><td>150</td><td>150</td><td>150</td><td>150</td><td>150</td></tr>
<tr><td colspan="2">延度（5cm/min，10℃）不小于（cm）</td><td>50</td><td>50</td><td>50</td><td>50</td><td>40</td></tr>
<tr><td colspan="2">软化点（环球法℃）</td><td>42～50</td><td>43～51</td><td>44～52</td><td>45～54</td><td>46～55</td></tr>
<tr><td colspan="2">闪点（COC）不小于（℃）</td><td colspan="5">230</td></tr>
<tr><td colspan="2">含蜡量（蒸馏法）不大于（%）</td><td colspan="5">2</td></tr>
<tr><td colspan="2">密度（15℃）(g/cm³)</td><td colspan="5">实测</td></tr>
<tr><td colspan="2">溶解度（三氯乙烯）不小于（%）</td><td colspan="5">99.0</td></tr>
<tr><td rowspan="4">薄膜加热试验（TFOT）163℃/5h</td><td>质量损失不大于（%）</td><td>1.3</td><td>1.2</td><td>1.0</td><td>0.8</td><td>0.6</td></tr>
<tr><td>针入度比不小于（%）</td><td>45</td><td>48</td><td>50</td><td>55</td><td>58</td></tr>
<tr><td>延度（15℃）不小于（%）</td><td>100</td><td>100</td><td>100</td><td>100</td><td>80</td></tr>
<tr><td>延度（10℃）(cm)</td><td colspan="5">实测</td></tr>
</table>

沥青道面所采用的沥青标号，应根据机场所在地理位置和气候条件，并按表3-7选用。根据道面的使用要求、当地的气候条件，若需要增强道面的耐流动性、低温抗裂性和耐久性等性能，经技术经济论证，可采用改性沥青。

表3-7 各气候分区选用的沥青标号

气候分区	年最低月平均气温（℃）	机场道面石油沥青	重交通道路石油沥青
寒区	小于-10	AB-90 AB-110 AB-130	AH-90 AH-110 AH-130
温区	-10～0	AB-70 AB-90	AH-70 AH-90
热区	大于0	AB-50 AB-70	AH-50 AH-70

2. 粗集料

粗集料由岩石破碎加工而成，其料源应充足，能保证工程所需的数量。岩石的石质应具有足够的强度和硬度，与沥青有良好的黏附性。经加工的碎石应清洁、干燥，质量应符合表3-8的规定。

粗集料的颗粒宜接近立方形，表面粗糙而富有棱角。在碎石供应有困难的地区，沥青道面的中、下面层可以采用经破碎的砾石。如粗集料与沥青的黏附性不符合要求，应采取抗剥离措施，抗剥落剂的种类、剂量须通过试验确定。

表3-8 粗集料技术要求

指　标	标　准	
	上面层	中、下面层
石料压碎值　不大于（%）	20	25
洛杉矶磨耗损失　不大于（%）	30	30
视密度　不大于（t/m^3）	2.5	2.5
吸水率　不大于（%）	2.0	2.0
与沥青的黏附性（水煮法）　不小于	5级	4级
坚固性　不大于（%）	12	12
细长扁平颗粒含量　不大于（%）	12	15
水洗法<0.075mm颗粒含量　不大于（%）	1	1
软石含量　不大于（%）	5	5
石料磨光值（PSV）　不大于	45	42

3. 细集料

细集料可以采用石屑、机制砂和天然砂。细集料应清洁、干燥，实石质坚硬、耐久、无杂质。为改善沥青混凝土混合料的和易性，石屑与天然砂宜掺和使用，其各自掺量在混合料配合比设计中确定。细集料应与沥青有良好的黏结能力，与沥青黏结性能差的天然砂及用酸性石料轧制的机制砂或石屑，不得在沥青混凝土上面层使用；料源困难时可在中、

下面层使用，但应在沥青中掺加抗剥离剂。抗剥离剂的剂量需经试验确定，并检验沥青与集料的黏附性、水稳定性是否满足要求。

4. 填料

填料应采用石灰石、白云石等碱性石料加工磨细的石粉。原石料中的风化石、泥土杂质应剔除。填料要求干燥、洁净、无风化。为提高沥青混合料的水稳定性，可使用消石灰粉、水泥代替部分填料，但总量不宜超过集料总重的2%。从沥青混合料拌和机集尘装置中回收的粉尘，不得用作填料。

5. 改性沥青

用于改性的基质沥青，应采用机场道面石油沥青或重交通道路石油沥青，且符合表3-9的技术要求。根据材料的性质，改性剂可分为以下三类：

（1）热塑性橡胶类材料，主要有苯乙烯-丁二烯-苯乙烯共聚物（SBS）、苯乙烯-异戊二烯-苯乙烯共聚物（SIS）等。

（2）橡胶类材料，主要有丁苯橡胶（SBR）、废旧轮胎磨细加工的橡胶粉等。

（3）热塑性树脂类材料，主要有低密度聚乙烯（LDPE）和乙烯-醋酸乙烯共聚物（EVA）等。

表3-9 改性沥青技术要求

技术指标		热塑性橡胶类				橡胶类			热塑性树脂类		
针入度数（25℃，100g，5s） 大于（0.1mm）		100	80	60	40	100	80	60	80	60	40
软化点（环球法） 大于℃		45	50	55	60	45	48	52	50	55	60
延度（10℃，5cm/min） 大于（cm）		40				40			20		
当量软化点 T_{800} 大于（℃）		44	46	48	50	43	44	45	48	50	52
当量脆点 $T_{1.2}$ 大于（℃）		−16	−13	−10	−8	−16	−13	−10	−13	−10	−8
闪点 大于（℃）		250				250			250		
离析试验		软化点差≤2℃				—			无明显析出或凝聚		
弹性回复（15℃） 大于（%）		50	55	60	65	—	—	—	—	—	—
薄膜烘箱试验163℃、5h	质量损失小于（%）	1.0				1.0			1.0		
	针入度比大小（%）	5055	60	65	50	55	60	50	55	60	—
	延度（10℃，5cm/min）大于（cm）	30				20			10		
黏度（60℃）大于（Pa·s）		200	400	600	800	200	300	400	400	600	800
密度（25℃）（g/cm³）		实测				实测			实测		

根据沥青改性的目的和要求选择改性时，可做如下初步选择：

（1）为提高抗疲劳开裂能力，宜使用橡胶类、热塑性橡胶类或热塑性树脂类材料改性剂；

（2）为提高抗低温开裂能力，宜使用橡胶类或热塑性橡胶类改性剂；

（3）为提高抗变形能力，宜使用热塑性树脂类、热塑性橡胶类改性剂；

(4) 为提高抗水损能力，宜使用各类抗剥落剂等外掺剂。

二、沥青道面各结构层的要求

1. 基层、底基层要求

沥青混凝土道面是柔性道面，飞机的重力荷载会比较集中地传导到下层结构，因此，基层、底基层应具有足够的强度和稳定性。在冰冻地区还应具有良好的抗冻性。应根据飞行区指标、当地建筑材料及气候条件施工工艺等选择经济合理的基层、底基层材料。基层宜选用水泥、石灰、粉煤灰稳定粒料类半刚性基层、沥青碎石等，底基层宜选用水泥、石灰粉煤灰、石灰稳定各种粒料或土类半刚性层级配碎石等。对于半刚性基层，应注意采取防反射裂缝的措施。水泥或石灰粉煤灰稳定粒料类半刚性基层表面应喷洒透层油，透层油宜使用乳化沥青，通过试喷确定其用量。

2. 面层要求

沥青混凝土面层除了应具有足够的强度外，还应具有良好的高温稳定性、低温抗裂性、水稳定性、耐老化性、表面抗滑性，平整度要满足设计要求。

沥青混凝土面层可分为单层式、双层式和三层式结构。道面分区为Ⅰ、Ⅱ、Ⅲ区的沥青混凝土面层宜采用双层式或三层式结构。各分层的厚度由设计飞机荷载及累积当量作用次数确定。道肩及防吹坪面层可采用单层式结构。沥青混凝土面层混合料分细粒式、中粒式、粗粒式三种。上面层一般采用细粒式或中粒式，沥青混凝土中、下面层一般采用中粒式或粗粒式沥青混凝土，但不停航施工的道面中、下面层不宜采用粗粒式沥青混凝土。

沥青混凝土面层应具有足够的压实度，其压实度上面层不得小于98%，下面层不得小于97%。为保证沥青混凝土道面表面达到规定的抗滑要求，上面层可采取特殊改性的沥青混凝土（如SMA），必要时也可进行刻槽处理。

三、道面分区及结构厚度

1. 道面分区

飞机在机场道面的不同部分产生作用荷载的大小不同，据此，将道面可分为四个区：

Ⅰ区：跑道端部、设计飞机全重通过的滑行道、站坪、等待坪；

Ⅱ区：跑道中部、快速出口滑行道；

Ⅲ区：过夜停机坪、维修机坪、通向维修机坪的滑行道；

Ⅳ区：防吹坪、道肩。

2. 各区的道面结构厚度

Ⅰ区的道面结构厚度为 T，按设计飞机荷载计算求得；Ⅱ区的道面结构厚度为Ⅰ区的90%，即 $0.9T$；Ⅲ区的道面厚度为Ⅰ区的80%，即 $0.8T$，或由实际作用飞机荷载计算确定；Ⅳ区防吹坪、跑道道肩的标准道面结构厚度一般为Ⅰ区的35%～40%，即 $0.35T$～$0.4T$；站坪、停机坪及滑行道道肩标准道面结构厚度一般为 $0.3T$。

对于未设平行滑行道的跑道，跑道中部的道面结构厚度应按Ⅰ区设计。

四、沥青混凝土道面施工

1. 一般规定

机场沥青混凝土道面采用热拌热铺沥青混凝土混合料，其性能应满足密实性、耐久性、高温稳定性、低温抗裂性、水稳定性、抗滑性等方面的要求。

沥青混凝土混合料宜采用密级配沥青混凝土混合料，按集料粒径不同分为粗粒式、中粒式、细粒式三种。

沥青混凝土道面的中、下面层宜采用粗粒式或中粒式类型的沥青混合料，上面层宜采用中粒式或细粒式沥青混合料，跑道两侧边部 6～7.5m 内可采用细粒式沥青混合料。

沥青混凝土道面不得在雨天施工。施工期间应注意机场地区的气象预报，雨季施工应做好防雨、排水等措施。现场应有通信工具，以便与沥青拌和厂进行联络，保证各工序紧密衔接。沥青混凝土道面施工应确保施工安全，施工人员应有良好的劳动保护条件，沥青拌和厂应符合消防、环保要求。

2. 施工准备

施工前，应按照有关标准规范的规定对基层进行质量检查，符合要求后方可铺筑沥青混凝土混合料。

在原道面上加铺沥青面层时，应对原道面的质量情况进行检测，对原道面及其基础的处理、表面清洗等工作应按设计要求提前进行。沥青混凝土道面铺筑前，助航灯光灯具定位、各类管线埋设等工作应提前完成。施工前应对各种材料进行调查和试验，经选定的材料在施工过程中不得随意更换，施工前备料应充足（包括沥青各种集料外加剂和改性剂等）。堆料场地应有平整坚实的铺砌面。进出料场道路应通畅。沥青混凝土道面应采用机械化连续施工。重要机械应有备用设备。施工能力和技术人员应配套，工人应持证上岗操作。施工前应对各种施工机械进行全面检修，以保证其性能处于良好状态。施工单位必须在现场设立质量控制机构，并有专职试验人员与检测设备。当采用改性沥青时，应根据改性沥青种类及其工艺要求配置相应设备。

3. 沥青混凝土混合料施工配合比设计

沥青混凝土混合料应选用符合要求的材料，经配合比设计确定集料级配和沥青用量。

上面层集料的最大粒径不宜超过该层厚的 1/2，中、下面层最大粒径不宜超过该层厚的 2/3。

沥青混凝土混合料配合比设计分目标配合比设计、生产配合比设计、生产配合比验证三个阶段，并应符合下列要求：

（1）目标配合比设计阶段。采用施工现场工程实际使用的材料计算各种材料的用量比例，配合成的集料级配应符合规定，并通过马歇尔试验确定最佳沥青用量，以该级配和沥青用量作为施工目标配合比，供拌和机确定各原料仓供料比例、进料速度及试拌使用。

（2）生产配合比设计阶段。对间歇式拌合机，必须从二次筛分后进入各热料仓的材料取样进行筛分，以确定各热拌仓的材料比例，供控制台调控使用。同时反复调整冷料仓进料比例以达到供料均衡，并取目标配合比设计的最佳沥青用量及最佳沥青用量加上或减去 0.3％等三个沥青用量进行马歇尔试验，确定生产配合比的最佳沥青用量。

(3) 生产配合比验证阶段。拌和机采用生产配合比进行试拌，在铺筑试验段，采用拌和的沥青混凝土混合料进行马歇尔试验检验及采用试验段道面上钻取的芯样进行检验，由两试验共同确定生产用的标准配合比。标准配合比应作为施工中控制的依据和质量检验的标准。

马歇尔试验方法与步骤应符合民航规范要求。沥青混凝土混合料拌和应采用实验室小型沥青混合料拌和机进行。

经试验确定的沥青混合料所用材料品种、矿料级配和沥青用量在施工过程中不得随意变更。如果材料发生变化，应及时调整配合比，必要时应重新进行配合比设计。

沥青混凝土混合料除应符合马歇尔试验技术标准外，还要符合高温稳定性检验（抗轮辙试验）和水稳定性检验。

4. 试验段铺筑

沥青混凝土（包括改性沥青混凝土、沥青玛蹄脂碎石混合料）道面在施工前，必须铺筑试验段。试验段不宜在关键部位的道面上铺筑，其位置与面积大小应根据试验目的并经业主批准后确定。铺筑试验段应验证并确定下列内容：

(1) 拌和机上料速度、拌和数量与时间、拌和温度（集料、沥青加热温度和出料温度）等操作工艺。

(2) 透层、黏层乳化沥青的用量、挥发时间、喷洒方式、喷洒温度、摊铺机的组合、摊铺温度、摊铺速度、摊铺宽度、自动找平方式等操作工艺；压路机的碾压组合顺序、碾压速度、碾压温度控制、达到设计要求压实度的通数等压实工艺，以及确定松铺系数、接缝、接坡等操作方法。

(3) 沥青混合料施工配合比设计结果，提出生产用的矿料配合比和沥青用量。

(4) 沥青混凝土混合料的压实度。

(5) 检查施工组织方式、方法及管理体系、人员、通信联络、指挥方式。

(6) 施工作业段的长度，制订施工进度计划以及安全措施等。

(7) 沥青（改性）添加剂的种类与用量

(8) 当在原道面上加铺沥青混凝土混合料，特别是在不停航条件下施工时，应验证铣刨机的速度及接缝、接坡的铣刨宽度等。

在试验段的铺筑过程中，应做好各项记录。对试验段的施工工艺、技术指标应认真检查是否达到设计要求。经检查某些指标未达到设计要求时，应认真分析原因并进行必要的调整，通过再次试验直至各项指标均符合设计要求为止。施工单位应根据试验段的结果写出详细的总结报告，报经业主批准后方可进行正式施工。

5. 沥青混凝土混合料拌制

现场设置的拌和厂应符合下列条件：

(1) 拌和厂应设置在机场附近，并符合机场净空要求。

(2) 拌和厂应备有消防安全措施，符合国家现行环境保护和安全防护标准规范的要求。

(3) 拌和厂应选择地势高处，地面平坦、坚硬，已有铺砌层，应有足够堆放沥青矿料的场地。沥青根据品种、标号分别存储。各矿料分别隔离堆放，不得混杂。堆放的细集料宜设置防雨棚。

(4) 拌和厂应设置在主风向的下风位置，有良好排水设施、排污措施和可靠的电力供应。

(5) 拌和厂进出料交通应流畅。

拌和厂应配备间歇式拌和机，其生产能力应满足施工进度要求，并有独立控制操作室，有逐盘打印记录的计算机自动系统。沥青材料应采用导热油加热，集料宜使用自动传输鼓筒油料加温设施加热。拌和厂应具有足够容量的沥青混合料储料仓，以保证连续摊铺。拌制混合料应符合下列要求：

(1) 每台班工作前应对拌和设备及附属设施进行检查，确保设备正常运转。

(2) 间歇式拌和机热集料二次筛分用的振动筛的筛孔应根据集料级配要求选用，其安装角度应根据由实验得出的集料的可筛分性、振动能力等来确定。

(3) 根据现场试验室确定的配合比用量，输入计算机。

(4) 计算机打印记录应作为每台班拌和的混合料的施工日志，留作竣工原始资料。

(5) 严格控制各种材料和混合料的加热温度。

(6) 拌和好的沥青混合料应均匀一致，无花白或焦黄色、无粗细集料分离、结块成团以及干散等现象。不合格的沥青混合料禁止使用。

(7) 每次拌和结束应清理拌和设备的各个部位，清除多余积存物。管道中的沥青也必须放尽，清理油泵。

(8) 出厂的沥青混凝土混合料应逐车测温，并用地磅称重，现场签发的运料单应一式三份，分别交司机、现场以及拌和厂的质检人员。

(9) 拌好的混合料因故无法立即出厂时，应放入储料仓储存。有保温设施的储料仓，储料时间不宜超过一天；无保温设施的储料仓，储料时间应以符合混合料摊铺温度要求为准。

6. *沥青混凝土混合料运输与摊铺*

运输沥青混凝土混合料的车辆，宜采用较大吨位的自卸汽车。车内应清扫干净，车厢底板及四周涂抹一层油水混合液（柴油与水比例可为 1∶3），应防止油水混合液积聚在底板上。

拌和机向运料车上卸料时，每卸一半混合料，应挪动汽车位置，注意卸料高度，以防止粗细集料离析。运料车应备有篷布覆盖设施，以保温、防雨、防风及防止污染环境。

混合料运料车的数量应与拌和能力、摊铺速度相匹配，以保证连续施工。开始摊铺时，在施工现场等候的卸料车的数量根据运输距离而定，不宜过早装车，以防结块成团。

混合料运至摊铺地点后，应有专人接收运料单，并检查温度与拌和质量。不符合本规范表 3－10 中规定的温度、已结成块或已遭雨淋湿的混合料，将禁止使用。

表 3－10 沥青混合料施工温度

沥青种类	石油沥青	
沥青标号	AB－50 AB－70 AB－90	AB－110 AB－130

（续表）

沥青种类		石油沥青	
沥青加热温度		150℃～170℃	140℃～160℃
间歇式沥青拌和机矿料加热温度		比沥青加热温度高 10℃～20℃（填料不加热）	
沥青混合料出厂正常温度		140℃～165℃	125℃～160℃
混合料储料仓储存温度		储料过程中温度比出厂温度降低不得超过 10℃	
混合料运输到现场温度不低于		120℃～150℃	
摊铺温度	正常施工　不低于	110℃～130℃	
碾压温度	正常施工　不低于	110℃～140℃	
碾压终了温度	钢轮压路机　不低于	70℃	—
	轮胎压路机　不低于	80℃	—
	振动压路机　不低于	65℃	—
道面开放使用温度　不大于		50℃	

混合料的摊铺宜采用履带式自行摊铺机。摊铺前应先调整幅宽，检查刮平板和幅宽是否一致，高度（按松铺系数）是否符合要求。刮平板和振动器底部应涂油以防粘接，熨平板应预先加热。

为减少纵向施工冷接缝，保证平整度，宜采用多台摊铺机成梯队连续作业。相邻两幅的摊铺宽度宜搭叠 5～10cm，两相邻摊铺机间距不宜超过 15m，以免距离过远，造成前面摊铺的沥青混合料冷却。

摊铺机摊铺混合料后，应用三米直尺及时随机检查平整度，特别是摊铺改性沥青混凝土混合料，应尽量一次成型，不宜反复修补。当出现以下情况时，可人工局部找平或更换混合料：表面局部不平整；接缝部位缺料、不平整；摊铺幅的边缘局部缺料；混合料有明显离析、变色、油团、杂物；等等。

混合料必须缓慢、均匀、连续不断地摊铺，摊铺速度宜小于 5m/min。摊铺过程中不得中途停顿或随意变换速度。摊铺机螺旋送料器应不停顿地转动，两侧应保持有不少于送料器高度 2/3 的混合料，以防止摊铺机全宽度断面上发生离析。

每班摊铺工作段长度，应根据摊铺厚度、幅宽、拌和机生产能力、运输车辆、碾压设备等因素决定。施工中因气候原因停止摊铺而未及时压实部分应全部清除，重新更换新料摊铺。

在摊铺过程中，运料车应在摊铺机前 10～30cm 处停放，不得撞击摊铺机。卸料过程中运料车应挂空挡，靠摊铺机推动缓慢前行。

施工时，当气温低于 10℃时，不易摊铺混合料。

7. 压实

混合料的分层压实厚度应根据集料粒径及压实机械性能确定，但不得大于 10cm。压实度应符合设计规定，压实机的类型与数量应根据碾压效率决定。可采用 6～8t 两轮轻型压路机、6～14t 振动式压路机、12～20t 或 20～25t 的轮胎式压路机。压路机的碾压速度应根据规定严格控制。

初压应符合下列要求：

（1）初压应在混合料摊铺后及时进行，不得产生推移、发裂现象；如出现应找出原因，及时采取措施处理。

（2）压路机应从外侧向中心碾压。碾压时，为防止混合料向外推移，外侧边缘应空出30～40cm的宽度。相邻碾压带应重叠1/3～1/2轮宽，压完全幅为一遍。待压完第一遍后，将压路机大部分重量位于已压实过的沥青混合料面上，再压边缘预先空出地段。

（3）压路机碾压时，应将驱动轮面向摊铺机，碾压路线及方向不应突然改变而导致混合料产生推移。压路机启动、停止必须缓慢进行。

（4）初压应采用轻型钢轮式压路机或关闭振动装置的振动压路机碾压两遍，其线压力不宜小于350N/cm。初压后立即用三米直尺检查平整度，不符合设计要求时，予以适当修补与处理。

复压紧接在初压后进行，应符合下列要求：

（1）复压宜采用重型的轮胎压路机，也可采用振动压路机。碾压遍数一般不少于4～6遍，直至无明显轮迹、达到要求的压实度为止。

（2）轮胎压路机总质量不宜小于15t，碾压厚层的混合料，总质量不宜小于22t。轮胎充气压力不小于0.5MPa，各个轮胎气压应一致，相邻碾压带应重叠1/3～1/2的轮宽。

（3）当采用振动压路机时，振动频率宜为35～50Hz，振幅宜为0.3～0.8mm，并根据混合料种类、温度和层厚选用。层厚较厚时，应选用较大的频率和振幅。振动压路机倒车时应停止振动，向另一方向运行时再开始振动，以避免混合料形成鼓包起拱。相邻碾压带重叠宽度为10～20cm。

终压应紧接在复压后进行。压路机可选用双轮钢轮式或关闭振动的振动压路机。碾压不宜少于两遍，应无轮际。碾压过程与碾压终了温度控制应符合规定，并由专人负责检测。

压路机的碾压段长度应与混合料摊铺速度相匹配，压路机每次由两端折回的位置应阶梯形的随摊铺机向前推进，使折回处不在同一横断面上。在摊铺机连续摊铺的过程中，压路机不得随意中途停顿。

压路机碾压过程中出现混合料黏轮现象时，可向碾压轮洒少量清水或加洗衣粉的水。严禁在轮上撒柴油。在连续碾压一段时间轮胎已发热后，即应停止向轮胎洒水。轮胎压路机不宜洒水。

压路机不得在未碾压成型的道面上转向调头或停车等候。振动压路机在已成型的道面上行驶时，应关闭振动。在碾压成型尚未冷却的沥青混合料层面上不得停放任何机械设备或车辆，不得散落矿料、油料等杂物。

8. 接缝与接坡

纵向接缝应符合下列要求：

（1）沥青混凝土道面的纵缝，宜沿跑道、滑行道的中线向两侧设置。道面各层的纵缝应错开30cm以上。接缝处必须紧密平顺。

（2）采用梯队作业摊铺的纵缝，应采用热接缝。对先摊铺的混合料附近保留10～

20cm 宽度暂不碾压，作为其后摊铺混合料的高程基准面。最后做跨缝碾压以消除轮记。碾压时必须掌握混合料的温度，避免产生冷接缝。

(3) 当不能采用热接缝时，宜用切缝机将缝边切齐或刨齐。清除碎屑吹干水分。切缝断面要垂直，纵向要成直线（上面层中间纵缝应位于道面的中线），垂直面应涂刷黏层油。

横向接缝应符合下列要求：

(1) 横向相邻两幅的横缝及道面各层间上、中、下面层的横向接缝均应错位 1m 以上。铺筑接缝时，可在已压实部分上面铺设一些热混合料（碾压前应铲除），使之预热软化，以加强新老道面接缝处的黏接。

(2) 在道面的上面层应做成垂直的平接缝，中、下面层可采用斜接缝。

(3) 接缝处应用三米直尺检查平整度。当不符合要求时，应在混合料尚未冷却前及时处理。

(4) 横向接缝处应先用钢轮或者双轮压路机进行横向碾压。碾压外侧可放置供压路机行驶的垫木。碾压时，压路机应位于已压实的沥青道面上，主轮先压新铺层上约 15cm 的宽度，然后逐步移入新铺层，直至全部压在新铺层上为止，再改为纵向碾压。

(5) 当相邻已有成型铺幅并且又是相连接地段时，应先碾压相邻纵向接缝，然后再碾压横向接缝，最后进行正常的纵向碾压。

在道面的中、下面层的横向接缝为斜接缝时，搭接长度宜为 0.4～0.8m，搭接处应清扫干净并洒黏层油。

在原道面上加铺沥青混凝土面层时，与原道面相接处可做成接坡。接坡段应洒黏层油，充分碾压，连接平顺。接坡的坡角处，应在下层道面上铣刨一条宽 1m、深 3～4cm 的凹槽，使坡脚嵌入下层中。若原道面为水泥混凝土道面，接坡点宜设置在原道面接缝处。

9. 透层、黏层

沥青混凝土道面下的水泥、石灰、粉煤灰等无机结合料稳定粒料的半刚性基层上必须喷洒透层沥青。透层沥青可采用慢裂的洒布型乳化沥青，透层所用沥青应与道面所用沥青的种类和标号相同。透层沥青的稠度、品种、用量宜通过试喷确定。表面致密的半刚性基层宜采用渗透性好的、较稀的透层乳化沥青。

透层应在沥青混合料铺筑前喷洒。当基层完工后时间较长，表面过分干燥时，应对基层进行清扫后，在其表面洒少量水并待表面稍干后喷洒透层沥青。透层沥青应采用沥青洒布车喷洒。喷洒透层沥青应符合下列规定：

(1) 按设计用量一次喷洒均匀，当有遗漏时人工进行补喷；

(2) 透层沥青喷洒后应不致流淌，并渗透入基层一定深度，不得在表面形成油膜；

(3) 在铺筑沥青混合料时，若局部地方尚有多余的透层沥青未渗入基层，应予清除；

(4) 喷洒透层沥青后，严禁车辆、行人在其上通过；

(5) 气温低于 10℃或即将降雨时，不得喷洒透层沥青。

透层沥青喷洒后应待其充分渗透、水分蒸发（不宜少于 24h）后方可铺筑沥青混合料。黏层沥青宜采用快裂的洒布型乳化沥青，黏层所用沥青应与道面所用沥青的种类和标号相同。黏层沥青的品种和用量应根据黏结层的种类通过试洒确定。黏层沥青应采用沥青洒布车喷洒。

在下列情况时，应喷洒黏层：

（1）双层式或三层式沥青混凝土道面面层在铺筑上层前；

（2）原沥青混凝土道面上加铺沥青混凝土面层；

（3）原水泥混凝土道面上加铺沥青混凝土面层。

喷洒黏层沥青应符合下列规定：

（1）喷洒黏层沥青前应将道面清扫干净；

（2）黏层沥青应均匀喷洒，过量处应予刮除；

（3）喷洒黏层沥青后，严禁车辆、行人在其上通过；

（4）气温低于10℃或即将降雨时，不得喷洒黏层沥青。

喷洒粘层沥青，待其破乳，水分蒸发后，方可铺筑沥青混凝土面层。

10. 改性沥青混凝土施工

改性沥青混合料配合比试验采用马歇尔试验方法，经配合比设计的改性沥青混合料应符合《民用机场飞行区沥青混凝土道面施工技术规范》（MH 5011—1999）的规定。其中空隙率指标为2%～6%，马歇尔稳定度对于热区和温区提高为10000N，寒区为9000N。对于飞行区指标Ⅱ为D、E、F的机场，改性沥青混合料动稳定度应大于2000次/mm；对于飞行区指标Ⅱ为A、B、C的机场，动稳定度应大于1500次/mm。改性沥青混合料水稳定性试验应符合有关规定。

改性沥青混凝土混合料的施工温度，宜在普通沥青混凝土混合料施工温度的基础上提高10℃～20℃，特殊情况应通过试验确定。改性沥青混凝土混合料拌和、运输、摊铺、压实等施工要求与普通沥青混凝土混合料施工要求一致，特殊情况应通过试验另行确定。

11. 沥青玛蹄脂碎石混合料（SMA）施工

拌制沥青玛蹄脂碎石混合料宜采用机场道面石油沥青，可采用改性沥青技术。沥青玛蹄脂碎石混合料所用的矿料应满足强度、硬度、黏附性等有关规定。沥青玛蹄脂碎石混合料中应掺加纤维材料，提高材料的韧性和劲度。纤维材料可采用木质素纤维或矿物纤维。纤维掺量为混合料总质量的0.3%～0.5%。纤维应耐溶剂、耐酸碱和耐高温。

SMA沥青混凝土混合料拌和站应配有纤维稳定剂投料装置。纤维必须在喷洒沥青前加入拌和容器中。纤维与粗细集料经适当干拌后投入矿粉，总的干拌时间应比普通沥青混合料增加5～15s，喷入沥青后的湿料拌和时间也应增加5s，保证纤维能充分均匀地分散在混合料中，并与沥青结合料充分拌和。

SMA混合料在运输、等候及铺筑过程中，如发现有沥青析漏情况，应分析原因，立即采取适当降低施工温度、减少沥青用量或增加纤维数量等措施。SMA面层不得采用轮胎压路机碾压，以防搓揉过度，造成沥青玛蹄脂挤到表面而达不到压实效果。SMA道面面层如出现油印，应分析原因，仔细检查纤维添加的方式、数量、时间，是否漏放及拌和是否均匀等，严重的应予铲除。

六、沥青混凝土道面不停航施工

在原道面上加铺沥青混凝土面层（含罩面）时，可采取白天不停航夜间施工的方法进行施工。施工过程中应做好本场的气象预报，尽量避免在不良气象条件下施工。当气温低于10℃或气温低于15℃且风速大于5级时，不宜摊铺沥青混凝土混合料。关于不停航施工管理的具体内容和程序详见本书第四章第五节。

1. 安全保障措施

不停航夜间施工工序复杂，施工难度大，为保证飞行安全和工程顺利进行，施工单位应根据施工特点制定切实有效的技术措施和安全保障措施。开工前，应由机场当局会同有关单位组成的现场安全指挥协调机构，负责机场的正常运营和安全管理。施工期间还应成立日常飞行安全监督小组，负责对飞机在跑道上起飞和滑行情况进行监视，发现异常情况及时通报和处理。施工单位应加强安全教育，始终把安全放在首位，并制订完善的施工组织计划以及各种应急措施。进入作业区的工作人员必须佩戴夜间反光标志。施工车辆按规定路线行驶，行驶路线应设明确的交通标志，每日施工完毕应及时恢复道面的临时标志，并做好开放飞行前的安全检查。

2. 施工准备

施工前各种材料应备足，以保证施工期间供料的及时性和连续性。沥青混凝土加铺前，原道面处理及原助航灯光灯具拆除、定位和管线埋设等工作应提前完成。夜间施工应在整个作业地段内设置足够的临时照明设施，并有专人管理。施工单位应配备足够的施工人员和机械设备，施工能力应相互配套。加强设备和机具的维修工作，重要机械设备应有备份，应提前做好进场准备。停航后进场时，各种机具设备和人员应快速有序。现场安全指挥机构、施工及监理各方之间应有可靠的通信联络工具。

3. 沥青混凝土混合料施工

沥青混凝土拌和厂宜设在机场附近并满足机场净空要求。应有两台以上间歇式拌和机和足够容积（宜不小于300t）的热料储料仓。拌和场应有两路电源以保证可靠的电力供应，并配备熟练的操作和维修工人。

摊铺宜采用分层、分段、全断面推进施工方式。为了减少横向接缝，每台班各层施工长度宜不小于80m，每段宜从道面中心线向两侧摊铺，应采用多台摊铺机成梯队进行摊铺。摊铺方向宜沿施工期间的主要起降方向推进，不允许跳跃式的分段施工。分层摊铺时宜一层摊铺完后再铺第二层。

施工时，因天气突变下雨或机械故障等原因不能继续摊铺时，为保证飞行安全，对已铺筑的道面边缘应做临时接坡（横向不大于5%，纵向不大于1%）。继续施工时对未压实的混合料应铲除。接缝处应仔细操作，纵向初压后用三米直尺检查平整度，当有不符合要求者立即纠正，保证接缝紧密平顺。每台班沥青混合料加铺层施工的末端，必须在全幅宽度范围内做临时接坡。当加铺层厚度小于8cm时，纵坡坡度为0.5%～1%；当加铺层厚度大于8cm时，纵坡坡度应小于0.5%。坡度应平顺，坡脚齐平并碾压密实。

摊铺上层时，临时接坡的坡脚处，应先在下层道面上铣刨一条长约1m，深3～4cm的凹槽，使坡脚嵌入下一层中。当原道面为水泥道面并用沥青油毡贴缝时，下面层摊铺时坡脚线宜设在油毡上。下一班继续施工时，铣刨前必须将临时接坡的坡顶找准。先沿铣刨线刨去该接坡，将沟槽内的粒料和粉尘用扫地车（带吸尘器）清除干净后，在铣刨部位涂洒黏层乳化沥青。摊铺时应调整好预留高度，摊铺后接缝处应由人工仔细找平并立即

碾压。

4. 开放使用

新摊铺的沥青混凝土表面温度冷却至低于50℃时，方可开放飞行。必要时可洒水冷却。每晚铺筑完后，应立即清除道面上的沥青混合料碎粒或其他污物，并将所有施工区域打扫干净。飞行安全区域内不得有任何障碍物，所有机械、设备、工具等要全部退场到指定地带。开航前应由有关人员组成的协调小组对当晚的施工区域进行全面检查，检查合格后方可开放飞行。

七、质量检查

沥青混凝土道面施工应遵循工程质量第一的方针和全面质量管理要求，采取切实有效的措施，不断提高施工质量管理水平。建立健全“企业自检、施工监理、政府监督”的质量保证体系、完善的技术岗位责任制及质量检查和验收制度，对施工全过程的质量进行检查、控制，达到所要求的质量标准，确保工程质量。

(1) 沥青混凝土道面施工必须实行监理制度。监理单位应制定监理大纲和细则，按照本规范的规定进行质量检查与认定，凡质量不合格的工程一律不得签收。

(2) 在施工过程中施工单位应做好自检工作，并接受有关职能机构的检查。

(3) 主要工序完成或隐蔽工程完工后，均应组织中间验收，做好记录。未经验收合格后，不准进行下道工序施工。

(4) 凡不符合规范规定和设计技术要求的分项工程，必须进行补救或返工，直至合格为止。

第四章　飞行区场地维护与保障

飞行区场地的维护与保障是一项重要工作，直接关系到飞机的安全运行。飞行区场地的维护与保障涉及较多的工作内容：第一，要保证机场道面表面状况（跑道、滑行道、机坪）基本完好，符合标准，对出现的各类破损进行及时维修；第二，要保证机场道面特别是跑道具有良好的摩阻性，为此，要对道面摩擦系数进行检测，要及时清除降低道面摩阻性的各种污染；第三，要保证道面的清洁，及时清除道面上的FOD；第四，要保证升降带和其他土面区的平整和强度，控制土质区植草的高度；第五，做好机场排水防洪设施的维护管理。所以，要做好飞行区场地的巡视检查，及时发现和解决问题，确保航空器运行安全。

第一节　水泥混凝土道面破损与维修

一、破损类型

水泥混凝土道面常见病害可分为裂缝断板类、接缝类、竖向位移类、表层类和道面修补的再次损坏等五大类14种典型类型，见表4－1所列。

表4－1　刚性道面破损类型

序号	破损类型	序号	破损类型
1	纵向、横向和斜向裂缝	8	脱空、板块活动和唧泥
2	角隅断裂	9	耐久性裂缝
3	破碎板或交叉裂缝	10	收缩裂缝
4	沉陷或错台	11	坑洞
5	胀裂	12	起皮、龟裂和细微裂纹
6	填缝料损坏	13	小补丁（修补面积小于$0.5m^2$）
7	接缝破碎	14	大补丁（修补面积大于$0.5m^2$）和开挖补块

二、破损类型及处治对策

（一）纵向、横向和斜向裂缝

1. 损坏特征

破坏是由在飞机轮载荷载应力、翘曲应力和收缩应力的反复作用下，水泥混凝土板块疲劳强度不足所引起的，通常出现在板块中部垂直于接缝位置。一般将水泥混凝土板分成2～3块（如为6块及以上，则为“碎裂和交错裂缝”），如图4-1所示。出现“纵向、横向和斜向裂缝”后，板块整体抗弯拉能力迅速下降，如不及时处治，在飞机轮载作用下裂缝逐渐加宽，裂缝周边常出现剥落、掉粒等现象。

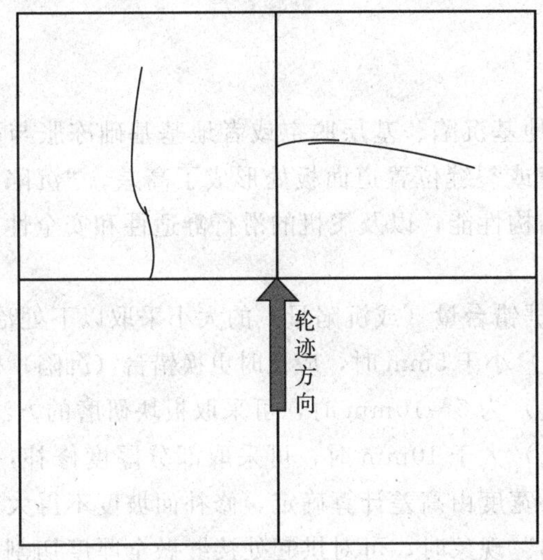

图4-1　“纵向、横向和斜向裂缝”示意图

2. 处治对策

单块板块上存在多条“纵向、横向或斜向裂缝”，单条裂缝长度超过板块短边长度的一半，且其中一条裂缝的平均宽度大于10mm时，应对该板块进行整体更换，并宜恢复原有的传力杆或拉杆。

裂缝周边板块无明显错台但出现比较严重的剥落时，可对裂缝影响区域内的板块进行部分厚度修补。建议修补深度为板块厚度的一半，宜通过设置连钉的方式增强补块与原有道面之间的联结。

裂缝之间无交叉，裂缝两侧无明显错台，裂缝平均宽度小于5mm而且周边无明显剥落时，可进行裂缝灌填，以防裂缝进一步扩展和地表水下渗。

（二）角隅断裂

1. 损坏特征

角隅断裂一般是由飞机轮载作用下引起的，往往发生在飞机主起落架轮迹覆盖区域的板块位置（如飞机滑跑轮迹带、联络道转向进出口等），具有发展速度快、断裂后的角隅易下沉、错台现象较明显等特征。在角隅处产生的裂缝，一般裂缝边存在剥落现象。损坏会造成混凝土板承载能力的显著下降。

2. 处治对策

出现“角隅断裂”，或裂缝两边的板块存在明显错台，或裂缝周边出现明显唧泥时，应先处治基层，再对裂缝影响区域内的板块进行全厚度修补。

（三）破碎板或交叉裂缝

1. 损坏特征

由于基础支撑不足或者交通荷载过大，产生的裂缝将道板分割成4块以上，破碎板是交叉裂缝严重时的表现形式。如果断块或裂缝发生在板角，属于角隅断裂。

2. 处治对策

破碎板或交叉裂缝属于裂缝断板类较严重的病害，对于道面结构承载能力影响较大，宜进行全厚度修补。

（四）沉陷或错台

1. 损坏特征

“沉陷或错台”是由地基沉陷、基层脱空或者地基基础冻胀与融沉等引起的，它使得基础拱起或固结，在接缝或裂缝位置道面板处形成了高差。“沉陷或错台”影响道面平整度，严重时将影响道面结构性能，以及飞机的滑行舒适性和安全性。

2. 处治对策

“沉陷或错台”可根据错台量（或沉陷量）的大小采取以下处治对策：

（1）错台量（沉陷量）小于5mm时，应及时更换错台（沉陷）板块接缝处的灌缝材料。

（2）错台量（沉陷量）为5～10mm时，可采取板块研磨的方法消除错台。

（3）错台量（沉陷量）大于10mm时，可采取部分厚度修补，如图4-2所示。修补深度宜为5～10cm，修补宽度由高差计算确定，修补面坡度不得大于1%。

（4）板块出现“拱起”现象时，可对拱起处接缝做全厚度切割，切割宽度为3～5cm，并将接缝内的碎块清理干净，待应力充分释放后更换灌缝材料，如图4-3所示。

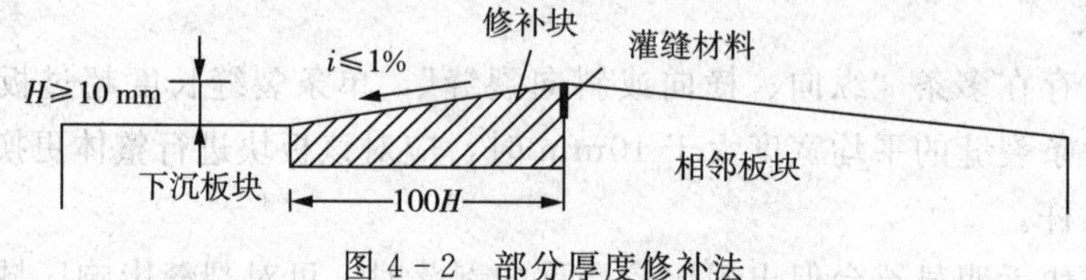

图4-2　部分厚度修补法

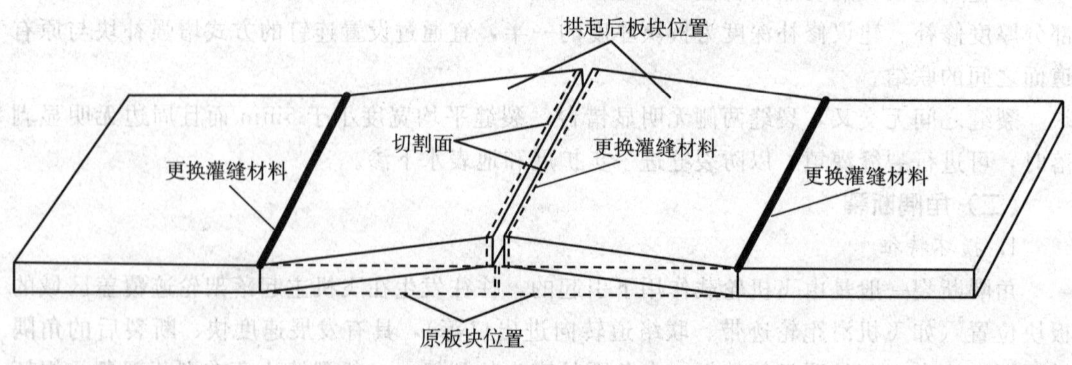

图4-3　切缝法

（五）胀裂

1. 损坏特征

由于温度升高，导致混凝土板膨胀，在接缝或横向裂缝处产生，在建筑物连接处或进水口附近的混凝土板也能产生。产生的原因是由于接缝宽度不够或者缝内进入不可压缩的硬物，使得混凝土板膨胀时产生极大的挤压力，导致局部向上鼓起（翘曲）或者板边挤裂现象。这种损坏严重影响飞行安全，应立即修复。

2. 处治对策

对“胀裂”影响范围内的板块应进行全厚度修补。

（六）填缝料损坏

1. 损坏特征

“填缝料损坏”指灌缝材料出现剥落、挤出、缺失或其他失效现象，其主要原因是灌缝材料发生老化后弹性与黏附性下降，与缝壁黏结失效，失去封堵作用，使得沙土、碎石等杂物能够进入缝内或雨水能通过接缝渗入道面结构。杂物进入接缝会阻止板块自由伸胀，引起翘曲、胀裂或剥落；雨水渗入道面结构会降低基础的承载能力。“填缝料损坏”容易引起唧泥和脱空等基层病害，如果硬粒进入缝槽，还可引起“接缝破碎”和“板角剥落”等病害。

2. 处治对策

对填缝料损坏应及时维修，进行填缝料的更换，在处治过程中要将缝槽彻底清洁干净，灌缝前保持干燥。

（七）接缝破碎

1. 损坏特征

“接缝破碎”指水泥混凝土板块边角位置产生少量碎粒的现象，碎粒如不及时清扫将对飞机运行构成安全隐患。其主要原因是接缝处应力集中作用或者接缝内进入硬砾等，在接缝周边（一般小于50cm）产生板块碎裂现象。裂缝面与板块形成一定的角度，裂缝没有贯通板厚。

2. 处治对策

存在“接缝破碎”的接缝，如果接缝周边破碎程度轻微（破碎影响宽度小于25mm），可将破碎部分清除干净，然后灌填灌缝材料；如果接缝周边的破碎程度比较严重（破碎影响宽度大于25mm，影响深度小于15mm）时，可对破碎部分的板块进行浅层修补；如果接缝周边的破碎程度很严重（破碎影响宽度大于25mm，影响深度大于15mm）时，宜对破碎部分的板块进行部分厚度修补。

（八）脱空、板块活动和唧泥

1. 损坏特征

地表水沿接缝（裂缝）渗入基层，在飞机轮载反复作用下形成动水压力，将冲刷基层材料，导致基层中的细集料通过接缝（裂缝）被带到表面，形成“唧泥”现象，如图4-4所示。轮载反复作用下基层材料的累积塑性变形也是基层出现脱空的重要原因。外观表现为接缝或裂缝附近沉积着基层材料或者飞机荷载经过时板块明显的活动。存在该种损坏说明基础的支撑作用已经严重降低。

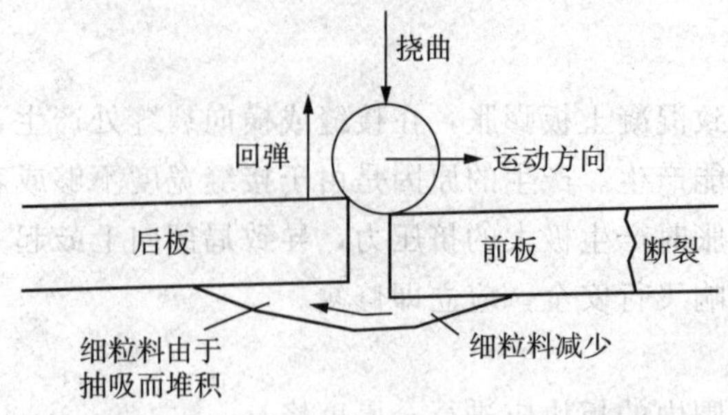

图 4-4 唧泥和板底脱空成因分析示意图

2. 处治对策

“唧泥和板底脱空”目前最为有效的处治对策是基础注浆，并更换接缝处的灌缝材料；对于排水系统不完善的机场，还应改善排水系统，尽量减小水对基层的冲刷。

(九) 耐久性裂缝

1. 损坏特征

“耐久性裂缝”表现为接缝附近出现平行的发丝状表层裂缝，裂缝周围通常呈现暗色，严重时可导致接缝周边 0.3～0.6m 范围内出现碎裂。

2. 处治对策

在已存在表层类病害的道面表面洒布水泥混凝土防水增固剂，通过封堵道面表层微裂缝，延缓大面积起皮、露石和集料剥落等病害。

(十) 收缩裂缝

1. 损坏特征

“收缩裂缝”表现为表面出现数厘米长的细微裂缝，影响深度较浅。程度轻微时对道面使用性能影响较小。裂缝的走向、间距不规律，长度在几十厘米内，一般裂缝不会延伸至全板。

2. 处治对策

损坏程度轻微的表层类病害，由于对道面使用性能的直接影响不大，且一般不会进一步引发其他病害，因此不宜采取补块修补措施，可以进行表层裂缝封堵。

(十一) 坑洞

1. 损坏特征

“坑洞”由水泥混凝土材料的小片脱落而形成，表现为板块表面出现一些“小坑”，直径为 25～100mm，深度为 13～50mm，对道面使用性能的影响通常较小。

2. 处治对策

为保证飞机的行驶安全和行驶质量，要对坑洞道面进行浅层结合式修复，要求修补区域与原道面周边齐平，且修补材料与原有道面结合牢固。

(十二) 起皮、龟裂和细微裂纹

1. 损坏特征

“起皮、龟裂和细微裂纹”表现为表层掉皮，或形成网状、浅而细的发丝状裂纹，影响深度一般为表面以下 3～13mm，常遍布于整个板块。程度轻微的“起皮、龟裂和细微

裂纹”影响道面外观，但对道面使用性能并无显著影响；程度严重时可能引起道面表层粗集料的剥落。

2. 处治对策

程度轻微时，可在已存在表层类病害的道面表面洒布水泥混凝土防水增固剂，通过封堵道面表层微裂缝，延缓大面积起皮、露石和集料剥落等病害；病害程度严重且面积很大时，可实施道面功能性加铺工程。

(十三) 小补丁 (修补面积小于 0.5m²)

1. 损坏特征

道面用水泥混凝土或者沥青混凝土进行局部的修补后，出现补丁破裂、脱落损坏的现象。

2. 处治对策

应完全清除已损坏的补块，再重新修补。

(十四) 大补丁 (修补面积大于 0.5m²) 和开挖补块

1. 损坏特征

大补丁是指道面用水泥混凝土或者沥青混凝土进行较大面积的局部修补。开挖补块指因设置地下设施开挖道面而形成的补块。

2. 处治对策

对存在损坏大补丁的面板要进行整块板翻修，在翻修过程中要保证不损伤周边板块，修补完成后能与周边板块有很好的荷载传递能力。

第二节 沥青混凝土道面破损与维修

一、破损类型

沥青混凝土道面常见病害可分为裂缝类、竖向变形类、表层类三大典型类型。

二、破损类型及处治对策

(一) 裂缝类病害

1. 损坏特征

(1) “纵向裂缝”指平行于轮迹方向的道面开裂现象，“横向裂缝”指垂直于轮迹方向的道面开裂现象；

(2) “反射裂缝”多在旧水泥混凝土道面加铺沥青层（“白十黑”）的复合道面上出现，在横向分布上一般具有明显的规律；

(3) “滑移裂缝”是道面上出现的月牙或半月状裂缝，多出现在飞机制动或者转向位置；

(4)“龟裂”与“不规则裂缝”均表现为网格状交叉裂缝形式，初期为相互平行的裂缝（多为纵向），随着次生裂缝的发展，逐渐交叉形成网格状。

2. 病害影响

裂缝类病害对于道面使用性能的影响主要体现在两个方面：

(1) 裂缝为地表水进入沥青混凝土内部提供通道，水分进入沥青混合料内部后，将降低集料与沥青之间的黏结性能，道面容易出现松散等现象；

(2) 裂缝在轮载作用下出现应力集中，裂缝周边的道面容易产生剥落和新的交叉次生裂缝，发展到一定程度后可形成大块剥落，影响安全。

3. 处治对策

沥青混凝土道面出现各种形式的裂缝后，应立即进行裂缝填补或局部补块修补。

(1) 对于无交叉的裂缝可进行裂缝填补。根据不同的沥青混合料类型及裂缝宽度，可选取贴缝或开槽灌缝的处治方法；当裂缝平均宽度小于25mm时，应进行贴缝处治。由于SMA是间断式级配，出现的裂缝形状一般不规则，如果开槽则裂缝周边的粗集料容易剥落，则不宜开槽灌缝。

(2) 对于连续级配的沥青混凝土，当裂缝平均宽度小于3mm时，也可直接进行贴缝处治。

(3) 对于连续级配的沥青混凝土，当裂缝平均宽度为3～25mm，且裂缝周边无明显次生裂缝，剥落程度轻微时，应进行开槽灌缝。

(4) 对于网格状裂缝，或者缝宽较大的纵向、横向裂缝与反射裂缝，宜局部补块修补。

(5)“滑移裂缝”“龟裂”或“不规则裂缝”的道面，因其面层结构承载能力基本丧失，应及时进行全厚度补块修补。

(6) 裂缝平均宽度大于25mm的“纵向和横向裂缝”或“反射裂缝”，或者平均缝宽小于25mm，但是裂缝周边次生裂缝明显、剥落严重、影响范围超过50mm时，宜沿着裂缝进行全长范围的补块修补。

(二) 竖向变形类病害

1. 损坏特征

沥青混凝土道面竖向变形类病害包括“轮辙”“沉陷”“隆起”“搓板”和“推挤”等五种损坏类型。

(1)“轮辙”表现为道面沿轮迹方向凹陷，以及轮迹两侧局部道面可能出现隆起的现象。降雨时轮辙位置会出现积水，飞机高速滑跑时容易漂滑，过深的轮辙对飞机转向也会产生不利影响。

(2)“沉陷”是道面局部区域明显低于周边的现象。

(3)“隆起”则是道面局部区域明显高于周边的现象。

(4)“搓板”是指在飞机经常制动或者加速的位置出现垂直于轮迹方向的、并有规则的波浪状隆起和凹陷（相邻间距一般小于1.5m）的现象。

(5)“推挤”发生在与水泥混凝土道面相邻的沥青混凝土道面位置，表现为道面的隆起或开裂现象。与“轮辙”相比，“沉陷”“隆起”“搓板”和“推挤”四种损坏类型的影

响范围相对较小，出现这类损坏的道面往往同时存在裂缝。如果这类病害的数量较多或者程度严重，将降低道面的平整度。

2. 处治对策

竖向变形类病害常用处治对策如下：

(1) 对于竖向变形类病害最有效的处治对策是功能性加铺。但是由于功能性加铺造价高、对机场运行影响大，因此仅在道面使用性能严重不足的情况下实施。

(2) 当跑道区域的平整度最大间隙大于 13mm（三米直尺法）、其他区域最大间隙大于 25mm 时，小面积的竖向变形类病害可进行局部补块修补。

(3) 面积较大的竖向变形类病害，如果程度较严重，经现场试验段验证技术可行后，可采用沥青混凝土现场热再生技术。

(三) 表层类病害

1. 损坏特征

沥青混凝土道面表层类病害包括“松散和老化”“喷气烧蚀”“集料磨光”“泛油”和“油料腐蚀”等五种损坏类型。

(1)“松散和老化”指由于沥青混合料中的沥青老化造成对集料的黏附性下降，部分集料散失，道面出现微坑或者细微裂缝的现象。沥青混合料的老化是一种不可避免的现象，但可通过合理的预防性养护延缓。

(2)“喷气烧蚀”多出现在军民合用机场或者飞机发动机长时间试车的道面上，是指沥青混凝土道面在飞机发动机高温尾气烧蚀下发生碳化的现象。喷气烧蚀的道面与周边存在明显色差。

(3)“集料磨光”一般发生在经常除胶的道面，主要是除胶作业对道面表观构造的损伤积聚所致。

(4)“泛油”一般指由于沥青混合料的油石质量比过高或者空隙率过小而导致高温时沥青溢出到表面的现象。

(5)“油料腐蚀”主要是由于飞机上的燃油、机油或者其他具有腐蚀性的液体洒落在道面上引起的。如果面积较大，将降低道面的抗滑性能。

2. 处治对策

表层类病害常用处治对策如下：

(1) 定期实施雾封层可延缓沥青道面老化，是一种经济有效的预防性养护措施。雾封层处治的基本要求包括：雾封层材料能有效封闭沥青道面表层的细微裂纹，减少地表水渗入；雾封层材料喷洒后在道面表面积留量少，基本不影响道面的抗滑性能；雾封层材料对老化的沥青具有较明显的还原作用。

(2) 对于已经发生“喷气烧蚀”的道面，宜采取补块修补措施，修补深度一般只需满足最小修补厚度的要求即可。

(3) 如果大面积发生表层类病害，而且已经严重降低了道面的使用性能，宜实施道面功能性加铺。

(4) 沥青混凝土补块出现再次损坏，应清除原有补块后重新修补。

第三节 机场道面摩阻性维护

如何使机场道面为飞机的安全起降提供足够的安全保障，一直是机场建设和场道维护管理部门最为关注的问题之一。在保障飞机安全起降功能方面最主要的性能之一就是其抗滑性能，其具体体现就是要求道面具有较高的摩阻系数，以保证飞机在使用环境下能够获得可靠与有效的制动，否则容易导致飞机冲出跑道而造成各类严重事故。具有良好抗滑性能的道面，不仅可以为飞机的滑跑、起降的安全性和稳定性提供保障，而且还可以减少飞机在跑道上的制动距离，从而缩短飞机占用跑道的时间，提高跑道利用率。因此，机场道面的摩阻性维护是场道管理中的一项重要工作。

一、跑道摩阻性维护要求

机场道面抗滑性能的主要指标为道面摩擦系数和道面纹理深度。中国民航规定，跑道日航空器着陆15架次以上的机场，应当配备跑道摩擦系数测试设备。进行摩擦系数检测的设备有：μ仪拖车、跑道摩阻测试车、表面摩阻测试车、抗滑测试仪拖车、滑溜仪拖车等。目前在我国民用机场使用最多的跑道摩擦系数测量设备是表面摩阻测试车。该车利用车后轴附近所带的第五个轮子测量摩擦系数。其优点是速度波动小，数据处理、测量轮收放、洒水等均由电脑控制，测量结果可电脑存储、打印。特别值得注意的是，跑道摩阻检测设备应到专业技术部门进行定期标定，以确保测量的准确性。当用表面摩阻测试车测量跑道摩擦系数时，应在测量前按常规检查车的油量、行走轮胎气压、测量轮的气压和轮线磨耗情况。没有配备跑道摩擦系数测试设备的机场，可请有相应设备的单位代测。

机场管理机构应当定期测试跑道摩擦系数。跑道日航空器着陆架次大于210架次的，测试跑道摩擦系数的频率应当不少于每周一次；跑道日航空器着陆架次为151～210架次的，测试跑道摩擦系数的频率应当不少于每两周一次；跑道日航空器着陆架次为91～150架次的，测试跑道摩擦系数的频率应当不少于每月一次；跑道日航空器着陆架次为31～90架次的，测试跑道摩擦系数的频率应当不少于每三个月一次；跑道日航空器着陆架次为16～30架次的，测试跑道摩擦系数的频率应当不少于每半年一次；跑道日航空器着陆架次为15架次以下的，测试跑道摩擦系数的频率应当不少于每年一次。进行跑道摩擦系数测试时，应当在飞机经常运行处的两条线进行。测试结果应当及时报告空中交通管理部门，测试原始数据凭据应当妥善予以保存。跑道摩擦系数测试应当在跑道中心线两侧3m至5m范围内进行。跑道表面摩擦系数应当包括跑道每三分之一段的数值及跑道全长的平均值，并依航空器进近方向依次公布。

跑道表面摩擦系数不得低于《民用机场飞行区技术标准》中规定的维护规划值（见表4－2)，以连续100m长道面的摩擦系数为评价指标。维护规划值是机场道面日常维护应力求达到的目标值，最小摩阻值是为保证飞行安全，机场道面应具有的最小摩擦系数，一旦低于此值，跑道在潮湿状态下很可能滑溜，所以此时机场当局必须采取必要的道面摩阻维护措施，直至满足运行条件。没有配备跑道摩擦系数测试设备的机场，当跑道上有积雪时，应当向塔台管制员通报积雪的种类（干雪、湿雪和压实的雪）和厚度。航空器能否起

降，由飞行机组决定。

出现下列情况后，机场管理机构应当立即测试跑道摩擦系数：(1) 遇大雨或者跑道结冰、积雪；(2) 在跑道上施洒除冰液或颗粒；(3) 航空器偏出、冲出跑道。

表 4-2 新建或现有跑道摩擦系数评价标准

测试设备	测试轮胎		测试速度 (km/h)	测试水深 (mm)	新建道面设计目标	维护规划值	最小摩阻值
	类型	压力 (kPa)					
μ 仪拖车	A	70	65	1.0	0.72	0.52	0.42
	A	70	95	1.0	0.66	0.38	0.26
滑溜仪拖车	B	210	65	1.0	0.82	0.60	0.50
	B	210	95	1.0	0.74	0.47	0.34
表面摩阻测试车	B	210	65	1.0	0.82	0.60	0.50
	B	210	95	1.0	0.74	0.47	0.34
跑道摩阻测试车	B	210	65	1.0	0.82	0.60	0.50
	B	210	95	1.0	0.74	0.54	0.41
TATRA 摩阻测试车	B	210	65	1.0	0.76	0.57	0.48
	B	210	95	1.0	0.67	0.52	0.42
抗滑测试仪拖车	C	140	65	1.0	0.74	0.53	0.43
	C	140	95	1.0	0.64	0.36	0.24

二、跑道除胶

机场跑道轮迹处，飞机着陆速度很高，轮胎与道面之间的强烈摩擦，造成胶轮热脱胶，并使胶层牢牢附着于跑道上。道面上沉积的轮迹，已经不是飞机机轮的橡胶材料了。在飞机着陆、制动的 300m 滑跑区域中，由于机轮具有较高的转速，且在机轮与道面高度挤压接触下，会产生较大的摩擦力和较高的温度，此时飞机机轮的橡胶材料在摩擦力和高温的双重作用下发生聚合化学反应，使原有柔软的橡胶变得坚硬并沉积在着陆、制动区域上。一架波音 747 飞机以最大重量着陆时，每个机轮在每一次着陆时会在道面上沉积 700g 的轮胎胶迹。在飞机的重复作用下，沉积在道面上的轮迹不断地扩大和加厚，覆盖了道面上的微观构造和宏观构造，使得道面表面像一层光滑的镜面，从而降低了道面的抗滑性能、摩擦系数，加大了制动距离，极易使飞机冲出跑道造成事故，尤其在有水膜的情况下飞机极易产生滑漂。因此，机场跑道要定期进行除胶。道面沉积轮迹的清除，是保证道面具有良好抗滑性能，并保证飞行安全的必要措施。

跑道橡胶的沉积速度与多种因素有关，例如机型、着陆架次、道面类型、道面表面纹理状况、环境温度等。其中，飞机的起降架次是影响最大的因素。机场当局应将机场跑道摩擦系数检测结果，作为除胶作业的主要决策依据。没有跑道摩擦系数测试设备的机场，当发现接地带跑道中线两侧被橡胶覆盖80%左右、橡胶呈现光泽时，应当及时进行除胶。另外，美国联邦航空局在咨询通告《抗滑机场道面表面的检测、修建和维护》中给出的除胶频率的建议（详见表4-4)，也可作为参考。

表4-4 根据着陆架次确定除胶周期

跑道每端飞机日着陆架次	建议除胶周期
小于或等于15	2年
16～30	1年
31～90	6个月
91～150	4个月
151～210	3个月
大于210	2个月

注：跑道每端应分别评价。

目前道面除胶主要有三种方法：高压水冲法、化学除胶法和机械打磨法。

1. 高压水冲法

高压水冲法利用一种沿着道面表面缓慢行驶的旋转高压喷水设备来进行除胶，水压力在14～105MPa的范围内，喷水量为113.4L/min。这种高压水在压力的作用下可以很好地渗透到轮胎胶迹中，能够有效地清除道面上胶迹。高压水冲法的优点有：(1) 除胶的速度快，可以达到743～1641m^2/h；(2) 经济成本低，因为水的获得较为方便；(3) 在有紧急事件的条件下，可以迅速将设备移除跑道。但通过实际调查发现，高压水冲法对道面的负面影响也相当大，主要有以下三个方面：(1) 高压力水的冲刷作用，对道面的微观构造磨损较大。调查发现，道面表层采用强度较低的集料配制的混凝土要比集料强度高的混凝土的微观构造磨损大。(2) 对道面各种槽型的宏观构造磨损较大。通过调查发现，每6个机场的道面管理者中就有5人反映高压水冲法对于道面槽型的损伤相当严重，直接导致飞机滑漂。(3) 除胶完成后残留在道面上的水溶液当中含有大量有毒的重金属，如果不加以正确及时处理会污染机场道面环境。目前国内大多数机场普遍采用高压水冲法，由于压力不当或冲洗速度过慢对道面造成的损伤是较为严重的，必须在实践中不断熟练操作，适当加大除胶频率（以减少道面结胶的厚度），才可以尽可能地将对道面的损伤程度减到最小。

2. 化学除胶法

化学除胶法是通过将除胶液喷洒在轮迹上，改变轮迹原有的聚合结构使它变软，再在刮、擦、磨等作用下使轮迹松散，最后在一定的压力水作用下将道面上质软、松散的轮迹清除。化学除胶法的优点主要有：(1) 化学除胶液只是将道面上的轮迹化学结构改变，使其变得质软，减缓了外力直接作用除胶的力度，对于道面潜在的影响较小；(2) 作业的速度较快，可以达到高压水冲法作业时的速度（743～1641m^2/h)；(3) 在本部门的人员和机械设备作用下就可以完成，不需租用外来人员和设备，从而降低了成本；(4) 所使用的除胶液可以生物降解，对环境的污染较小。通过实际的调查发现，化学除胶法对道面的负

面影响也是较大的，主要有以下五个方面：(1) 对于道面上残留的轮迹残块，如果不及时清理，会污染道面环境且极易被吸入发动机并损伤叶片；(2) 使用化学除胶法可能会对沥青混凝土道面带来一定的影响，化学除胶剂在生物降解的过程中，会与沥青发生化学反应，导致沥青混凝土道面的破损；(3) 对刻槽道面轮胎胶迹的清理效果不好，当轮迹厚度较厚时，对槽内轮迹的清理不够彻底；(4) 当有残余的除胶液存在时，会对道面上的标志线、灯光以及飞机和所有行驶车辆的轮胎有一定的腐蚀；(5) 当使用化学除胶法时，机场跑道必须全面关闭，所以会影响到航班的运行。由于目前化学除胶液比较昂贵，所以它的应用范围较小。

3. 高速冲击法

高速冲击法是采用一种高速率旋转、小半径的钢制器械对道面轮迹进行冲击、磨、擦、铲等，使得轮迹成为松散细小的颗粒。高速冲击设备装有一个吸收细小颗粒轮胶的容箱，可以及时清理胶迹。这种高速冲击设备可以进行人工调整，以达到除胶和修复表面摩阻性能的效果。它的优点主要如下：(1) 在除胶的过程中也重新改善了道面表面的纹理构造；(2) 作业速度较快，可以达到 929～2700m^2/h；(3) 当有紧急事件发生时，除胶设备可以快速撤离跑道，不会给航班的运营带来影响；(4) 对道面环境的污染较小。调查发现高速冲击法对道面的负面影响主要有：(1) 由于残留的轮迹颗粒细小，如果不及时进行清理，它会再次覆盖道面表面的纹理结构，降低了除胶效率；(2) 由于是外力的直接作用，其力度较大，如果操作不当会损伤沥青混凝土道面表面、道面的槽型、道面标志、道面嵌入式助航灯光等；(3) 高速冲击法会受到天气的影响，它只能在干燥道面上进行作业；(4) 成本较高。

4. 机械打磨法

机械打磨法主要借助于打磨机等设备对道面表面的轮迹进行清除。机械打磨法的优点主要如下：(1) 既可以清除道面轮迹，又可以对已经磨平的表面进行修复，改善纹理结构。一般对于磨平的表面，通过该法可以磨耗 3.1750～4.7625mm 厚的表层，重新修复纹理结构。(2) 对于道面上已破损、高低不平区域的轮迹清理效果较好。其缺点有：对于刻槽水泥混凝土道面，为了重新修复纹理而磨耗了表层，此时槽型的尺寸发生了变化，要想刻槽道面仍能保持良好的排水通道，就必须重新刻槽，这样就加大了资金的投入。

三、道面污染清除

除机轮橡胶外，机场道面可能出现各种污染，如不及时清除，也会对道跑道摩阻性造成不利影响。泥土是跑道上可能经常出现的污染。在升降带土质区植被不良或没有植被时，被风刮到跑道上的尘土，或经雨水形成的尘泥，都可能嵌入道面的纹理中，从而影响跑道的摩阻性。道面上还可能出现各种油料如航油、滑油等，不仅会污染、腐蚀道面，也会影响道面的摩阻性。此外，道面废弃的油漆标志也应彻底清除。当然对摩阻性影响最大的污染还是冰雪。上述污染，在机场中通常是通过保洁作业、除胶作业和除冰雪作业进行清除的。

第四节　飞行区FOD防范

一、外来物的危害

(一) FOD的含义

FOD有两种解释，其一是外来物（Foreign Object Debris），可能损伤航空器或系统的某种外来的物质、碎屑或物体；其二是外来物损伤（Foreign Object Damage），即任何由外来物引起的损伤，既可以是物理上的损伤又可以是经济上的损失，有可能会降低产品的安全和/或性能。通常所说的FOD指外来物。根据上述的定义，航空器的外来物种类相当多，如硬物体、软物体、鸟类、雷电等。

(二) FOD的危害

1. FOD对航空器的损伤

航空器对于FOD来说相当脆弱。一只飞鸟或一小块塑料布吸入发动机都可能引起空停。一个小螺钉或金属片甚至尖锐石子都可能扎伤轮胎引起爆破，产生的轮胎碎片可能打伤飞机机体或重要部件，如液压管、油箱。近年来最为引人关注的FOD事件是2000年法航协和空难。机上109人、地面4人共113人遇难。调查表明，协和空难的肇事者是上一个航班飞机上掉在跑道上的金属片，它扎破了随后起飞的协和飞机的轮胎，轮胎爆破产生的碎片击中了一个或多个油箱，飞机左机翼起火并很快坠毁，这个过程不到1分30秒。此次事件的后果是协和飞机在2003年10月24日全部退役。对航空公司来说，下面的情形经常遇到：某年某月某日凌晨1点某架飞机刚结束一天的航行任务，接下来机务人员将对飞机进行全面检查并准备第二天的飞行。在检查过程中发现1号发动机风扇叶片受到外来物损伤，决定马上更换。

在我国也发生过一些相当严重的轮胎FOD事件。如2007年，国内某航空公司B747飞机在美国洛杉矶机场滑行中轮胎压到地面上的外来物。在随后的起飞滑跑中，右机身起落架后面两个轮胎爆破（见图4-5）。造成飞机右机身下半部分损伤严重、右机身起落架损伤、起落架舱内损伤、液力系统管路损坏严重等。

图4-5　两个主轮爆破后轮胎和轮毂损伤形貌

这样的事件经常发生，到底是什么外来物引起上述的风扇叶片受损。遗憾的是大多数情况下无法判定是何种外来物打伤的。有时甚至都无法界定 FOD 损伤是在起飞、降落或空中航行的哪个阶段发生的，因为很多时候机组人员对有些 FOD 事件毫无察觉。在 1992—1994 年，航空运输协会统计了其航空公司的 FOD 事件报告结果，见图4 -6。

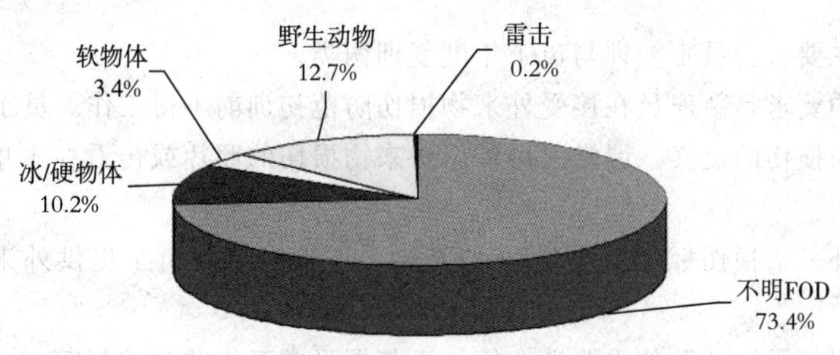

图 4 - 6　航空运输协会统计的 FOD 分布图

2. FOD 带来的损失

FOD 带来的危害不仅是损坏航空器和夺去宝贵的生命，也伴随着巨大的经济损失。目前我国民航行业还没有建立外来物报告系统。国内的航空公司也没有对外来物损伤的损失进行过统计，因此还未能掌握我国的 FOD 损失的大概数据。2008 年民航局曾组织过轮胎 FOD 全国普查，其结果可间接反映我国 FOD 的现状：2007 年 5 月到 2008 年 5 月期间共发现 4500 多起轮胎 FOD 损伤，大部分航空公司轮胎扎伤数占拆换轮胎总数的比例为 6%～13%。提前报废和翻修轮胎会带来大量支出。一般来说，发动机 FOD 损失远远超过轮胎 FOD 的损失。由此推算我国 FOD 的损失也非常巨大。

FOD 损伤是一种巨大的资源浪费，并且威胁着飞行安全，影响了经济效益和安全效益。因此减少 FOD 事件刻不容缓。要避免 FOD 损伤，首先要足够重视，然后参照本书的指导，结合各单位现状，制定出符合各机场和航空公司防范 FOD 的程序，并遵照执行，FOD 事件就一定会极大地减少。

二、防范 FOD 的常用做法

目前，国际上对 FOD 的防范没有统一的指导材料，但是普遍具有以下六点共性的要素。

(一) 树立 FOD 防范意识

众所周知，要想做好某件事情的管理工作，首先必须了解这件事情本身的特性、做不好的后果或危害性，否则，对这件事情就不会给予应有的重视，也就不会做得好。以飞机轮胎被扎这件事情来看，长期以来，很多业内人士认为，这很正常，没什么特殊的。而从前面 FOD 造成的各种损失、危害来看，特别是法航协和号飞机的空难，对于 FOD 防范是极其必要的。树立良好的 FOD 防范意识是 FOD 防范工作的重中之重。在开展 FOD 防范工作前，应首先使所有从业人员，特别是领导树立良好的 FOD 防范意识，使其认识到良好的 FOD 防范意识是做好 FOD 防范工作中的先决条件。

1. 对员工进行培训

培训是一个有力的意识培养工具，机场的所有员工必须接受外来物损伤防范方面的培训。培训工作应持续开展，为外来物损伤防范工作提供良好运作的基础。在培训中，应确保每位员工掌握外来物损伤防范工作的防范意识和基本技能，并在定期培训中反复强调。

培训工作主要包含员工初训与员工年度复训两类。

员工初训的要求是新雇员在接受外来物损伤防范初训前不得工作。员工初训包括：

(1) 外来物损伤的定义。课堂上可展示外来物损伤的照片或传看在本单位发现的外来物样本。

(2) 了解外来物损伤标准操作程序（SOP)，并向每名新员工提供外来物损伤标准操作程序副本。

(3) 强调“随手清洁”的重要性，使员工掌握日常工作的相关规定。

(4) 工具管理规定（为新员工配发工具箱)。

(5) 物品丢失报告制度。

(6) 外来物损伤控制区的范围与控制区相关规定。

(7) 孔探（一种光学工具，利用它可对无法接近的内部区域进行目视检查。至少由一个灯泡、镜子和镜头组成）工作操作规程及注意事项。

(8) 介绍外来物损伤管理部门的职能。

年度复训是一年中让员工坐下来听听外来物损伤情况变化的唯一机会。公司应重视年度复训的重要作用。运行单位可自己确定培训内容。但培训应遵循以下原则：在制定年度培训大纲时，应先确定员工在培训中所应掌握的内容；年度培训大纲应提早准备，不能在实施前一周才开始；准备过程需要持续收集数据、照片和积累材料。

在培训准备过程中所需要的素材可以包括：检查结果、外来物损伤事件报告等；驻场单位反馈；管理措施实施情况；工作绩效；外来物损伤事件照片；不正确程序的照片，并应在其旁边贴上正确的程序；新举措、新标牌、新口号的照片；外来物损伤碎片实物；受损的发动机叶片或航空器其他组件；宣传册或宣传单等。

在实施培训大纲时，要确定培训规模、参训人员、培训时间和地点。单位应尽量使用位于本场的训练区域，这样做一方面可减少培训成本，另一方面可增强培训工作的现场感。培训应根据员工工作内容与工作区域，安排具有针对性的培训班，根据特定类型的工作并针对该区域遇到的特殊问题来调整培训内容。

2. 设立FOD警示标志

树立良好的FOD防范意识的第一个手段是设立FOD警示标志。警示标志应树立在明显位置并易于阅读和理解。这些警示标志包括：

(1) 带FOD标志或吉祥物的T恤衫、帽子或夹克

公司可以为员工配发带FOD标志或吉祥物的T恤衫、帽子或夹克，使其成为工作区域显示信息的“活广告”。

(2) FOD横幅

FOD横幅可以长期张贴在绝大多数员工可看到的地方，如机库墙壁、大门入口或走

廊等。横幅上的标语内容可以从员工中征集并奖励积极参与的员工，以激发员工的参与热情。标语内容应定期更换以始终保持员工对于横幅的注意。

(3) 海报

海报对提醒员工关注外来物损伤问题有重要作用。在公司的食堂外或办公楼前设置相应的布告栏，将海报张贴其上，不要将海报用胶条粘在墙上或柱子上，这样会使员工对于FOD防范工作的严肃性产生怀疑。海报的设置应具有针对性，应定期更换以保持其针对性和有效性。与防范标志和横幅内容类似，征集海报内容的活动是员工参与FOD防范工作的重要机会，举办海报内容征集比赛，将员工的获奖作品进行张贴将大大加强海报的宣传效果。

(4) 提示标牌

提示标牌是提醒员工关注外来物损伤规定的重要工具。标牌应放置在合适的地方，提醒外来物损伤控制区域工作的人员。例如，在入口处张贴标牌，指示员工检查轮胎，在进入前要紧固松动的物品，标牌内容也可以设置为“你正进入外来物损伤控制区，进入前请遵守相关规定”，提示标牌内容应定期每月更新。同时，也可考虑直接购买满足需求的标牌。

(5) 车间辅助工具

车间辅助工具如垃圾筒、工具包/托盘、车间吸尘器、簸箕等，甚至工作台都可张贴外来物损伤标志或信息。这些物品可以整日提醒员工时刻防范FOD。字体颜色可选择对比强烈的黄色背景和黑色字体，或其他醒目的颜色。

需要注意的是，以上警示标志的内容应定期更换，如果长时间不变，将失去其警示作用的有效性，警示标志将失去其警示的作用。

3. 提高FOD防范工作的日常活动

没有人喜欢主动拾外来物碎片，适当的激励技巧有助于保持一线员工参与到工作区域整洁中。使用不同方法来激励并花时间识别或奖励好的表现是非常重要的。外来物损伤预防是永无止境的战斗，公司应举办形式多样、员工喜闻乐见的各项活动。这些活动包括：外来物损伤物品的数量竞猜，收集并保存在日常检查中发现的外来物损伤物品，将其放在大塑料瓶中，让参赛者竞猜塑料瓶中损伤物品的数量。这是一种有效的意识培养方式，因为绝大多数员工没有机会见到在外来物损伤检查中发现的各种物品。

（二）建立FOD防范团队

俗话说“人心齐，泰山移”，这种说法充分说明建立团队，使团队中每个人齐心协力朝着共同目标努力的强大力量。FOD防范队伍的共同目标就是消除外来物损伤危险。

FOD防范团队是一个管理外来物损伤项目质量和绩效管理的联合组织。其包含驻场单位中与FOD防范工作相关的各个部门，具体的部门组成各机场可根据自己的特点灵活设置。团队中每个部门都以安全生产为共同目标，各自积极主动完善自己的安全生产工作。

（三）建立FOD防范计划

虽然以上措施取得一些成功，但这种线性方法没有考虑人与系统、硬件、软件、环境、组织等的交互作用。根据美国国家空域标准，大多数外来物损伤归因于四个因素：

场地维护不当、设施老化、维护不当以及措施运行不充分。显见，要防止和/或消除航空环境中的外来物损伤，不仅需要对这些因素进行“主动响应”，而且响应应该是可评测的。

综上所述，传统的防范 FOD 的方法多是“被动性”的，要有效地防范 FOD，必须从产生 FOD 的源头抓起，采取系统的方法，也就是说要建立 FOD 防范计划。

有效的外来物损伤防范计划将提供清晰的政策和程序来协助所有员工和代理消除外来物损伤。该计划应包含下列内容：

1. 政策和程序

要明确现有政策和程序是什么，需要修改它们以实现你的新目标吗，如何实现和评估持续的过程改进，等等。

外来物损伤防范计划有利于整体文化建设，它通过在岗培训以及正式的课堂培训提升从业人员的整体意识。在这个过程中，整个组织中的员工致力于改变目前对 FOD 管理的现状，并形成“随手干净”的职业道德。

2. 建立目标

要明确本单位在防治 FOD 方面的具体目标，包括每个人达到例如“零外来物损伤”这个长期目标的可行的时间期限。要确保本单位每名相关人员意识到其与外来物损伤防范计划有关的短期和长期目标以及如何实现它们。

3. 组织

这里要明确，谁管理该计划，该人如何获得支持，这种支持如何组织等。确认各级负责人，而不仅仅是负责的部门。

4. 测评手段

这里要明确，一个组织如何与其他规模和机队类似的组织进行比较，将采用哪些测评，如何测评你的进展，起点是什么，等等。测评方法有很多，如针对某种机型的总外来物损伤事件，然后将该数据按具体类型划分，如发动机、轮胎、机身和鸟击，或者估算每 1 万起降架次的 FOD 数据来对比本单位的 FOD 防范的进展，然后利用国内外有关组织的数据，如利用你可获得的所有信息资源，如航空运输协会（IATA）或联邦航空局（FAA）的信息，跟踪和了解自己在其他类似规模和机组组成的航空公司中的趋势。

5. 事故征候和事故调查

这里要明确：发生了事故和事故征候，如何报告和调查、需收集哪些数据、储存在哪里以及将如何进行分析等，最为重要的是数据分析将如何影响该项目的未来方向。对于任何组织，为向零外来物损伤目标前进，首先要辨清原因。识别、分类和评估所有事故征候和事故是理解其发生的真正原因的关键。只有建立数据库，才能开始从包含在其中的信息分析获利。这种中央数据库将由具体的调查过程输入数据，涉及信息收集、事实结论和根本原因分析等。

总之，每个人都要明确，小事的意义非同一般。如果我们能够防范 FOD，那么外来物损伤就是不容易发生。因此，每个人都要牢记，外来物损伤预防人人有责。要养成“随手清洁”的习惯，形成主动预防外来物损伤的意识。

（四）年度道面巡查

年度道面巡查是有计划的大规模活动，其活动内容为召集单位内尽可能多的员工在预订时间和地点对整个场地进行巡视，拾取垃圾、石子、松动的金属物品，或其他任何可能带来外来物损伤危险的物品。

此项活动最大的挑战是如何吸引人们自愿参与到此项活动中。有些情况下，管理人员应将年度道面外来物碎片巡查作为保证安全的强制措施，除特殊情况外，“所有人员”都应按要求参加。

在外来物损伤防范工作中，面临的最大挑战在于员工是否自愿地参与这些活动并主动地改善防范意识，而不是被动地接受。所以为了使员工能够积极主动自愿地参与到年度道面巡查活动中来，需要制定新颖的年度道面巡查计划。

（五）数据的收集与利用

数据是反映FOD防范工作的重要依据。翔实、一致、可靠的数据为发现危险源提供数据保障，可依据这些数据在工作中采取针对性措施预防外来物损伤危险。将统计分析数据制作成易于理解的图表分发给管理人员和工作人员，使他们时刻了解自己工作中存在的问题及其发展趋势，并根据数据情况不断地改进自己的工作。将统计数据与绩效考核结合还将进一步激励员工更加努力工作。数据的收集、统计、分析是预防外来物损伤工作的关键。据报道，建立在良好数据统计、分析基础上的FOD防范项目可为航空器制造商每年节约100万美元左右。

1. 数据来源

外来物损伤防范计划的数据来源包括：

（1）日常巡查数据

对工作和运行区域的日常随机检查是防范FOD的日常工作。制定审计检查单以记录巡查的日期、时间、巡查员、轮班、区域和发现的问题。制定统一编码、易于记录的标准检查单有助于提高巡查效率。

（2）不安全事件数据

对外来物损伤事件和与外来物损伤直接相关的运行问题，都必须登记在事件报告表中，并将报告信息输入外来物损伤数据库，以提供跟踪/趋势分析。

2. 建立FOD数据库

建立数据库的目的在于跟踪FOD防范工作中的所有数据要素，关系明确、构架合理的数据库会使分析工作事半功倍。在建立数据库前应首先确定需要跟踪的关键数据要素以及由谁收集数据、录入和提取数据。单位可根据自己的需要建立轻量级的Excel数据库、中量级的SQL Server数据库或重量级的Oracle数据库。

数据库中的信息要尽量准确，如果缺少准确的信息，外来物损伤防范计划的其他要素可能会被误导，就会造成大量时间和资源的浪费。数据结构应符合实际需求，易于分析统计。建立外来物损伤数据库后，数据可按照各种参数进行统计分析。如使用Excel中的图表模板（见图4-7所示），选择最适合生成报告类型的图表类型。

3. 数据的分析与整改

收集数据的目的是识别问题并制定解决方案。解决方案与整改依赖于根本原因（主要

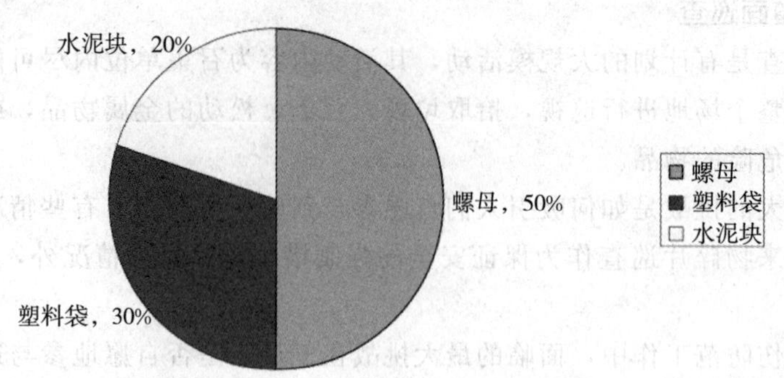

图 4-7　来自外来物损伤数据库的图表示例

影响因素）的识别。在外来物损伤数据库中跟踪的信息必须尽可能具体，以有利于调查。根本原因有时难以确定，调查人员可以利用“鱼骨分析法”来分析，如图 4-8 所示。鱼骨分析法是将问题的影响因素按图形分解。使用方法：(1) 查找要解决的问题；(2) 把问题写在鱼骨的头上；(3) 召集同事共同讨论问题出现的可能原因，尽可能多地找出问题；(4) 把相同的问题分组，在鱼骨上标出；(5) 根据不同问题征求大家的意见，总结出正确的原因；(6) 拿出任何一个问题，研究为什么会产生这样的问题；(7) 针对问题的答案再问为什么，这样至少深入五个层次（连续问五个问题）；(8) 当深入到第五个层次后，认为无法继续进行时，列出这些问题的原因，而后列出至少 20 个解决方法。“鱼骨分析法”应由每起事件的调查员完成或者将类似的结论分组，由管理人员或者整改委员会评审/批准。

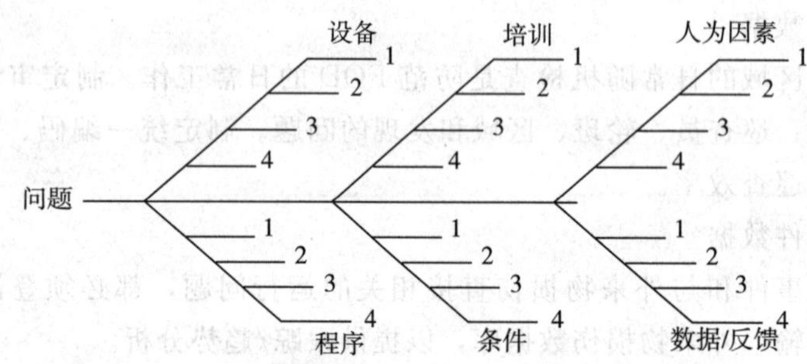

图 4-8　鱼骨分析法

基于根本原因的整改可以避免问题重复发生。整改要规定纠正的步骤，并指定整改完成日期。在条件允许的情况下，还应成立整改委员会，对整改进行评审，并跟踪问题的解决情况。每周或每月召集该委员会评审整改的进展或完成情况、调查员或审计员所遇到的问题以及重复出现的问题。

（六）机场 FOD 文化自我评价

航空器上的外来物碎片每年造成全球数十亿美元的损失。当外来物损伤造成航班延误，还会造成更大损失。如果外来物进入航空器发动机，将会造成上百万美元的损失，情况还会变得更加严重。

机场 FOD 文化自我评价的评估标准包括：(1) 机场围界的围栏是否干净；(2) 垃圾

桶是否密封得当且没有溢出；(3) 施工区域是否整洁或者是否对其进行了围挡；(4) 行李操作员是否在停机坪就餐；(5) 行李区（包括拖车）是否存在垃圾；(6) 滑行道道肩是否有松动的石块；(7) 内场是否有垃圾；(8) 进入停机坪的车辆在进入停机坪前是否停下来检查轮胎；(9) 如果飞机发动机位置低，是否有接近的危险物体；(10) 维修人员的穿着是否整洁；(11) 如果看到任何外来物碎片，是否能够辨别其来源。

在以上所有的活动中，要时刻考虑并利用人的因素。人是所有工作成功的关键。工作的顺利开展依赖于员工的主观能动性，应采取措施使员工积极参加以上活动，使员工充分了解其角色和责任，充分认识到 FOD 防范工作的重要性。

三、机场对 FOD 的防范与管理

机场运营人负责缓解飞机接地到飞机离地期间的外来物损伤危险。外来物损伤防范计划必须是机场运行安全政策的组成部分。一些国家特别要求颁证机场具有外来物损伤防范计划。其他国家要求在机场安全计划中包含该项目。因此，机场在 FOD 防范工作中的地位举足轻重。本节将介绍机场 FOD 来源、机场运行中外来物损伤的预防、机场道面维护以及如何建立机场 FOD 防范计划。必须强调的是，要消除外来物损伤危险没有什么神奇的方法，所需要的是项目计划、机场工作人员的努力以及可见到的高层管理人员坚定的支持。

(一) 机场 FOD 的来源

大家只知道硬物体会损坏航空器发动机，但知道塑料和纸张也会触发外来物损伤事件吗？来看一个事件：一架起飞滑跑途中的波音 737 发生“功率突变”并中断起飞。回到停机位。孔探检查只发现了纸，发动机没有受损，但航班因此面延误，给旅客造成不便，同时影响了公众信任度，这就造成很大损失。

机场 FOD 的来源主要为：外来物碎片、小物件、个人物品、黏性的东西、动物等。

(1) 外来物碎片：从石子到行李架，任何可能导致航空器、设备或人员损伤的东西。

(2) 小物件：破布、钢笔、工具、硬币、废电线、部件、笔记夹板、手套、帽子、螺帽、螺栓、杯子、眼镜、胶带、订书钉、纸夹，等等。

(3) 个人物品：相机、发夹、钥匙、眼镜盒、纸张、掌上电脑、徽章和瓶子。

(4) 黏性的东西：油脂、油漆以及接触后会毁坏飞行硬件或控制装置的物质。

(5) 动物：内场的鸟、鸟巢、小动物。

外来物的来源无穷无尽。在实际工作中应多考虑、多思考，时刻留意没放在恰当位置的任何东西。

(二) 机场运行中外来物损伤的预防

尽管外来物损伤危险程度不断增加，但一些机场仍没有具体的外来物损伤防范计划。许多航空承运人和地面服务商在其初始培训中虽然包含了外来物损伤意识，但没有开展复训或相关的活动。外来物损伤预防不是一劳永逸的事情，需要开展持续、多样的活动，使其成为机场工作人员的文化组成部分。每位员工无论在何处、从事什么工作，对外来物损伤预防都负有责任。

根据机场空侧的工作业务类别，分门别类地介绍外来物预防的关注重点。

1. 航空公司运行

如果旅客从机坪登机，他们将有可能扔弃垃圾或个人物品。此时，需要对此种行为进行规范。行李、货物、配餐和备件产生外来物损伤风险最大。应防止航空公司文件、标牌、旅客行李和塑料包装纸从货车上脱落，掉在装载区、路上和停机位上。

集装箱装载和行李托运制度使外来物损伤预防工作有所好转。零部件掉落情况仍时有发生，应采取措施保持集装箱整洁以及员工的防范意识，防止外来物碎片落到机场运行区域。航空器货物的装卸会产生外来物，应加强勤务人员在外来物损伤危险方面的训练并加大监督力度。

起飞、着陆和滑行运行中飞机脱落的零件会造成外来物损伤问题。例如飞机在着陆反推过程中容易脱落零件，此种情况极其危险，因为几乎不可能保证在两个连续航班间的跑道上没有外来物损伤风险。

2. 航空器勤务

外来物的另一个主要来源是航空器勤务的副产品——垃圾。最常见的来源是供餐和打扫航空器时丢下的食物、杂志、盘子、瓶子等垃圾，它们时常会散落到停机坪上。一旦散落到停机坪上，风、车辆和其他因素将使这些外来物进一步扩散到滑行道并进入航空器路线。

由于机务人员需要修理受损的航空器，所以他们通常是机场上最积极投身零外来物预防工作的人员。但是，他们的活动也同时产生锁线废料、螺栓、工具、容器、部件包装和其他零碎东西。维修人员应严格遵守“随手清洁”原则，以防这些物品遗失在机坪上。

应及时清理加油车所溢出的燃油，但是，应注意固定好用于清理溢出燃油的吸油垫，否则其会被吹到机坪或滑行道上，造成外来物损伤。

地面保障设备（GSE）也是外来物的主要来源。高振动、复杂设备是外来物来源的罪魁祸首，脱落的螺栓、损坏的紧固件、车轮螺栓以及小块结构件在停机位和道路上很常见。地面勤务公司必须购买精心设计的地面保障设备，并设计有效的维护方案。停机坪检查应制定计划并定期实施。

总之，地面勤务人员应按照相应的标准操作程序对停机位附近区域进行检查，以确保停机位完全没有外来物。

3. 机场运行

机场外来物损伤的两个突出来源是道面断裂和施工项目。机场必须对任何道面缺陷做出迅速反应。应尽量制定长期的道面评估项目，以防止外来物损伤事件。

快餐经营点是垃圾的一个主要来源，员工流动、缺乏工作热情给外来物损伤预防带来极大难度。类似经营快餐点，具有特许执照或租约的经营者应制定清除垃圾和污染物的规定。机场可将下列条款纳入租户的租约中：任何时候保持空侧道面无外来物；任何时候保持机场的设施整洁、干净和有序，及时清除其工作中可能会成为外来物的碎片、垃圾等；要求其员工遵守并满足许可方的空侧车辆驾驶员许可；不参与任何可能导致机场产生外来物损伤或给其他用户造成不便的活动。

（三）道面维护

很少有机场在 FOD 程序中提出要预测一个关键的外来物产生源——道面。当道面成

为“外来物产生源（FOG）”时，需要对道面进行维护，并且确保这些维护本身不会在将来成为“外来物的产生源”。

对于刚性道面有两种维修方式：完全维修与部分维修。在道面水泥板块存在角裂或边角碎片和破碎板时需要对道面进行完全维修。角裂会扩散延伸到相邻的水泥板块。破碎板是粉碎成5块或者更多碎片的板块，它包括角裂碎块、全宽碎片和板块间角裂碎片。在角裂碎片和破碎板出现在道面时，表示道面的结构寿命即将结束。亟须安排相应资金并采取行动来重建或移出这些损坏道面。只有在接缝处出现剥落时才会进行部分维修，而且当修理厚度小于道面厚度1/3时才会有效。当剥落深度大于混凝土厚度1/3时则需进行完全维修，因为通常在这时找不到完好的混凝土了。部分维修的做法是将维修材料黏合到完好的那部分混凝土上。完好的混凝土是坚硬的，当用锤子、钢棍敲击时可以发出“叮叮”的声音。不完好的混凝土是碎裂的。这些碎裂痕迹有些是可见的，如有着多条裂缝和松软碎屑组成的碎块；有些是不可见的，如极细小的或被灰尘和颜料所覆盖的微裂缝。微裂缝在被锤子或钢棍敲击时会发出中空的声音。部分维修所用的材料必须有良好的工程相容特性。很多时候，特别是当处于极端的空气温度时，材料间膨胀与收缩特性差异会使修补材料与原混凝土之间失去黏合力。部分维修不需要特制的材料，因为部分维修是非结构性维修。只要这些修补材料能支撑相应的飞机胎压就可以了。

对于沥青道面的修补有两种有效的方法。当道面龟裂时，完全移除并置换；当道面失效时，需要进行替换或大修。消除龟裂后尚存的病害就是裂缝。通过寻找裂缝并灌缝来有效地对此类裂缝进行维护。当这些裂缝是首次发现并且破损较轻微时，进行这种维修是最有效的。裂缝扩大后会成为潜在的FOD，修补裂缝可减少潜在FOD的出现，但并不会完全消除潜在FOD。

（四）建立机场FOD防范计划

FOD防范工作牵涉到很多驻场单位，防范工作纷繁琐碎，需要设计有效的防范计划对以上工作进行统筹规划。员工在实际工作中必须遵守设计好的预防程序，养成良好的工作习惯。防范计划并不是一成不变的，机场需要根据自己的情况不断改善防范计划。下面将介绍建立机场FOD防范计划所需的各个要素。

1. 明确FOD工作管理责任

任何项目的成功都离不开管理人员的明确承诺。管理人员应“身体力行”落实开展培训、奖励清洁活动、投入所需的资源，并设置安全合理的工作制度。机场的外来物损伤防范计划必须得到自上到下的坚定支持，包括高层管理人员愿意投入必要的、有效运行该计划的资源。

2. 建立机场FOD委员会

与军用基地、固定基地等运行不同，机场管理人员不直接控制租用机场区域或共用区域的所有组织。因此，高效的外来物损伤预防委员会可制定外来物损伤问题解决方案，确保实施过程中相互合作。

机场FOD委员会是FOD防范团队的一部分，其代表来自机场所有租户。在多个航空公司运行的机场，每个航空公司都应积极支持开展FOD防范工作，并指派代表加入机场FOD委员会。委员会应定期召开会议，讨论FOD防范工作。委员会各成员间应充分地交

流与合作，切实解决机场外来物损伤问题。对于小型机场，设立专门的外来物损伤预防委员会不太现实，可将此项工作指定给相关的委员会，如机坪安全委员会。

机场范围内的外来物损伤预防工作依靠于各团队成员，团队内各成员的沟通协调也就显得格外重要。建立机场FOD例会制度将有力地推动FOD防范工作的开展。可参照下述事项制定本场的例会制度。

3. 建立保洁制度

即使有最佳的防范计划，外来物损伤也是航空器运行中所不可避免的。因此，必须投入足够资源用于定期的运行区域巡查，以确保道面无外来物。在大多数情况下，空侧维护人员负责开展此项工作，空侧维护人员接受的岗前培训与年度复训已使其能够胜任此项工作。保洁制度并不只包括定期的打扫巡视，还包括以下三个方面：

(1) 定期清理、清扫设备，以防止其成为新的外来物危险源。大多数情况下，这些任务由机场维护人员执行，但在一些机场由专门的承包商执行机坪和登机门的外来物巡查。

(2) 放置合理、使用方便的有盖垃圾箱。此项工作是建立保洁制度的基础。试想一下，如果机坪人员要走很远的路才能将垃圾投入垃圾箱，他们拾取外来物的热情将大大降低。如有需要，机场可在每个廊桥设置外来物碎片垃圾箱。

(3) 及时清理垃圾箱，可在垃圾箱上突出显示清扫单位的电话号码，维护人员只需拨打电话，即可请来清扫单位清空垃圾箱。

对FOD的零容忍度以及充足的资源才可实现这个目标。

4. 监控和检查

在不完美的现实世界，有的人不遵守外来物损伤预防原则。运行部门必须持续检查以确保脱落的材料被发现。对违规的人员或单位，可劝说他们做出改变。在活动道面检查中，应发现任何裂纹或者断裂的早期信号，以便在坑槽出现时及时修理。为符合“没有测评就没有管理”的声明，必须保存检查结果和任何外来物损伤的记录。虽然不可能测评因外来物损伤防范计划而避免的事故，但诸如“外来物损伤调查表”和“航空器飞行员外来物损伤报告”等，可用于评估防范计划的有效性。

5. 季节因素

如果机场冬季有雨雪天气，当航空器试图穿过雪堆滑行时，扫雪产生的积雪可能被吸入飞机的发动机并致其损坏。冬季扫雪计划必须确保清除雪堆或雪堆被堆放到滑行道和跑道后方较远处。在道面开放运行前，空侧负责人必须对此情况进行检查。

6. 创新思路与措施

为使FOD防范措施保持有效，FOD防范工作必须不断改进，并对工作进行创新，以取得良好的工作效果。下面介绍三种典型的创新措施：

(1) 空侧外来物包干清扫制度

所谓空侧外来物包干清扫制度，即机场将空侧清扫工作分区域承包给各驻场单位，驻场单位负责承包区域内的清扫工作。对清扫工作进行承包后，增强了各驻场单位对于FOD防范工作的主体责任感，使机场FOD防范工作的开展充满活力。

(2) 激励机制

对工作表现突出的员工、团队、部门按照绩效考核标准予以奖励。鼓励他们继续努力

工作，使他们始终保持对于FOD防范工作的热情。

（3）垃圾分析

收集整理从空侧收集的外来物，识别其来源，并对其原因进行分析。采取针对性的措施对此情况进行改进，有的放矢地改善外来物防范工作。

第五节　不停航施工

不停航施工是指在机场不关闭或者部分时段关闭并按照航班计划接收和放行航空器的情况下，在飞行区内实施工程施工（不包括在飞行区内进行的日常维护工作）。近年来，我国民航事业蓬勃发展，机场的航班数量增加。同时，为了满足航班运行，机场扩建和更新改造任务也日趋繁重，许多修建工程部需要在机场正常运行的情况下进行。实施不停航施工符合机场运行的实际情况，有利于机场的建设和发展。但机场不停航施工涉及机场管理机构、航空承运人、空中交通管理等诸多部门，隶属关系复杂。因此，民用航空局结合我国机场的特点制定了统一的不停航施工管理规定，切实保证对民用机场（包括军民合用机场民用部分）不停航施工的管理，保障飞行安全和不停航施工的顺利完成。

一、不停航施工的特点

机场不停航施工工程主要包括：

(1) 飞行区土质地带大面积沉陷的处理工程，围界、飞行区排水设施的改造工程等；

(2) 跑道、滑行道、机坪的改扩建工程；

(3) 扩建或更新改造助航灯光及电缆的工程；

(4) 影响民用航空器活动的其他工程。

与正常条件下施工组织相比，不停航施工的主要特点有：

(1) 成立由机场建设单位、机场管理机构、设计单位、施工单位、监理单位等组成的工程指挥部，在工程涉及多种线缆时，可编入各产权单位，以便施工时及时处理各种管线线缆。

(2) 施工单位要加强与相关单位的协调与沟通，如每日进出场需与机场管理机构等部门联系。

(3) 根据不停航施工的特点，如非连续、间断性作业，夜间施工，每班施工时间限定等，合理安排施工进度，各道工序必须紧凑，施工进度要快。要考虑特殊施工（如铣刨接坡处理等）所花费时间。

(4) 加强施工现场管理，在夜间施工、平行与交叉施工、施工进度要求较快等不利条件下，做到机械设备、人员及工序的有效协调，使各个施工工序有序进行。

(5) 根据不停航施工的特点，有针对性地制定施工质量管理措施，对施工质量严格控制。

(6) 根据不停航施工的特点，制定严格的安全管理措施，确保航空器的飞行安全。

二、不停航施工的报批

在机场内进行的不停航施工，由机场管理机构负责统一向机场所在地民航地区管理局报批。因机场不停航施工，需要调整航空器起降架次、航班运行时刻、机场飞行程序、起飞着陆最低标准的，机场管理机构应当按照民航局的有关规定办理报批手续。

机场管理机构向民航地区管理局申请机场不停航施工时，应当提交下列资料：

(1) 工程项目建设的有关批准文件；

(2) 机场管理机构与工程建设单位或者施工单位签订的安全保证责任书；

(3) 施工组织管理方案及附图；

(4) 各类应急预案；

(5) 调整航空器起降架次、航班运行时刻、机场飞行程序、起飞着陆最低标准的有关批准文件。

民航地区管理局应当自收到不停航施工申请材料之日起 15 天内作出同意与否的决定。符合条件的，应当予以批准；不符合条件的，应当书面通知机场管理机构并说明理由。

机场不停航施工经批准后，机场管理机构应当按照有关规定及时向驻场空中交通管理部门提供相关基础资料，并由空中交通管理部门根据有关规定发布航行通告。涉及机场飞行程序、起飞着陆最低标准等更改的，资料生效后方可开始施工；不涉及机场飞行程序、起飞着陆最低标准等更改的，通告发布 7 天后方可开始施工。

三、不停航施工的一般规定

(1) 在跑道有飞行活动期间，禁止在跑道端两侧 300m 以内、跑道中心线两侧 75m 以内的区域进行任何施工作业。

(2) 在跑道端之外 300m 以内、跑道中心线两侧 75m 以内的区域进行的任何施工作业，在航空器起飞、着陆前 0.5h，施工单位应当完成清理施工现场的工作，包括填平、夯实沟坑，将施工人员、机具、车辆全部撤离施工区域。

(3) 在跑道端 300m 以外区域进行施工的，施工机具、车辆的高度以及起重机悬臂作业高度不得穿透障碍物限制面。在跑道两侧升降带内进行施工的，施工机具、车辆、堆放物高度以及起重机悬臂作业高度不得穿透内过渡面和复飞面。施工机具、车辆的高度不得超过 2m，并尽可能缩小施工区域。

(4) 在滑行道、机坪道面以外进行施工的，当有航空器通过时，滑行道中线或机位滑行道中线至物体的最小安全距离范围内，不得存在影响航空器滑行安全的设备、人员或其他堆放物，并不得存在可能吸入发动机的松散物和其他可能危及航空器安全的物体。

(5) 临时关闭的跑道、滑行道或其一部分，应当按照《民用机场飞行区技术标准》(MH 5001—2013) 的要求设置关闭标志。已关闭的跑道、滑行道或其一部分上的灯光不得开启。被关闭区域的进口处应当设置不适用地区标志物和不适用地区灯光标志。

(6) 在机坪区域进行施工的，对不适宜于航空器活动的区域，必须设置不适用地区标志物和不适用地区灯光标志。

(7) 因不停航施工需要跑道入口内移的，应当按照《民用机场飞行区技术标准》(MH 5001—2013) 设置或修改相应的灯光及标志。

(8) 施工区域与航空器活动区应当有明确而清晰的分隔，如设立施工临时围栏或其他醒目隔离设施。围栏应当能够承受航空器吹袭。围栏上应当设旗帜标志，夜晚应当予以照明。

(9) 施工区域内的地下电缆和各种管线应当设置醒目标识。施工作业不得对电缆和管线造成损坏。

(10) 在施工期间，应当定期实施检查，保持各种临时标志、标志物清晰有效，临时灯光工作正常。航空器活动区附近的临时标志物、标记牌和灯具应当易折，并尽可能接近地面。

(11) 邻近跑道端安全区和升降带平整区的开挖明沟和施工材料堆放处，必须用红色或橘黄色小旗标示以示警告。在低能见度天气和夜间，还应当加设红色恒定灯光。

(12) 未经机场消防管理部门批准，不得使用明火，不得使用电、气进行焊接或切割作业。

(13) 在导航台附近进行施工的，应当事先评估施工活动对导航台的影响。因施工需要关闭导航台或调整仪表进近最低标准的，应当按照民航局的其他有关规定履行批准手续，并在正式实施前发布航行通告。

(14) 施工期间，应当保护好导航设施临界区、敏感区的场地。航空器运行时，任何车辆、人员不得进入临界区、敏感区，不得使用可能对导航设施或航空器通信产生干扰的电、气设备。

(15) 易飘浮的物体、堆放的材料应当加以遮盖，防止被风或航空器尾流吹散。

(16) 在航班间隙或航班结束后进行施工，在提供航空器使用之前必须对该施工区域进行全面清洁。施工车辆和人员的进出路线穿越航空器开放使用区域，应当对穿越区域进行不间断检查。发现道面污染时，应当及时清洁。

(17) 因施工使原有排水系统不能正常运行的，应当采取临时排水措施，防止因排水不畅造成飞行区被淹没。

(18) 因施工而影响机场消防、应急救援通道和集结点正常使用时，应当采取临时措施。

(19) 进入飞行区从事施工作业的人员，应当经过培训并申办通行证（包括车辆通行证）。人员和车辆进出飞行区出入口时，应当接受检查。飞行区施工临时设置的大门应当符合安全保卫的有关规定。施工人员和车辆应当严格按照施工组织管理方案中规定的时间和路线进出施工区域。对于临时进出施工区域，驾驶员没有经过培训的车辆，应当由持有场内车驾驶证的机场管理机构人员全程引领。

(20) 进入飞行区的施工车辆顶部应当设置黄色旋转灯标，并应当处于开启状态。

(21) 施工车辆、机具的停放区域和堆料场的设置不得阻挡机场管制塔台对跑道、滑行道和机坪的观察视线，也不得遮挡任何使用中的助航灯光、标记牌，并不得超过净空限制面。

(22) 施工单位应当与机场现场指挥机构建立可靠的通信联系。施工期间应当派施工安全检查员现场值守和检查，并负责守听。安全检查员必须经过无线电通信培训，熟悉通信程序。

四、不停航施工管理

机场管理机构应当制定机场不停航施工管理规定，对不停航施工进行监督管理，最大限度地减少不停航施工对机场正常运行的影响，避免危及机场运行安全。机场管理机构负责机场航站区、停车楼等区域的施工（含装饰装修）的统一协调和管理。对于航站区、停车楼等区域的施工（含装饰装修），机场管理机构应当会同建设单位、施工单位、公安消防部门及其他相关单位和部门共同编制施工组织管理方案。施工组织管理方案应当参照不停航施工管理的要求对影响安全的情况采取必要的措施，并尽可能地降低对运行的影响。

在机场近期总体规划范围内的工程施工，机场管理机构应当对原有地下管线进行核实，防止施工对机场运行安全造成影响。未经民航局或者民航地区管理局批准，不得在机场内进行不停航施工。机场管理机构负责机场不停航施工期间的运行安全，并负责批准工程开工。实施不停航施工，应当服从机场管理机构的统一协调和管理。

机场管理机构对机场不停航施工的管理包括：

(1) 对施工图设计和招标文件中应当遵守的有关不停航施工安全措施的内容进行审查。

(2) 在施工前，召开由相关单位和部门参加的联席会议，落实施工组织管理方案。

(3) 与建设单位签订安全责任书。工程建设单位为机场管理机构时，机场管理机构应当与施工单位签订安全责任书。

(4) 建立由各相关单位和部门代表组成的协调工作制度，并确保施工组织管理方案中所列各相关单位联系人和电话信息准确无误。

(5) 每周或者视情况召开施工安全协调会议，协调施工活动。在跑道、滑行道进行的机场不停航施工，应当每日召开一次协调会。

(6) 对施工单位的人员培训情况进行抽查。

(7) 对施工单位遵守机场管理机构所制定的人员和车辆进出飞行区的管理规定以及车辆灯光、标识颜色是否符合标准的情况进行检查。

(8) 经常对施工现场进行检查，及时消除安全隐患。

建设单位及施工单位应当持有不停航施工组织管理方案的副本，遵守施工组织管理方案，确保所有施工人员熟悉施工组织管理方案中的相关规定和程序；至少配备两名接受过机场安全培训的施工安全检查员负责现场监督，并采用设置旗帜、路障、临时围栏或配备护卫人员等方式，将施工人员和车辆的活动限制在施工区域内。

五、施工组织管理方案

机场管理机构应当会同建设单位、施工单位、空中交通管理部门及其他相关单位和部门共同编制施工组织管理方案。施工组织管理方案应当包括：

(1) 工程内容、分阶段和分区域的实施方案、建设工期；

(2) 施工平面图和分区详图，包括施工区域、施工区与航空器活动区的分隔位置、围栏设置、临时目视助航设施设置、堆料场位置、大型机具停放位置、施工车辆和人员通行路线和进出道口等；

(3) 影响航空器起降、滑行和停放的情况及采取的措施；

(4) 影响跑道、滑行道标志和灯光的情况及采取的措施；

(5) 需要跑道入口内移的，对道面标志、助航灯光的调整说明和调整图；

(6) 对跑道端安全区、无障碍物区和其他净空限制面的保护措施，包括对施工设备高度的限制要求；

(7) 影响导航设施正常工作的情况和所采取的措施；

(8) 对施工人员和车辆进出飞行区出入口的控制措施和对车辆灯光和标识的要求；

(9) 防止无关人员和动物进入飞行区的措施；

(10) 防止污染道面的措施；

(11) 对沟渠和坑洞的覆盖要求；

(12) 对施工中的飘浮物、灰尘、施工噪声和其他污染的控制措施；

(13) 对无线电通信的要求；

(14) 需要停用供水管线、消火栓，或消防救援通道发生改变或被堵塞时，通知航空器救援和消防人员的程序和补救措施；

(15) 开挖施工时对电缆、输油管道、给水排水管线和其他地下设施位置的确定和保护措施；

(16) 施工安全协调会议制度，所有施工安全相关方的代表姓名和联系电话；

(17) 对施工人员和车辆驾驶员的培训要求；

(18) 航行通告的发布程序、内容和要求；

(19) 各相关部门的职责和检查的要求。

六、组织措施和安全保障措施

(1) 加强与机场调度、空管、公安、气象以及灯光施工项目部等部门的联系，成立联合指挥部，由指挥小组下达进、出场令，并派专人每天检查清扫道面，确保飞机正常起降。施工现场配置对讲机和移动电话，保证联络畅通。

(2) 在确认航班结束后，由联合指挥部下达进场令后，方可进场施工。如遇备降航班，采用人工配合机械进行摊铺，0.5h 内完成并撤出施工人员和机械，保证航班能安全降落。

(3) 根据中国民航局不停航施工要求，关键设备全部双套配置。其中保证拌和设备在施工过程中不因任何设备出现故障而影响施工，从而产生影响航班正常运行和安全的隐患。

(4) 精确计算每天的摊铺量和推铺面积。推铺中途，储料仓一直保证满料位，以便应急使用。储料仓中的混合料在每天推铺结束前使用。

(5) 加强与气象部门联系，提前采取防范措施，将气象影响降至最低。

(6) 所有进入跑道施工的机械设备，每天必须进行维护保养，使之处于最佳状态。严禁带故障设备进入施工现场。在施工现场备用汽车吊装和平板拖车，防止设备出现故障时，无法自行出场；并且在进场前进行预吊装试验，确保吊装的安全性。其中挖掘机、摊铺机退场全部考虑需使用平板车运出飞行区的情形。

(7) 精确计算每天的施工量和施工面积，跑道边部40m范围施工计划必须反复试验后再动工，以防止每天撤场时留下沟槽。道面边缘形成地势高差区域，为了安全，全部用准备好的级配碎石按不大于5%坡度回填并碾压密实，在混凝土面层施工时再清除，不留安全隐患。

(8) 运输材料车辆必须按照指定线路行驶，严禁在道面区行驶，防止将泥土、石子等杂物带入道面，在道肩边行驶时应注意道面边灯不得损坏；每天施工结束后，派专人将施工区和道肩行车道路清扫干净，不得留有石子、混凝土块等威胁飞行安全的隐患。

(9) 根据本项工程的特点，建立健全安全生产组织。

(10) 根据本工程的特点，建立健全安全生产规章制度，使“飞行安全生产”深入人心，把“飞行安全生产”贯穿于整个施工的全过程；非生产人员不得进入施工现场。

(11) 强化职工安全生产和安全意识教育，牢固树立法制观念和“安全第一”的思想。对机械操作人员进行技术、安全培训，经考核合格后方可上岗。

(12) 做好与飞行安全有关的技术交底，狠抓事故苗头，把安全事故隐患消灭在萌芽状态。

(13) 加强对拌和设备、运输车辆的维修保养工作，拌和设备和摊铺设备必须严格按操作规程操作，杜绝违章操作。

(14) 施工期间，对所有运输车辆进行安全教育，限制场区行驶速度，按设计行驶路线行驶，以免损坏跑道灯光，一切以机场飞行业务为主。

(15) 现场备用一台消防车，防止意外情况发生。

(16) 雨天后施工，对机械设备撤离的路线做碾压硬化处理，防止机械陷入土面区，影响第二天飞行。

(17) 施工期间，把施工区予以隔离，派专人看守，以防闲杂人员进入而产生安全隐患。

(18) 在所有机械设备顶面必须加黄色灯光作为障碍标志，白天在飞行区内停放的机械设备顶面插小红旗作障碍标志。

七、不停航施工技术措施

不停航施工内容较多，范围较广。对不停航施工整体而言，共性的主要施工技术措施包括：

(1) 施工技术人员及设备进场后技术人员首先熟悉施工图纸和现场，对所属施工队进行的技术交底、专业队伍培训、工地试验室设置等各项准备工作，都应在第一阶段的准备时间内全部完成。

(2) 完成不停航施工范围及施工前场地准备工作。不停航施工范围：跑道延长300m以内及两侧各105m之内的跑道延长，增设联络滑行道的土（石）方、道面工程及助航灯光等工程。施工前的场地准备工作。解决临时供水、供电，跑道延长助航灯光，用橡皮电

缆线和角钢架，将原来固定式改成可移动的临时助航灯光。增设联络滑行道对原有管线制定保护措施。不停航施工范围内按不停航施工要求挖掉草皮土，道槽填方区同时挖掉腐殖土平整碾压；测量放线做好一切开工准备，有条件时现有非不停航施工地段要做好演练工作。

（3）进场后立即集中人力、财力组织地坪材料进场，这是本阶段工作中的重中之重。材料需求量大，而且需求时间相对集中，将造成供给紧张。影响本工程进度的主要因素不是人力、设备，而是砂、碎石材料的供应保障。为此，应积极协调各方关系，加大材料采购、进场的工作力度，积极组织货源和运输力量，以保证工程的正常进行。

（4）施工测量。首先对各控制点进行复测和加密，加密控制桩设置于跑道道肩两侧土面区内。控制点全部采用预制水泥桩埋设并进行加固，纵向每 100m 设一个点（跨联络道处适当加密），施工放线控制点测量精度按国家标准二级导线精度控制。高程测量精度按国家标准二等水准测量精度控制，标高测量仪器采用高精度进口水准仪。施工期间，如果遇到降雨，雨后必须重新检测控制点，确保控制点准确无误。

（5）土（石）方不停航施工。不停航施工范围内，道槽部分若有填方优先施工填方，土面区接坡部分，同时施工不设台阶。若挖方区挖方量较大，道槽土（石）方可分两步施工，第一步先分层挖至土面地区设计高程和道槽顶面设计高程，每晚撤场前，用推土机推成不大于 5% 接坡；第二步至少上 3 台挖掘机集中力量挖道槽土方，测量人员跟班作业用小于 10m 的方格网控制高程，边挖边用推土机、平地机平整，用重型振动压路机压实。开挖道槽土方的同时，另一个作业队用挖掘机或推土机平地机向外侧修成不大于 5% 的接坡。

（6）不停航土（石）方施工遇到石方时，视石质情况采用控制爆破、破碎锤，或用 D8R 以上重型推土机和挖掘机改装成一个钩状的机械，但其只适合石质较软的砂岩、泥岩或风化石。边破松边外运，退场前用松散料向内以不大于 5% 的接坡平整压实。

（7）水泥稳定基层不停航施工。道面为水泥混凝土道面时，基层设计一般采用 38～40cm 厚水泥稳定碎（砾）石，不停航施工尽量选择当晚与次日航班间隔时间较长的日子施工，为了减少接坡土的工作量，应采用道槽土方、水泥稳定碎石基层、接坡流水作业施工。例如：道面结构设计水泥稳定碎石基层（两层共 40cm），水泥混凝土道面厚 40cm，若从 0.8m 深道槽台阶按 5% 的坡度接坡，工作量比做完水泥碎石后再接坡约增加 70%。

水泥稳定碎石所用原材料预先要备齐，拌和必须由厂拌机拌和。机械设备检查性能良好。水泥稳定碎石施工只能用机动性快的推土机或装载机推平，平地机平整，根据预先试验，每车拌和料应摊铺的面积分成方格，一格一车料平整后高程适中。40cm 水泥稳定基层可一次摊铺平整，用 40t 振动压路机压实，并配有 12t 以上胶轮压路机边喷水边交叉碾压达到设计要求压实度为止。施工中专业测量人员跟班作业，用混凝土分块为格网控制高程，对平整后的虚高、压两遍后的高程都要严加控制，有误差及时修补。压实后局部偏高用重型振动压路机强振或平地机刮掉达到合格。为防止基层超高影响道面施工高程控制，应避免出现正值。施工结束退场前按 5% 的坡度用土堆筑接坡。

水泥稳定基层养护，用洒水车洒水养护，除利用不停航施工时向前后洒水两次，中午利用航班间隙向塔台申请 10～20min 加洒一遍水，不宜盖无纺布等易飞物养护，以免危害飞行安全。

(8) 混凝土道面不停航施工。水泥稳定碎石基层可钻取出较完整芯体时，即可承受轻型载重 5t 以上自卸汽车时开始不停航道面混凝土施工。

测量放线按混凝土分块尺寸用钢钉钉入水泥稳定碎石中为混凝板底高程，亦为支放模板时板底高程。周围用水泥砂饼抹平，并再次检查道槽是否完全，以保证混凝土道面设计厚度。准备砂袋接坡。

对模板的固定，可采用三角拉杆支撑法。浇筑混凝土时，中心先浇筑一仓，两侧各浇筑一仓，以后支立半幅靠仓施工。模板外与基层之间级配碎石堆筑 5%坡度的接坡，并用平地机平整，压路机压实。

八、进场、退场有关规定

(一) 进场

进场前提前与机场扩建指挥部、公安、场务、机务、塔台等部门取得联系，以明确安全方面需要解决的所有问题。接到下达的进场令后方可进场，进场时应在机场指定的路线上摆放红色锥筒，快捷、有序地进场（不停航施工区域），以便为施工提供更多时间。所有与进场相关的事宜均应该无条件的服从机场人员的指挥。

(二) 退场

落实每日安全验收制度，要求在机场人员验收合格后方可撤离，并退回到指定场地完成交接手续。

九、不停航施工机场开放的条件

不停航施工对航空器飞行安全影响极大，每日机场开放条件极其严格。在施工期间，相关单位应在开航前组织有关方面检查当班区域是否具备开航条件，确保飞行安全。航空器起飞、着陆前 0.5h，施工单位应当完成清理施工现场的工作。机场开航的条件是：

(1) 道面上没有黏结的碎粒和污物，清扫干净；

(2) 所有施工机械、设备、工具等退至安全地带；

(3) 临时标志符合技术标准；

(4) 施工现场符合《民用机场运行安全管理规定》(CCAR—140) 中关于不停航施工管理的一般规定；

(5) 若为“盖被子”工程，铺筑后的沥青层碾压密实，平整度好，临时接坡顺直，表面 3cm 以下温度不大于 60℃。

经检查满足上述条件后，由飞行单位代表在通航安全检验单上签字，并通知机场通航。

第六节 排水系统维护

飞行区道面上有积水时，会导致道面的摩阻性降低，有大量积水时甚至会造成机场洪涝。土面区有积水会降低土的承载力，也会为蚊虫的繁殖提供场所。因此机场排水系统对

机场飞行区的运行有重要影响，排水系统的维护也是一项重要工作。飞行区排水系统应保持完好、畅通，出现积水、淤塞、漏水或破损时，应及时疏通和修缮。

飞行区排水构筑物主要包括：钢筋混凝土墙体及盖板明沟、浆砌片石墙体及钢筋混凝土盖板明沟、钢筋混凝土箱涵、预制钢筋混凝土管暗沟、片石或混凝土预制块护砌明沟和土明沟等。排水系统的维护应采取经常性巡查、专项检查和定期疏通相结合的维护方式做好以下工作：

(1) 飞行区巡查时应检查地表排水构筑物的破损状况，发现损坏时宜及时采用与原构筑物相同的材料维修；

(2) 应每年对强制排水设备进行润滑、清洁等保养工作，以保证其正常运行；

(3) 在暴雨或汛期来临前应进行专项检查，修整道肩外侧高出道面的土体和植被，疏通道肩排水设施，清除主要集水口和明沟内的砖块、泥沙、垃圾等杂物；

(4) 雨天应随时检查道面积水状况，出现积水应及时疏导，发现堵塞应立即疏通；

(5) 以五年一遇为标准，日最大降雨量大于50mm的机场应每两年实施一次排水系统全面疏通，其他机场应视实际情况定期全面疏通排水系统；

(6) 排水沟出口宜编号，应采取有效措施防止人员或动物入侵；

(7) 冰冻地区机场在冰冻期间排水沟内不得积留大量积水；

(8) 施工导致原有排水系统不能正常运行时，应设置临时排水措施，防止道面积水。

疏通、完善现有排水系统后仍不能满足机场雨季排水要求，或现有排水系统局部失效且无法修复时，应委托设计单位重新设计排水系统，设计方案应尽量利用现有排水系统。

第五章 飞行区目视助航设施及其维护

机场目视助航设施是指在机场及其附近地区为驾驶员操纵飞机起飞、着陆和滑行提供目视引导信号而设置的设施，主要包括助航标志、标志物、标记牌和助航灯光。机场目视助航设施与导航设施一样，都对机场的安全高效运行起到了举足轻重的作用。为了保证飞行员能够准确获得助航信息，机场的目视助航设施必须规范、清晰。

第一节 标 志

标志由不同颜色、形状、尺寸的线条构成，位于跑道、滑行道、停机坪、服务道路等飞行区内的铺筑道面上或障碍物上，是一类应用最早且最广泛的机场助航设施。标志在白天可为飞行员和车辆驾驶员提供必要的限制、指示或引导，因此，保持标志的有效性在很大程度上影响着飞机和车辆运行的安全性和高效性，如图 5-1 所示。机场常见标志线按其所在位置不同可以分为跑道标志线、滑行道标志线、机坪标志及其他标志等几种类型，每一大类标志线又包含了若干不同类型、不同功能的标志线。

图 5-1 正在喷涂的标志

一、跑道标志

跑道标志由跑道号码标志、跑道入口标志、跑道中线标志、跑道边线标志、接地带标志、瞄准点标志构成，特殊情况下也包含跑道入口内移标志、跑道入口前标志、跑道掉头坪标志和跑道关闭标志。跑道上的标志线应为白色（除跑道入口前标志和划设在跑道上的掉头坪标志外），在水泥混凝土跑道上也可加黑边，以提高其明显度。

在两条跑道的相交处，应显示较为重要的那条跑道的标志，另一跑道的所有标志应予以中断。跑道的重要性顺序为：精密进近跑道、非精密进近跑道、非仪表跑道。在跑道与滑行道相交处，应显示跑道的各种标志（边线标志除外），而滑行道的各种标志均应中断。

跑道标志可用无空隙的整块组成，也可由能够提供等量效果的一系列纵向线条组成。跑道标志宜采用适当品种的油漆，以尽可能减少因标志不均匀的摩擦特性引起的危险。

（一）跑道号码标志

1. 设置要求与组成

每一跑道都应设置跑道号码标志，单条跑道号码标志由两位数字组成，平行跑道还应另加一个字母，并适当地设置于跑道入口处，其在跑道上的位置如图 5－2 所示。

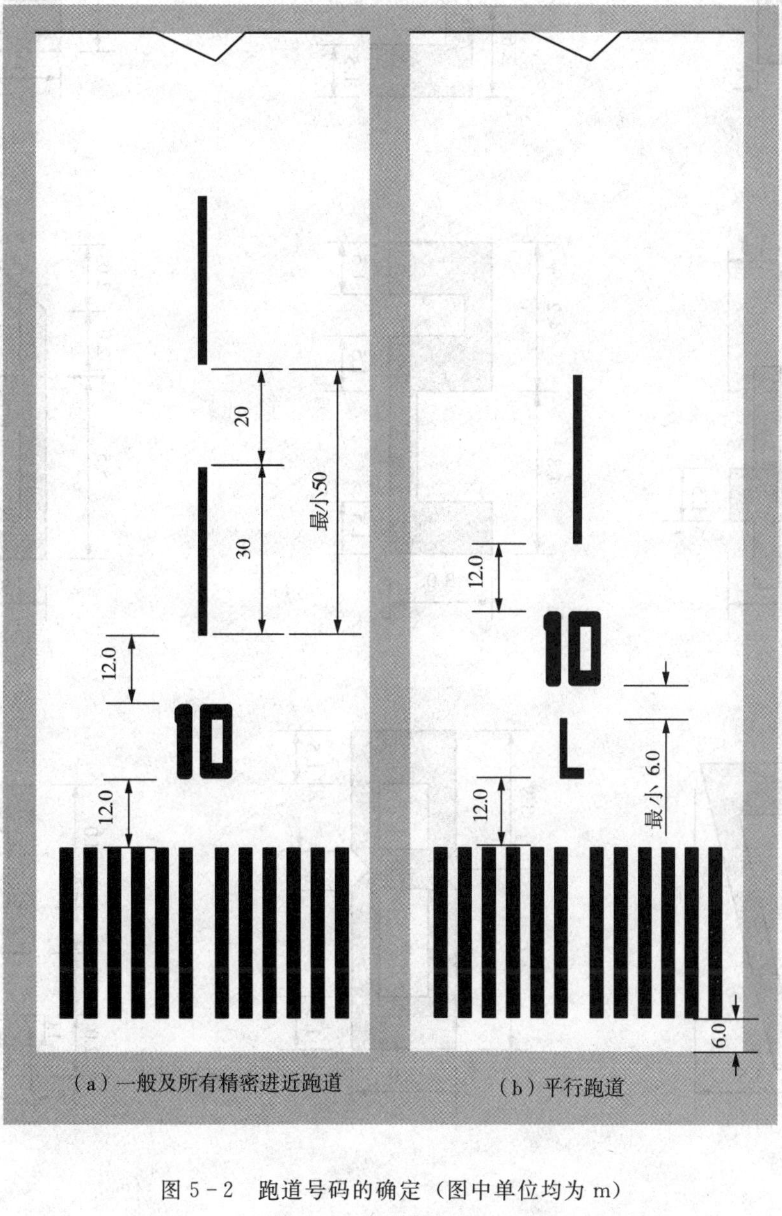

（a）一般及所有精密进近跑道　　（b）平行跑道

图 5－2　跑道号码的确定（图中单位均为 m）

2. 尺寸与构型

数字和字母的形状和比例必须如图 5－3 所示，标志的高度不小于 9m，一般为 18m。

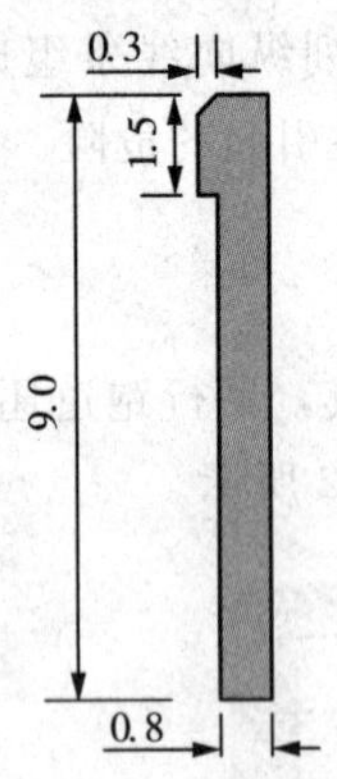

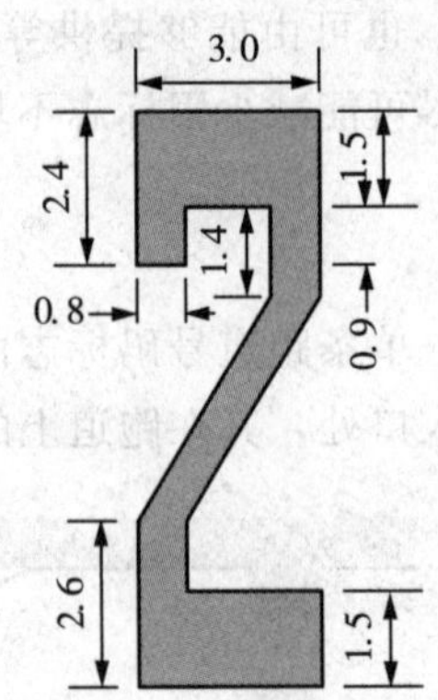

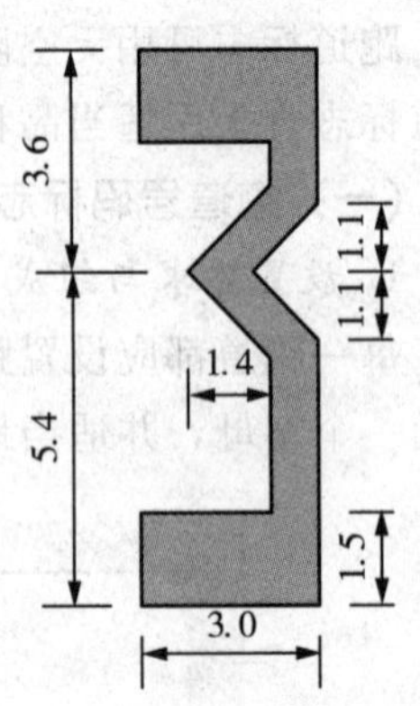

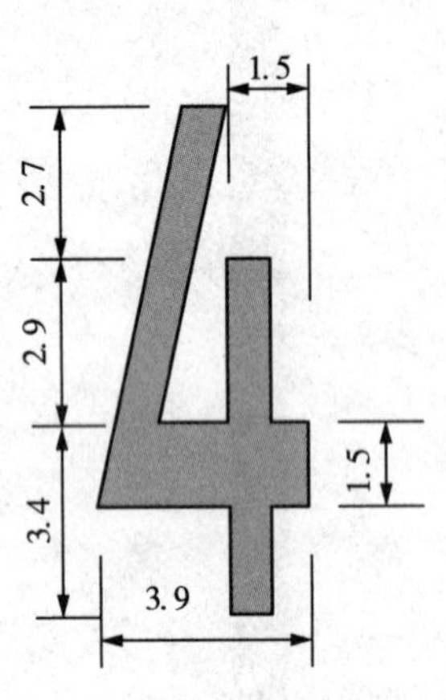

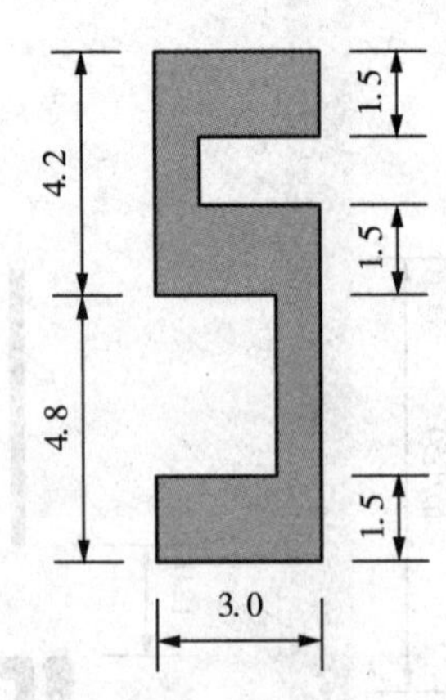

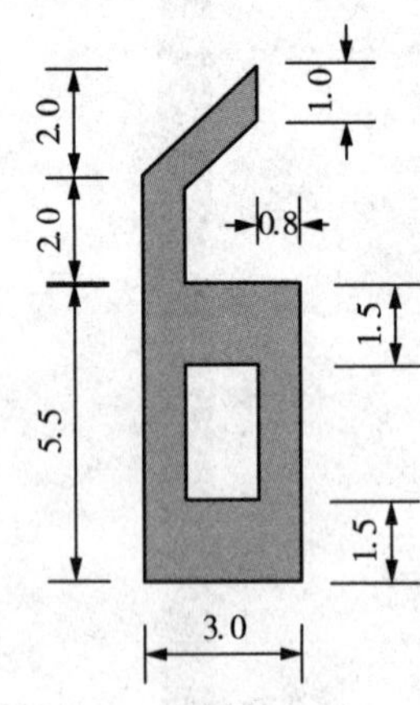

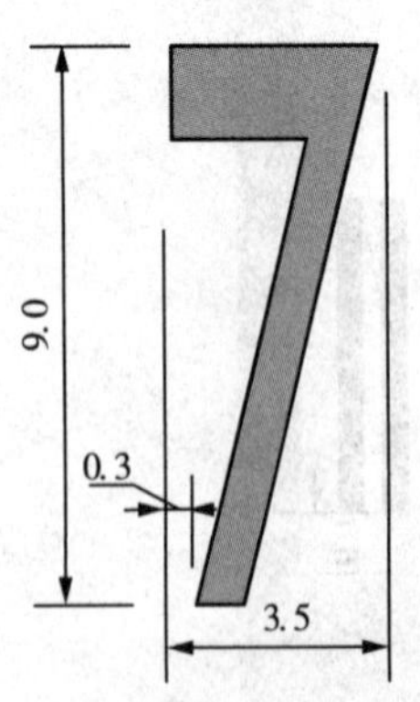

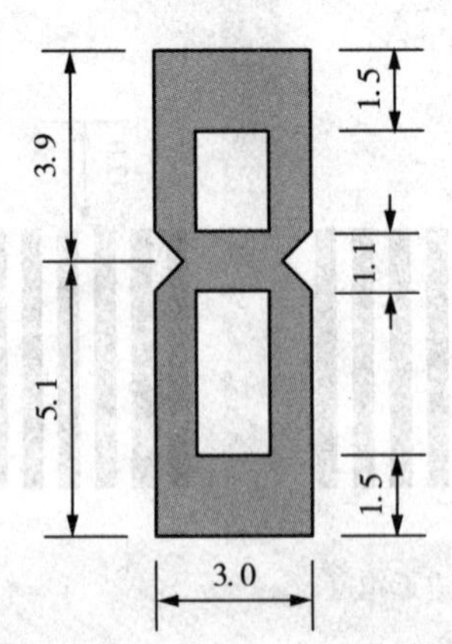

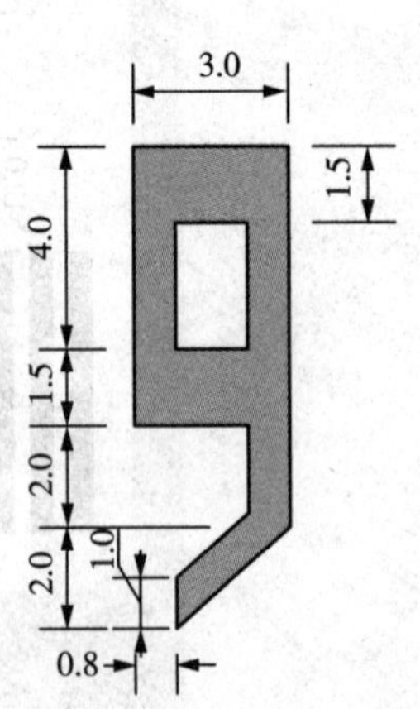

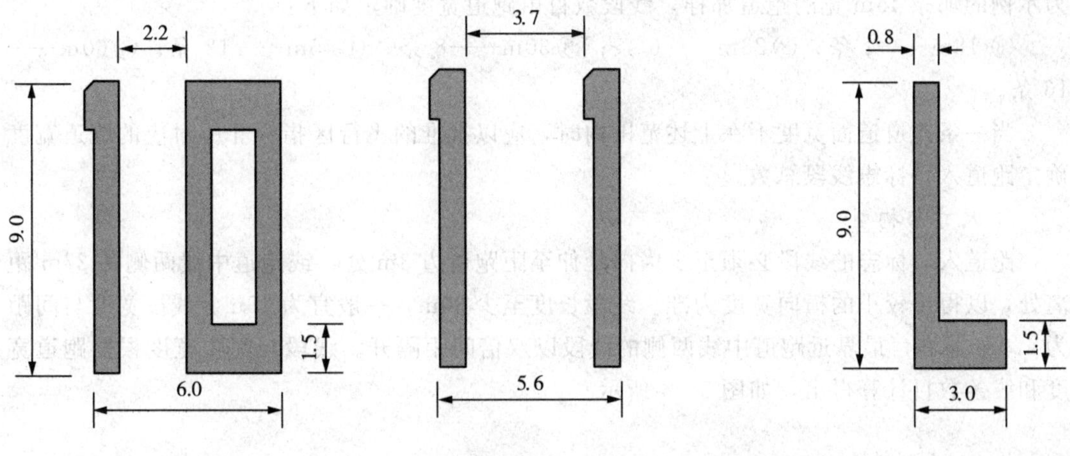

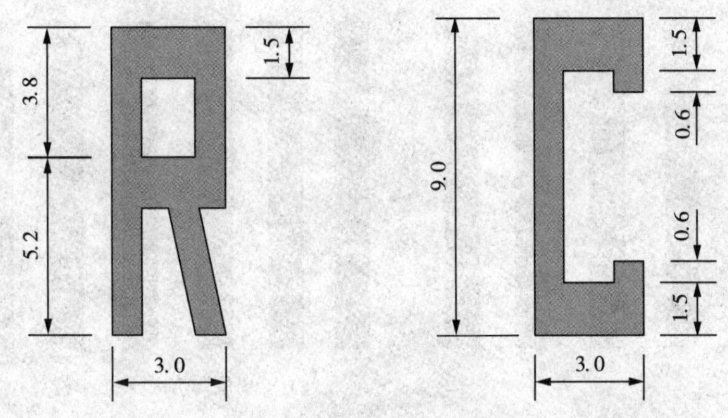

图 5-3　跑道号码标志数字、字母的形状与比例

（所有单位均为"m"，未标注的直线段笔画宽度均为 0.8m）

（二）跑道中线标志

1. 设置要求与组成

跑道必须设置跑道中线标志，由均匀隔开的线段和间隙组成，位于两端跑道号码标志之间的中线上，如图 5-2 所示。

2. 尺寸与构型

跑道中线每一线段加一个间隙的长度不得小于 50m，也不能大于 75m；每一线段的长度必须至少等于间隙的长度与 30m 之间的较大值。

Ⅱ类、Ⅲ类精密进近跑道的中线标志宽度不小于 0.9m，Ⅰ类精密进近跑道及非精密进近跑道的中线标志宽度应不小于 0.45m，其他跑道中线宽度不小于 0.3m。

（三）跑道入口标志

1. 设置要求与组成

所有跑道入口处必须设置跑道入口标志。跑道入口标志必须由一组尺寸相同、位置对称于跑道中线的纵向线段组成，从距离跑道端至少 6m 处开始，如图 5-2 中（a）、（b）作为示例的那条 45m 宽的跑道那样。线段数目由跑道宽度确定如下：

① 18m——4 条；② 23m——6 条；③ 30m——8 条；④ 45m——12 条；⑤ 60m——16 条。

当一条跑道道面宽度不在上述范围内时，应以批准的飞行区指标Ⅱ所对应的跑道宽度确定跑道入口标志线段总数。

2. 尺寸与构型

跑道入口标志的线段必须至少横向延伸至距跑道边 3m 处，或跑道中线两侧各 27m 距离处，以得出较小的横向宽度为准。线段长度至少 30m，一般宜为 45m。线段宽度与间距为 1.8m 左右，最靠近跑道中线两侧的线段以双倍间距隔开。线段与间距宽度根据跑道宽度和线条数目计算得出，如图 5 - 4 所示。

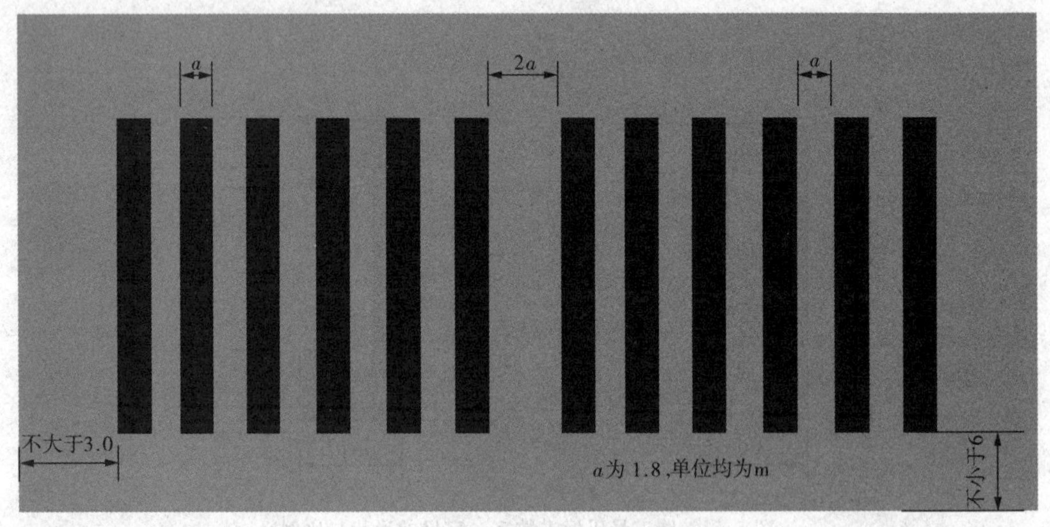

图 5 - 4　45m 宽的跑道入口标志尺寸示例

（四）瞄准点标志

1. 设置要求与组成

铺筑道面的跑道每一个进近端均应设置瞄准点标志，瞄准点标志必须由两条明显的条块组成，对称地设在跑道中线的两侧，如图 5 - 5 所示。

2. 尺寸与构型

瞄准点标志的尺寸、位置与跑道可用着陆距离有关，其开始端距离跑道端头的距离如表 5 - 1 所示，但在跑道装有目视进近坡度指示系统时，标志的开始端必须与目视进近坡度起点重合。

瞄准点标志条块的尺寸及其内边的横向间距必须符合表 5 - 1 中的相应规定。标志线段长度在要求提高标志的明显度之处，宜选用规定长度范围内的较大数值。标志线段宽度横向间距可在表 5 - 1 所列范围内选定，以尽量减小轮胎橡胶淤积对标志的污染。但当划设接地带标志时，应与接地带标志的横向间距相等，如图 5 - 5 所示。

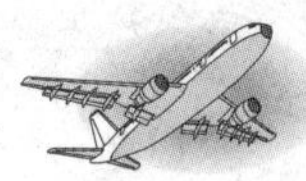

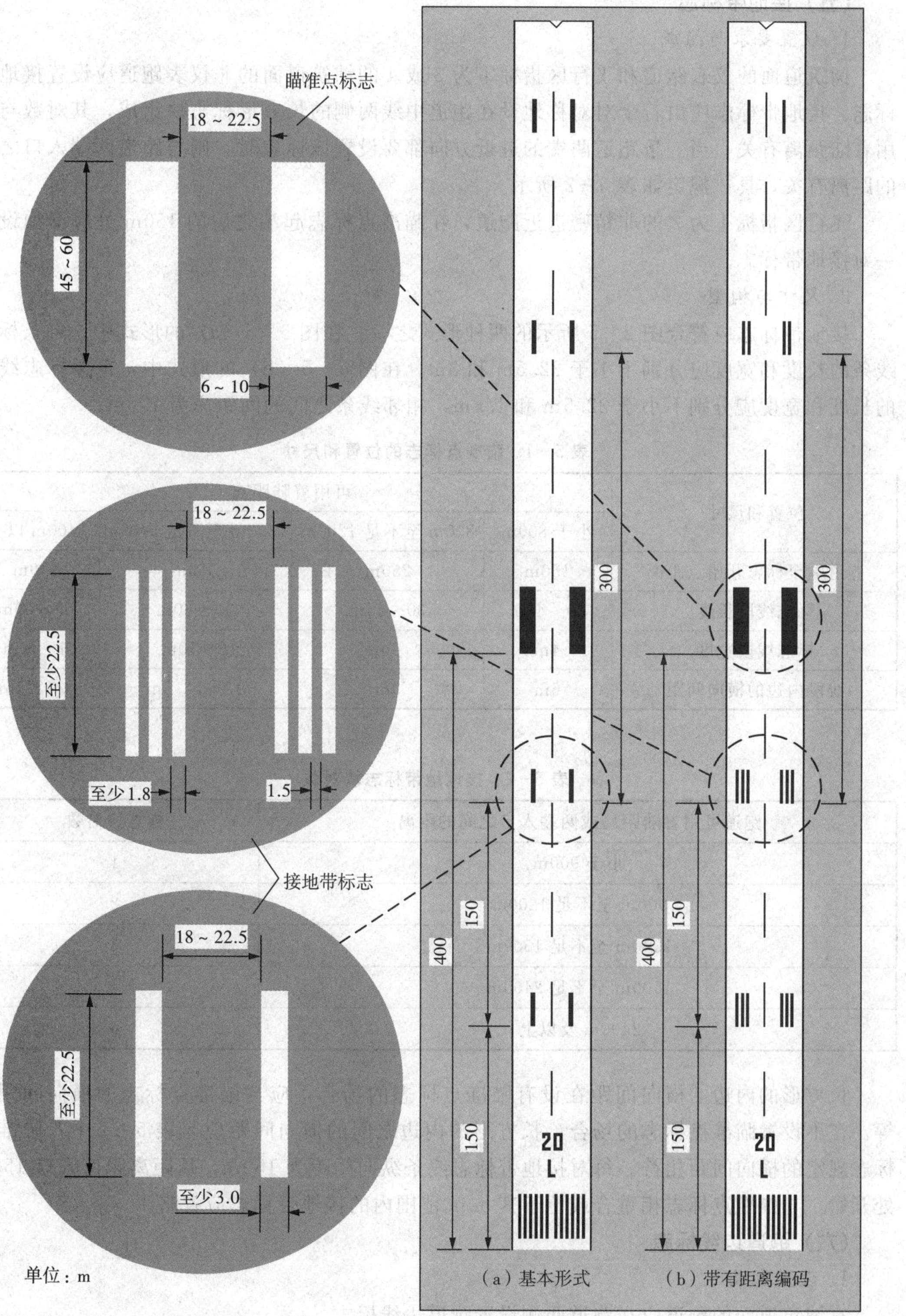
瞄准点标志
18 ~ 22.5
45 ~ 60
6 ~ 10
18 ~ 22.5
至少22.5
至少1.8
1.5
接地带标志
18 ~ 22.5
至少22.5
至少3.0
单位：m
300
300
400
150
150
400
150
150
20
L
20
L
（a）基本形式
（b）带有距离编码

图 5－5　长度 2400m 以上跑道瞄准点与接地地带标志示例

（五）接地带标志

1. 设置要求与组成

铺筑道面的仪表跑道和飞行区指标Ⅰ为3或4的铺筑道面的非仪表跑道应设置接地带标志。接地带标志应由若干对对称地设在跑道中线两侧的长方形标志块组成，其对数与可用着陆距离有关，当一条跑道两端的进近方向都要设置该标志时，则与跑道两端入口之间的距离有关。具体规定如表5－2所示。

飞行区指标Ⅰ为2的非精密进近跑道，在瞄准点标志起端之后的150m处应增加设置一对接地带标志。

2. 尺寸与构型

接地带标志应符合图2－5所示的两种形式之一。在图5－5（a）的形式中，每条标志线条的长度和宽度应分别不小于22.5m和3m。在图5－5（b）的形式中，每条标志线条的长度和宽度应分别不小于22.5m和1.8m，相邻线条之间的间距应为1.5m。

表5－1　瞄准点标志的位置和尺寸

位置和尺寸	可用着陆距离			
	小于800m	800m至不足1200m	1200m至不足2400m	2400m以上
跑道端至标志开始点距离	150m	250m	300m	400m
标志线段长度	30～45m	30～45m	45～60m	45～60m
标志线段宽度	4m	6m	6～10m	6～10m
线段内边的横向间距	6m	9m	18～22.5m	18～22.5m

表5－2　接地地带标志块对数

跑道可用着陆距离或两端入口之间的距离	标志块对数
小于900m	1
900m至不足1200m	2
1200m至不足1500m	3
1500m至不足2400m	4
2400m及以上	6

长方形的内边的横向间距在设有瞄准点标志的场合，应与瞄准点标志的横向间距相等。在不设置瞄准点标志的场合，长方形的内边之间的横向间距应与表5－1中对瞄准点标志规定的横向间距相符。每对接地带标志线条纵向间距为150m，从距离跑道入口150m处开始。与瞄准点标志相重合或位于其50m范围内的接地带标志应省略。

（六）跑道边线标志

1. 设置要求

有铺筑道面的跑道应在跑道两侧设置跑道边线标志。

2. 位置、组成与尺寸

跑道边线标志设置在跑道入口两端之间的范围内，沿跑道的两侧边缘各设一条，每条

的外边大致在跑道边缘上，只有在跑道宽度大于 60m 时，标志才应设在距离跑道中线 30m 处。与其他跑道或滑行道交叉处，跑道边线应予以中断。在跑道入口内移时，跑道边线标志保持不变。

跑道宽度为大于或等于 30m 时，跑道边线标志的线条宽度至少为 0.9m；跑道宽度小于 30m 时，线条宽度应至少为 0.45m。

3. 其他要求

如设有跑道掉头坪，在跑道与跑道掉头坪之间的跑道边线标志不应中断；与跑道相交的垂直联络道处跑道边线标志以及垂直穿越跑道的滑行道相交处，跑道边线标志均应中断。

（七）跑道入口内移标志

1. 设置要求

当因净空限制、跑道维修或其他原因需要将跑道入口内移时，需要将原跑道入口标志内移并添加跑道入口内移标志，如图 5-6 所示。

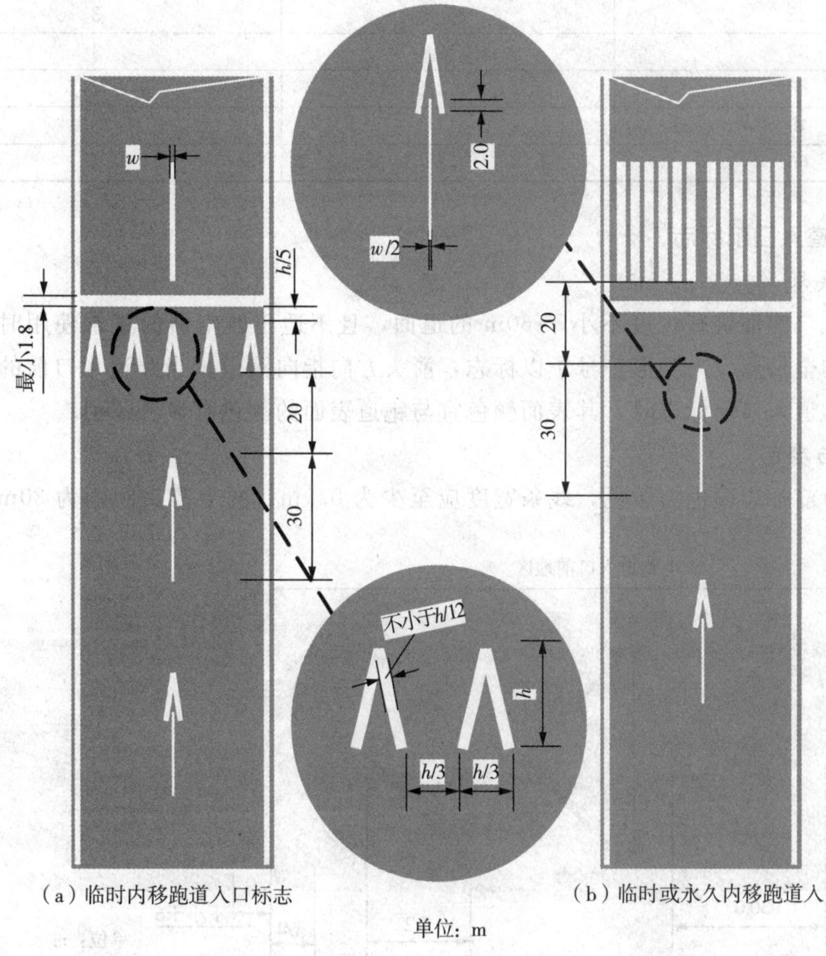

（a）临时内移跑道入口标志　　（b）临时或永久内移跑道入口标志

单位：m

图 5-6　45m 宽的跑道入口内移标志示例

2. 尺寸与构型

当跑道入口永久内移时，应按图 5－6（b）中所示，在内移跑道入口以前的那部分跑道上设箭头。当跑道入口是从正常位置临时内移时，应按图 5－6 所示加以标志，将内移跑道入口以前除跑道中线标志和跑道边线标志以外的所有标志遮掩，并将跑道中线标志改为箭头。

跑道入口若需暂时内移或永久内移，则跑道入口标志应增加一条横向线段，其宽度应不小于 1.8m。如图 5－6（a）中跑道入口内移标志中的箭头应对称于中线排列，其数量应按跑道的宽度确定，见表 5－3 所列。

3. 其他要求

当内移跑道入口以前的跑道已不适于飞机的地面活动时，此区域应设置跑道入口前标志，同时对该部分道面所有原跑道标志进行遮掩或清除。在跑道入口仅在短时间内临时内移的情况下，不划设跑道入口内移标志而用与其形式和颜色相同的标志物来代替也能取得满意效果。

表 5－3　内移入口箭头尺寸与数量　　单位：m

跑道宽度	*h* 值	箭头数量
18	10.2	3
23	12	3
30	12	4
45	12	5
60	12	7

（八）跑道入口前标志

1. 设置要求

当跑道入口前铺筑有长度不小于 60m 的道面，且不适于航空器的正常使用时，应在跑道入口前的全长用“>”形符号予以标志，箭头方向指向跑道。当跑道入口前的铺筑面不适于设置跑道入口前标志时，其表面颜色宜与跑道表面的颜色有显著区别。

2. 尺寸与颜色

跑道入口前标志颜色为黄色，线条宽度应至少为 0.9m，两个箭头间距为 30m，如图 5－7 所示。

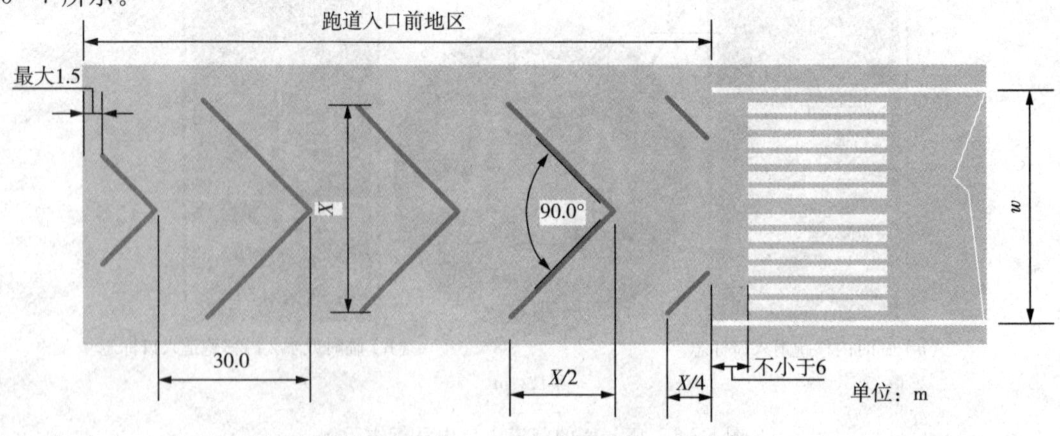

图 5－7　跑道入口前标志

注：$0 \leqslant W-X \leqslant 15$m，$W$ 为跑道宽度（不含道肩），X 为跑道入口前标志宽度，一般取 $W=X$。

（九）跑道掉头坪标志

1. 设置位置与要求

在设有跑道掉头坪的地方，必须按照要求设置跑道掉头坪标志用以连续引导航空器完成180°转弯并对准跑道中线。

跑道掉头坪标志应从跑道中线标志弯出并进入掉头坪，其与跑道中线的交接角不应大于30°。跑道掉头坪标志应从跑道中线标志的切点开始平行于跑道中线标志延伸一段距离，此距离在飞行区指标Ⅰ为3或4时应至少为60m，在飞行区指标Ⅰ为1或2时应至少为30m。

2. 颜色与尺寸

跑道掉头坪标志线宽度为不小于0.15m的连续黄色实线，其设置方法与滑行道中线标志的设置方法相同；应沿掉头坪边缘设置掉头坪边线标志，掉头坪边线标志的设置方法与滑行边线标志的设置方法相同，如图5-8所示。

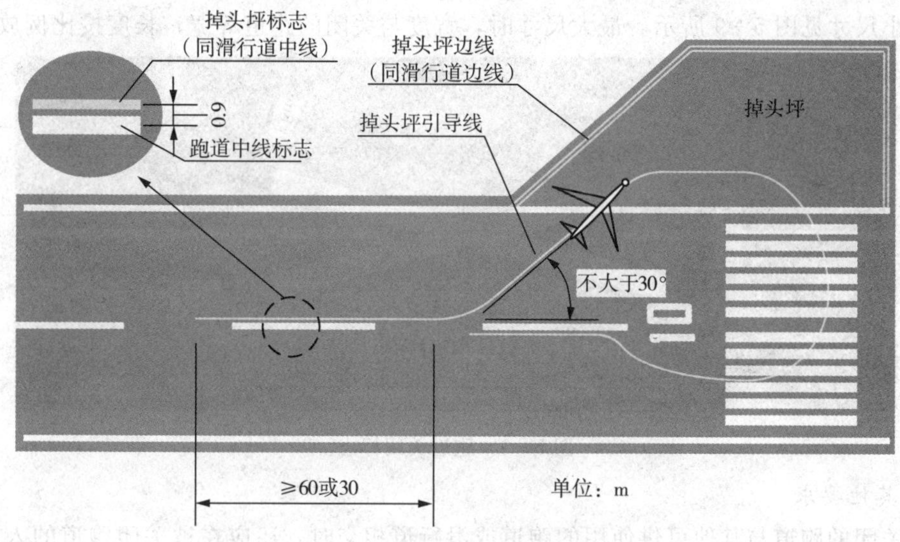

图5-8　跑道掉头坪标志

3. 其他要求

跑道掉头坪标志引导飞机滑行的方式应允许飞机在开始180°转弯以前有一段直线滑行。跑道掉头坪标志的直线部分应平行于跑道掉头坪的外边缘。跑道掉头坪标志中拟供飞机跟随进行180°转弯的曲线部分的设计宜能保证前轮转向角不超过45°。

跑道掉头坪标志的设计应使当最大型飞机的驾驶舱保持在跑道掉头坪标志的上方时，飞机起落架的任何机轮至跑道掉头坪边缘的净距不小于表5-4的规定。与跑道标志相交处的掉头坪标志应予以中断。

（十）跑道关闭标志

1. 设置位置与要求

永久或临时关闭的跑道或其一部分，要至少在两端设置跑道关闭标志。如果关闭的跑道长度大于300m，还应在中间增设关闭标志，使其间距不大于300m。只有当关闭时间短暂且已由空中交通服务部门发出充分的警告时才可免设关闭标志。

表 5-4 飞机主起落架外侧主轮与滑行道道面边缘之间的最小净距

飞行区指标Ⅱ	净 距
A	1.5m
B	2.25m
C	飞机前后轮距小于 18m 时为 3.0m， 飞机前后轮距大于或等于 18m 时为 4.5m
D	4.5m
E	4.5m[1]
F	4.5m[1]

注：[1] 当天气恶劣时，此值应取 6m。

2. 颜色、尺寸与构型

跑道关闭标志为白色的“×”形标志，划设在水泥混凝土跑道上的关闭标志宜加黑边，最小尺寸见图 5-9 所示。最大尺寸时，宽度与关闭的跑道等宽，长度按比例放大。

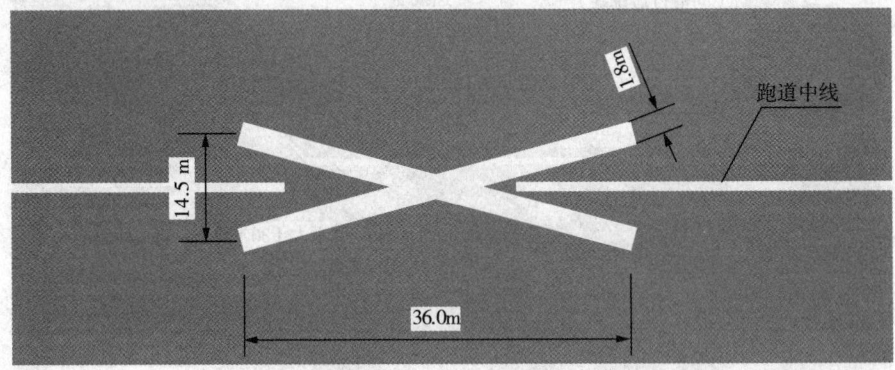

图 5-9 跑道关闭标志

3. 其他要求

当关闭的跑道与其他可供使用的跑道或滑行道相交时，还应在被关闭跑道的入口处设置间距不超过 3m 的不适用灯光与标志，防止飞机误入，如图 5-10 所示。当跑道因为特殊原因短暂关闭或紧急关闭时，可用易折的路障或使用油漆以外的材料来涂刷跑道关闭标志物或其他合适的方法来明示该关闭地区。

图 5-10 跑道暂时关闭标志物

当跑道或一部分为永久性关闭时，除了设置关闭标志外，还应该涂抹掉其上的所有标志，不得开启其上的助航灯光。

二、滑行道标志线

滑行道标志线由滑行道中线标志、滑行道边线标志、跑道等待位置标志、中间等待位置标志、滑行道道肩标志组成，特殊情况下还包括滑行道关闭标志。

滑行道上的标志线为黄色，在水泥混凝土道面上加黑边，能够提高其明显度。

在滑行道与服务车道相交处，应显示滑行道的各种标志，不可中断，而服务车道各种标志应改变构型以起到警示作用。

（一）滑行道中线标志

1. 设置位置与要求

滑行道、除冰/防冰设施及机坪滑行通道应设滑行道中线标志，使其足以提供从跑道中线到各机位之间的连续引导。

在滑行道直线段，滑行道中线标志要沿着滑行道的中线设置，在滑行道弯道部分（机位滑行通道除外），滑行道中线标志应使当飞机的驾驶舱保持在滑行道中线标志上时，飞机的外侧主轮与滑行道边缘之间的净距不小于规定值。

2. 尺寸与构型

滑行道中线标志为不小于 0.15m 宽的连续黄色实线，水泥混凝土道面上的滑行道中线标志两侧适宜设置不小于 0.05m 宽的黑边，如图 5-11 所示。

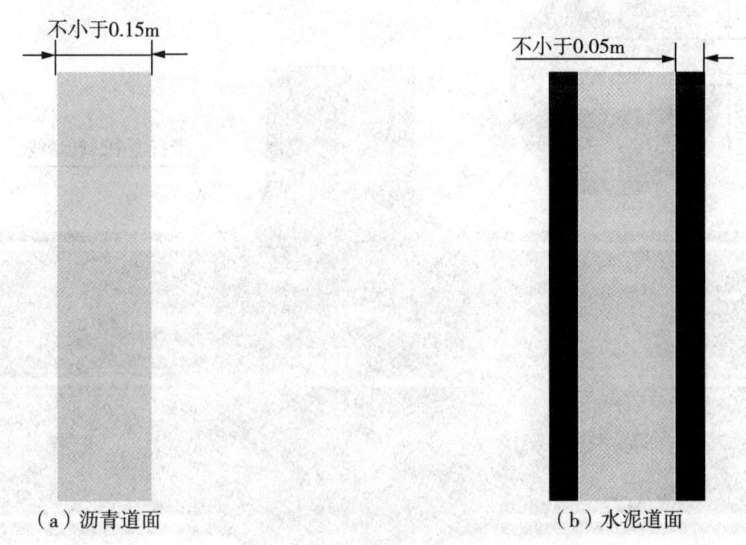

图 5-11　滑行道中线标志

3. 其他要求

滑行道中线标志在与跑道等待位置标志、中间等待位置标志及各类跑道标志相交处应中断，中断的滑行道中线标志与上述标志的净距为 0.9m（含黑框）。如 0.9m 间距无法实现时，也可采用 0.3m 间距，如图 5-12 所示。

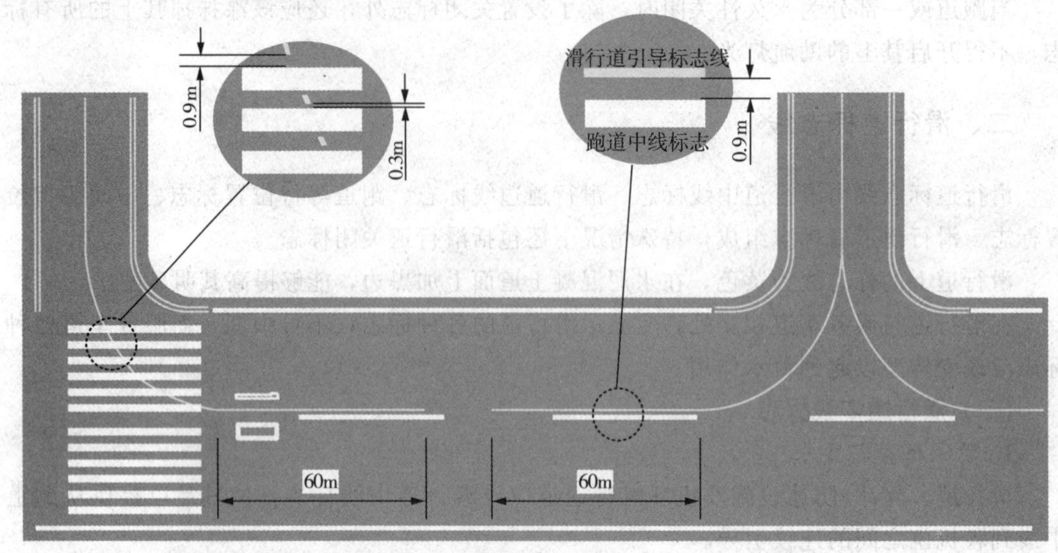

图 5-12　跑道与滑行道相交处标志线设置（60m 的情况）

作为跑道出口的滑行道（含快速出口滑行道和垂直滑行道），该滑行道中线标志应以曲线形式转向跑道中线标志，并平行（相距 0.9m）于跑道中线延伸至超过切点一定距离，此距离在飞行区指标Ⅰ为 3 或 4 时应不小于 60m，飞行区指标Ⅰ为 1 或 2 时应不小于 30m（如图 5-12 和图 5-13 所示）。

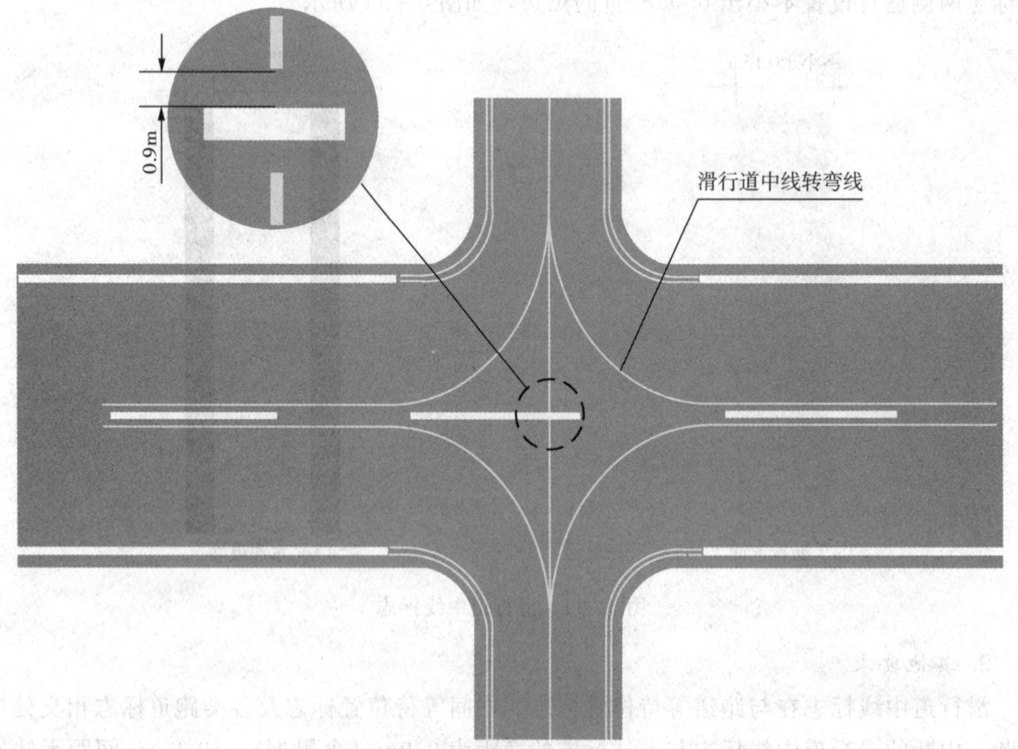

图 5-13　垂直穿越跑道的滑行道中线标志

注：对于仅供穿越跑道的滑行道，中线转弯线不画。

（二）增强型滑行道中线

当机场交通密度为中或高时，在与跑道直接相连的滑行道（单向运行的滑行道除外）上的 A 型跑道等待位置处，应设置增强型滑行道中线标志。该标志的作用是为飞机驾驶员提供额外的确认 A 型跑道等待位置的目视参考，并构成跑道侵入防范措施的一部分。如果设置，增强型滑行道中线标志应设在除了单向运行的快速出口滑行道以外的每条滑行道与跑道的交接处。

增强型滑行道中线标志应从 A 型跑道等待位置标志沿驶离跑道方向延伸 47m 的距离。增强型滑行道中线线条宽度与间隔宽度均为 0.15m，水泥混凝土道面上的标志应设黑色背景，黑色背景的外边宽不小于 0.05m。具体尺寸见图 5－14（a）所示。

当增强型滑行道中线标志和与之相距 47m 以内的另一个跑道等待位置标志（如Ⅱ类或Ⅲ类精密进近跑道的等待位置标志）交叉时，应在与此类跑道等待位置标志的交叉点前后各 0.9m 处中断增强型滑行道中线标志。增强型滑行道中线标志应在超过与跑道等待位置标志的交叉点后继续向前延伸至少 3 个虚线段，或者从起点至终点至少达到 47m，两者取较大值。如图 5－14（b）所示。

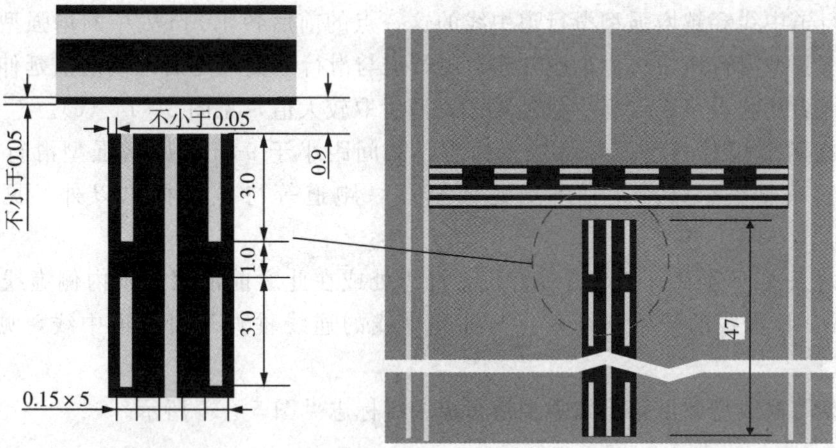

不小于0.05
不小于0.05
0.9
3.0
1.0
3.0
0.15×5
47

（a）

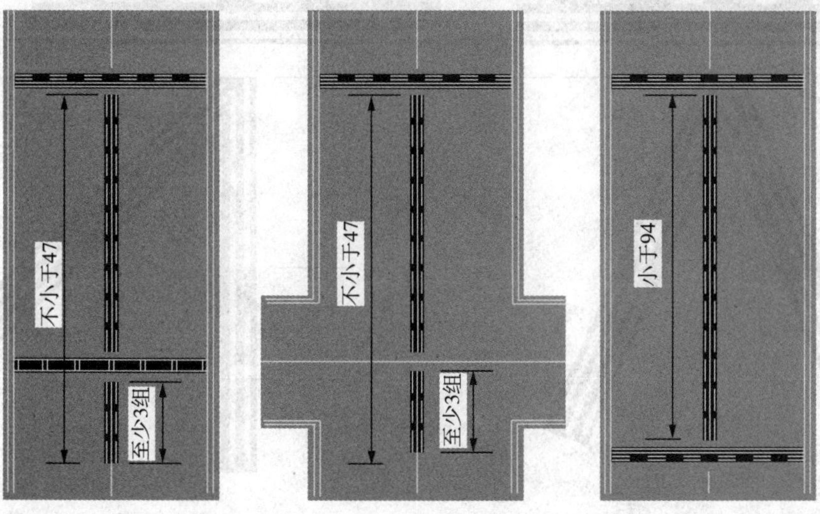

不小于47
至少3组

（b）

不小于47
至少3组

（c）

小于94

（d）

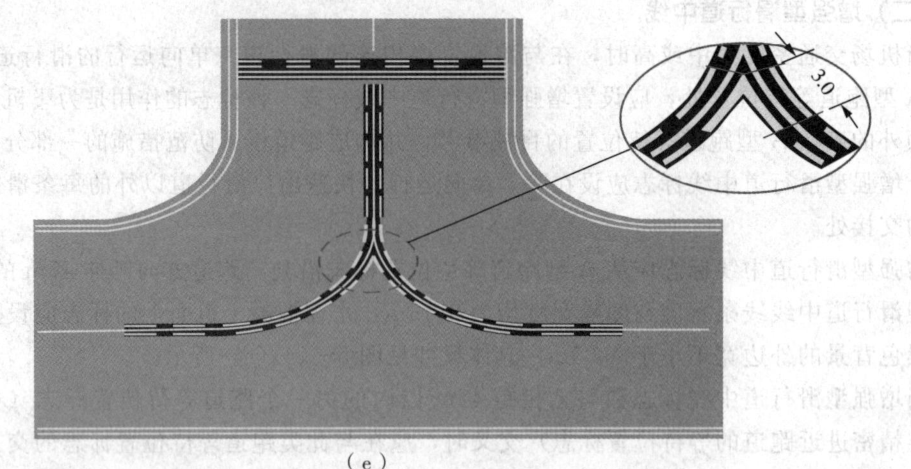

（e）

图 5-14　水泥混凝土道面增强型滑行道中线（m）

当增强型滑行道中线标志穿过与之相距 47m 以内的滑行道与滑行道交叉处时，应在交叉的滑行道中线穿越增强型滑行道中线的这一点的前后各 1.5m 处中断增强型滑行道中线标志。增强型滑行道中线标志应在超过滑行道与滑行道交叉处后继续向前延伸至少 3 个虚线段，或者从起点至终点至少达到 47m，两者取较大值，见图 5-14（c）。

当存在两个相对的跑道等待位置标志且其间距小于 94m，则增强型滑行道中线标志应贯穿这一整个距离，并且不应延伸至任一跑道等待位置标志以外，见图 5-14（d）所示。

如果两条滑行道中线在跑道等待位置标志处或在此之前汇聚，则内侧虚线的长度应不短于 3m。该虚线的开始和结束点与外侧虚线的连线垂直于滑行道中线，见图 5-14（e）所示。

直线型、曲线型和汇聚型增强型滑行道中线标志见图 5-15 所示。

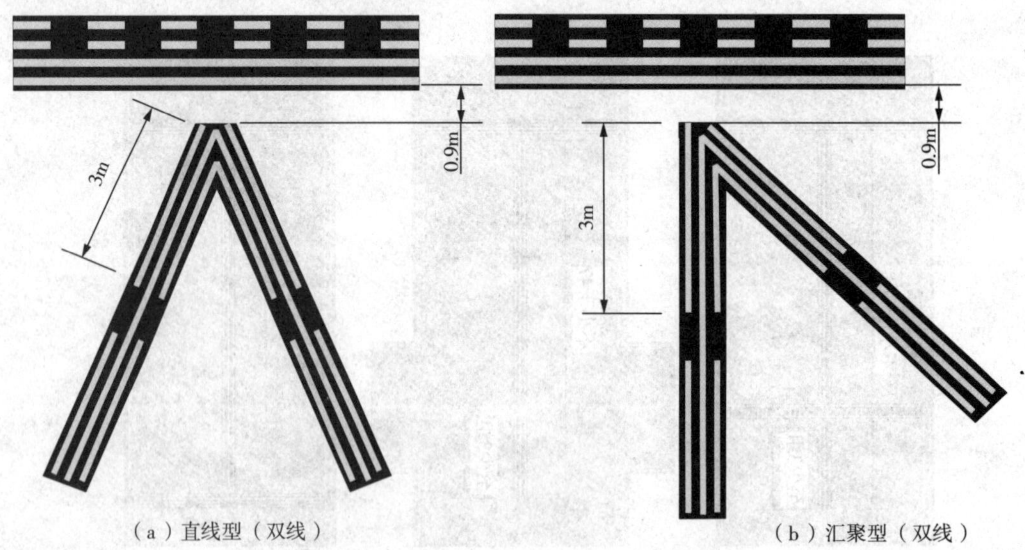

（a）直线型（双线）　（b）汇聚型（双线）

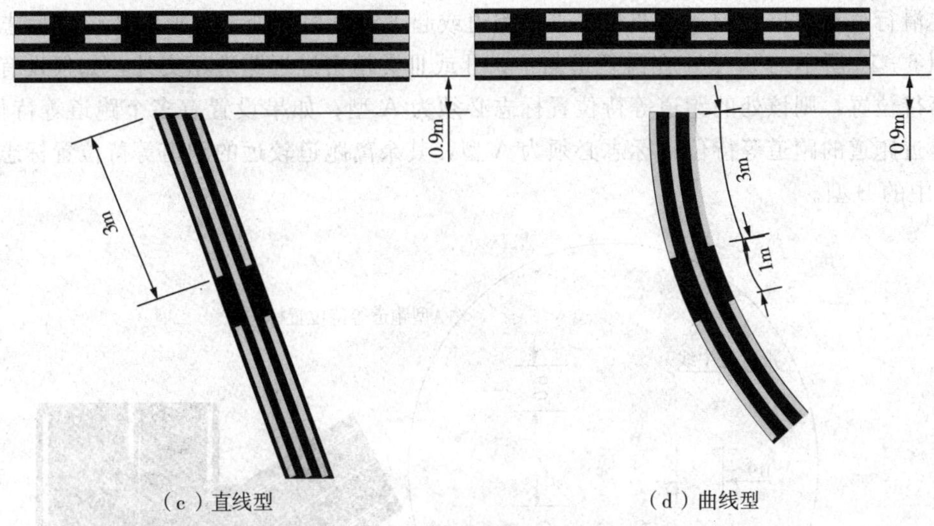

(c)直线型　　　　(d)曲线型

图 5-15 直线型、曲线形和汇聚型增强型滑行道中线标志图

(三)跑道等待位置标志

下列位置应设立一个或几个跑道等待位置:

(1) 滑行道(不含单向运行的出口滑行道)与跑道相交处;

(2) 跑道与另一条跑道相交处,当前者是一条标准滑行路线的一部分时。

滑行道上滑行的航空器或行驶的车辆突出障碍物限制面或干扰无线电助航设备时,在该滑行道上应设立跑道等待位置,确保等待的航空器或车辆不侵犯无障碍物区、进近面、起飞爬升面或仪表着陆系统、微波着陆系统的临界/敏感区等各限制区,并且不干扰无线电助航设备的运行。

1. 设置位置与构型

航空器在跑道等待位置处等待塔台指令,得到许可后方可穿过跑道等待位置标志。在跑道等待位置处必须设置跑道等待位置标志,跑道等待位置与跑道中线之间不得过近,间距必须符合表 5-5 中的要求。

表 5-5 等待坪、跑道等待位置或道路等待位置距跑道中线的最小间距 单位:

跑道运行类型	飞行区指标Ⅰ			
	1	2	3	4
非仪表跑道	30	40	75	75
非精密进近跑道	40	40	75	75
Ⅰ类精密进近跑道	60[b]	60[b]	90[a,b]	90[a,b,c]
Ⅱ类及Ⅲ类精密进近跑道	—	—	90[a,b]	90[a,b,c]
起飞跑道	30	40	75	75

注:a. 如果等待坪、跑道等待位置或道路等待位置的海拔高度高于跑道入口,则每高出 1m 距离增加 5m;如海拔低于跑道入口,则每低 1m 距离减少 5m,但以不突破内过渡面为准。

b. 为了避免干扰无线电助航设备,特别是下滑航道和航向设施,需要时应增加距离以避开仪表着陆系统的敏感区。

c. 飞行区指标Ⅱ为 F 时,该距离应为 107.5m。

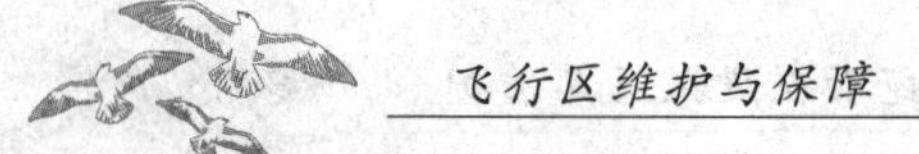

在滑行道与非仪表跑道、非精密进近跑道或起飞跑道相交处，跑道等待位置标志必须为如图 5－16 所示的 A 型。在滑行道与Ⅰ、Ⅱ或Ⅲ类精密进近跑道相交处，如仅设有一个跑道等待位置，则该处的跑道等待位置标志必须为 A 型；如果设置有多个跑道等待位置，则最靠近跑道的跑道等待位置标志必须为 A 型，其余离跑道较远的跑道等待位置标志为图 5－16 中的 B 型。

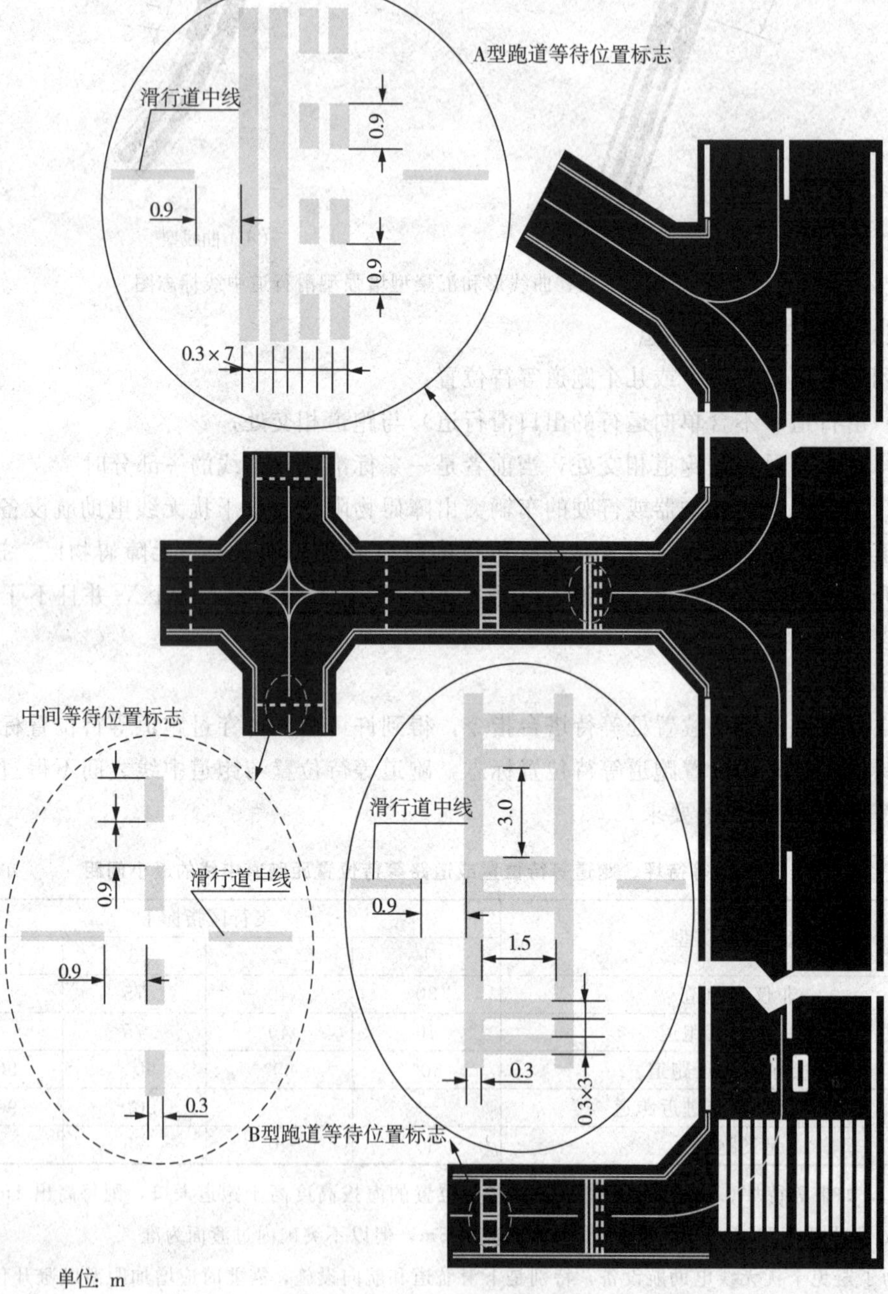

图 5－16　滑行道上的标志

跑道与跑道交叉处设置的跑道等待位置标志，应垂直于作为标准滑行路线的一部分的跑道的中线。在标准滑行路线不与跑道中线重合的情况下，跑道等待位置标志应垂直于滑行道中线标志。标志必须为 A 型。

B 型跑道等待位置标志的位置由跑道所服务的最大机型以及 ILS/MLS 的临界/敏感区决定，并且仅当 ILS 运行时，B 型跑道等待位置标志才发挥作用。

2. 其他要求

水泥道面上的跑道等待位置标志应设置黑色背景，黑色背景的外边宽为 0.1m，如图 5-17 所示。

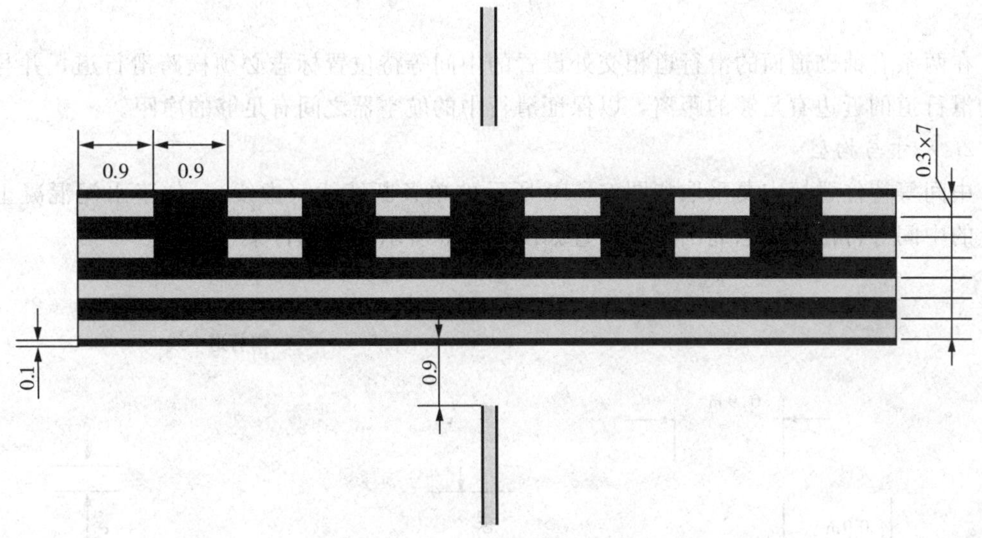

图 5-17　水泥混凝土道面 A 型跑道等待位置标志（m）

如 B 型跑道等待位置标志所处地区的宽度大于 60m，应在地面划设“CAT Ⅱ”或“CAT Ⅲ”等指令性标志。其位置在跑道等待位置标志的两端以及最大相距 45m 的（中间）地面上，同时要求其在跑道等待位置标志以外不超过 0.9m 处，如图 5-18 所示。

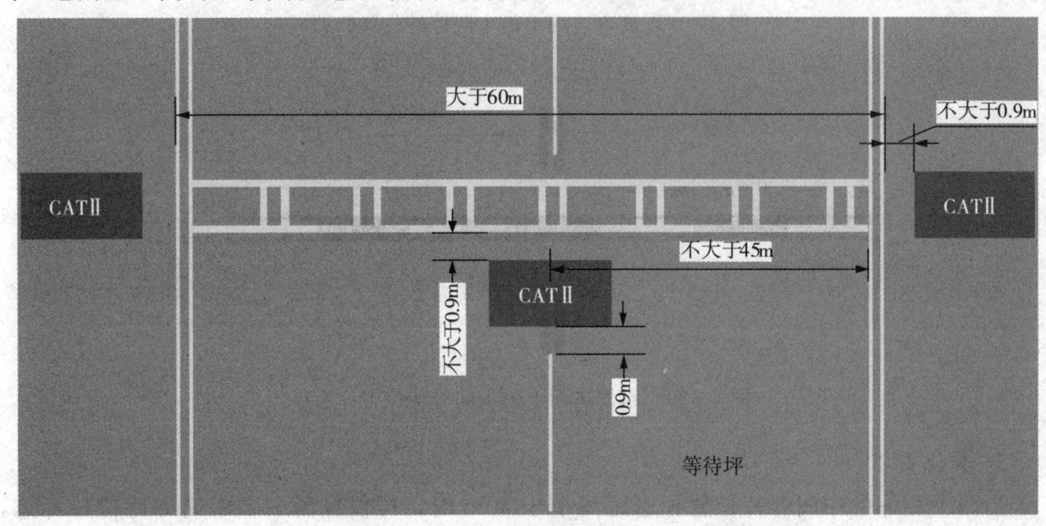

图 5-18　B 型跑道等待位置标志长度大于 60m 时增设的指令性标志示意图

当 B 型跑道等待位置标志与 A 型跑道等待位置标志相距小于 15m 时，在原来 B 型跑道等待位置标志处仅设 A 型跑道等待位置标志即可。

（四）中间等待位置标志

当需要限定航空器在滑行道上的等待位置时，应在滑行道上设中间等待位置。确定中间等待位置时，应确保使用该滑行道的设计机型与其相交滑行道上的飞机的净距符合相关要求。

1. 设置位置与要求

在中间等待位置和比邻滑行道的远距除冰坪的出口边界上应设置中间等待位置标志。

在两条有铺砌道面的滑行道相交处设置的中间等待位置标志必须横跨滑行道，并与相交的滑行道的近边有足够的距离，以保证滑行中的航空器之间有足够的净距。

2. 尺寸与构型

中间等待位置标志要采取如图 5－19 所示的单条断续线（虚线），位于水泥混凝土道面上的中间等待位置标志周围适宜设置如图 5－20 所示的黑色背景。

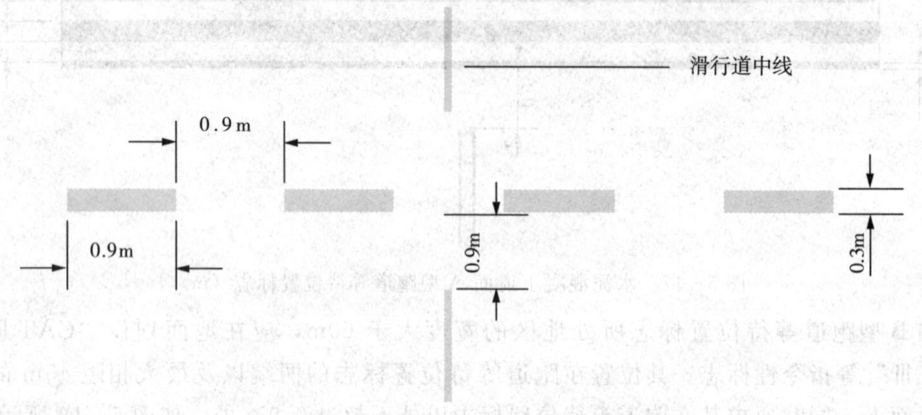

图 5－19　沥青道面上的中间等待位置标志

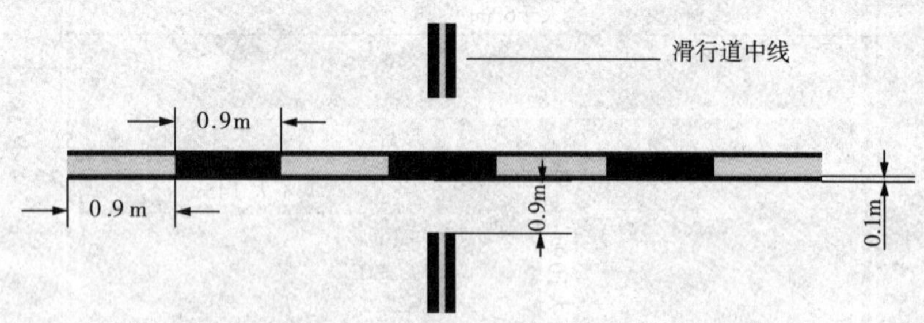

图 5－20　水泥道面上的中间等待位置标志

3. 其他要求

当两个相邻的中间等待位置标志距离小于 60m 时，可仅保留一个中间等待位置标志，并将设置于两个相邻的中间等待位置标志的中间处，如图 5－21 所示。

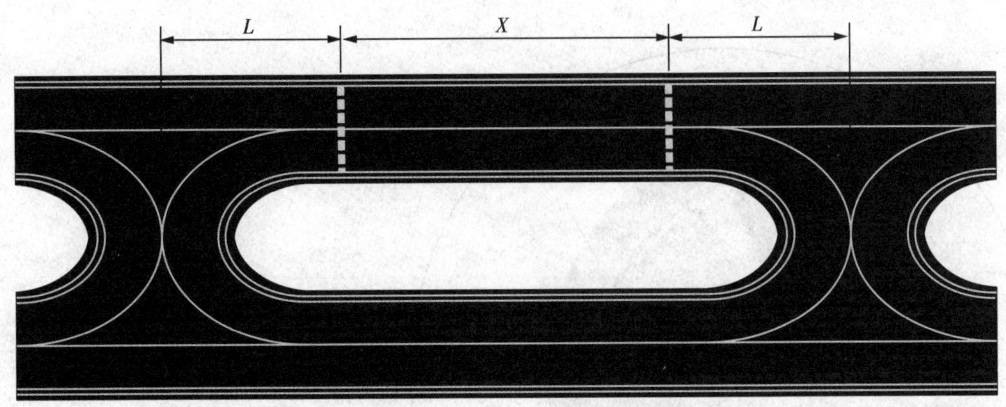

注：L为中间等待位置标志到滑行道中线的距离；当X小于60m时，在两条中间等待位置标志中间划设一条中间等待位置标志，同时，取消这两条中间等待位置标志。

表 5－21　两条相距较近的中间等待位置标志

（五）滑行道边线标志

1. 设置位置与要求

所有不易与承重道面区别开来的滑行道、跑道掉头坪、等待坪和停机坪的道肩以及其他非承重道面，如航空器使用这些道面会引起航空器损坏的，应设置滑行道边线标志。

滑行道边线标志应沿着承重道面的边缘设置，使标志的外缘大致在承重道面的边缘上。

2. 尺寸与构型

滑行道边线标志由一对实线组成，每一线条宽 0.15m，间距 0.15m，颜色为黄色，如图 5－22 所示。

（六）滑行道道肩标志

1. 设置位置

在滑行道转弯处，或者其他承重道面与非承重道面需要明确区分处，要在非承重道面上设置滑行道道肩标志。

2. 尺寸与构型

滑行道道肩标志由垂直于滑行边线或滑行边线切线的线条组成。在弯道上，在每一个切点处和沿弯道的各个中间点上应各设一条线，线之间的间距应不超过 15m。线宽应为 0.9m。线应延伸至距离经过稳定处理的铺筑面的外边缘 1.5m 处，或长 7.5m，取长度较短者。线的颜色应为黄色，如图 5－22 所示。

（七）滑行道关闭标志

1. 设置位置与要求

永久或临时关闭的滑行道或其一部分，要在其两端设置滑行道关闭标志，如果关闭的滑行道长度大于 300m，还应在中间增设关闭标志，使相邻关闭标志的间距不大于 300m。

2. 颜色、尺寸与构型

滑行道关闭标志为黄色的“×”，具体尺寸见图 5－23。

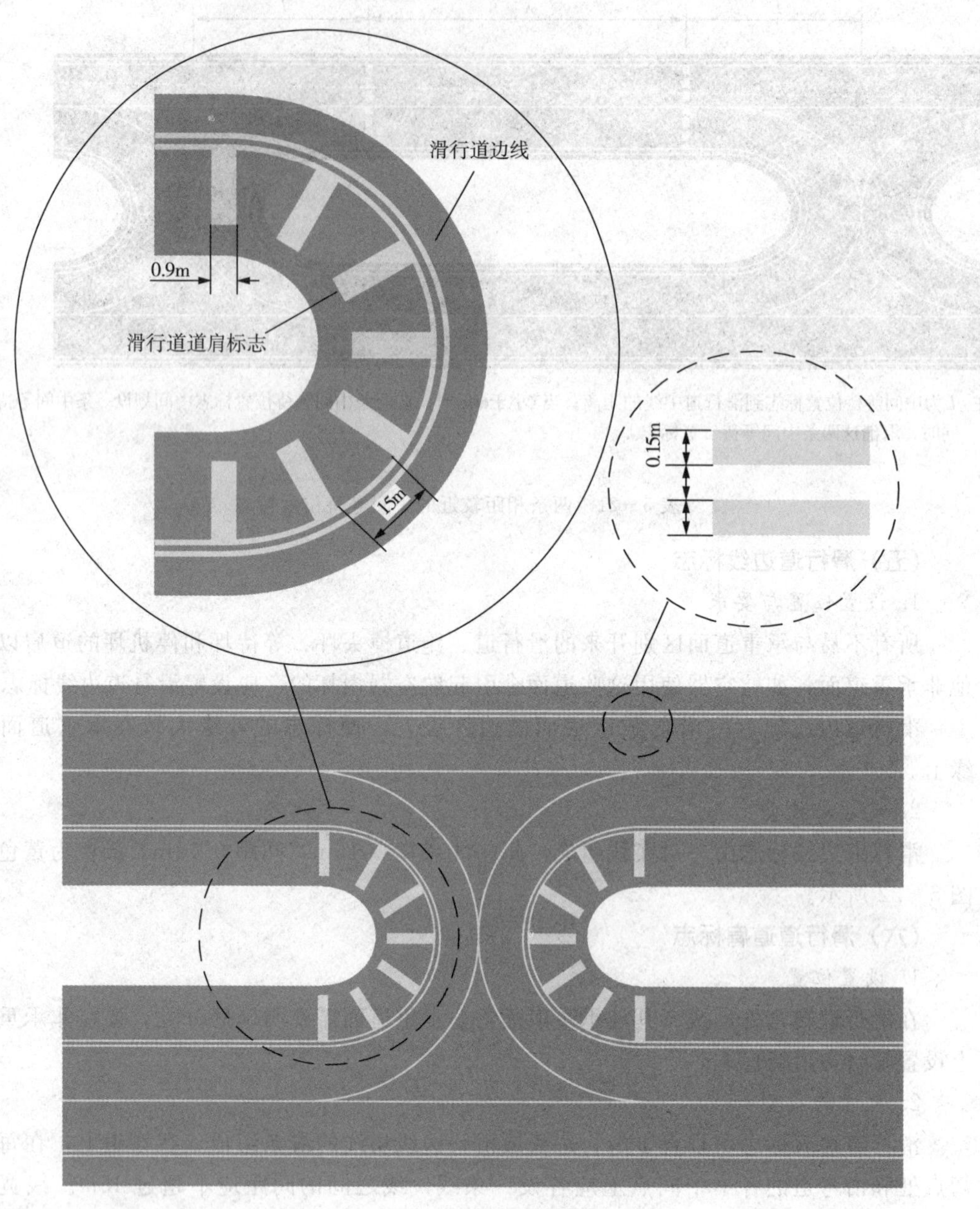

图 5－22 滑行道边线及道肩标志

3. 其他要求

当关闭的滑行道或其一部分与其他可供夜间使用的跑道或滑行道相交时，还应在横贯被关闭地区的入口处设置间距不超过 3m 的不适用灯光与标志，如图 5－24 所示。

当滑行道或一部分为永久性关闭时，除了设置关闭标志外，还应该涂抹掉其上的所有滑行道标志，并在夜间不得开启其上的助航灯光。

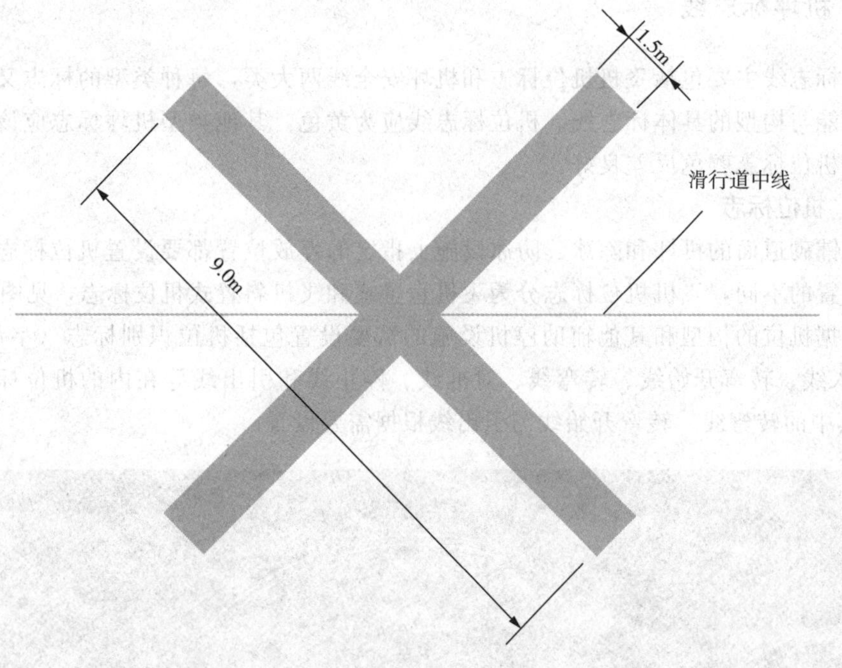

图 5－23　滑行道关闭标志

图 5－24　滑行道关闭区域入口的不适用灯光与标志

三、机坪标志线

机坪标志线主要包括飞机机位标志和机坪安全线两大类，每种类型的标志又包含了若干不同功能与构型的具体标志线。机位标志线应为黄色，其他类型机坪标志应该颜色鲜明并与飞机机位标志颜色反差良好。

(一) 机位标志

所有铺砌道面的机坪和除冰、防冰设施上指定的停放位置都要设置机位标志。按照飞机停放位置的不同，飞机机位标志分为飞机直置式和飞机斜置式机位标志，见图 5 - 25。

要根据机位的构型和其他辅助停机设施的需要设置包括机位识别标志（字母和/或数字)、引入线、转弯开始线、转弯线、对准线、停止线和引出线等在内的机位标志，见图 5 -25，其中的转弯线、转弯开始线与引出线根据需要设置。

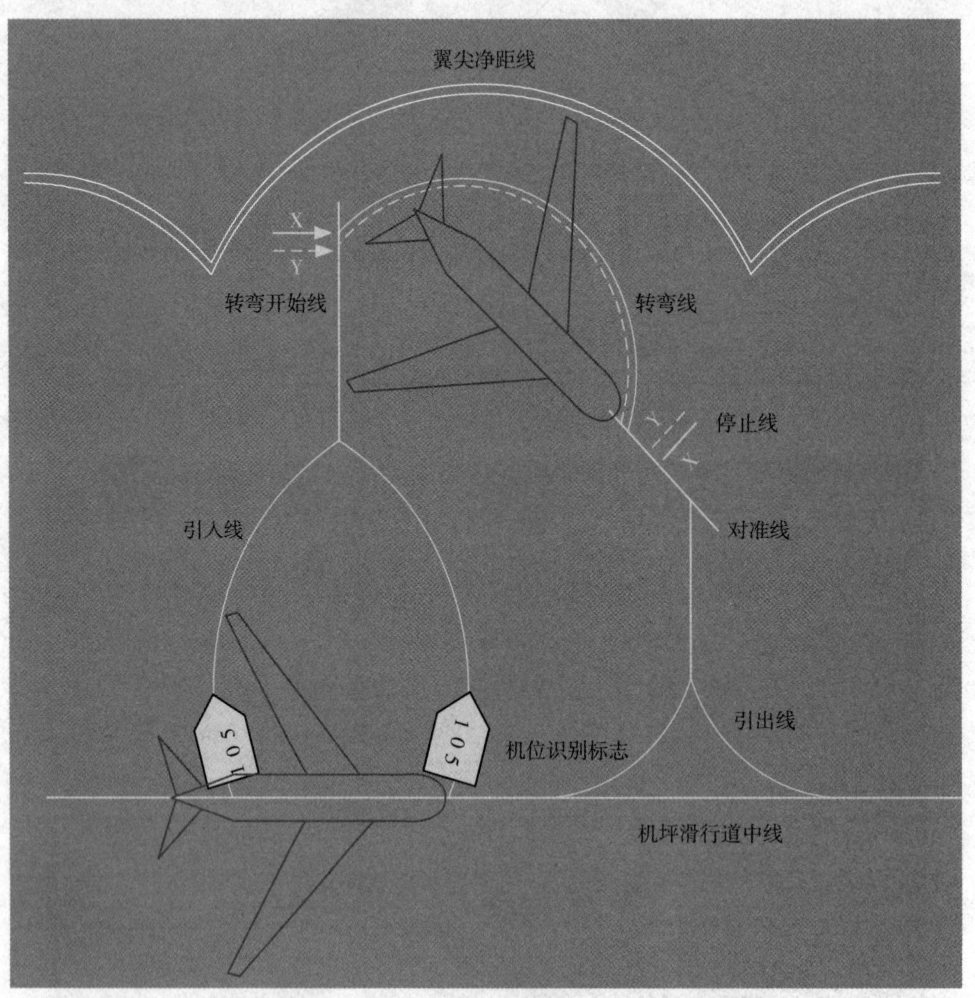

图 5 - 25　飞机斜置式机位标志示意图

机位标志的定位必须能够保证当飞机以前轮沿该标志滑行时保持表 5 - 6 中规定的安全净距。

表 5-6 机坪停放飞机的最小净距 单位：m

飞行区指标Ⅱ	F	E	D	C	B	A
机坪上停放飞机与在滑行道上滑行的飞机之间的净距	17.5	15	14.5	10.5	9.5	8.75
在机坪滑行通道上滑行的飞机与停放飞机、建筑物之间的净距	10.5	10	10	6.5	4.5	4.5
机坪上停放飞机与另一机位的飞机以及临近的建筑物、其他物体之间的净距	7.5	7.5	7.5	4.5	3	3
停放飞机主起落架外轮与机坪道面边缘的净距	4.5	4.5	4.5	4	2.25	1.5
机坪服务车道边线距停放飞机的净距	3	3	3	3	2	1

有时，为了更加灵活地使用机坪，同一机位上允许重叠为不同机型服务的两套或三套飞机机位标志，包括一条主线和几条辅线。主线为对机位要求最严格的飞机使用，为连续实线，辅线为断续线。同时在每一辅线上的机位识别号码标志的后面分别增加一个识别字母 L 和 R，分别表示位于主线的左侧和右侧。线段长 2m，间隔 2m，见图 5-26。

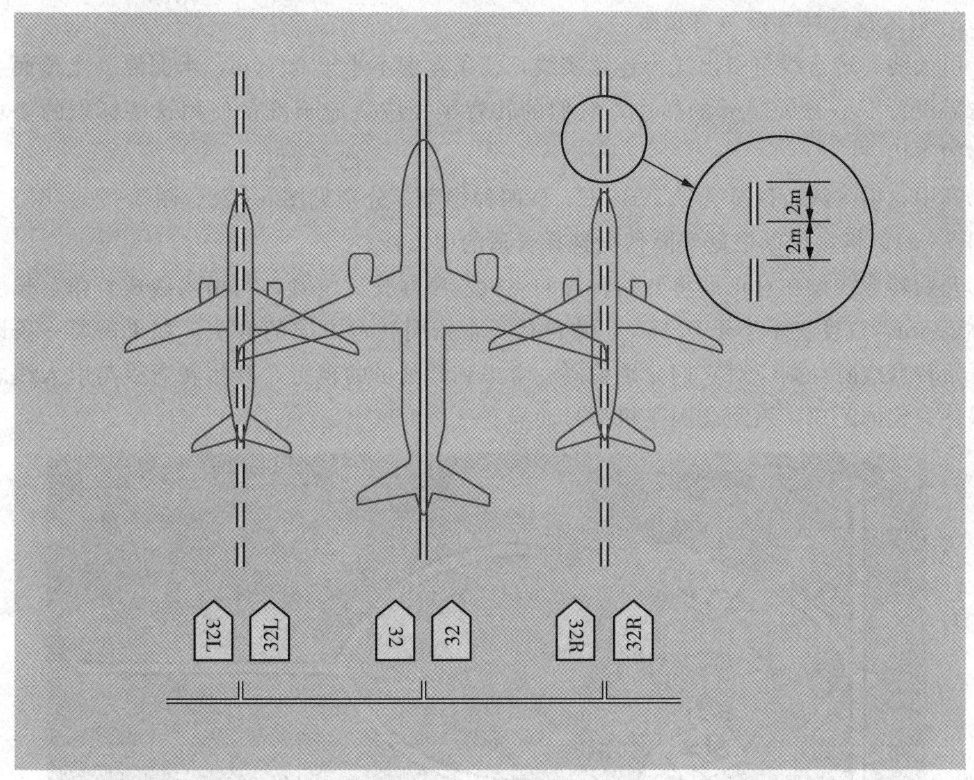

图 5-26 组合机位标志线示意图

1. 机位识别标志

机位识别标志（字母和/或数字）应设在引入线起端后一小段距离处。标志的高度要足以确保从使用该机位的飞机驾驶舱内看得清楚。水泥混凝土道面上的机位识别标志应该设置黑色边框，如图 5-27 所示。

图 5－27　水泥道面上的机位识别标志尺寸

注：*A* 为 4m，*B* 为 5m，*C* 随字符宽度而变，*D* 为 0.1m，*E* 为 2m。如果空间受限，*A*、*B*、*E* 可缩小一半。

2. 引入线、转弯线与引出线

引入线、转弯线与引出线为连续实线，线条宽度不小于 0.15m，水泥混凝土道面上的标志需设置不小于 0.05m 的黑边。它们的转弯半径应适应于准备使用这些标志的要求最严格的飞机。

其中，引入线可以分为 A、B、C、D 四种构型，分别见图 5－28、图 5－29、图 5－30 和图 5－31。机场可以根据实际情况选择合适的引入线。

开始转弯线设在对正即将开始转弯的飞机左座驾驶员位置，与引入线成直角，长度应不小于 6m，宽度应不小于 0.15m，并包括一个指明转弯方向的箭头。如果需要一条以上的开始转弯线时，则应对它们分别编码。考虑到驾驶员的视野，开始转弯线与引入线之间应保持一定的距离，该距离因飞机型号而异。

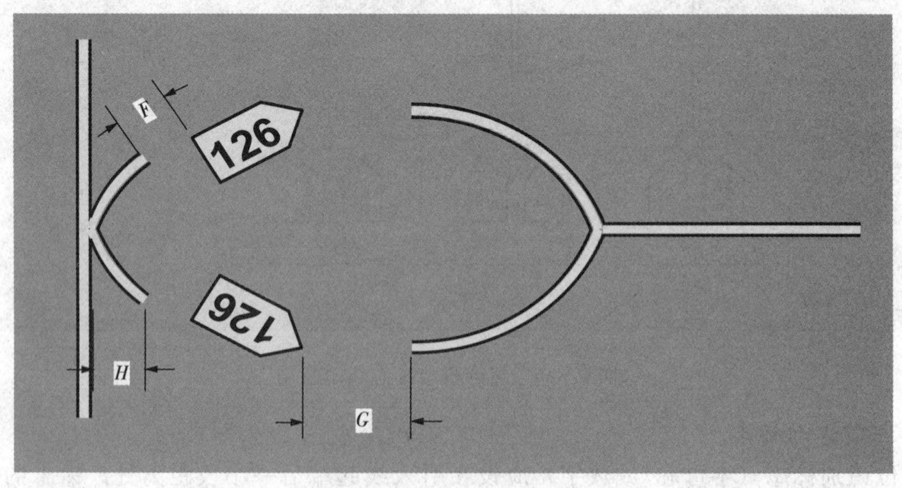

图 5－28　A 型引入线示意图

注：机位识别标志轴线与滑行道中线成 45°～75°，*F*、*H*、*G* 分别为 0.5m、0.5m、1m。

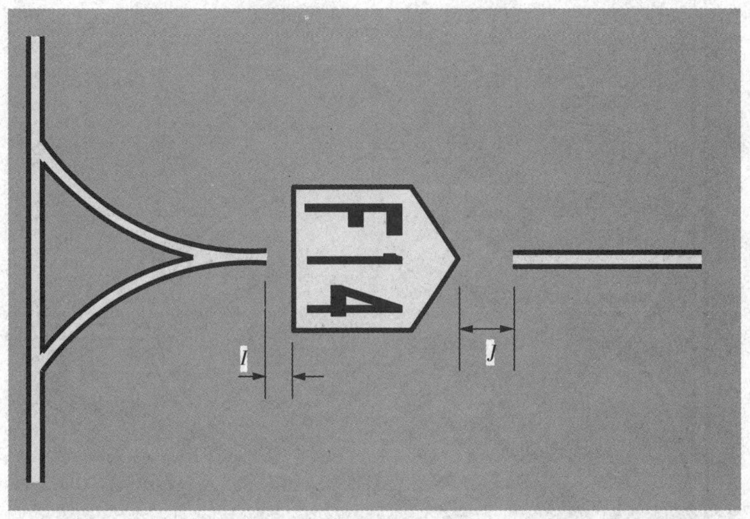

图 5－29　B 型引入线示意图

注：*I*、*J* 分别为 1m、2m。

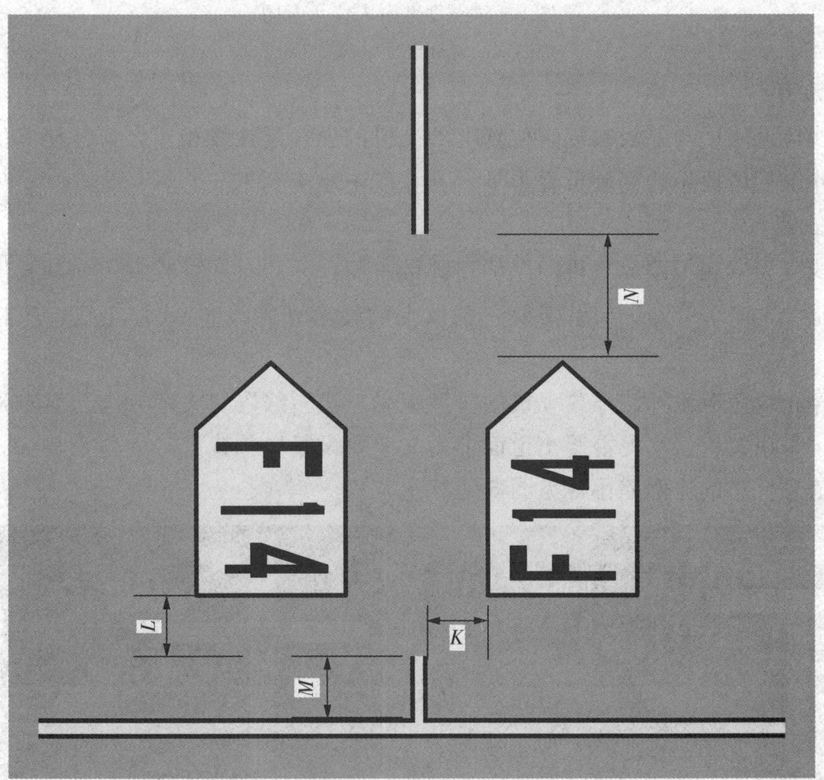

图 5－30　C 型引入线示意图

注：*K*、*L*、*M*、*N* 分别为 1m、1m、1m、2m。

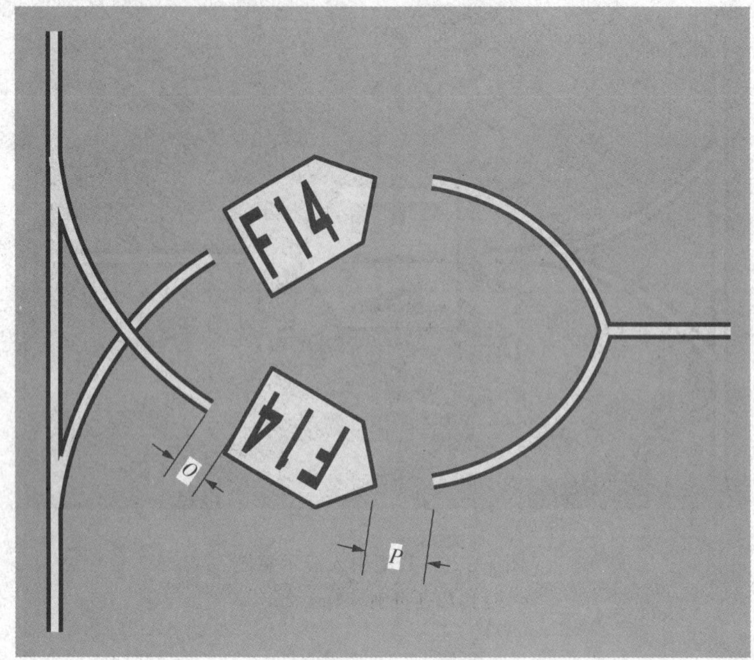

图 5 - 31　D 型引入线示意图

注：O、P 分别为 0.5m、1m。

3. 对准线

对准线应设置成与停放在规定位置上的飞机的中线延长线相重合，并使其能被正在进行停机操作最后阶段中的驾驶员看得见，其宽度不小于 0.15m。

4. 停止线

停止线应设置在拟停放飞机的左侧驾驶员一侧，并与对准线成直角。其长度和宽度应分别不小于 2m 和 0.15m。如果需要一条以上的转弯开始线和/或停止线，应将它们分别编码。

机位停止线旁应该标注停放飞机的机型编码，机型编码的文字方向与航空器停放方向相反，文字采用黄色，水泥混凝土道面上的文字要设置黑色背景，字高 0.2～0.3m，字符宽度按照信息标志的比例缩小，见图 5 - 32。

（a）飞机机位停止线示意图（浅色道面）　（b）飞机机位停止线示意图（深色道面）（尺寸相同）

图 5 - 32　机位停止线示意图

飞机自滑进出且没有引导员引导的机位停止线，停止线标志按图 5－33 所示进行划设。如果不同机型有不同的停止线，则在相应的停止线处标注适用飞机编码，如“B737”；如果空间受限，可利用字母或数字标示，代表对应的机型。

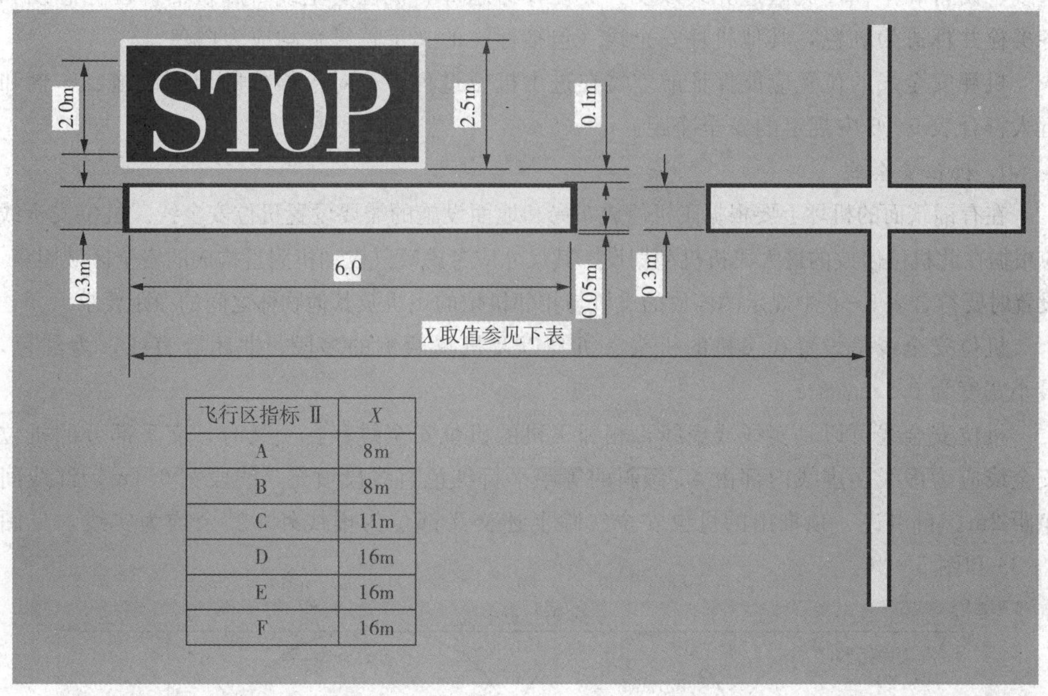

飞行区指标 Ⅱ	X
A	8m
B	8m
C	11m
D	16m
E	16m
F	16m

图 5－33　飞机自滑进出机位且无引导员引导的机位停止线示意图（适用多种机型）

5. 飞机推出线和推出等待点

如果运行需要，在需要严格限制飞机推出路线和等待滑行位置的区域，可设置飞机推出线和推出等待点。飞机推出线是供地面勤务人员使用的地面标志，为 0.15m 宽的白色虚线，线段长度和间隔均为 1m。等待点为飞机前轮的停止点，设置在靠近滑行道的飞机推出线端点，垂直于推出线方向，为长 1m 的白色实线，如图 5－34 所示。

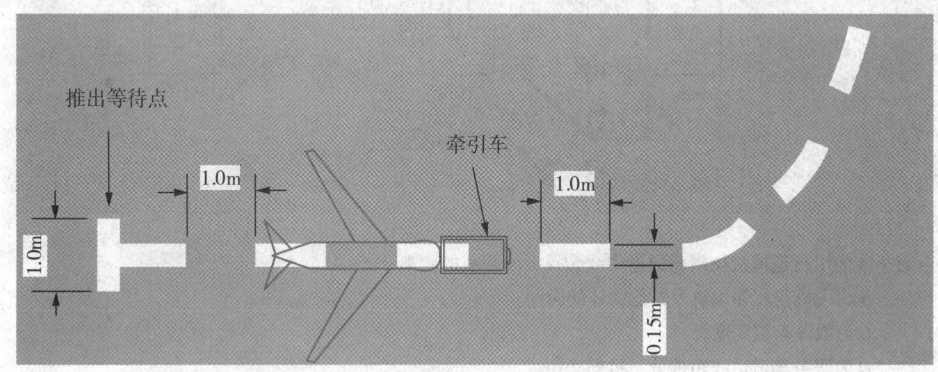

图 5－34　飞机推出线和推出等待点示意图

（二）机坪安全线

在有铺砌道面的机坪上应根据航空器停放的布局和地面设施和/或车辆的需要设置机坪安全线，包括机位安全线、翼尖净距线、廊桥活动区标志线、服务车道边界线、行人步道线、设备和车辆停放区边界线以及各类栓井标志等。机位安全线、廊桥活动区标志线和各类栓井标志为红色，其他机坪安全线（包括标注的文字符号）均应为白色。

机坪安全线的位置应能保证航空器在进出机位过程中相对于停放的地面设施、车辆和行人符合表 5-6 中规定的安全净距。

1. 机位安全线

在有铺筑面的机坪上要根据飞机停放布局和地面设施的需要设置机位安全线。机位安全线应根据在此机位停放的最大飞机机型划设，其尺寸应考虑喷气发动机附近构成的安全区域因素，设置时要符合表 5-6 中规定的停放的飞机与相邻机位的飞机及其他物体之间的净距要求。

机位安全线是设置在飞机的机头、机身以及机翼两侧的多段、非闭合直线，为红色，最小宽度为 0.1m。

机位安全线可以是实线或虚线，相邻飞机的机位安全线存在交叉时，交叉部分的机位安全线应为虚线，虚线内部由 45°倾斜的等距平行红色直线段填充，线段宽 0.1m，红线间净距 2m。自滑进、顶推出的机位安全线除上述交叉部位为虚线外，其余均为实线，见图 5-35 和图 5-36。

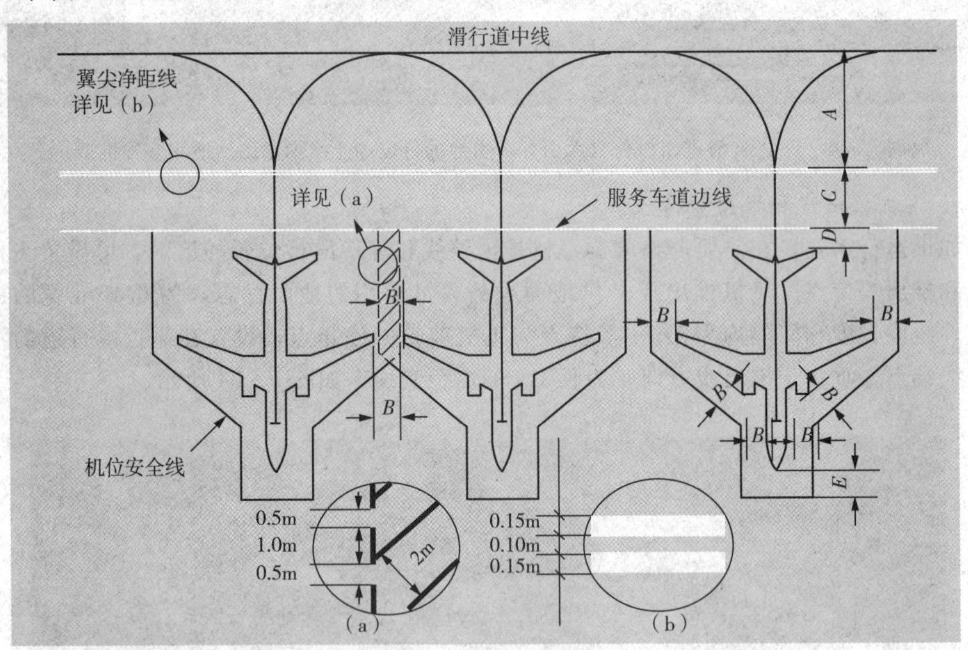

注：A 为滑行道或机位滑行通道中线到翼尖净距线的距离；
B 为飞机与相邻飞机及其他物体的净距；
C 为服务车道宽度；
D 为服务车道边线距停放飞机的净距；
E 为机头的安全净距。

图 5-35　自滑进、顶推出机位安全线示意图（有服务车道）

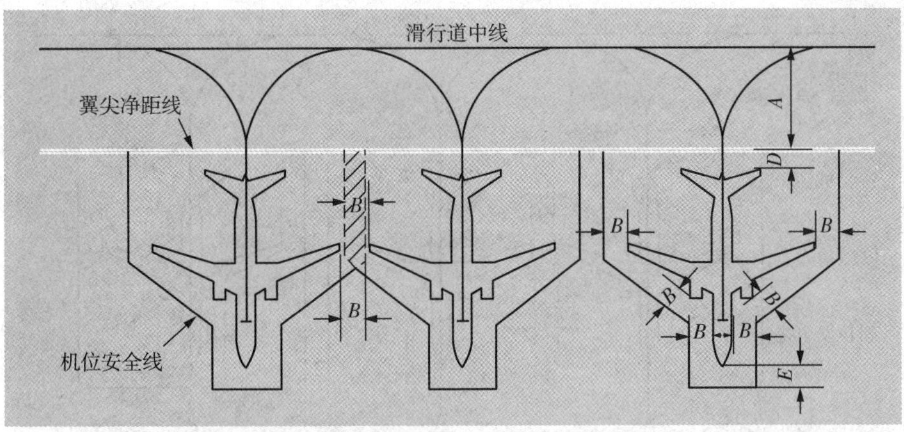

注：A 为滑行道或机位滑行通道中线到翼尖净距线的距离；
B 为飞机与相邻飞机及其他物体的净距；
D 为翼关净距线距停放飞机的净距；
E 为机头的安全净距。

图 5-36　自滑进顶推出机位安全线和翼尖净距线示意图（无服务车道）

自滑进出的机位安全线由实线和虚线组成，自滑进出的机位安全线与翼尖净距线或服务车道边线所勾勒的封闭区域，仅供保障该机位飞机的服务车辆及设备的临时停放使用，保障工作完成以后应尽快清空，以保证飞机安全滑出，见图 5-37 和图 5-38。

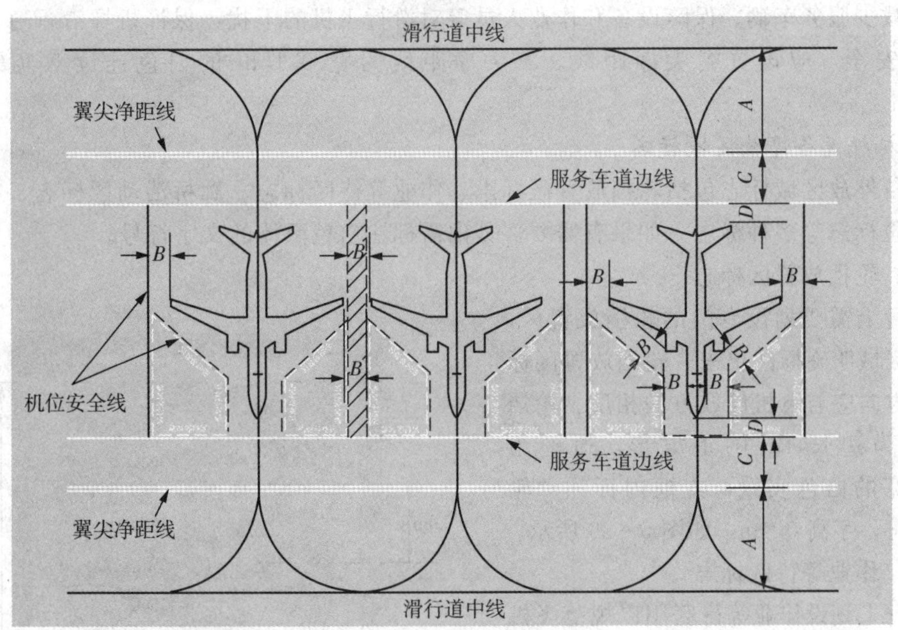

注：A 为滑行道或机位滑行通道中线到翼尖净距线的距离；
B 为飞机与相邻飞机及其他物体的净距；
C 为服务车道宽度；
D 为服务车道边线距停放飞机的净距。

图 5-37　自滑进出机位的机位安全线示意图（有服务车道）

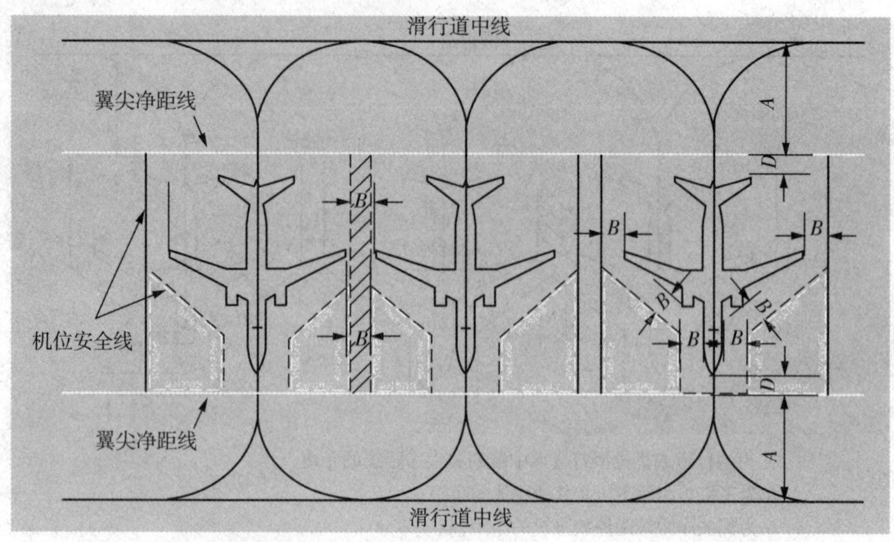

注：*A* 为滑行道或机位滑行通道中线到翼尖净距线的距离；

B 为飞机与相邻飞机及其他物体的净距；

D 为服务车道边线距停放飞机的净距。

图 5－38　自滑进出机位的机位安全线和翼尖净距线示意图（无服务车道）

2. 翼尖净距线

为减少服务车辆、保障设备和作业人员等对滑行飞机的干扰，保证机坪滑行道上飞机的运行安全，应设置翼尖净距线。翼尖净距线为宽 0.15m 的白色连续双实线，间距 0.1m。

3. 机坪设备停放区域标志

设备停放区域标志包括轮挡放置区标志、作业等待区标志、廊桥活动区标志、特种车辆停车位标志等多种标志。如果有需要，其内需标注白色黑体的文字符号。

(1) 轮挡放置区标志

机坪上需要划设专门的轮挡放置区，并将该区域明确标注出来。轮挡放置区标志文字方向应与飞机停放方向相反。轮挡放置区为边长 1m 的正方形，边框为 0.15m 宽的白色实线，方框内标注“轮挡”字符，字高 0.4m，如图 5－39 所示。

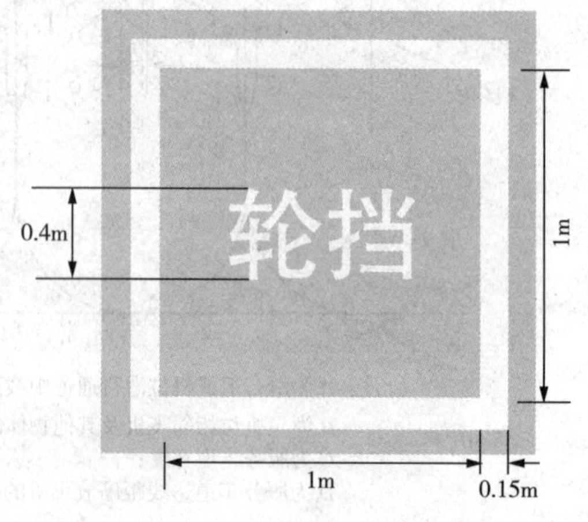

图 5－39　轮挡摆放区标志

(2) 作业等待区标志

机坪上划设作业等待区用以规范飞机入位前各类作业设备的等待停放位置。作业等待区分“常规作业等待区”和“临时作业等待区”两种形式，如图 5－40 所示。“常规作业等待区”允许设备在飞机进、出机位期间持续停放，通常用于“自

滑进、顶推出”机位；“临时作业等待区”只允许设备在飞机进入机位前临时停放，完成作业后则应撤出该区域，以允许飞机从该区域通过，通常用于“自滑进出”机位。

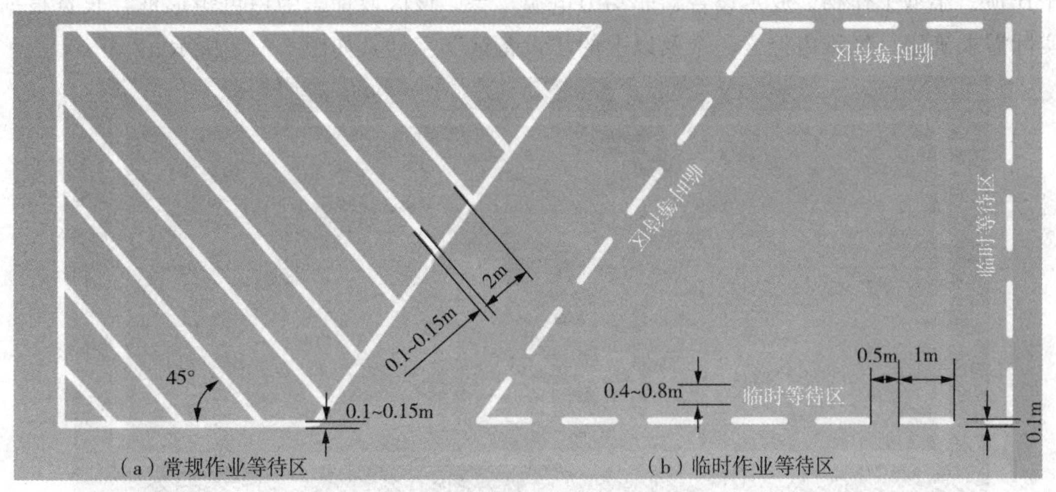

图 5-40　作业等待区标志

(3) 廊桥活动区标志

廊桥活动区标志用于标注廊桥停放及活动时所经过的区域，其形状及范围根据实际情况确定，标志由廊桥驱动轮回位点和活动区两部分组成。该区域四周为 0.1～0.15m 宽的红色实线，内部标志由 45°倾斜的等距平行红色直线段组成，线段宽 0.1～0.15m，红线间净距 2m。廊桥驱动轮回位点使用空心圆并涂成白色以提高对比度，圆圈直径 3m，其基本形式如图 5-41 所示。其他机坪安全线与廊桥活动区相交时，其他机坪安全线应断开，廊桥活动区标志应连续。在廊桥活动区内禁止停放车辆、设备。

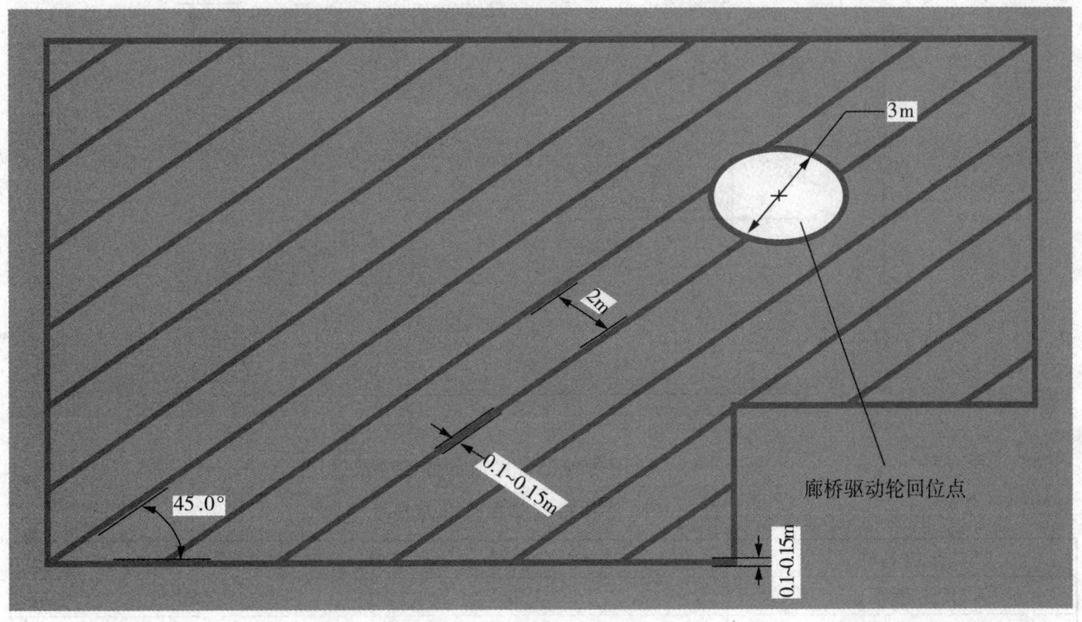

图 5-41　廊桥活动区标志

(4) 设备摆放区标志

设备摆放区标志用以标注摆放各类高度小于 1.5m 的小型设备的区域，包括氮气瓶、千斤顶、小型工作梯、放水设备、非动力电源车等。该区域标志为白色矩形框，长宽根据实际需求确定，区域内包含一个及以上的“设备区”字样，如图 5－42 所示。

图 5－42　设备摆放区标志

(5) 特种车辆停车位标志

特种车辆停车位标志为白色矩形，矩形大小根据需要摆放的车辆大小确定，矩形内一般标注“××车专用位”字样。如果对车辆停车方向有特殊要求，可增设停车方向指引标志，如图 5－43 所示。矩形尺寸参考表 5－7。

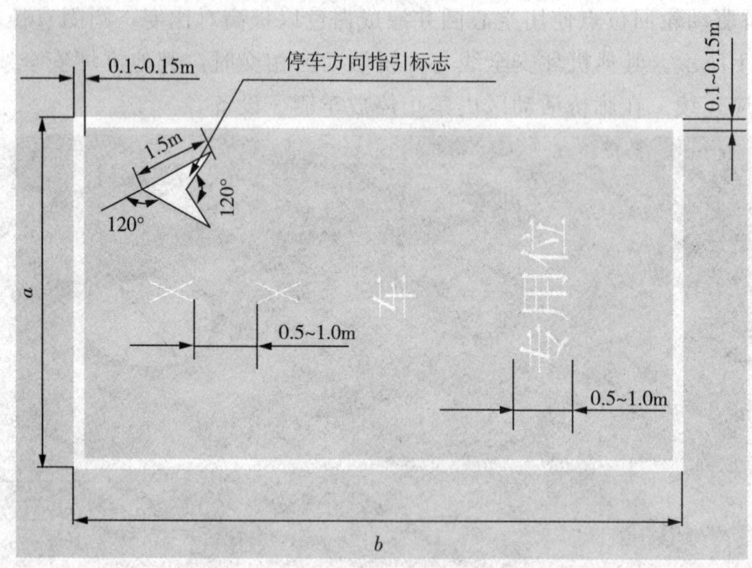

图 5－43　适用多种设备停放的固定停放区

表 5－7　特种车辆停车位参考尺寸

车位名称	尺寸（$a\times b$）	是否专用
传送带车位	3m×10m	是
拖车位	4m×10m	是

（续表）

车位名称	尺寸（$a \times b$）	是否专用
摆渡车位	4.5m×14m	是
机位区域通用保障车位	4m×10m	否

（6）集装箱、托盘摆放区标志

集装箱、托盘摆放区标志用于标注供托盘及集装箱长期停放的区域。该区域标志为矩形，内部有平行于一对外边的等距线段。集装箱与托盘摆放区标志的位置、形状及尺寸以机场实际情况为准，如图 5－44 所示。

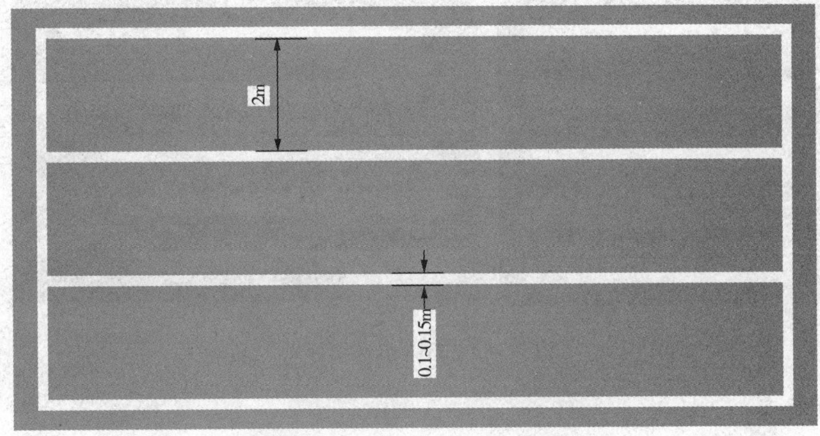

图 5－44　集装箱、托盘摆放区标志

（7）车辆中转区标志

在机位区域附近的保障作业等待区空间不足的情况下，可以在附近机坪寻找适合位置设置车辆中转区，供保障车辆临时停放。该区域一般为矩形，内部有一处或多处“车辆中转区”文字标注，如图 5－45 所示。

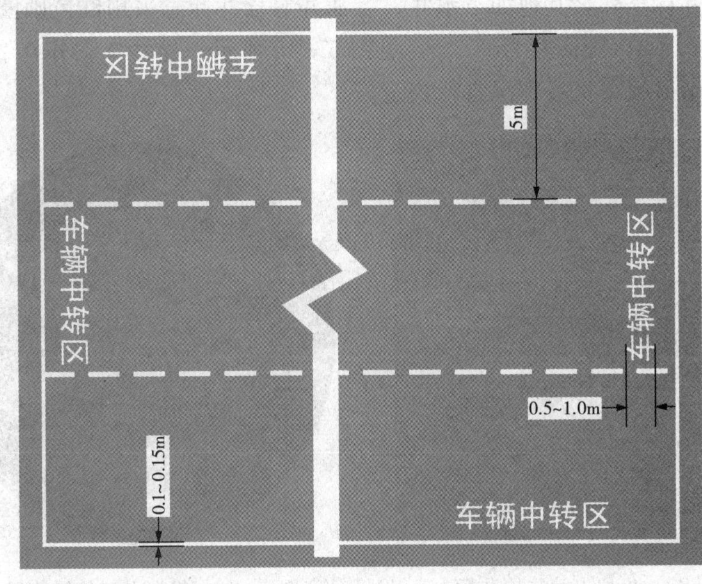

图 5－45　车辆中转区标志

4. 行人步道标志

行人步道标志为白色平行粗实线（斑马线），表示准许行人横穿车行道的标志线。行人步道标志的设置位置和线条长度要根据行人横穿道路的实际需要确定。在视距受到限制的路段及急弯陡坡等危险路段和行车道宽度渐变路段，不得设置行人步道标志，其具体构型与尺寸见图5-46。

图5-46　行人步道线标志

5. 栓井标志

在机坪上为了安全起见，各类栓井要以适当标志予以标示，以防止航空器或车辆从其上碾压而过。

消防栓井标志采用正方形，其边长为消防栓井直径加上0.4m。正方形内除了井盖外均涂成红色，见图5-47。栓井标志外0.2m的范围内要涂设栓井编号，编号根据机场情况自行决定。

除了消防栓井标志外，其他如下水井、燃油井等栓井标志采用红色圆圈标示，圆圈外径为栓井直径加0.4m，圆圈宽为0.2m，见图5-48所示。栓井标志外0.2m的范围内要涂设栓井编号，编号根据机场情况自行决定。

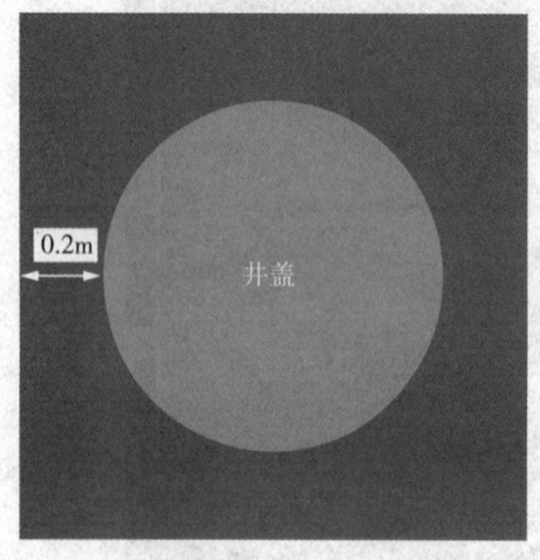

图5-47　机坪上消防栓井标志

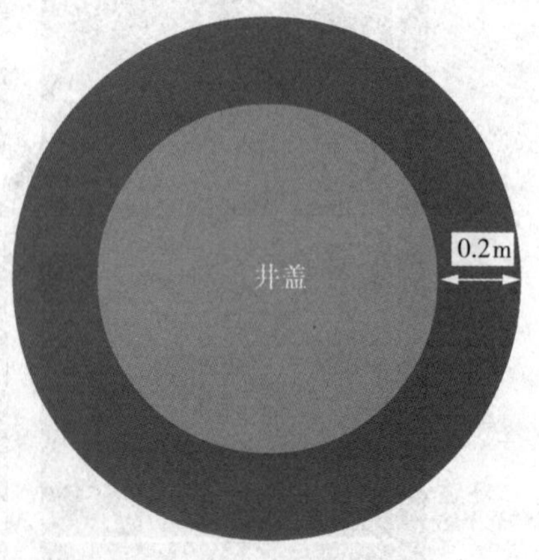

图5-48　机坪上其他栓井标志

（三）道路标志

机坪服务车道标志为白色，除了按照国家道路交通规则的规定设置导向箭头标志、减速让行标志等各类一般道路交通标志线外，还应包括机场特有的道路等待位置标志、穿越滑行道服务车道边线标志及限速标志。

1. 道路等待位置标志

在所有进入跑道的道路处、行车道与滑行道交叉处必须横跨道路设置道路等待位置标志。道路等待位置标志包括停止线及“停”文字，字高 2.5m，宽 1m。为突出显示该位置，文字可设红色背景，如图 5-49 所示。

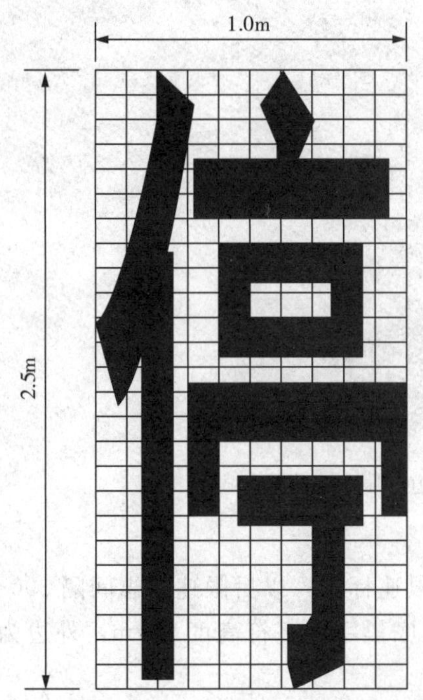

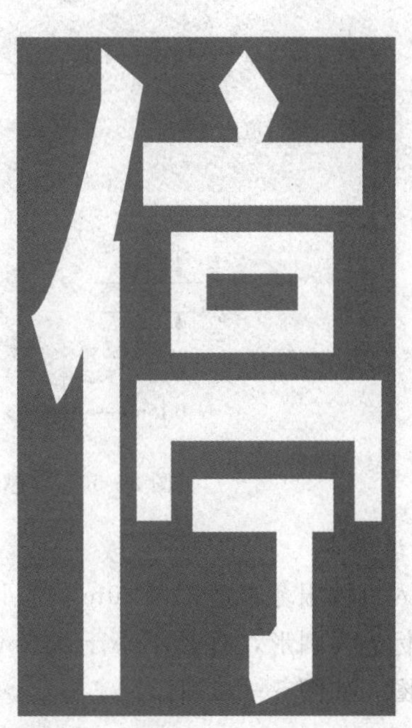

图 5-49　道路等待位置处的文字尺寸

进入跑道的道路等待位置标志要设置在跑道导航设施敏感区以外，与滑行道相交的道路，其道路等待位置标志距离滑行道中线距离应满足表 5-8 中的最小间距。

表 5-8　道路等待位置标志与滑行道中线的最小距离　　单位：m

飞行区指标Ⅱ	行车道停止线与滑行道中线距离	行车道停止线距机坪滑行通道中线距离
A	16.25	12
B	21.5	16.5
C	26	24.5
D	40.5	36
E	47.5	42.5
F	57.5	50.5

2. 穿越滑行道的服务车道边线标志

穿越滑行道的服务车道边线采用交错布置的白色标志线，白色标志线长 0.5～1.0m，宽 0.15m，交错布置，见图 5－50。停车线处要设置地面反光设施。

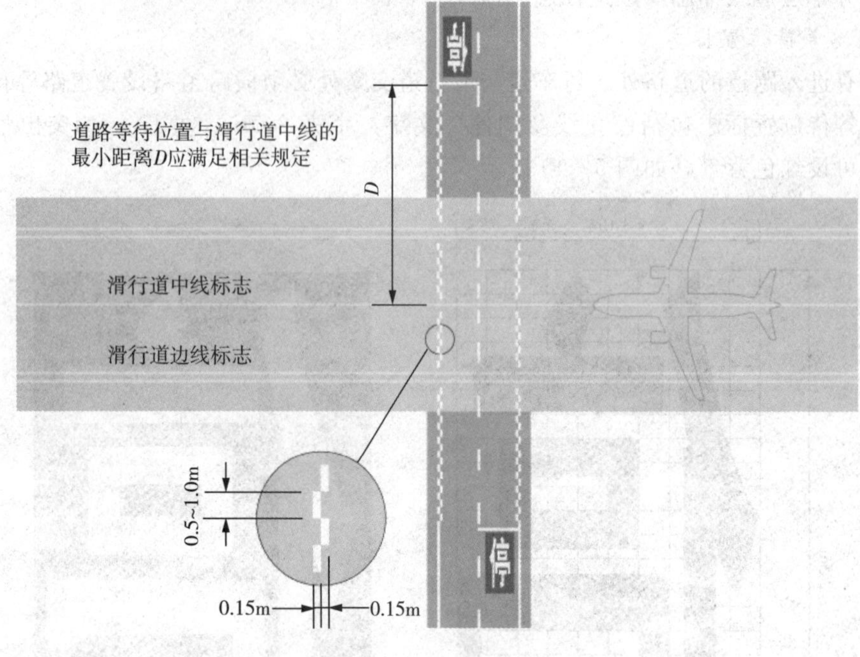

图 5－50　穿越滑行道的服务道边线标志

3. 限速标志

在进入机坪服务车道入口 20m 内宜设置限速标志，以后限速标志间隔 300～500m 设置。限速标志为圆形，直径不小于 1.5m，白底黑字，字符高度为 1m，外边为宽 0.15m 的红色圆圈，如图 5－51 所示。

图 5－51　限速标志

(四) 障碍物标志

我们把机场内及其周边地区出现的超过一定高度的或者位于航行关键位置的一般物体或带电、有辐射的物体称为障碍物。为了保证航空器飞行不受影响或提高安全度，需要在这些障碍物上设置一定的标志及灯光，从而对驾驶员起到必要的警示作用。

1. 障碍物标志的设置要求

为了保障航空器在起降过程中的安全，下列物体应该作为障碍物予以标识：

(1) 距离起飞爬升面内边 3000 以内、突出于该面之上的固定障碍物都要予以标识。在该障碍物已经被另一固定障碍物遮蔽，该障碍物超出周围地面高度不大于 150m 并设有在昼间运行的 A 型中光强障碍灯，该障碍物设有在昼间运行的高光强障碍灯，以及该障碍物为一灯塔并经航行研究表明该灯塔的灯光已足够强等情况下，障碍物标志可以省去。

(2) 临近起飞爬升面的物体，虽然尚未构成障碍物，在认为有必要保证飞机能够避开它的情况下应予以标识；仅在该物体超出周围地面高度不大于 150m 并设有在昼间运行的 A 型中光强障碍灯以及该物体设有在昼间运行的高光强障碍灯这两种情况下可以例外。

(3) 距离进近面内边 3000m 以内、突出于该面或过渡面之上的固定障碍物应予以标识。在该障碍物已经被另一固定障碍物遮蔽，障碍物超出周围地面高度不大于 150m 并设有在昼间运行的 A 型中光强障碍灯，该障碍物设有在昼间运行的高光强障碍灯，该障碍物为一灯塔并经航行研究表明该灯塔的灯光已足够强等情况下，障碍物标志可以省去。

(4) 突出于内水平面之上的固定障碍物必须予以标识。在该障碍物已经被另一固定障碍物遮蔽，障碍物超出周围地面高度不大于 150m 并设有在昼间运行的 A 型中光强障碍灯，该障碍物设有在昼间运行的高光强障碍灯，该障碍物为一灯塔并经航行研究表明该灯塔的灯光已足够强，以及由不可移去的物体或地形构成大片障碍物范围，如已经制定有能保证规定的航道的安全垂直净距的飞行程序或经航行研究表明该障碍物对航行无关紧要等情况下，障碍物标志可以省去。

(5) 突出于障碍物保护面之上的固定物体应予以标识。

(6) 在飞机活动区内，所有车辆和移动物体除飞机外均为障碍物，必须予以标识；只有仅在机坪上使用的飞机维修设备和车辆可以例外。

(7) 在飞机活动区内的立式航空地面灯必须予以标识。

(8) 滑行道或机坪滑行通道中线距离物体最小距离之间的所有障碍物必须予以标志。

(9) 在障碍物限制面范围以外的地区内，超出周围地面高度 150m 的障碍物，如经专门的航行研究认为已经构成对飞机的危害时，应予以标志；但如该障碍物设有在昼间运行的高光强障碍灯时，则该标志可以省去。

(10) 横跨河流、山谷、公路的架空电线或电缆等，如经航行研究认为这些电线或电缆可能构成对飞机的危害时，对电线、电缆及其支持杆塔应予以标识；但在杆塔设有在昼间运行的高光强障碍灯时，则可将标志略去。

(11) 在已经确定应予以标志的架空电线或电缆等上设置标志物不可行时，应在其支持杆塔上设置在昼间运行的 B 型高光强障碍灯。

2. 固定障碍物标志的颜色、尺寸与构型

上述所有应予以标识的固定物体，只要实际可行，应首先考虑用颜色划设标志；如不可行，才考虑在物体上或物体上方展示标志物。如果该物体的形状、大小和颜色已经足够明显，则无须再加标志。

表面上基本不间断的、在任一垂直面上投影的高度和宽度均等于或超过 4.5m 的物体，应使用颜色将其涂成棋盘格式。棋盘格式应由每边不小于 1.5m、不大于 3m 的正方形组成，棋盘角隅处用较深的颜色。棋盘格的颜色应互相反差鲜明，并应与看到它时的环境背景反差鲜明。应采用橙色与白色相间或红色与白色相间的颜色；仅当与环境背景反差不明显时，可用其他颜色。棋盘格的基本形式如图 5－52 所示。

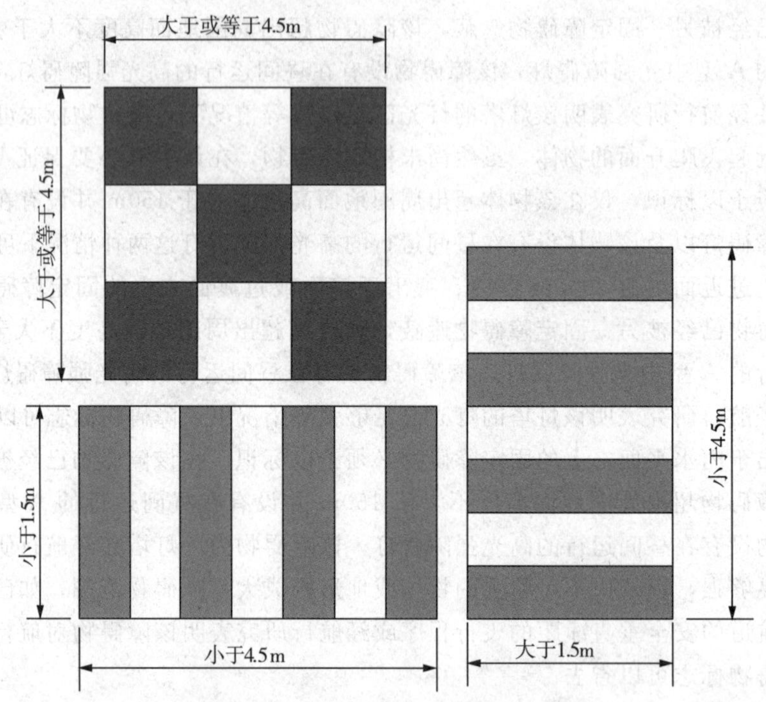

图 5－52　固定障碍物基本标志形式

对于表面基本不间断，且其一边（水平或垂直）大于 1.5m，而另一边（水平或垂直）小于 4.5m 的物体，或其一水平边或一垂直边的尺寸大于 1.5m 的骨架式物体，色带应垂直于长边，其宽度为长边的 1/7 或 30m，取其小值，也可按照表 5－9 中确定的标志色带的宽度。色带的颜色应与看到它时周围的背景形成反差，一般采用橙色与白色，仅当与环境背景反差不明显时，可采用其他颜色。物体的端部色带应为较深的颜色，如图 5－52 所示。

表 5－9　标志色带的宽度

最长边的尺寸（m）		色带宽度
大于	不超过	
1.5	210	最长边的 1/7
210	270	最长边的 1/9
270	330	最长边的 1/11
330	390	最长边的 1/13
390	450	最长边的 1/15
450	510	最长边的 1/17

（续表）

最长边的尺寸（m）		色带宽度
大于	不超过	
510	570	最长边的 1/19
570	630	最长边的 1/21

在任意一垂直面上投影的长宽均小于 1.5m 的物体，应涂满鲜明的单色，采用橙色或红色，仅当环境背景反差不明显时，可采用其他颜色；在构成障碍物的物体上层展示的标志物应位于突出醒目之处，以保持物体的一般轮廓，并在天气晴朗时，飞机有可能向其接近的所有方向上，至少从空中 1000m 和从地面 300m 的距离上能够识别出来。标志物的形状要醒目，并保证其不致被误认为用以传达其他信息的标志，也不应增大所标志的物体的危害性。

架空电线、电缆等上的标志物应为球形，直径不小于 60cm；标志物与杆塔或两个相邻标志物之间的间距，应与标志物的直径相适应，但在任何情况下不大于表 5－10 中的规定；当涉及多条电线、电缆时，标志物应设在所标志的电线、电缆的最高层上。

每个标志物应为单一颜色，但当装设在架空电线电缆等之上时应为白色与橙色或白色与红色相间；所选颜色应与观察时的周围背景形成反差。

表 5－10　不同直径标志物的最大间距

标志物直径（cm）	允许的相邻标志物之间或标志物与杆塔之间的最大间距（cm）
60	30
70	32.5
80	35
100	37
115	38.5
130	40

3. 移动障碍物标志的设置要求

所有应设标志的可移动物体应涂色或展示旗帜。当用颜色标志可移动物体时，应采用醒目的单色。应急车辆应为红色，勤务车辆应为黄色。

用以标志物体的旗帜应展示在物体的顶部或最高边缘的四周。旗帜应不增大其所标志物体产生的危害。旗帜的每一边应不小于 0.9m，且应为不同颜色的棋盘格式，每个方格的边长不小于 0.3m。棋盘格式标志的颜色应相互反差鲜明，并与看到它们时的背景反差鲜明。最好采用橙色与白色相间或红色与白色相间的颜色，除非它们与背景颜色近似。

（五）其他标志

除了上述标志以外，机坪上用来盛装外来物（FOD）的垃圾桶上，应涂刷上标志，如图 5－53 所示。在服务车道与滑行道或者机位滑行通道相交处，为了防止飞机尾流吹蚀，可设置飞机喷气尾流吹袭和小心“穿越航空器”标志或标牌，如图 5－54、图 5－55 所示。

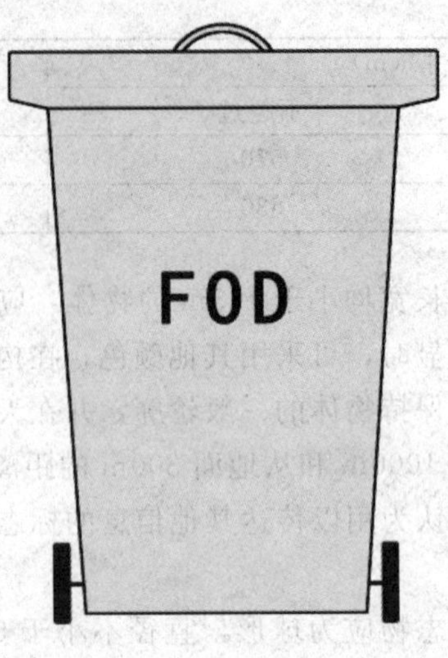

图 5－53　FOD 桶标志

图 5－54　飞机尾流喷蚀标志

图 5－55　小心“穿越航空器”标志

第二节　标 志 物

机场的标志物包括风向标、着陆方向标、无铺砌面跑道边线标志物、滑行道边逆向反光标志物、停止道边线标志物、无铺砌面滑行道边线标志物、边界标志物等，该类标志一般不含文字信息，仅由简单图案组成，给驾驶员起到一定的提示与警戒作用。

跑道或滑行道附近的标志物应为易折结构，并且要足够低，以保持与飞机螺旋桨和喷气飞机发动机吊舱有足够的净距。为了防止标志物从基座断开后被风吹走，必要时用地锚或铁链将其拴住。

一、标志物分类

（一）风向标

1. 设置位置

每个机场必须至少设置一个风向标，其所在位置必须能被在飞行中的或在活动区上的

飞机驾驶员看见，并不受附近物体引起的气流干扰，一般在跑道两端的瞄准点标志附近，位于从着陆方向看去的跑道左侧 45～105m 的地方。

2. 构型

风向标应为截头圆锥形，由织物制成，长度应不小于 3.6m，大端直径应不小于 0.9m。装设的风向标应能明确地指明地面风的方向，并能大致地显示风速。其颜色一般为白色与橙色、白色与红色或白色与黑色两种颜色组成的五个两色相间的环带，两端环带颜色要求用较深色，如图 5-56 所示。

图 5-56　风向标

3. 其他要求

至少应有一个风向标的位置用直径为 15m、宽 1.2m 的圆环标出。圆环应以风向标的支架为中心，并应选用足够醒目的颜色，最好为白色。

准备在夜间使用的机场至少应有一个风向标设有照明。

（二）着陆方向标

1. 设置位置

在未设有目视进近坡度指示系统的跑道入口以内，应设置着陆方向标。一般设置在从着陆方向看去的跑道左侧，距跑道近边 15m 处，至跑道入口的距离应为跑道长度的 1/15～1/10，根据使用机型确定。“T”字的横划应与跑道中线垂直，且由进近方向看为字母“T”。

2. 构型

着陆方向标“T”的形状和最小尺寸必须如图 5-57 所示。着陆方向标“T”的颜色必须为白色或橙色，两者中须选择观察时与背景反差最好的一种。

需供夜间使用的机场，着陆方向标“T”必须设有照明或以白色灯勾画其轮廓。

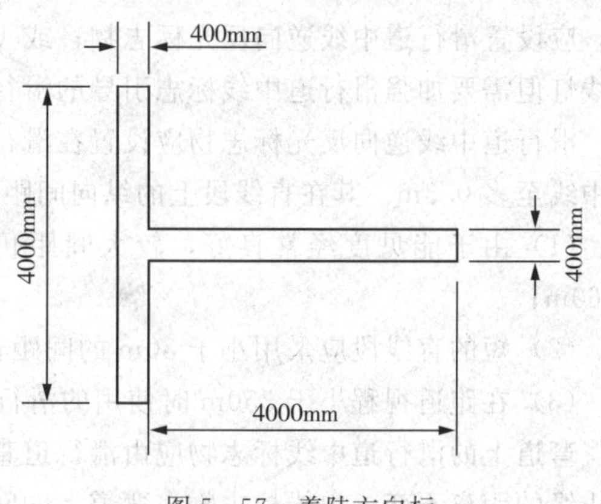

图 5-57　着陆方向标

（三）滑行道边逆向反光标志物

1. 设置位置与间距

飞行区指标Ⅰ为1或2的机场，未设置滑行道中线灯、边线灯或中线标志物的滑行道，需要设滑行道边逆向反光标志物，如图5－58所示，但只有跑道长度不足1200m时，才可用滑行道边逆向反光标志物完全代替滑行道边灯。滑行道边逆向反光标志物至少设置在假定的滑行道边灯的位置上，但纵向间距宜为30m，在转弯处或分支处间距应缩小。其横向位置位于承重道面之外，距道面边缘3m之内的地方。在上述基础上，道边标志物的数量可适当增加。

图5－58　滑行道边逆向反光标志物

2. 颜色要求

滑行道边标志物应逆向反射蓝色光，其反射面在驾驶员看来应为面积不小于150cm^2的长方形。

（四）滑行道中线逆向反光标志物

1. 设置位置与间距

飞行区指标Ⅰ为1或2的机场，未设置滑行道中线灯、边灯或滑行道边标志物的滑行道，应设置滑行道中线逆向反光标志物；或飞行区指标Ⅰ为3或4的机场，未设置滑行道中线灯但需要加强滑行道中线标志引导的滑行道，也须设置滑行道中线逆向反光标志物。

滑行道中线逆向反光标志物应设置在滑行道中线标志上，如不便设置则可以偏离滑行道中线至多0.3m。其在直线段上的纵向间距一般不大于30m，但以下情况除外：

（1）由于能见度经常良好，较大间距仍能提供足够的引导，间距可以扩大至不大于60m；

（2）短的直线段应采用小于30m的间距；

（3）在跑道视程小于350m时使用的滑行道应采用不大于15m的间距。

弯道上的滑行道中线标志物应由滑行道直线段的中线标志物延伸，保持中线标志物外侧边缘的距离不变，中线标志物在弯道上的间距根据弯道半径确定，如表5－11所示。

表 5－11 弯道上的滑行道中线标志物间距

弯道半径（m）	标志物间距（m）
400 及以下	7.5
401～899	15
900 及以上	15（跑道视程小于 350m）/30（跑道视程等于或大于 350m）

上列间距应保持到弯道前后各 60m 处，在跑道视程等于或大于 400m 的情况下，上列间距可仅保持到弯道前后各 30m 处。

快速出口滑行道上的滑行道中线标志物应从滑行道中线曲线起始点以前至少 60m 处的一点开始，一直延续到曲线终点以后滑行道中线上预期飞机减速至正常滑行速度的那一点为止，或者继续延伸至与滑行道直线段上的中线标志物衔接。平行于跑道中线的那部分滑行道中线标志物应始终距离跑道中线至少 60cm，其纵向间距不大于 15m。

非快速出口滑行道上的滑行道中线标志物应从滑行道中线标志及跑道中线开始弯出的那一点开始，沿着弯曲的滑行道中线标志至少延伸至该标志脱离跑道的地点为止。第一个标志物距离跑道中线至少 60cm，间距不大于 7.5m。

在上述基础上，滑行道中线标志物的数量可适当增加。

2. 颜色要求

滑行道中线标志物应逆向反射绿光，其反射面在驾驶员看来应为面积不小于 $20cm^2$ 的长方形。

3. 其他要求

滑行道中线标志物在设计和安装时，应确保其在受到飞机轮胎压力时不致损坏，也不损坏飞机轮胎。

（五）无铺砌面的跑道边线标志物

当无铺筑面的跑道表面与周围地面不能清楚地显示出跑道的范围时，应设置标志物。在设有跑道灯的地方，标志物应与灯具结合在一起。在未设有跑道灯的地方，应用扁平的长方形或锥形的标志物清晰地勾画出跑道的边界。扁平的长方形标志物的尺寸应不小于 1m×3m，并应使其长边平行于跑道中线。锥形物的高度应不超过 50cm。

（六）停止道边线标志物

当停止道的表面与周围地面比较不能清楚地显示出停止道的范围时，应设置标志物。停止道边线标志物应与使用的跑道边线标志物有足够的区别，以保证标志物不会被混淆。

（七）积雪跑道边线标志物

当积雪跑道未能用其他方法标出其可用界限时，应采用积雪跑道的边线标志物标出其可用界限。跑道灯可用来标出跑道界限。积雪跑道的边线标志物应沿着跑道两边设置，间距不大于 100m，并对称于跑道中线，与中线的距离应使其与飞机翼尖和发动机有足够的净距。横贯跑道入口和末端应设置足够数量的标志物。积雪跑道的边线标志物应由醒目的物体如高约 1.5m 的常青树或轻型标志物组成。

（八）无铺砌面的滑行道边线标志物

在无铺筑面的滑行道的外貌与周围地面相比不能清楚地显示出滑行道的范围时，应设

置标志物。在设有滑行道灯的地方，标志物应与灯具结合在一起。在未设有滑行道灯的地方，应用锥形的标志物清晰地勾画出滑行道的边界。

（九）边界标志物

起飞着陆区内没有跑道的机场应设置边界标志物。边界标志物应沿起飞着陆区的边界设置。边界标志物应采用如图 5-59 所示的标志物，或采用高度不小于 50cm、底部直径不小于 75cm 的锥形体。如采用如图 5-59 所示的标志物，其间距应不大于 200m；如采用锥形标志物，间距应为 90m 左右；每一转角处均应设置一个标志物。标志物的颜色应与观察它时看到的背景形成鲜明的反差，应采用单色橙色或单色红色，或橙与白、红与白两种有反差的颜色，除非这些颜色与背景颜色相近。

（十）不适用区域标志物

1. *基本要求*

在滑行道、机坪、等待坪上不适宜航空器活动，但仍可能让航空器在其旁边安全通行的任何部分，必须展示非适用区域标志物，夜间使用时，还需要加标志灯。不适用地区标志物必须能够勾画出不适用地区的范围且间距足够紧密，一般为鲜明竖立的器件，如旗帜、锥体或标志板等。

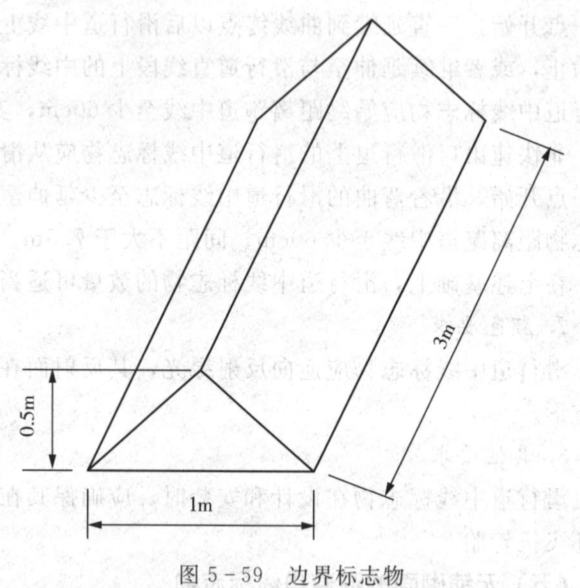

图 5-59　边界标志物

2. *颜色与尺寸*

如果使用锥体，则该锥体的高度不应小于 50cm，颜色为红、橙、黄色，或者上述任一种颜色与白色的组合。

如使用旗帜，则旗面为边长不小于 50cm 的正方形，颜色为红、橙、黄色，或上述任一颜色与白色的组合。

不适用地区标志板的牌面高度最小为 50cm、长最小为 90cm，其上涂以红白相间或橙白相间的垂直线条。

第三节　标记牌

滑行引导标记牌是重要的机场目视助航设施，标记牌牌面垂直于临近道面的中线或滑行道中线标志，立式安装，如图 5-60 所示。它是分布在机场飞行区跑道、滑行道旁边和机坪适当位置的“路牌”，旨在向驾驶员（飞行员和司机）传达位置、方向、目的地等路径信息以及禁止、等待和警示等指令信息。立式标记牌就像交通警察一样，指挥、告诫着在机场飞行区活动的驾驶员。

图 5－60　标记牌维护

一、标记牌的认知

（一）标记牌的作用

所有机场都要设置一套标记牌系统，供航空器和车辆驾驶员在活动区内使用，确保航空器滑行和地面活动可以安全有效地进行。标记牌系统应根据机场对航空器在地面活动引导和控制的功能要求适当配置。这些功能要求主要包括：

（1）传达航空器或车辆必须停止等待塔台放行的信息；

（2）传达禁止进入某一地区的信息；

（3）帮助驾驶员识别其所在位置；

（4）帮助驾驶员识别滑行道交叉或分支点前方滑行道的代号；

（5）向驾驶员指明前往目的地的方向；

（6）帮助驾驶员判断航空器是否已脱离跑道。

（二）标记牌的种类

机场的标记牌包括滑行引导标记牌、VOR 机场校准点标记牌、机场识别标记牌、航空器机位识别标记牌以及道路等待位置标记牌等。这几类标记牌当中，最主要的是滑行引导标记牌，包括：跑道号码标记牌；Ⅰ类、Ⅱ类或Ⅲ类等待位置标记牌；跑道等待位置标记牌；禁止进入标记牌；用于转换频率的等待点标记牌；位置标记牌；方向标记牌；目的地标记牌；跑道出口标记牌；跑道脱离标记牌；滑行道位置识别点标记牌；交叉点起飞标记牌；滑行道终止标记牌等。每个机场需要按飞行区内不同地点的具体功能要求选用不同的标记牌。

按照标记牌的功能，可以将机场的所有标记牌分成强制性指令标记牌和信息标记牌两类。按照标记牌的内容，又可以将标记牌分成不变内容标记牌和可变内容标记牌两类。其中，可变内容标记牌改变标记牌上的通知内容时，不得超过 5s；可变内容标记牌不工作时，应显示空白。

（三）滑行道系统的命名原则

标记牌上可能会含有滑行道系统某一区域的位置信息，这种位置信息一般使用滑行道的代号，因此所有滑行道都必须命名。滑行道命名应遵循以下要求：

（1）力求简单，合乎逻辑。

（2）滑行道代号设置时，应给未来滑行道扩建预留代号，尽量避免滑行道代号大规模调整。

（3）应使用单个英文字母或字母与数字的组合作为滑行道代号，但不得使用“I”“O”“X”三个字母。当单个字母不够时，可使用双字母表示，但平行滑行道尽量使用单个字母。

（4）编号时，按照字母表顺序，首先给平行滑行道编号。用字母 A 表示最靠近主跑道的平行滑行道，再由近及远依次使用 B、C 等命名其他与该跑道平行或大致平行的滑行道。接着，给垂直或大致垂直于该跑道的滑行道命名。用接下来的字母表示最靠近主跑道的主降方向一端的出口滑行道，然后向着次降方向由近及远按字母顺序命名其他滑行道。但全长平行滑行道连接跑道两端的联络道与该平滑的代号保持相同，不另指定。

（5）被一条跑道相交分成两部分的滑行道，位于跑道两侧的滑行道宜被视为两条不同的滑行道并分别指定代号。此类滑行道的代号可由其所对应的平行滑行道代号加阿拉伯数字组成。

（6）当滑行道系统中存在多个与跑道平行或大致平行的短段滑行道时，可采用与其相邻的滑行道代号加数字加以表示。

（7）当滑行道改变方向但没有与其他滑行道相交，或与其他滑行道相交但方向改变不超过 45°时，一般不改变代号，除非现实情况需要。

（8）每条滑行道均应有唯一的代号。

（9）滑行道代号应避免与跑道号码相混淆。滑行道命名示例，如图 5－61 与图5－62 所示。

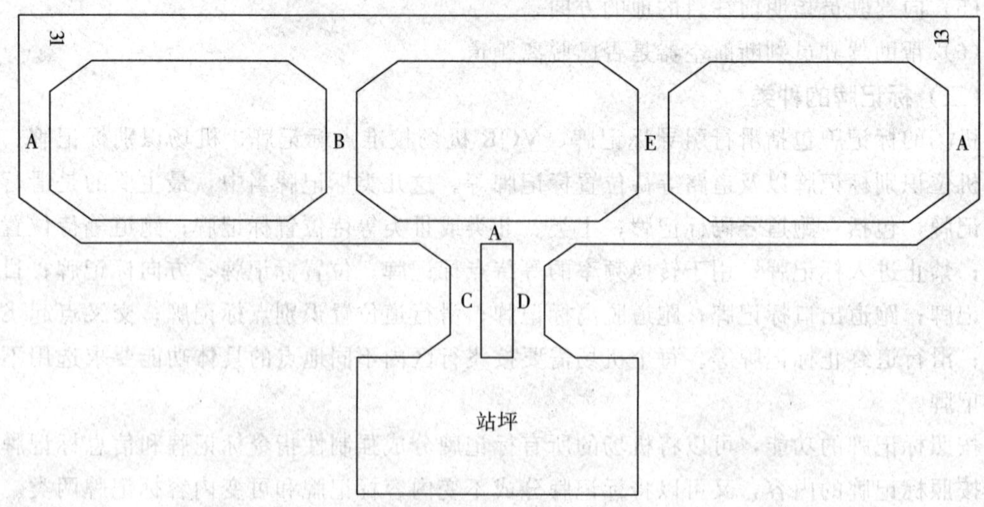

图 5－61　简单滑行道系统代号命名示例

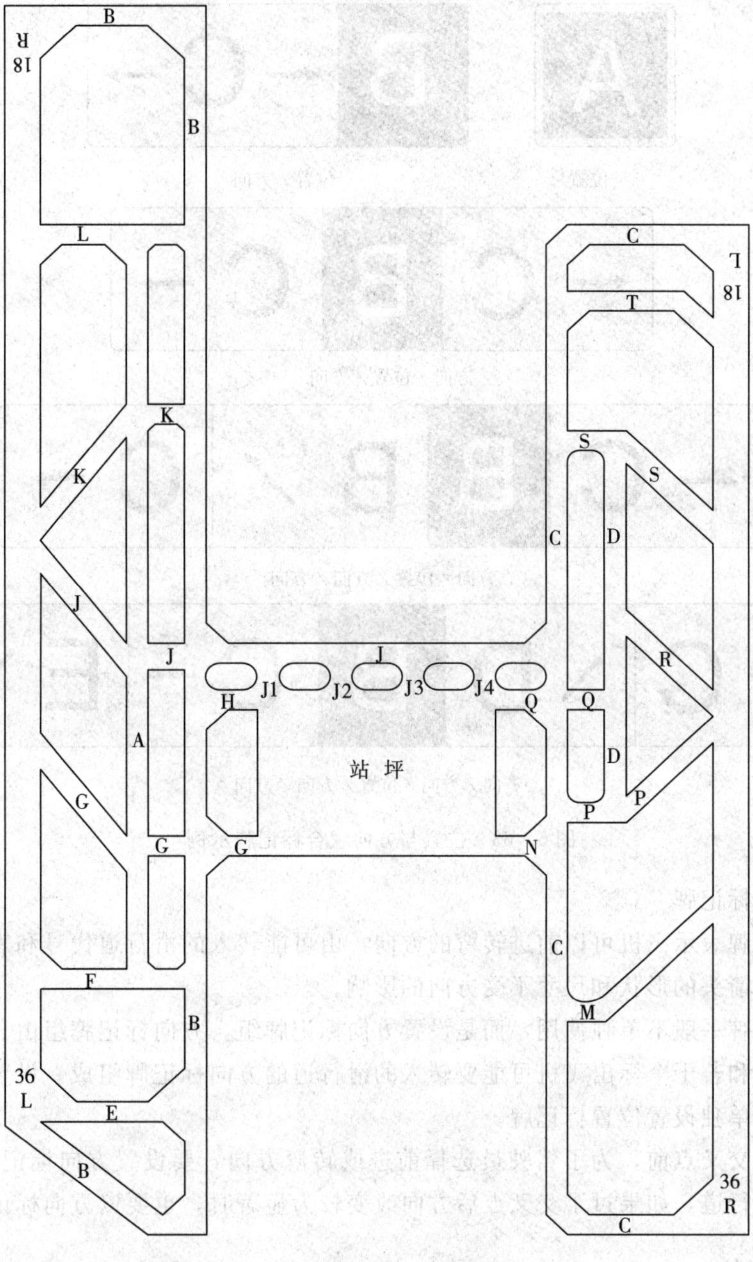

图 5－62　复杂滑行道系统代号命名示例

(四) 标记牌上信息的表达

1. 信息标记牌

信息标记牌主要是向飞行员或驾驶员传达某一信息而设，其牌面为黄底黑字。但位置标记牌采用黑底黄字，单独使用时要加黄色边框。

(1) 位置标记牌

位置标记牌向飞行员提供滑行所在之处的位置信息，其上一般标出所在滑行道的编号，位置标记牌如图 5－63 所示。

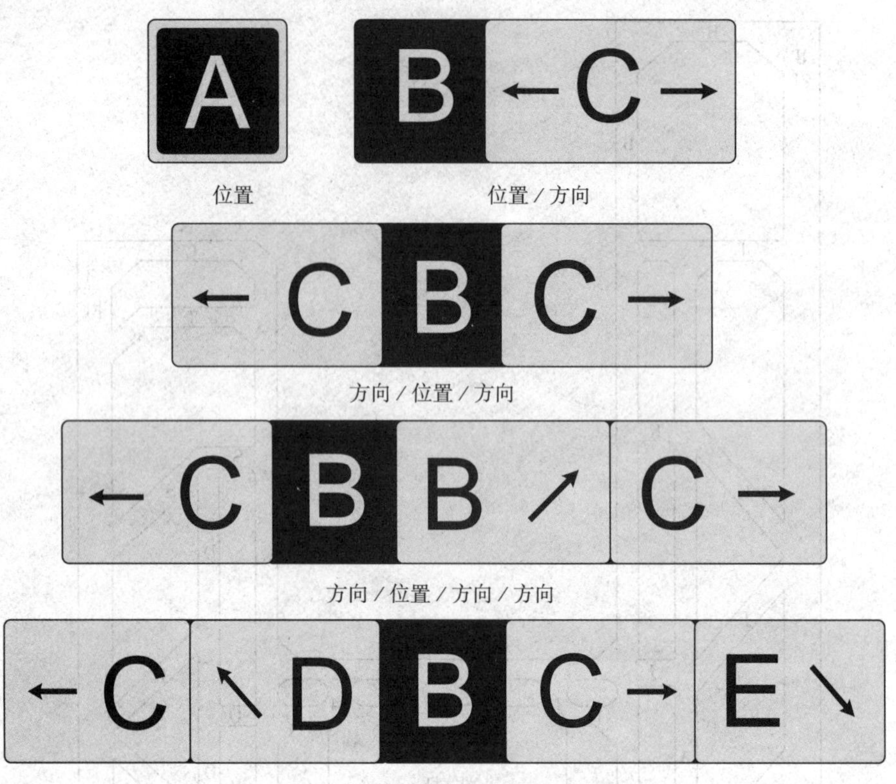

图 5-63 位置与方向组合标记牌示例

(2) 方向标记牌

方向标记牌表示飞机可以前进转弯的方向，由可能转入的滑行道代号和表示转弯方向的箭头组成，箭头的形状和尺寸不受方向的影响。

方向标记牌一般不单独使用，而是设置方向标记牌组。方向标记牌组由表示当前位置的位置标记牌和若干个标出飞机可能要转入的滑行道的方向标记牌组成。设置方向标记牌组的地方不再单独设置位置标记牌。

在滑行道交叉点前，为了驾驶员选择前进或转弯方向，要设置方向标记牌组。这时，即使是同一滑行道，如果过了交叉点后方向改变较为显著时，也要以方向标记牌的形式加以标注。

方向标记牌上的箭头方向应该与所指示的转弯方向一致或相近，所有指向左转的方向标记牌必须设在位置标记牌的左侧，所有指向右转的方向标记牌必须设在位置标记牌的右侧。指示向左偏时箭头应设在字符的左边，指示向右偏时箭头则设在字符的右边。

在只有两条滑行道交叉之处，一般使用一个带两个箭头的方向标记牌代替两个滑行道编号相同、方向不同的标记牌，此时位置标记牌应设在方向标记牌左侧。

方向标记牌中的箭头一般与字母垂直或成 45°夹角。当一个方向标记牌组有多个方向标记牌连在一起时，之间用黑线隔开。方向标记牌组设置好后，应确保所有方向箭头从左至右形成顺时针的旋转。方向标记牌组如图 5-63 所示。

（3）目的地标记牌

在需要用标记牌向驾驶员指明前往某一目的地的滑行方向之处，须设一块目的地标记牌，牌面标有代表该目的地的文字符号（见表 5－12）和一个指明去向的箭头，见图 5－64。目的地标记牌不得与其他标记牌合设。

表 5－12　常用目的地文字符号与含义

文字符号	含　义	文字符号	含　义	文字符号	含　义	
APRON	客机坪或客货共用机坪	DEICING	除冰坪	MIL	军民合用机场的军用部分	
CARGO	货机坪	HCR	机库	CIVIL	军民合用机场的民用部分	
RUNUP	试车坪	INTL	国际航班专用机坪			

← APRON

向左转去往停机坪

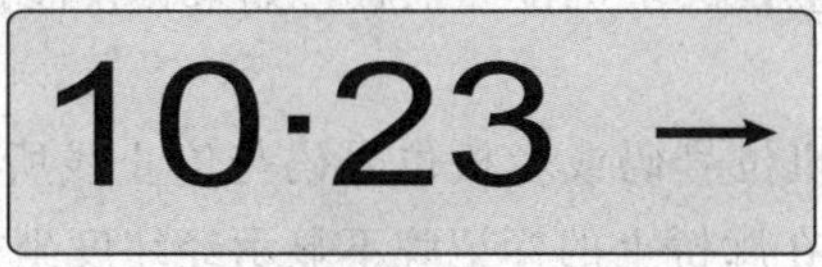

10·23 →

向右转去往10号和23号跑道

图 5－64　目的地标记牌示意图

（4）跑道出口标记牌

在出口滑行道的入口位置一侧必须设置跑道出口标记牌，其上的文字符号包括跑道出口滑行道的代码和一个标明应遵行方向的箭头，如图 5－65 所示。

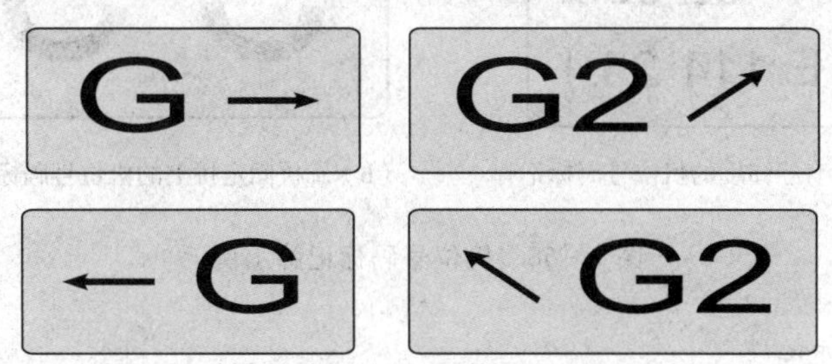

图 5－65　跑道出口标记牌示例

（5）跑道脱离标记牌

所有仪表跑道均应设置跑道脱离标记牌，至少设置在出口滑行道的一侧。跑道脱离标记牌必须与位置标记牌并设，且位置标记牌位于其外侧，牌面上有类似 A 型跑道等待位置标志的图案，如图 5－66 所示。

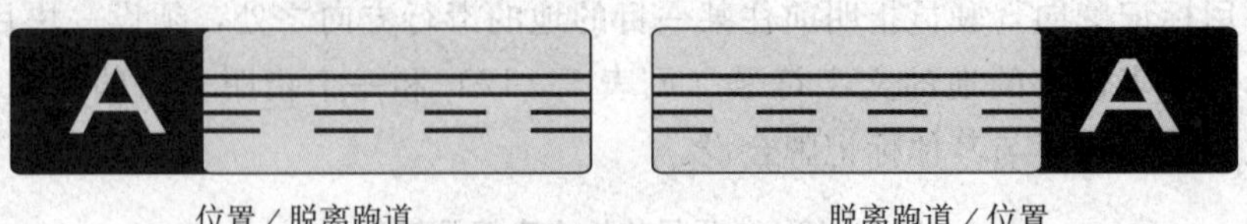

位置/脱离跑道　　　脱离跑道/位置

图 5－66　跑道脱离标记牌示例

（6）跑道交叉点起飞标记牌

在运行需要标明跑道交叉点起飞的剩余可用起飞滑跑距离时，应设一块交叉点起飞标记牌。交叉点起飞标记牌上的文字符号应包括以米为单位的剩余可用起飞滑跑距离和一个方向正确与位置适当的箭头，如图 5－67 所示。

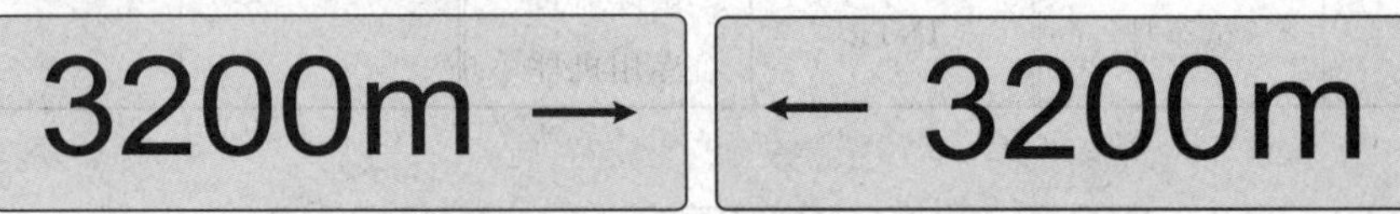

图 5－67　交叉点起飞标记牌示意图

（7）机位标记牌

每一个航空器停机位均应设一块机位标记牌，如果在夜间使用，在标记牌内部应设有照明设备。

机位标记牌上的字符为机位号码或者机位号码与停止线所在地理位置的经纬度坐标，如图 5－68（a）所示。安装在廊桥上的标记牌不显示经纬度坐标，如图 5－68（b）所示。

23
N 52 30.2
E 114 25.1

（a）含有经纬度的机位号码标记牌

（b）廊桥固定桥上的机位号码标记牌

图 5－68　机位号码标记牌示例

2. 强制性指令标记牌

在航空器或车辆未经塔台许可不得越过的界限处应设强制性指令标记牌，起到提醒和警示的作用。强制性指令标记牌必须为红底白字，由于环境或其他因素，强制性指令标记牌文字、符号需要突出其鲜明性时，白色文字符号的外缘可加黑色边框，飞行区指标Ⅰ为 1 和 2 的黑色边框宽度为 10mm，飞行区指标Ⅰ为 3 和 4 的黑色边框宽度为 20mm。除了位置标记牌外，指令标记牌不得与其他信息标记牌同时设置。

（1）跑道号码标记牌

跑道号码标记牌一般设在 A 型跑道等待位置标志延长线的两侧，意在向飞行员发出"请正确选择你要去的跑道"的指令。与此同时，要求在跑道号码标记牌外侧设置表明所在滑行道的位置标记牌。

跑道号码标记牌上应标出跑道两端的跑道号码，面向跑道的驾驶员左边跑道端的跑道号码在左，驾驶员右边跑道端的跑道号码在右，在两个号码之间加短划"-"。设置在连接跑道端头联络道上的跑道号码标记牌仅展示该跑道端的跑道号码，参见图 5-69。

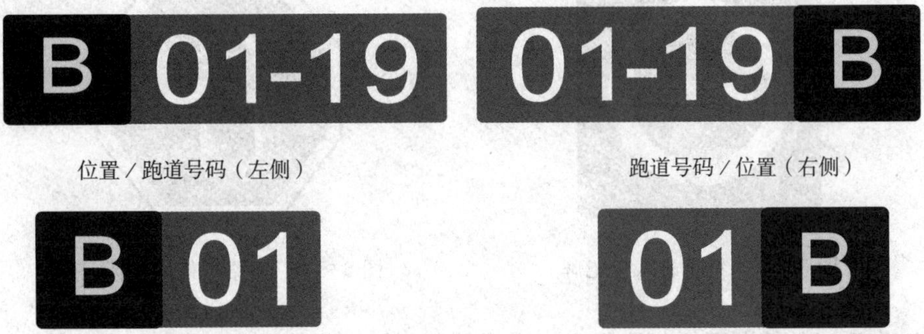

B 01-19　　01-19 B

位置 / 跑道号码（左侧）　　跑道号码 / 位置（右侧）

B 01　　01 B

位置 / 跑道号码（左侧）　　跑道号码 / 位置（右侧）

图 5-69　跑道号码标记牌示例（与位置标记牌并设）

（2）Ⅰ、Ⅱ、Ⅲ类等待位置标记牌

在 B 型跑道等待位置标志的两端应各设一块Ⅰ类、Ⅱ类或Ⅲ类等待位置标记牌。Ⅰ类、Ⅱ类、Ⅲ类或Ⅱ/Ⅲ类合用等待位置标记牌上的文字符号为相应的跑道号码后加 CATⅠ、CATⅡ、CATⅢ或 CATⅡ/Ⅲ，视情况而定。如图 5-70 所示。

25 CAT Ⅱ

图 5-70　Ⅰ、Ⅱ、Ⅲ类等待位置标记牌示例

（3）跑道等待位置标记牌

如果滑行道的位置或方向使滑行中的航空器或车辆会侵犯障碍物限制面或干扰无线电助航设备的运行，则应在该滑行道上设跑道等待位置标记牌。该标记牌应设在障碍物限制面或无线电助航设备的临界/敏感区边界处的跑道等待位置上，朝向趋近的航空器，并在跑道等待位置的两侧各设一块。跑道等待位置标记牌符号由滑行道代号和一个表示顺序的数字组成；等待位置标记牌如图 5-71 所示。

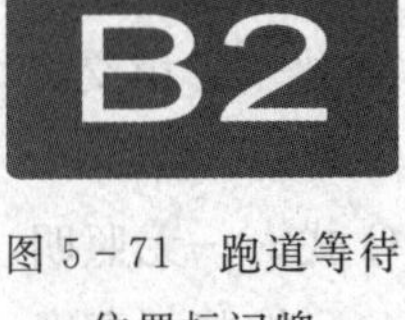

B2

图 5-71　跑道等待位置标记牌

（4）禁止进入标记牌

需要禁止航空器进入某一地区时，要设置禁止进入标记牌，防止航空器或车辆误入该区域。在禁止航空器进入地区入口处

的两侧，面对驾驶员各设一块禁止进入标记牌，其牌面符号如图 5-72 所示。

(5) 道路等待位置标记牌

在所有进入跑道或跑道近进区域的道路入口处，必须设置道路等待位置标记牌。与滑行道相交处，可视情况而定。道路等待位置标记牌为红底白字，其上的文字符号为中文，符合当地的交通规则，文字大小应易于驾驶员识别，并包括如下内容：

(1) 停住的要求，如图 5-73 所示；

图 5-72　禁止进入标记牌

图 5-73　道路等待位置标记牌

(2) 在适当的情况下增加取得空中交通管制部门放行的要求，如“未经塔台许可不得进入”，以及位置代号。

打算供夜间使用的道路等待位置标记牌必须逆向反光或予以照明。

二、标记牌设置

(一) 标记牌技术性能要求

1. 标记牌分类与命名

标记牌可按不同方式分类，视情况需要进行各种分类的组合。

(1) 按牌面文字高度

1 号——文字高 200mm；

2 号——文字高 300mm；

3 号——文字高 400mm。

(2) 按标记牌功能

Y 型——黄底黑字带箭头的方向标记牌和目的地标记牌，其他黄底黑字的信息标记牌；

R 型——红底白字的指令标记牌；

B 型——黑底黄字有或无黄色边框的位置标记牌。

(3) 按供电方式

M 式——由交流 220V 电源供电；

S 式——由 2.8～6.6A 串联灯光电路供电；

O 式——无照明，无需电源。

(4) 按牌面亮度

按照标记牌牌面亮度可分为高亮度 (H) 和低亮度 (L) 两种。

（5）按可适应的环境温度

E类——能在环境温度低至－20℃时运行；

D类——能在环境温度低至－55℃时运行。

（6）按能经受的风力大小

Ⅰ型——能经受160km/h的风力；

Ⅱ型——能经受320km/h的风力。

（7）标记牌命名

标记牌的型号按以下方式命名：

BP ××××××

其中，BP代表标记牌；第一个×表示文字高度；第二个×表示功能；第三个×表示供电方式；第四个×表示亮度；第五个×表示适应环境；最后一个×表示能经受住的风力，如某标记牌为“BP2YMHEⅠ”。

2. 环境适应性

标记牌连同其配件应能在下列室外环境中长期稳定运行。

（1）温度：－20℃～55℃——E类标记牌；－55℃～＋55℃——D类标记牌；

（2）风力：160km/h——Ⅰ型标记牌；320km/h——Ⅱ型标记牌。

（3）雨：大暴雨。

（4）阳光：暴露于直射阳光之中。

3. 材料要求

（1）结构

标记牌要由轻质的非黑色金属材料制成，便于安装在混凝土基础之上。

（2）支柱

所有标记牌的支柱都应当具有易折性（所谓易折性是指当受到飞机意外撞击时，要迅速从根部折断以尽量减少损坏飞机的可能性），易折点高出混凝土基础顶面不宜大于50mm并能保证经受204N·m的弯矩及型号相应的风速的冲击不损坏，但当牌面受到静压达到0.9kPa（Ⅰ型）或1.3kPa（Ⅱ型）以前应从根部干脆地脱开。除此之外，牌面及其他部件要能够经受住易折点折断时的风力，易折器件在折断后易于取出更换。

（3）牌面

标记牌为长方形，可按需要制成单面显示或双面显示，其反光部分由逆向反光材料制成。组装后的逆向反光薄膜应平整光洁，不得有翘边、皱纹或气泡。

（4）其他要求

标记牌使用的全部材料和部件应适合其用途，组装五金和紧固件应均为不锈钢制品；全部电气元件器件和电线电缆均须具有适当的额定值，不得超过其额定值；除了本身具有防腐性能的材料外均应采取充分的防腐蚀措施，涂漆时，外表面至少要涂一道底漆和一道黑色无光罩漆，非金属表面与金属表面具有相同的质量；标记牌的外壳防护等级不低于IP34。

4. 光电要求

（1）电源与照明

符合以下要求的标记牌均应设置内部照明设备，即采用M或S式标记牌：

① 在跑道视程小于 800m 时使用的跑道；

② 在夜间使用的仪表跑道；

③ 在夜间使用的飞行区等级指标 I 为 3 或 4 的非仪表跑道。

M 式标记牌由 220V 交流电源供电，S 式则由电流 2.8～6.6A 的串联灯光电路供电。

5. 字符与牌面尺寸要求

(1) 高度要求

标记牌文字符号、牌面和组装后总高度须符合表 5 - 13 所示规定。

表 5 - 13 标记牌高度要求

标记牌尺寸号	标记牌高度（mm）		
	文字符号	牌面（最小）	安装高度（最大）
1	200	400	700
2	300	600	900
3	400	800	1100

但当位置标记牌与跑道号码标记牌合设一处时，其牌面与字符尺寸必须符合强制性指令标记牌的要求。

标记牌种类与字符高度之间的关系见表 5 - 14。

表 5 - 14 标记牌类型与字符高度关系

飞行区基准代码	最小字符高度（mm）		
	强制性指令标记牌	信息标记牌	
		跑道出口和跑道脱离标记牌	其他标记牌
1 或 2	300	300	200
3 或 4	400	400	300

(2) 牌面宽度要求

标记牌牌面为长方形，其宽度（水平方向）必须按照图 5 - 74 确定，但仅设在滑行道一侧的强制性指令标记牌的牌面宽度必须不小于：

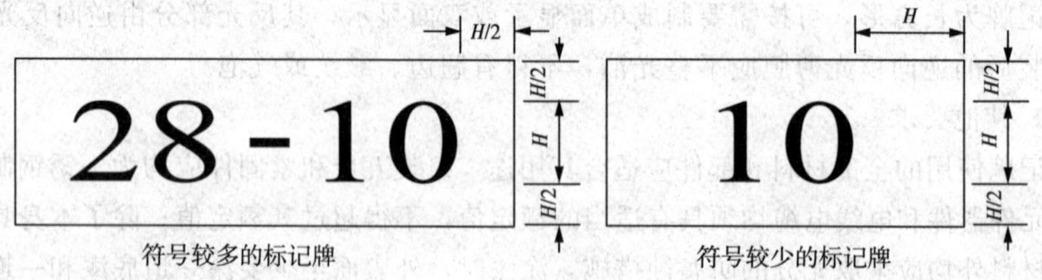

图 5 - 74 标记牌尺寸

① 跑道基准代码为 3 或 4 时，1.94m；

② 跑道基准代码为 1 或 2 时，1.46m。

(3) 符号宽度要求

标记牌中字符的笔画宽度或符号的线条宽度与文字符号其高度大小相关，必须符合表5-15的要求。

表5-15 字符笔画宽度与字号的关系

字 号	字符高度 (mm)	笔画宽度 (mm)
1	200	32
2	300	48
3	400	64

单独设置的位置标记牌需要加黄色边框，其宽度以及至边缘的距离如表5-16所示。

表5-16 位置标记牌黄色边框的宽度及至牌面边缘的距离

字 号	字符高度 (mm)	黄色边框宽度 (mm)	至牌面边缘的距离 (mm)
1	200	16	12
2	300	24	24
3	400	32	24

标记牌组内相邻的底色相同的牌面之间要用垂直隔条隔开，但相邻字符之间设有位置标记牌时则无需垂直隔条。垂直隔条的宽度及其与字符之间的最小水平空隙应符合表5-17的规定，垂直隔条颜色与字符颜色相同。

表5-17 垂直隔条宽度及其与字符之间的最小水平空隙

字 号	字符高度 (mm)	垂直隔条宽度 (mm)	至字符的水平空隙 (mm)
1	200	22	50
2	300	34	70
3	400	45	90

标记牌上数字的宽度见表5-18所示。

表5-18 标记牌数字宽度

数字	数字高度 (mm)			数字	数字高度 (mm)		
	200	300	400		200	300	400
1	50	74	98	6	137	205	274
2	137	205	274	7	137	205	274
3	137	205	274	8	137	205	274
4	149	224	298	9	137	205	274
5	137	205	274	0	143	214	286

6. 字符的形状

标记牌上字符的形状，即字母、数字、箭头和符号高度、宽度、笔画宽度的尺寸比例必须如附录A所示，实际应用中要按照所需字号等比例缩放。

（二）标记牌的位置要求

1. 总体要求

标记牌至滑行道或跑道承重道面边缘的距离必须保证与螺旋桨和喷气式飞机发动机吊舱的净距符合表5－19的规定，并保证标记牌牌面垂直于临近道面中线或滑行道中线标志。按规定应设在道面上标志延长线上的标记牌允许偏离±3m。

表5－19 标记牌至滑行道或跑道道面边缘的距离

标记牌尺寸号	飞行区指标Ⅰ	标记牌至滑行道道面边缘距离（m）	标记牌至跑道道面边缘距离（m）
1	1或2	5～11	3～10
2	1或2	5～11	3～10
	3或4	11～21	8～15
3	3或4	11～21	8～15

2. 指令标记牌的设置位置

指令性标记牌必须在道面两侧同时设置。在A型跑道等待位置标志延长线的两端要各设一块跑道号码标记牌。在B型跑道等待位置标志的两端延长线上应各设一块Ⅰ类、Ⅱ类或Ⅲ类等待位置标记牌。如果滑行道上A型和B型跑道等待位置标志相距不大于15m，则应将跑道号码标记牌移至B型跑道等待位置标志处，并将该处设置的Ⅰ类、Ⅱ类或Ⅲ类等待位置标记牌取消，如图5－75、图5－76所示。

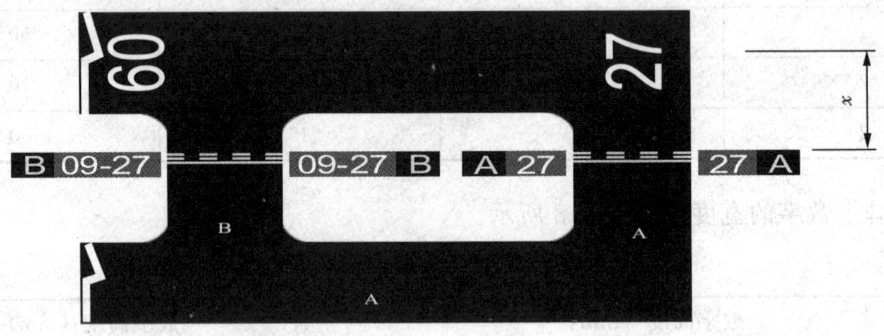

图5－75 非仪表、非精密进近跑道等待位置示例（距离x按表5－5中规定确定）

对于单向运行的出口滑行道，应在趋向跑道的滑行道入口处两侧各设置一块禁止进入标记牌。在跑道出口滑行道入口处设置的禁止进入标记牌应尽量靠近入口，并在A型跑道等待位置之前，且不得突破ILS/MLS的临界/敏感区的边界及对应跑道的内过渡面的底边。与此同时，还要满足标记牌至滑行道道面边缘的距离要求，牌面垂直于出口滑行道中线标志，参见图5－77。

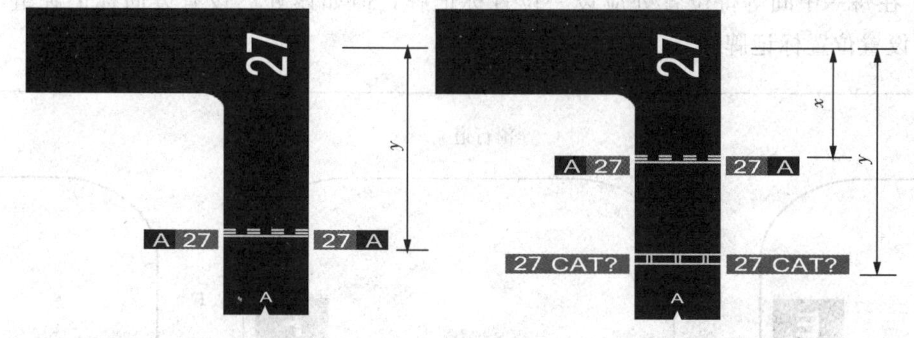

图 5－76　跑道号码标记牌与Ⅰ、Ⅱ或Ⅲ类等待位置标记牌设置位置示例

注：距离 x 按表 5－5 中规定确定，距离 y 根据 ILS/MLS 的临界/敏感区的边界确定；左图为 $y-x \leqslant 15$m 时。

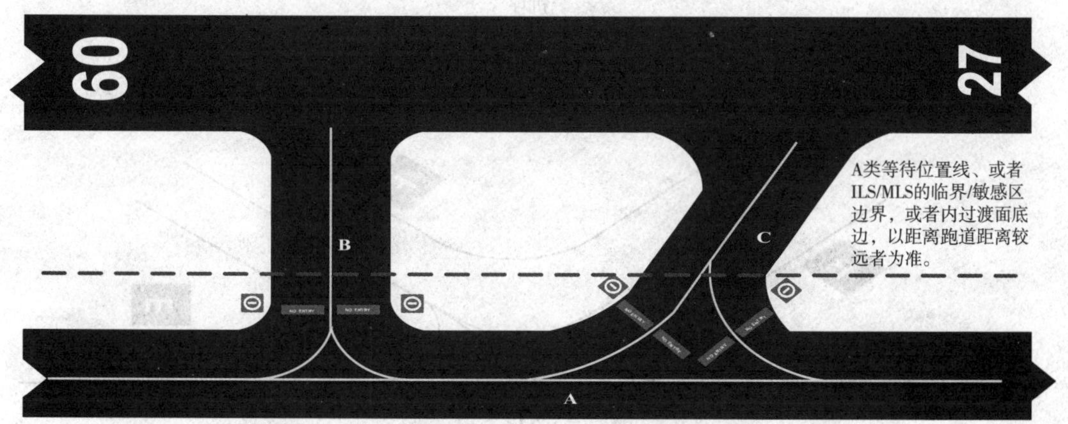

图 5－77　禁止进入标记牌设置示例

道路等待位置标记牌应设置在等待位置右侧距道边 2m 处，八角形标志外径为 0.6m，白边宽度为 20mm，衬边宽度为 4mm。

3. 信息标记牌的设置位置

一般情况下，信息标记牌设置在航空器或车辆前进方向的左侧。

（1）位置标记牌的设置

位置标记牌一般设置在：

① 在通往跑道的 A 型跑道等待位置处，设在跑道号码标记牌的外侧，如图 5－75、图 5－76 所示；

② 有多个出口的机坪或货机坪的出口处，设在出口处滑行道的左侧，如图 5－78 所示；

③ 在航空器穿越跑道或一个复杂的滑行道交叉点之后需要证实航空器确已进入正确的滑行道之处，设在航空器穿越后进入的滑行道左侧。设在左侧实际不可行时可设置在右侧，也可设在位于该处的其他标记牌的背面，如图 5－79 所示；

④ 与脱离跑道标记牌合设，设置在其外侧，如图 5－66 所示；

⑤ 与方向标记牌合设构成方向标记牌组，如图 5－63 所示；

⑥ 在每一中间等待位置处应设一位置标记牌，但如该处已设有方向标记牌组，则不再单独设置位置标记牌。

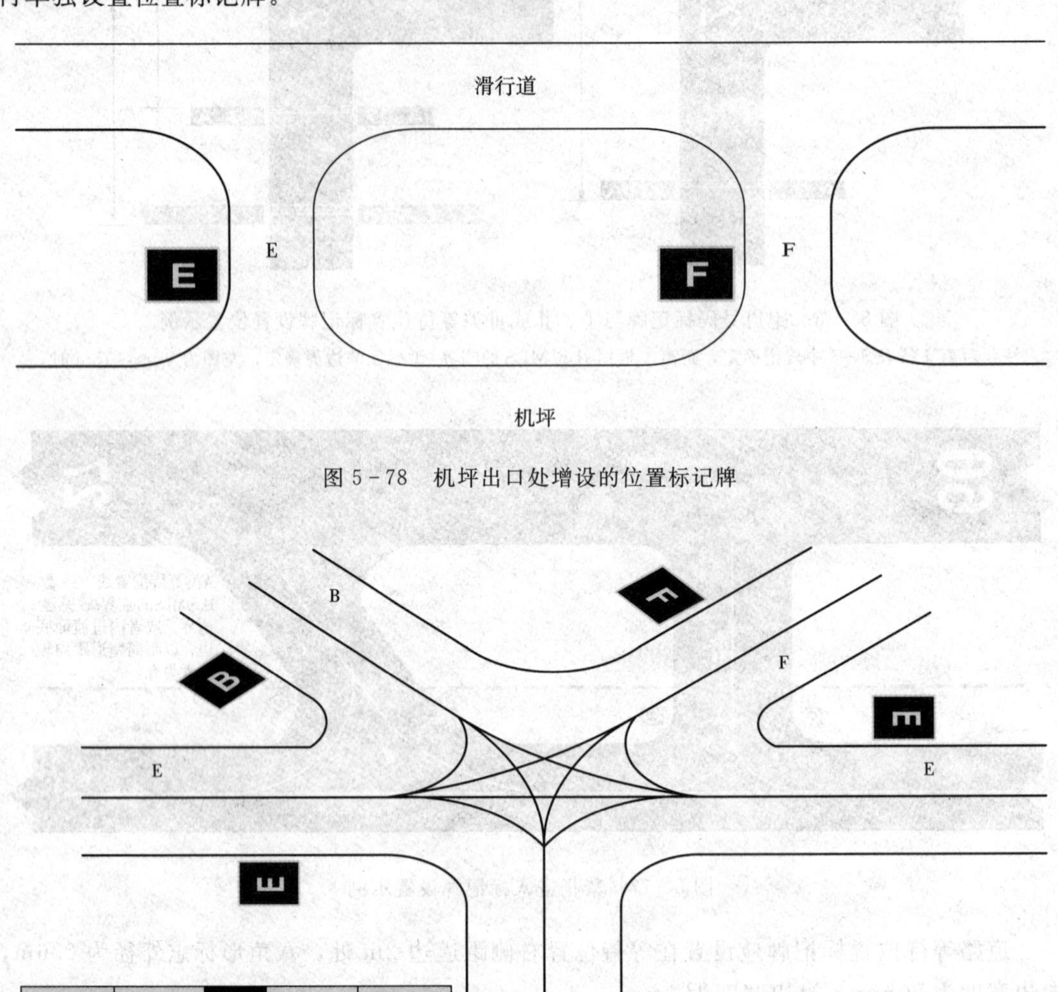

图 5－78 机坪出口处增设的位置标记牌

图 5－79 复杂滑行道交叉处增设的位置标记牌

(2) 方向标记牌的位置

在滑行道与滑行道交叉点之前，如按照运行常规要求航空器进行观察选择前进的方向，则应在该处设一个方向标记牌组。如果滑行道与滑行道交叉处之前设置有中间等待位置标志，则方向标记牌组设置在中间等待位置的延长线上，如图 5－80 所示。

如果未设有中间等待位置，飞行区指标Ⅰ为 3 或 4 时，则标记牌宜设在距相交滑行道中线不小于 60m 处。飞行区指标Ⅰ为 1 或 2 时，则标记牌宜设在距相交滑行道中线不小于 40m 处，如图 5－81、图 5－82、图 5－83 所示。

在未设有中间等待位置，方向标记牌组的设置也无法满足距交叉滑行道中线 60m 或 40m 要求时，方向标记牌组宜设在滑行道中线转弯开始点之前，如图 5－84 所示。

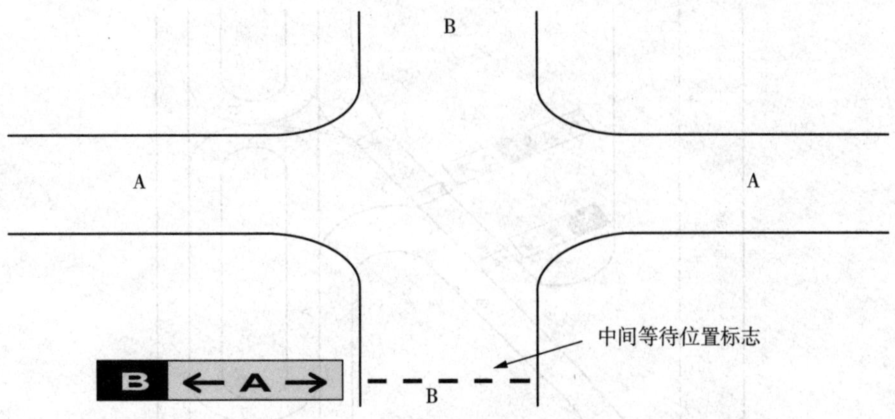

图 5 - 80 设有中间等待位置标志的滑行道相交处方向标记牌组的布置

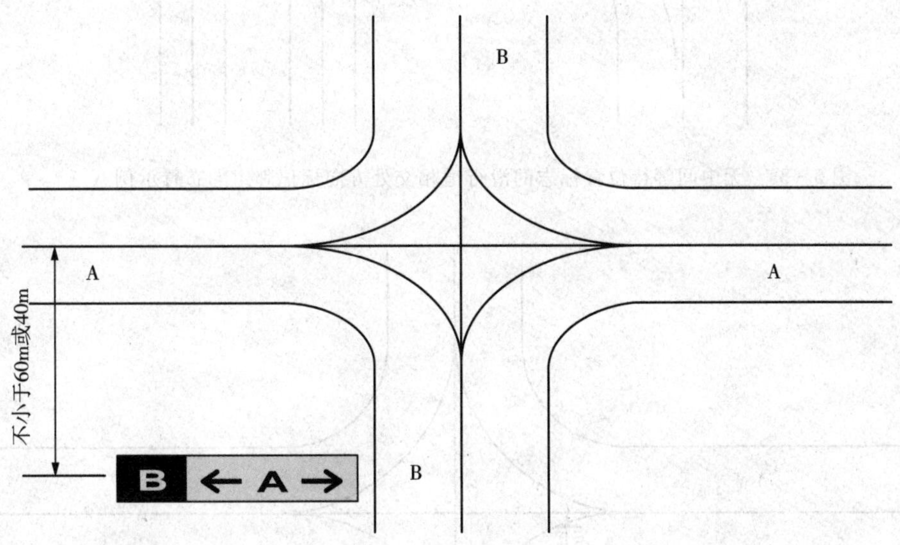

图 5 - 81 无中间等待位置标志的滑行道相交处方向标记牌组的布置示例（一）

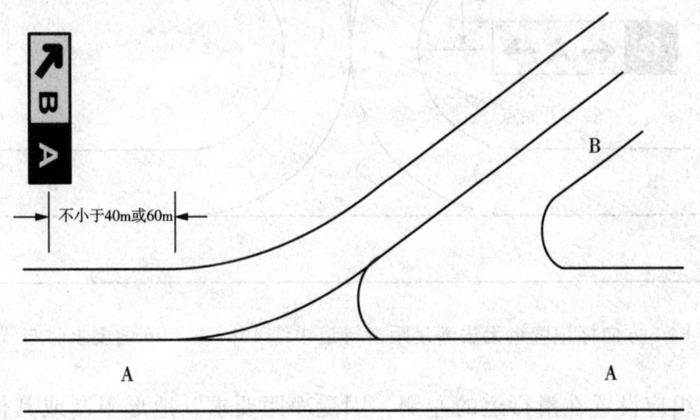

图 5 - 82 无中间等待位置标志的滑行道相交处方向标记牌组的布置示例（二）

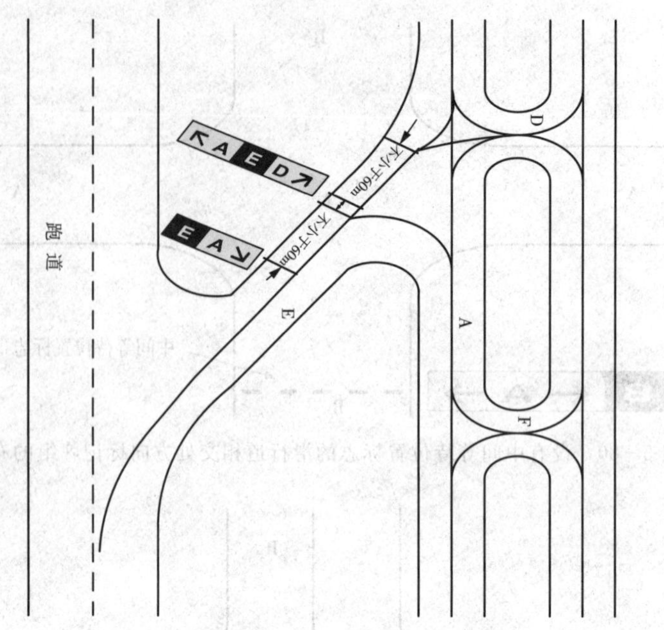

图 5-83　无中间等待位置标志的滑行道相交处方向标记牌组的布置示例（三）

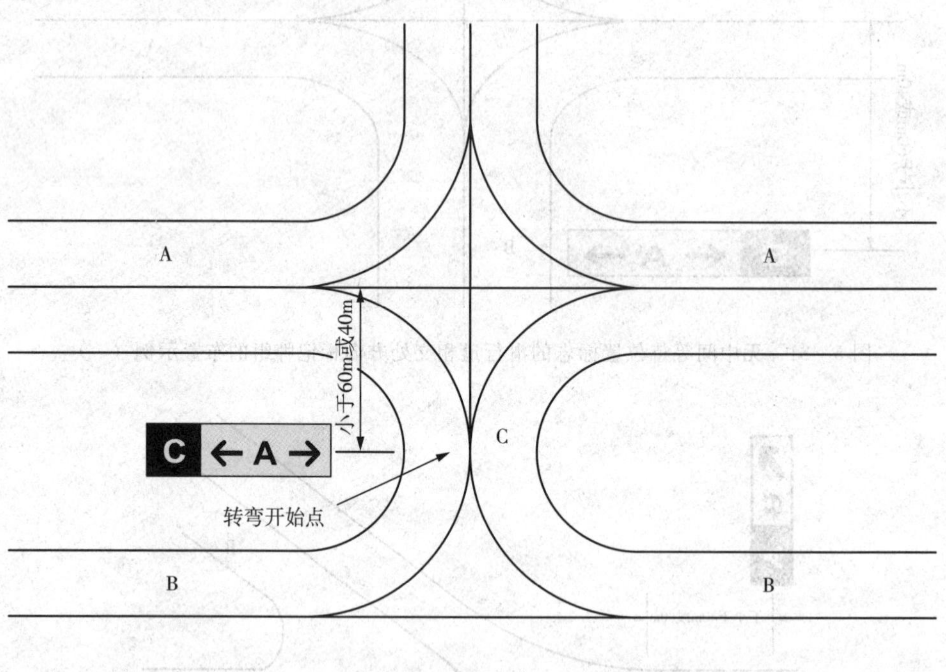

图 5-84　方向标记牌组无法满足距滑行道中线 40m 或 60m 的要求时布置示例

方向标记牌组应设置在滑行道的左侧。因受净距要求、地形限制或其他原因导致标记牌不可能设置在滑行道左侧时，标记牌可设置在滑行道的右侧，此时宜在地面设置信息标志作为标记牌的补充，如图 5-85 所示。

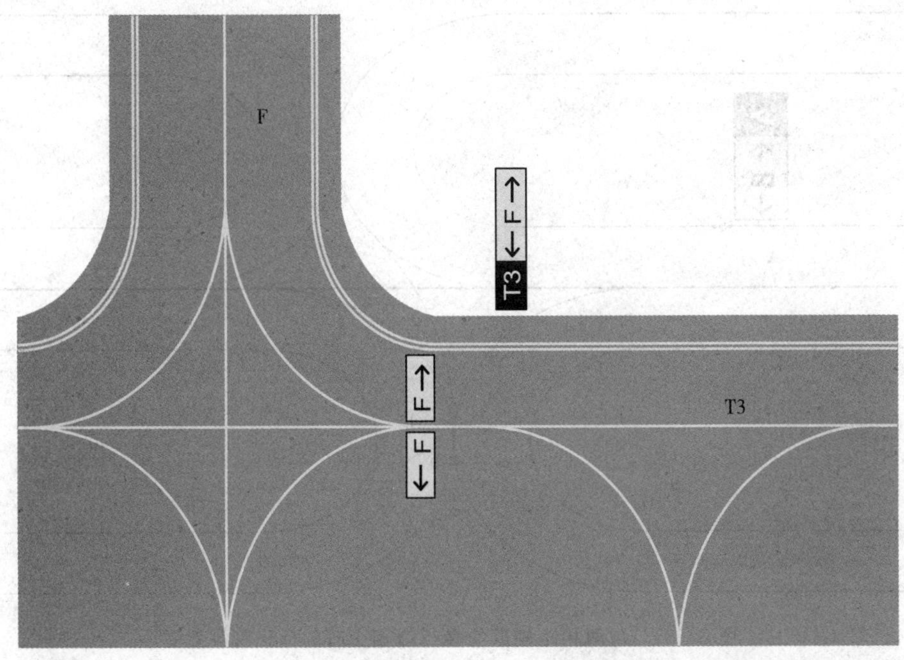

图 5－85　设置在右侧的方向标记牌组增加的地面信息标志

一条滑行道与另外两条距离较近的滑行道垂直相交，但转弯开始点相差又较远时，设置两个方向标记牌组，如图 5－86 所示；相反，转弯开始点相距较近时，只设置一个方向标记牌组，如图 5－87 所示。

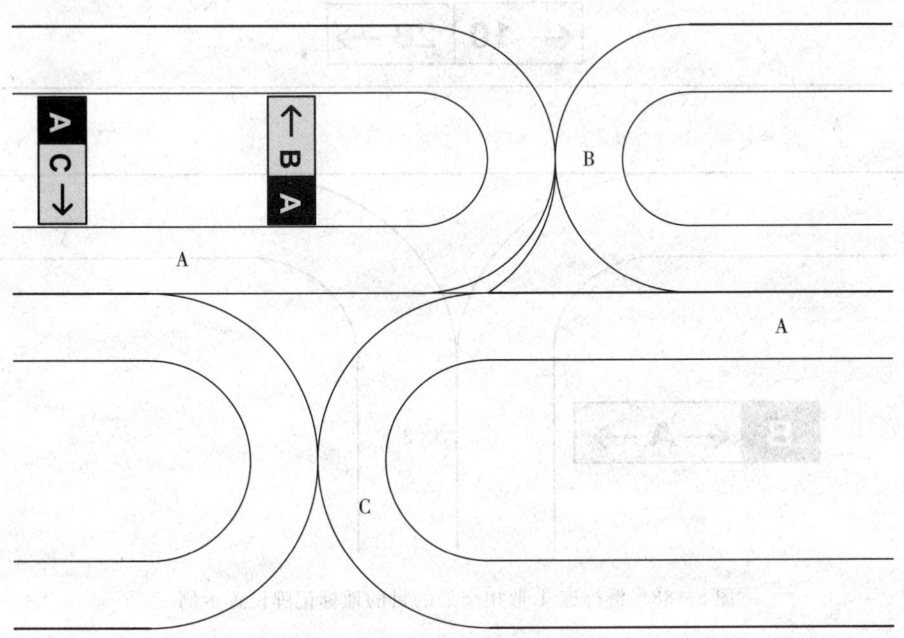

图 5－86　与两相距较远的滑行道相交时的标记牌设置

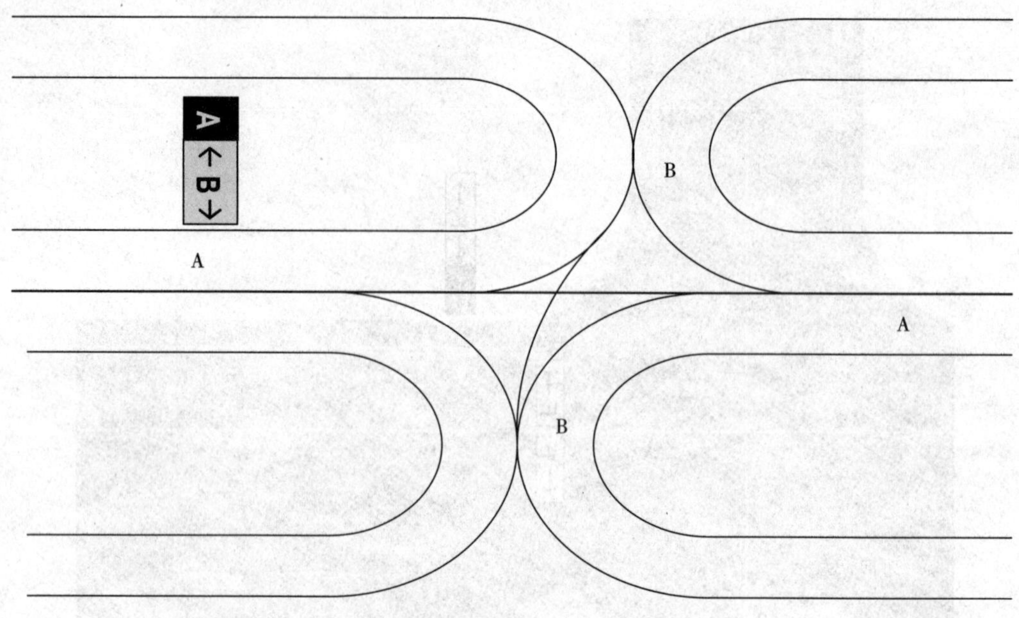

图 5-87　与两相距较近的滑行道相交时的标记牌设置

(3) 目的地标记牌的位置

如果目的地在正前方，目的地标记牌可设在交叉点远方的方向标记牌组的背面；在滑行道终止于前方 T 形交叉点时，目的地标记牌应设在交叉点的远方，即 T 形交叉点的平顶上方中央，见图 5-88。

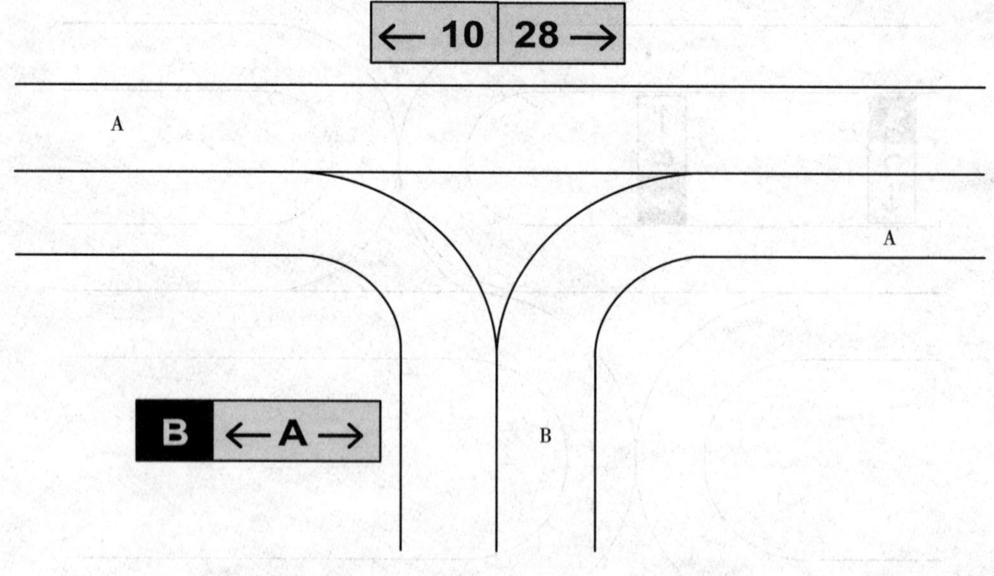

图 5-88　滑行道 T 形相交处的目的地标记牌设置示例

在 T 形交叉路口，还可专门设置目的地标记牌标明滑行道终止于一个 T 形相交点。如果不便设置目的地标记牌时，也可以设置一个滑行道终止标记牌。此时的目的地标记牌或者滑行道终止标记牌设置在终止的滑行道终端的对面，见图 5-89。滑行道终止标记牌

尺寸见图 5 - 90。

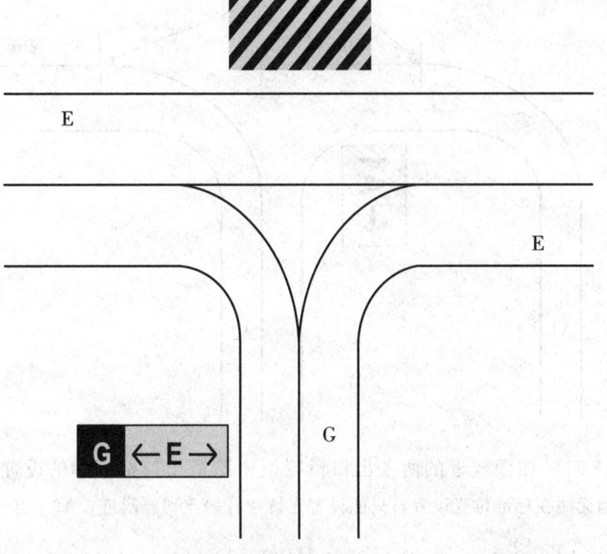

图 5 - 89　滑行道 T 形相交处的滑行道终止标记牌设置

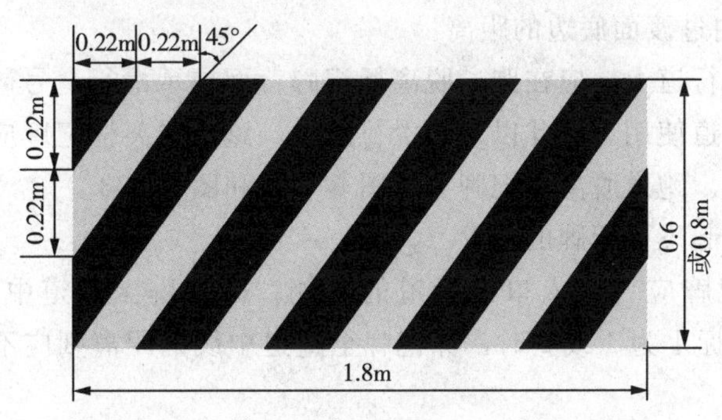

图 5 - 90　滑行道终止标记牌尺寸

（4）跑道出口标记牌的位置

跑道出口标记牌必须设在跑道与出口滑行道相交切点之前，并按照表 5 - 19 要求定位。飞行区指标Ⅰ为 3 或 4 时，标记牌至切点的距离应不小于 60m；飞行区指标Ⅰ为 1 或 2 时，标记牌至切点的距离应不小于 30m。

如果紧临跑道的两条出口滑行道距离较近，当其中一条跑道出口标记牌按要求设在跑道与出口滑行道相交切点之前至少 60m 处时，可能标记牌会位于另一出口滑行道道面上。在此情况下为保证所有出口滑行道均设有跑道出口标记牌，可适当调整距离，将其安装在相交切点之前不足 60m 处的位置，但必须保证其不得位于相交切点之后，并使标记牌至跑道边线、滑行道边线的距离符合表 5 - 25 的规定，如图 5 - 91 所示。

（5）跑道脱离标记牌的位置

跑道脱离标记牌设置在跑道等待位置处。对于单向运行的出口滑行道，则应设置在类似于跑道等待位置处。

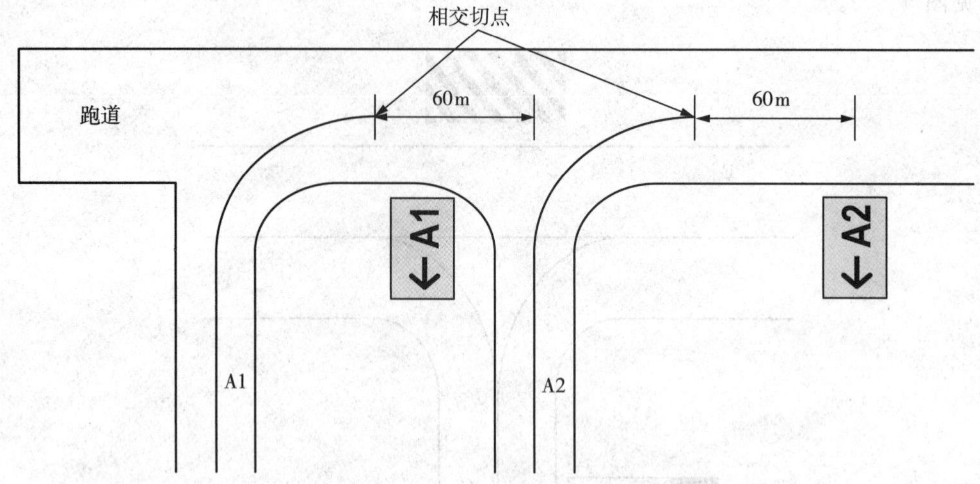

图 5-91　相距较近的两条出口滑行道中跑道出口标记牌的设置示例

A1—标记牌受条件限制无法在标准位置设置，只能设置在转弯开始点切点附近；A2—标记牌符合标准安装位置。

跑道脱离标记牌至跑道中线的距离应约等于以下两个距离中的较大者：

① 跑道中线至 ILS/MLS 的临界/敏感区的平行于跑道的边界线的距离；

② 跑道中线至内过渡面底边的距离。

在单向运行的滑行道上，应在跑道脱离标记牌背面展示滑行道号码，供航空器或车辆错误进入后辨识滑行道使用。除此以外的滑行道上，跑道脱离标记牌应显示在设置在此处的其他标记牌的背面。跑道脱离标记牌参见图 5-92 和图 5-93。

(6) 跑道交叉点起飞标记牌的位置

交叉点起飞标记牌应设在入口滑行道的左侧，标记牌至跑道中线的距离应不小于 60m，但如飞行区指标Ⅰ为 1 或 2 时，标记牌至跑道中线的距离则应不小于 45m，参见图 5-94。

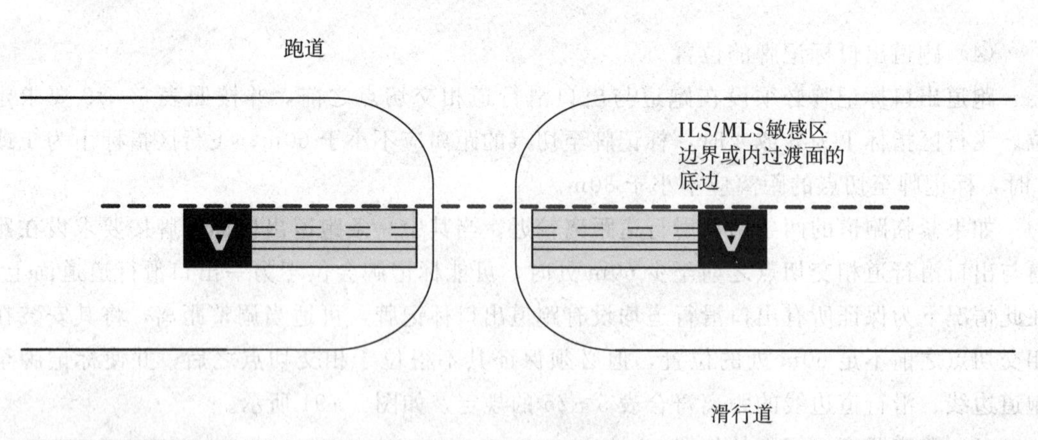

图 5-92　跑道脱离标记牌设置示例（一）

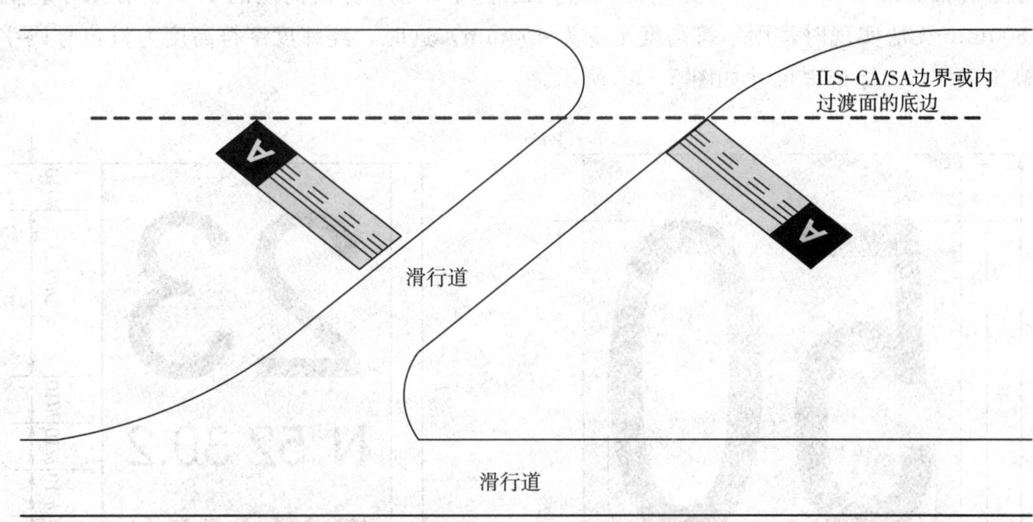

图 5－93　脱离跑道标记牌设置示例（二）

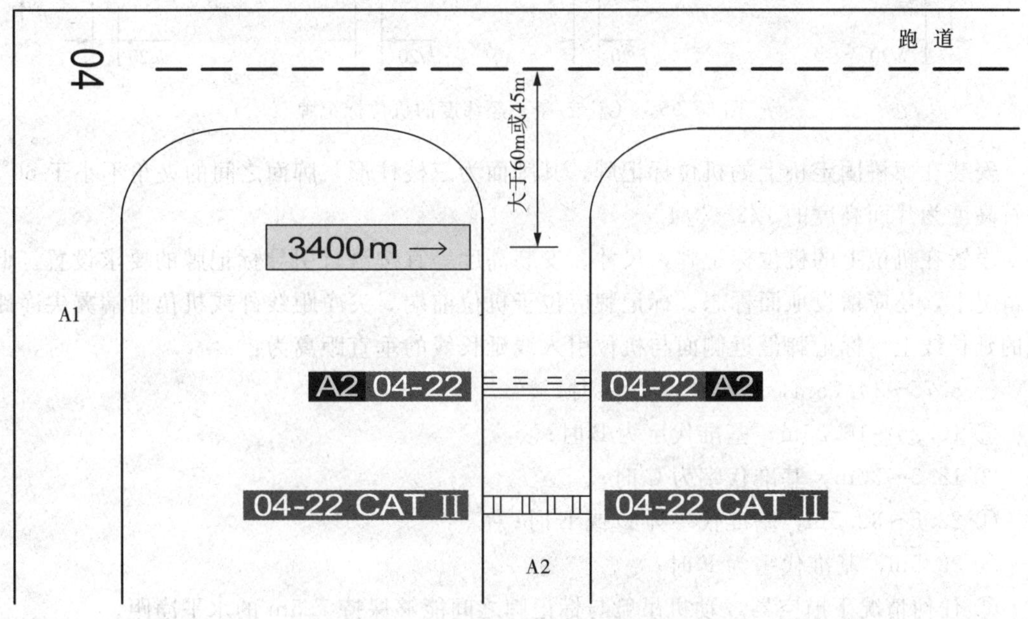

图 5－94　交叉点起飞标记牌的设置

（7）机位标记牌的位置与尺寸

机位号码标记牌可在建筑物上悬挂安装，或在地面上立式安装。对于有廊桥的机位，在廊桥固定桥顶端设置机位号码标记牌。没有廊桥的，在机位中线的延长线上设置；如果不可行，偏置于航空器入位方向机位中线左侧设置。机位标记牌的牌面尺寸、安装位置和高度应使准备进入机位的航空器驾驶员能够清楚识别。

设置在机位上的机位标记牌，机位号码字符高度一般不小于800mm，经纬度字符高度为机位号码字符高度的1/4，字符形状如附录A所示。字符水平方向距离牌面边框距离不小于牌面高度的1/20，垂直方向距离边框的距离不小于牌面高度的1/10。如果字符高度800mm无法实现时，则字符高度至少为400mm，这时，经纬度字符高度为机位号码字符高度的1/5。标记牌尺寸如图5-95所示。

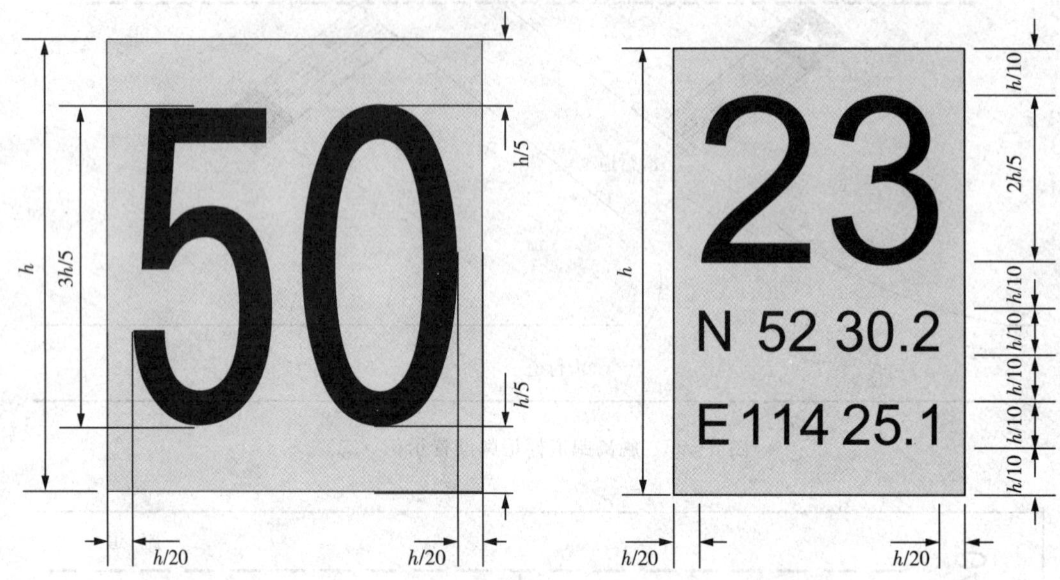

图5-95　（不带/带）经纬度的机位标记牌

安装在廊桥固定桥上的机位标记牌，其牌面为三棱柱形，牌面之间的夹角不小于60°，字符高度为片面高度的1/2～3/4。

设置在机位上的机位标记牌，尺寸、安装高度等宜按滑行引导标记牌的要求设置。此种情况下，还应增设地面标志。标记牌应位于机位前端翼尖净距线外或机位前端翼尖净距线的延长线上，标记牌最近侧面与机位引入线延长线的垂直距离为：

① 8.75～14.75m，基准代字为A时；

② 10.25～16.25m，基准代字为B时；

③ 18.5～30m，基准代字为C时；

④ 22.5～32.5m，基准代字为D或E时；

⑤ 33.5m，基准代字为F时；

⑥ 任何情况下航空器发动机吊舱与标记牌之间能够保持7.5m的水平净距。

三、指令标志与信息标志的设置

（一）强制性指令标志

当无法安装强制性指令标记牌处，必须在铺砌道面上设置强制性指令标志。

1. 强制性指令标志的颜色、尺寸与构型

强制性指令标志为红底白字。除了禁止进入标志外，其上字符必须提供与相关的标记

牌相同的信息，禁止进入标志为“NO ENTRY”字样。在标志与铺砌道面的颜色反差不明显时，应在强制性指令标志的周边加上适当边框，边框颜色为白色或黑色。

飞行区指标Ⅱ为C、D、E和F时，字符高度为4m；飞行区指标Ⅱ为A和B时，字符高度为2m。字符的形状和比例应如附录A所示。标志的底色为长方形，并在横向和垂直方向从字符的最突出部分向外扩展至少0.5m，如设有边框，则包括边框宽度。

2. 需要设置强制性指令标志的情况

在运行上需要时，例如滑行道宽度大于60m，或为协助防止跑道入侵，应设置强制性指令标志作为强制性指令标记牌的补充，参见图5－18。除非运行需要，强制性指令标志不得设在跑道上。

飞行区指标Ⅱ为A、B、C和D的滑行道上的强制性指令标志如图5－96（a）所示，按距滑行道中线两侧距离相等设在滑行道上和跑道等待位置标志的停机等待一侧。

飞行区指标Ⅱ为E或F的滑行道上的强制性指令标志如图5－96（b）所示，设在滑行道中线两侧、跑道等待位置标志的停机等待一侧。标志的边界距离滑行道中线和跑道等待位置标志不小于1m。

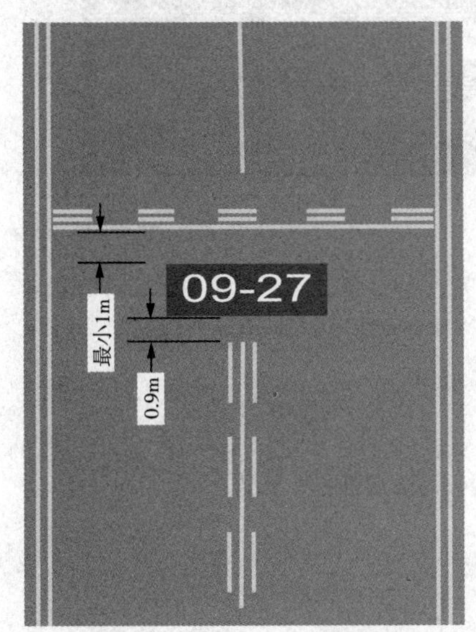

（a）飞行区指标Ⅱ为A、B、C和D的滑行道上的强制性指令标志

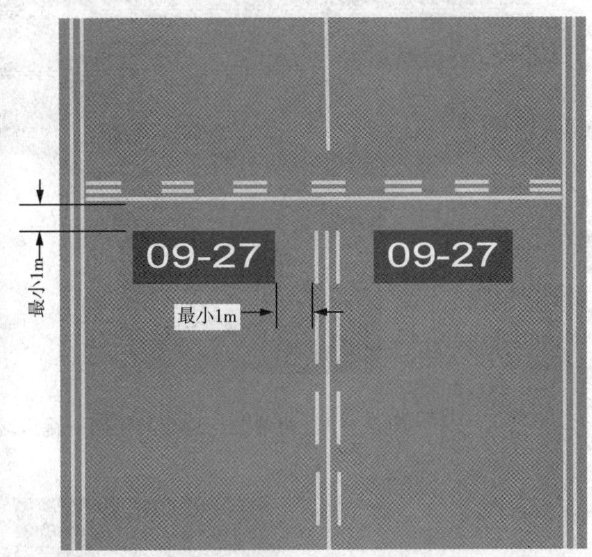

（b）飞行区指标Ⅱ为E和F的滑行道上的强制性指令标志

图5－96　强制性指令标志（跑道号码）

单向运行的跑道出口滑行道应在滑行道趋向跑道入口处设置“禁止进入”标记牌，同时应在滑行道上增设“NO ENTRY”标志，文字方向朝向趋近跑道方向，见图5－97。

当两条滑行道交叉于同一跑道的一端时，强制性指令标志仅显示这一侧的跑道号码，如图5－98所示。

当三条滑行道交叉时，强制性指令标志的设置如图5－99所示。

弯曲型跑道等待位置标志以及强制性指令标志的设置如图5－100所示。

两条相距较近跑道的强制性指令标志的设置如图5－101所示。

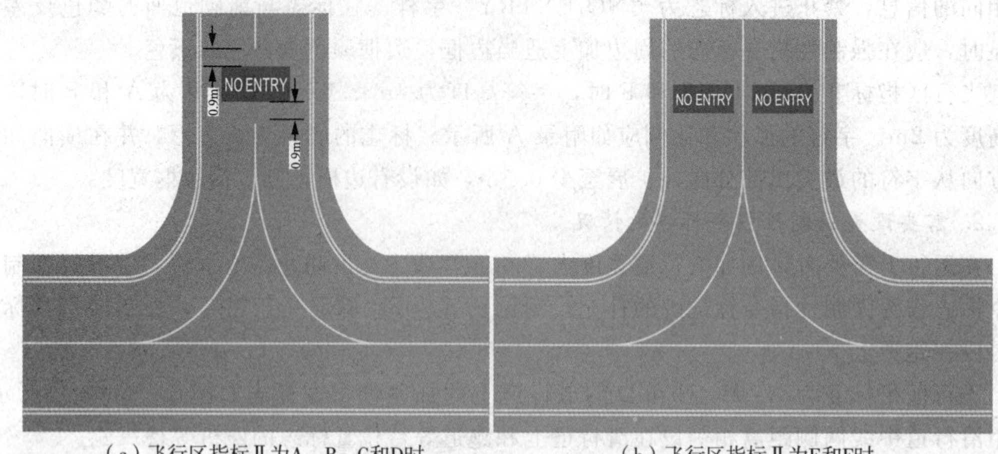

（a）飞行区指标Ⅱ为A、B、C和D时　　（b）飞行区指标Ⅱ为E和F时

图 5－97　“NO ENTRY”标志

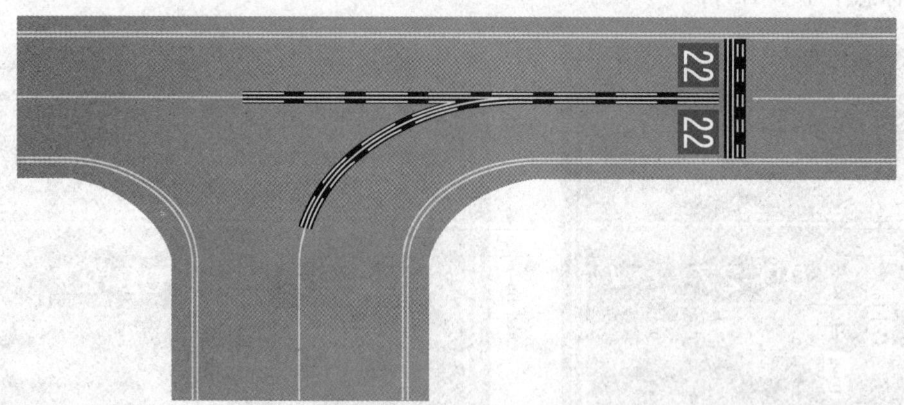

图 5－98　两条滑行道交叉于同一跑道端头的强制性指令标志

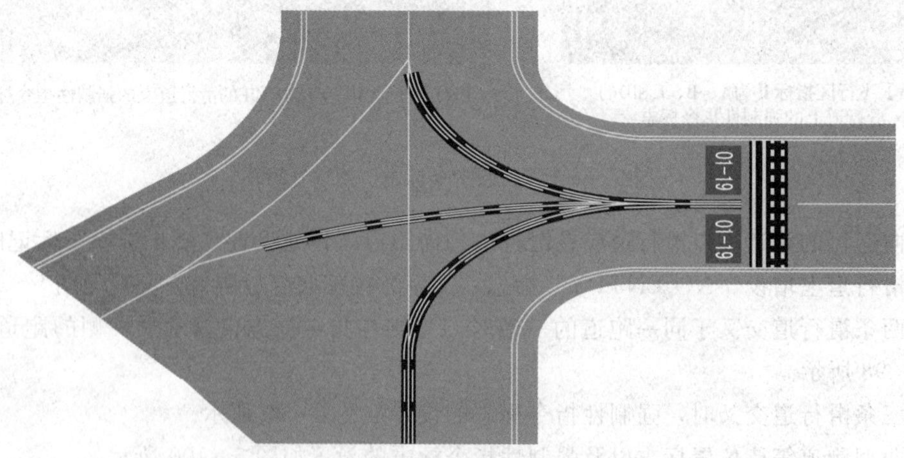

图 5－99　三条滑行道交叉时的强制性指令标志

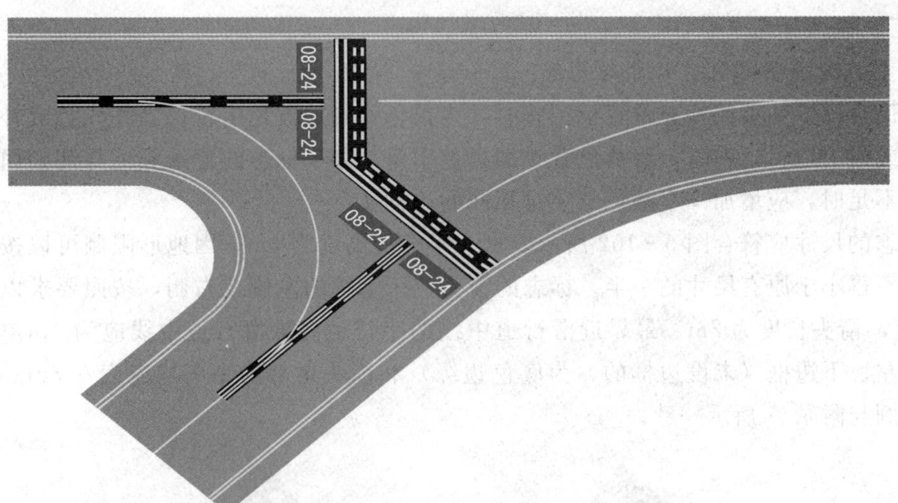

图 5－100　弯曲型跑道等待位置标志及强制性指令标志

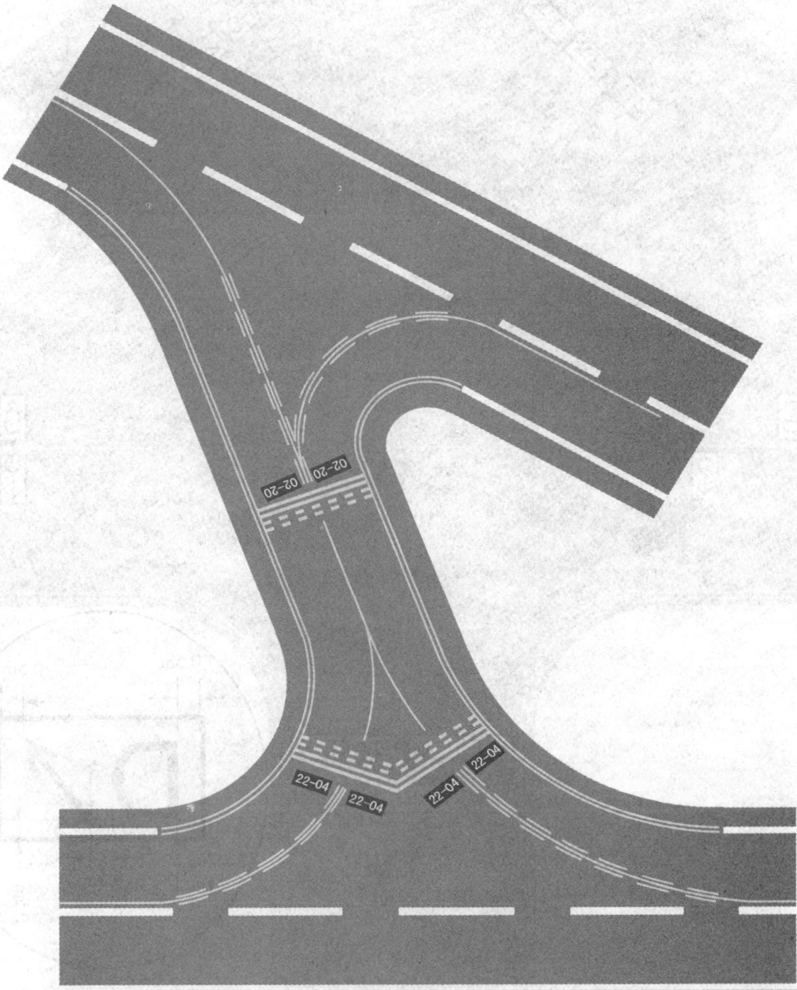

图 5－101　两条近距跑道之间的强制性指令标志

（二）信息标志

1. 信息标志的颜色、尺寸与构型

当信息标志代替或补充位置标记牌时，为黑色背景加黄色字符；当其代替或补充方向标记牌或目的地标记牌时，为黄色背景加黑色字符。如果标志的背景颜色与铺砌面道面颜色反差不足时，应增加一个颜色与字符相同的边框。

标志的尺寸应符合图 5－102 所示要求。字符的高度为 4m，因地形限制可以按比例缩小，但不得小于原有尺寸的一半。标志的箭头位于字符的左侧或右侧，按照要求以平行或45°设置，箭头长度为 2m。最靠近滑行道中线的字符距离该滑行道中线应为 1m，并且该字符与左、下边框（未设边框的，为底色边缘）和箭头尾部的距离均应为 0.5m。字符形状、比例与附录 A 所示一致。

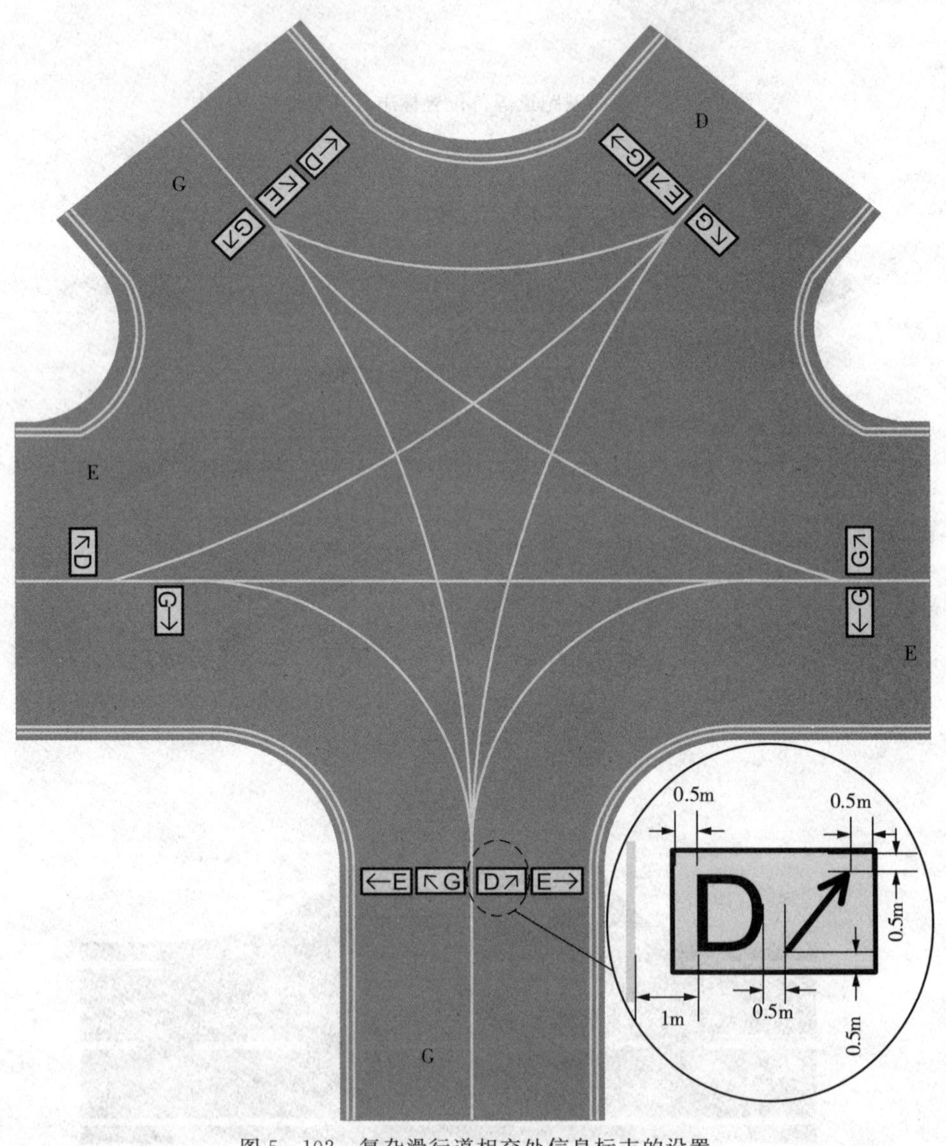

图 5－102　复杂滑行道相交处信息标志的设置

注：不允许航空器滑行的路线，则不划设相应的滑行道中线，也不提供相应的方向引导标志。

2. 信息标志的设置位置

信息标志应在需要之处横过滑行道或机坪道面设置，位于从趋近的航空器驾驶舱内能看清楚之处。

信息标志一般设置在需要信息标记牌而实际上无法安装之处，见图 5 - 103。除此之外，还应在下列情况下设置：

① 在复杂的滑行道相交处的转弯开始点之前设置方向标志，见图 5 - 102；

② 运行经验表明增设一个滑行道位置标志可能有助于驾驶员的地面滑行，见图5 - 104；

③ 在很长的滑行道全长，宜按 300～500m 的间距设置位置标志，见图 5 - 105；

④ 因受净距要求、地形限制或其他原因导致标记牌只能设置在滑行道右侧时，宜在地面设置信息标志作为标记牌的补充，见图 5 - 85。

滑行道中线每侧最多可设置两套地面标志，以不超出道面宽度为准；如需要设置更多，可将指明去往近处的标志设置在飞机行进方向的下方，远处的则设置在飞机行进的前方。

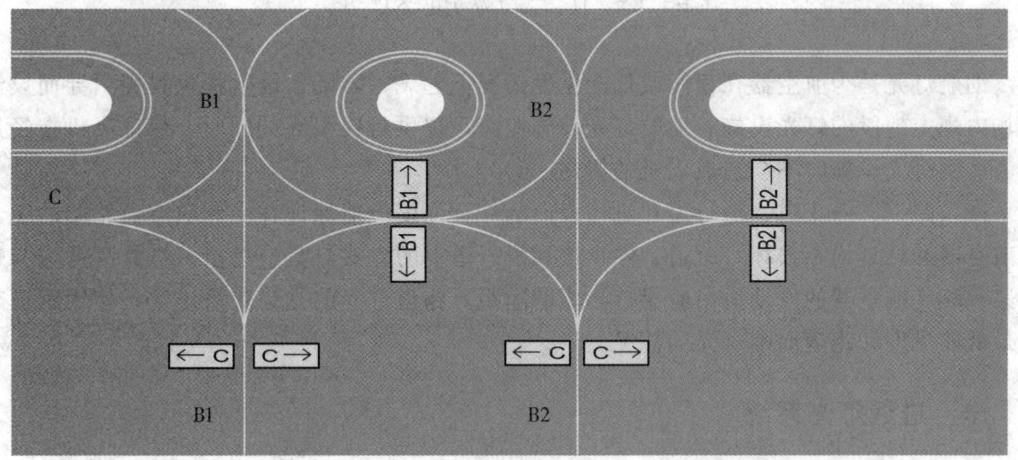

图 5 - 103　在无法安装信息标记牌处设置的信息标志

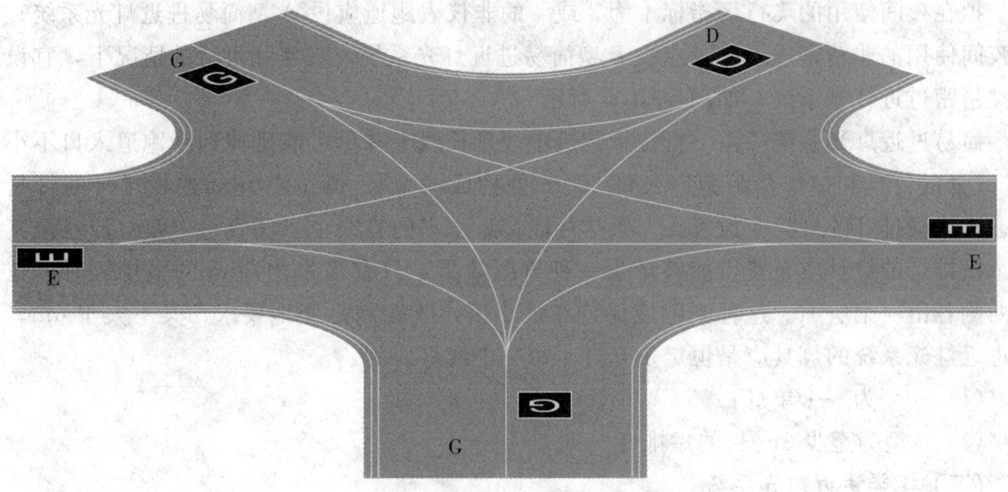

图 5 - 104　复杂滑行道交叉处增设的位置标志

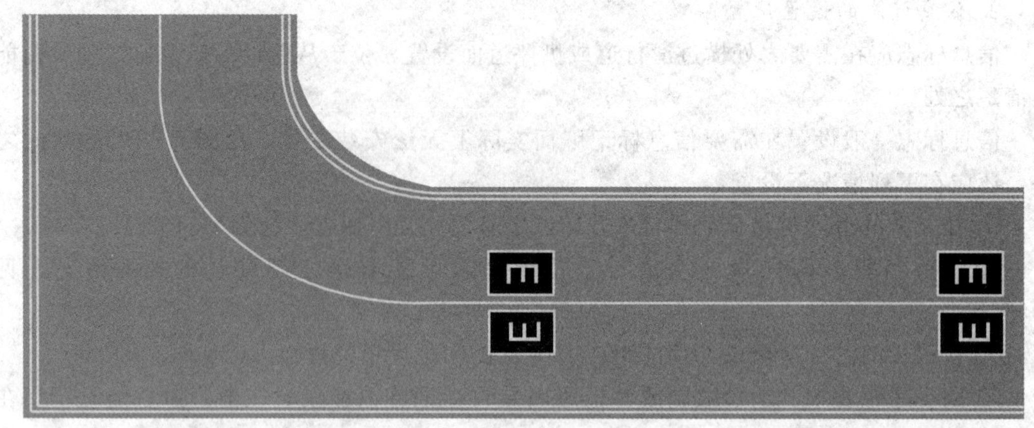

图 5-105　在很长的滑行道全长按一定间距设置的位置标志

第四节　助航灯光

助航灯光是为航空器在夜间或低能见度情况下起飞、着陆、滑行提供目视引导而设于机场内规定地段的灯光设施。助航灯光设施应满足提供目视引导的同时，保证飞机在经过或者撞到灯光设施时不会造成飞机的损伤。

嵌入跑道、停止道、滑行道和机坪表面的灯具强度应能保证在受到航空器轮胎的压力时航空器和灯具均不损坏。跑道、停止道和滑行道上的立式灯具应易折。灯具高度应与螺旋桨和喷气航空器的发动机吊舱保持必要的净距。跑道灯光的光强应适应准备使用跑道时的最低能见度和跑道周围灯光的情况。

一、进近灯光系统

（一）简易进近灯光系统

拟在夜间使用的飞行区指标Ⅰ为 3 或 4 的非仪表跑道应设 A 型简易进近灯光系统；拟在夜间使用的非精密进近跑道应设 B 型简易进近灯光系统，在实际可行的情况下，宜设置Ⅰ类精密进近灯光系统，如图 5-106 所示。

简易进近灯光系统应由一行位于跑道中线延长线上并尽可能延伸到距跑道入口不小于 420m 处的灯具和一排在距跑道入口 300m 处构成一个长 30m 或 18m 的横排灯的灯具组成。构成横排灯的灯具应设置在一条尽可能接近水平的直线上，垂直于中线灯线且被其平分。横排灯的灯具应布置得能够产生一种直线效果，只有当采用 30m 的横排灯时可在中线两侧各留一个空隙。这种空隙应保持在最小值，既能满足当地要求，又不大于 6m。简易进近灯光系统的灯具应是恒定发光灯。每一中线灯应为：

（1）A 型为一个单灯；

（2）B 型为至少 3m 长的短排灯。

（二）Ⅰ类进近灯光系统

Ⅰ类精密进近跑道应设Ⅰ类精密进近灯光系统。

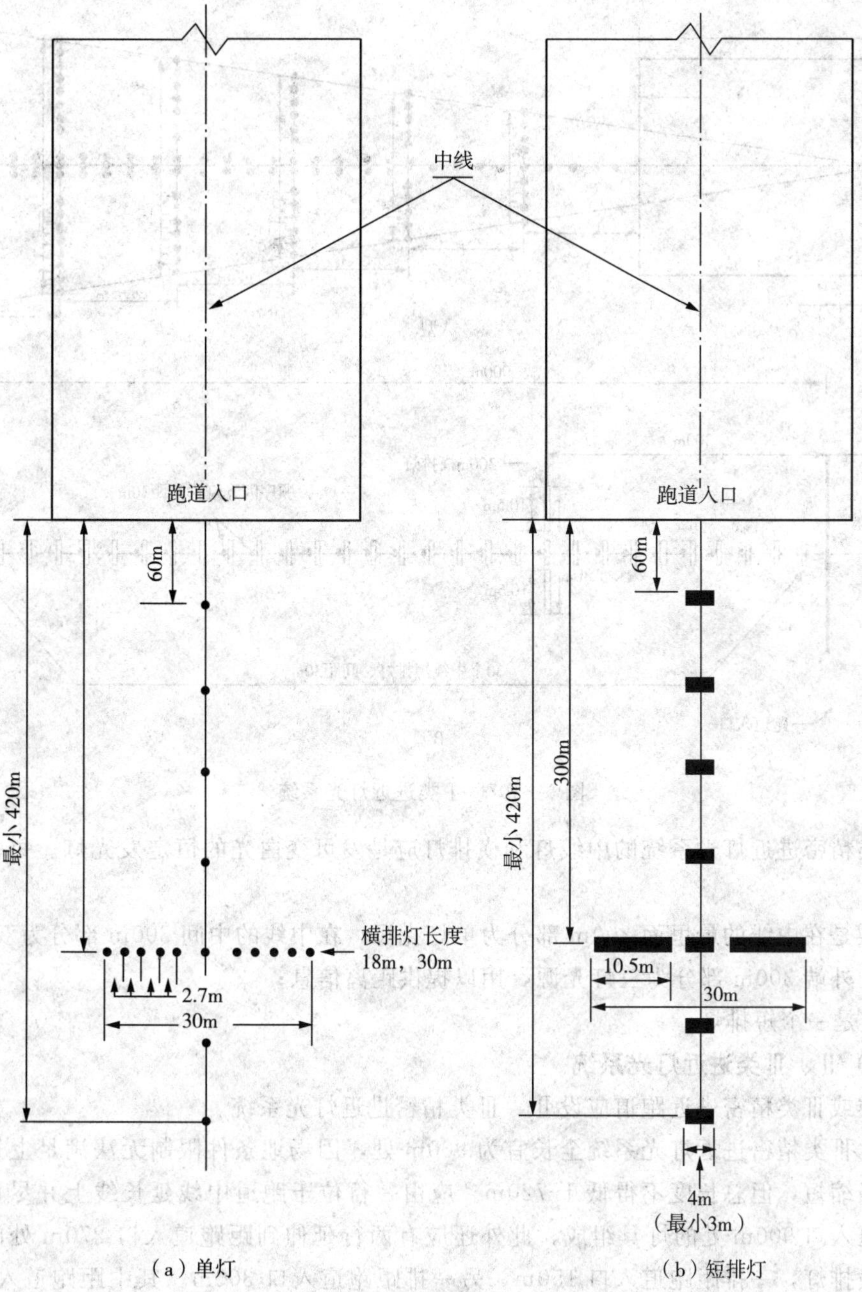

（a）单灯　　（b）短排灯

图 5－106　简易进近灯光系统

Ⅰ类精密进近灯光系统如图 5－107 所示。灯光系统的全长应延伸到距跑道入口 900m，因场地条件限制无法满足上述要求时可以适当缩短，但总长度不得低于 720m。长度不足 900m 的进近灯光系统可能会使跑道的使用受到运行限制。

Ⅰ类精密进近灯光系统应由一行位于跑道中线延长线上并尽可能延伸到距跑道入口 900m 处的中线灯和一排在距跑道入口 300m 处构成一个长 30m 的横排灯组成。构成中线的灯具的纵向间距应为 30m，最靠近跑道入口的灯位于离跑道入口 30m 处。

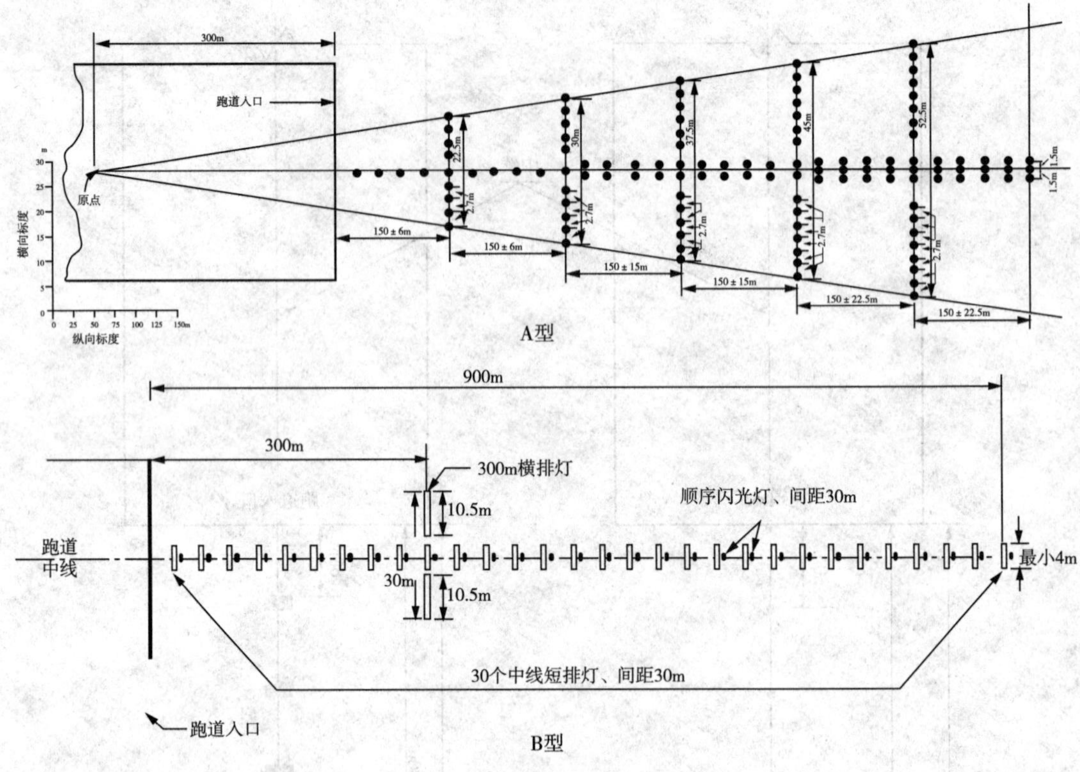

图 5-107　I 类进近灯光系统

I 类精密进近灯光系统的中线灯和横排灯应是发可变白光的恒定发光灯。每一中线灯应为：

A 型是在中线的最里面 300m 部分为单灯光源，在中线的中间 300m 部分为双灯光源，在中线的外端 300m 部分为三灯光源，用以提供距离信息；

B 型是一个短排灯。

(三) Ⅱ、Ⅲ类进近灯光系统

Ⅱ类或Ⅲ类精密进近跑道应设Ⅱ、Ⅲ类精密进近灯光系统。

Ⅱ、Ⅲ类精密进近灯光系统全长宜为 900m 处，因场地条件限制无法满足上述要求时可以适当缩短，但总长度不得低于 720m。应由一行位于跑道中线延长线上并尽可能延伸到距跑道入口 900m 处的灯具组成，此外还应有两行延伸到距跑道入口 270m 处的边灯以及两排横排灯，一排距跑道入口 150m，另一排距跑道入口 300m。其中距跑道入口 300m 以内的灯具布置如图 5-108 所示，其余部分应与 I 类精密进近灯光系统相同，如图 5-107 所示。900m 的长度是按在 I、Ⅱ、Ⅲ类条件下为飞行提供引导的要求确定的。长度小于 900m 可能支持Ⅱ类和Ⅲ类运行，但 I 类运行可能受到限制。如果跑道入口内移，则道面上的灯具应为嵌入式的。

二、目视进近坡度指示系统

有进近引导要求的航空器使用的跑道，无论跑道是否设有其他目视助航设备或非目视

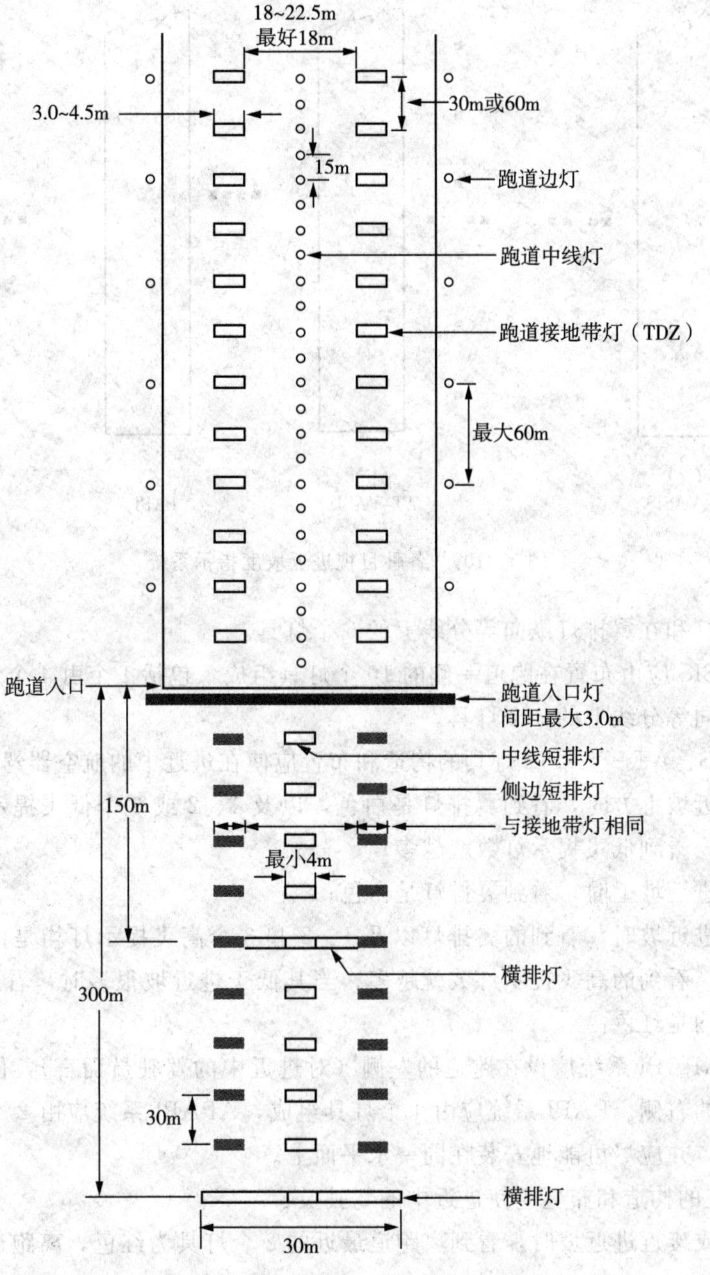

18~22.5m
最好18m
3.0~4.5m
30m或60m
15m
跑道边灯
跑道中线灯
跑道接地带灯（TDZ）
最大60m
跑道入口
跑道入口灯
间距最大3.0m
中线短排灯
侧边短排灯
150m
与接地带灯相同
最小4m
横排灯
300m
30m
横排灯
30m

图 5 - 108　Ⅱ、Ⅲ类精密进近灯光系统的内端 300m

助航设备，应设置目视进近坡度指示系统。

精密进近坡度指示器（PAPI）和简化精密进近坡度指示器（APAPI）应按下述方式设置。

当飞行区指标Ⅰ为 1 或 2 时，应设置 PAPI 或 APAPI。当飞行区指标Ⅰ为 3 或 4 时，应设置 PAPI、T - VASIS 或 AT - VASIS，如图 5 - 109 所示。

T - VASIS 应由对称地布置在跑道中线两侧的 20 个灯具组成，每侧包括 1 个由 4 个

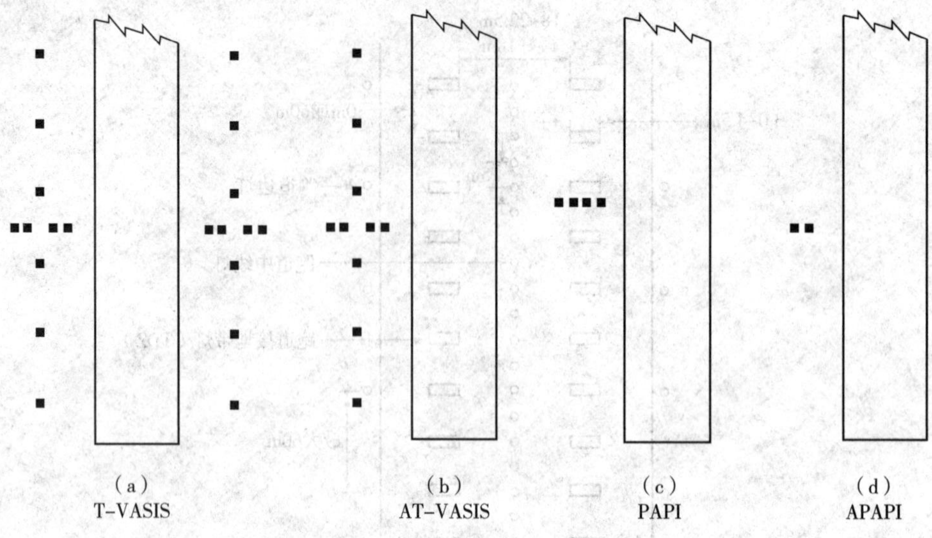

图 5-109　各种目视进近坡度指示系统

灯组成的翼排灯和在翼排灯纵向等分线上的 6 个灯具。

AT-VASIS 应由布置在跑道一侧的 10 个灯具组成，包括 1 个由 4 个灯组成的翼排灯和在翼排灯纵向等分线上的 6 个灯具。

T-VASIS、AT-VASIS 灯具的构造和布置应使在进近中的航空器驾驶员：

(1) 在进近坡上方时，看到翼排灯是白色，以及 1、2 或 3 个低飞提示灯。驾驶员高于进近坡越多，看到低飞提示灯数就越多；

(2) 正在进近坡上时，看到翼排灯是白色；

(3) 低于进近坡时，看到的翼排灯以及 1、2 和 3 个高飞提示灯均是白色。驾驶员低于进近坡越多，看到的高飞提示灯数就越多。当其低于进近坡很多时，看到的翼排灯和 3 个高飞提示灯均是红色。

PAPI 或 APAPI 系统应设在跑道的左侧（对进近中的驾驶员而言），但在实际不可行时可设在跑道的右侧。PAPI 系统应由 4 个灯具组成，APAPI 系统应由 2 个灯具组成。全部灯具应易折，并应尽可能地安装在同一水平面上。

PAPI 系统的构造和布置应使进近中的驾驶员：

(1) 正在或接近进近坡时，看到离跑道最近的 2 个灯具为红色，离跑道较远的 2 个灯具为白色；

(2) 高于进近坡时，看到离跑道最近的灯具为红色，离跑道最远的 3 个灯具为白色，再高于进近坡更多时，看到全部灯具均为白色；

(3) 低于进近坡时，看到离跑道最近的 3 个灯具为红色，离跑道最远的灯具为白色，再低于进近坡更多时，看到全部灯具均为红色。

APAPI 系统的构造和布置应使进近中的驾驶员：

(1) 正在或接近进近坡时，看到离跑道较近的灯具为红色、离跑道较远的灯具为白色；

（2）高于进近坡时，看到 2 个灯具均为白色；

（3）低于进近坡时，看到 2 个灯具均为红色。

三、跑道灯光系统

1. 跑道边灯

夜间使用的跑道或昼夜使用的精密进近跑道应设跑道边灯。

跑道边灯应沿跑道全长在与跑道中线等距的两条平行线上，沿着被公布作为跑道使用的地区的边缘或沿边缘以外距离不大于 3m 处设置。灯具的纵向间距应尽量均匀一致，若为仪表跑道，灯的间距应不大于 60m，若为非仪表跑道，灯的间距应不大于 100m。跑道两侧的灯应一一对应，形成一条垂直于跑道中线的直线。

跑道边灯应是发可变白光的恒定发光灯，但下列情形除外。

（1）在跑道入口内移的情况下，从跑道端至内移跑道入口之间的灯应对进近方向显示红色。

（2）跑道末端 600m 范围内的跑道边灯朝向跑道中部的灯光应为黄色。若跑道长度不足 1800m，则发黄色光的跑道边灯所占长度应为跑道长度的 1/3。

2. 跑道入口灯

设有跑道边灯的跑道应设置跑道入口灯，只有跑道入口内移并设有跑道入口翼排灯的非仪表跑道和非精密进近跑道可不设。

当跑道入口位于跑道端时，跑道入口灯应设在跑道端外垂直于跑道中线的一条直线上并尽可能靠近跑道端，距离应不大于 3m。

当跑道入口内移时，跑道入口灯应设在内移的入口处一条垂直于跑道中线的直线上。跑道入口灯设置的数量和位置为：

（1）非仪表跑道或非精密进近跑道，至少 6 个灯。

（2）Ⅰ类精密进近跑道，跑道入口灯的数量至少为在跑道边灯线之间以 3m 间距等距设置时所需的灯数。

（3）Ⅱ、Ⅲ类精密进近跑道，跑道入口灯应在跑道边灯线之间以不大于 3m 的间距等距设置。

（4）（1）和（2）项规定的入口灯可均匀布置也可分为两组均匀布置。两组均匀布置时中间应留一缺口，缺口对称于跑道中线，其宽度应等于接地带标志的间距。若跑道上未设置接地带标志，则两组灯之间的缺口宽度应为 18m 或不大于两行跑道边灯之间距离的一半。

跑道入口灯应为向跑道进近方向发绿色光的单向恒定发光灯。入口内移的入口灯应为嵌入式的。

3. 跑道入口翼排灯

当需要加强显示精密进近跑道的入口时，或当非仪表跑道和非精密进近跑道因入口内移未设有入口灯时，应设入口翼排灯。

入口翼排灯应设置在跑道入口的两侧，每侧至少由 5 个灯组成，垂直于跑道边线并向外延伸至少 10m，最里面的灯位于跑道边灯线上。

跑道入口翼排灯应为向跑道进近方向发绿色光的单向恒定发光灯。跑道入口翼排灯应

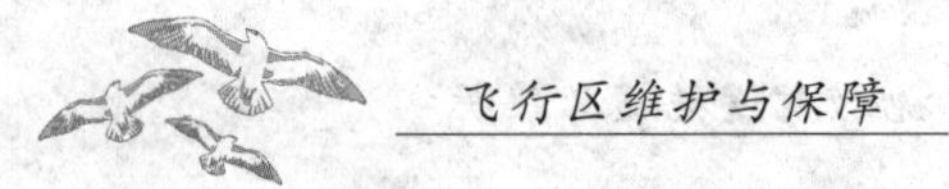

为总高不大于0.35m的轻型易折的立式灯具或嵌入式灯具。

4. 跑道末端灯

设有跑道边灯的跑道应设置跑道末端灯。

跑道末端灯应设在跑道端外垂直于跑道中线的一条直线上，并尽可能靠近跑道端，距离应不大于3m。

跑道末端灯至少应由6个灯组成，可在两行跑道边灯线之间均匀分布，也可对称于跑道中线分为两组，每一组灯应等距布置，在两组之间留一个不大于两行跑道边灯之间距离一半的缺口。

跑道末端灯应为向跑道方向发红色光的单向恒定发光灯。非精密进近跑道和精密进近跑道的跑道末端灯应为轻型易折的立式灯或是嵌入式灯。非仪表跑道的跑道末端灯应为轻型易折的立式灯具，在满足光强要求的条件下，跑道末端灯可与同一位置上的跑道入口灯合用一个灯具。

5. 跑道中线灯

精密进近跑道及起飞跑道应设置跑道中线灯。

跑道中线灯应采用嵌入式灯具，在跑道入口至末端之间以约15m的间距沿跑道中线布置，在出口滑行道较少的一侧，允许偏离跑道中线至多0.6m。

跑道中线灯灯光自入口至距离跑道末端900m范围内应为白色；从距离跑道末端900m处开始至距离跑道末端300m的范围内应为红色与白色相间；从距离跑道末端300m开始至跑道末端应为红色；如图5-110所示。若跑道长度不足1800m，则应改为自跑道中点起至距离跑道末端300m处范围内为红色与白色相间。

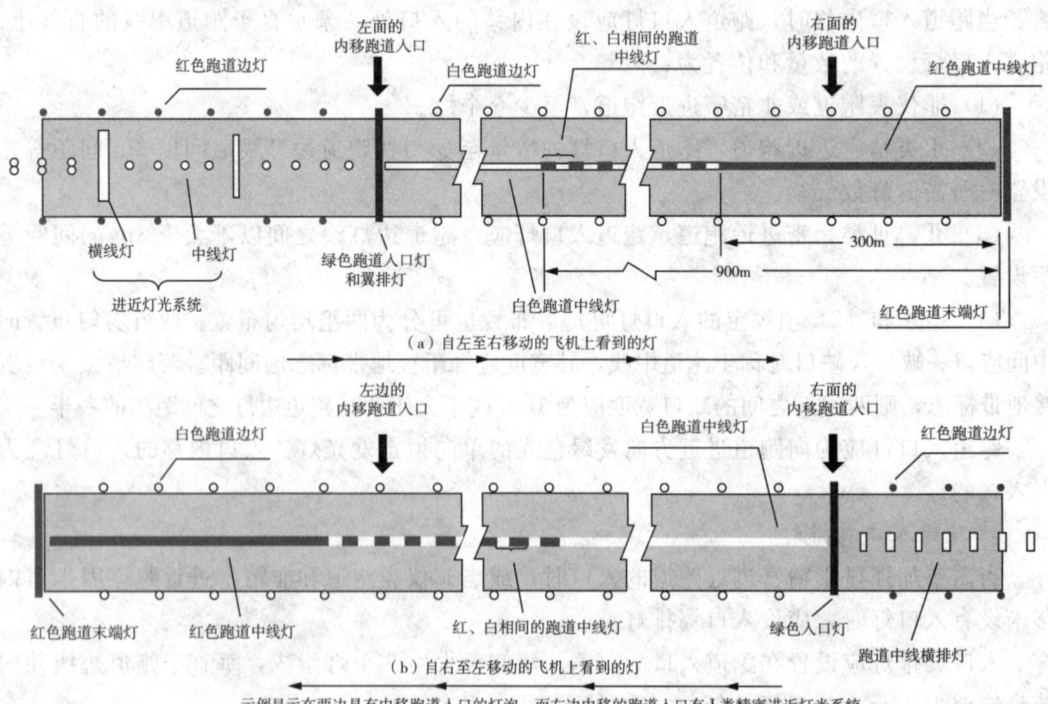

图5-110　跑道入口内移的进近灯光和跑道灯光示例

6. 跑道接地带灯

Ⅱ类或Ⅲ类精密进近跑道的接地带上应设置接地带灯。

接地带灯应由嵌入式单向恒定发白色光的短排灯组成，朝向进近方向发光。短排灯应成对地从跑道入口开始以 30m 或 60m 设置到距跑道入口 900m 处。成对的短排灯应对称地位于跑道中线的两侧，横向间距应与接地带标志相同。接地带灯短排灯应至少由 3 个灯组成，灯的间距应不大于 1.5m。短排灯的长度应不小于 3m，也不大于 4.5m。

7. 跑道入口识别灯

在下列情况下应设置跑道入口识别灯：

(1) 在需要使非精密进近跑道的入口更加明显或不可能设置其他进近灯光时；

(2) 在跑道入口从跑道端永久位移或从正常位置临时位移并需要使入口更加明显时。

跑道入口识别灯应对称地设在跑道中线两侧、与跑道入口在同一条直线上，在跑道两侧边灯线以外约 10m 处。

跑道入口识别灯应为朝向进近着陆的航空器单向发光、每分钟闪光 60～120 次的白色闪光灯。

8. 道路等待位置灯

当在跑道视程小于 550m 和（或）高交通密度的情况下使用跑道时，应在服务于跑道的所有道路等待位置上设置道路等待位置灯。

道路等待位置灯应邻近道路等待位置标志，距离路边 1.5m±0.5m，宜设在道路右侧。道路等待位置灯的高度应满足障碍物的限制要求。灯具的光束应是单向的，朝向趋近等待位置的车辆。

四、滑行道灯光系统

1. 滑行道边灯

准备在夜间使用的未设滑行道中线灯的滑行道和出口滑行道均应设滑行道边灯。准备在夜间使用的机坪、等待坪、除冰防冰坪和跑道掉头坪的边缘任何部分，应设滑行道边灯。只有在考虑了运行的性质，确认地面照明或其他方法已能提供足够的引导时才不必设置。

滑行道边灯的纵向间距应不大于 60m，如用滑行道边逆向反光标志物代替滑行道边灯，纵向间距宜为 30m；但滑行道边灯设在跑道掉头坪的边缘时应不大于 30m。在滑行道短的直线段上、转弯处和分支处的滑行道边灯间距应适当缩小。

滑行道边灯应设在滑行道和各类机坪边缘之外，距边缘应不超过 3m。

滑行道边灯应采用全向发蓝色光的轻型易折的立式灯具或嵌入式灯具。

2. 滑行道中线灯

拟供在跑道视程小于 350m 的情况下使用的出口滑行道、滑行道、除冰防冰设施和机坪应设置滑行道中线灯，设置方式应确保能从跑道中线开始至停机坪上航空器开始其停放操作的地点为止提供连续的引导。

作为高级地面活动引导和控制系统一部分的出口滑行道、滑行道、除冰防冰设施、机坪和作为标准滑行路线的一部分的跑道上，无论拟在何种能见度条件下使用，均应设置滑

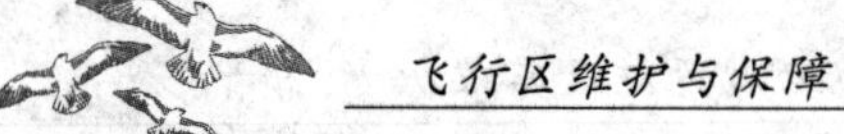

行道中线灯。

双向运行滑行道的中线灯应为双向恒定绿色灯，单向运行滑行道的中线灯应为单向恒定绿色灯（如图 5－111 所示）。

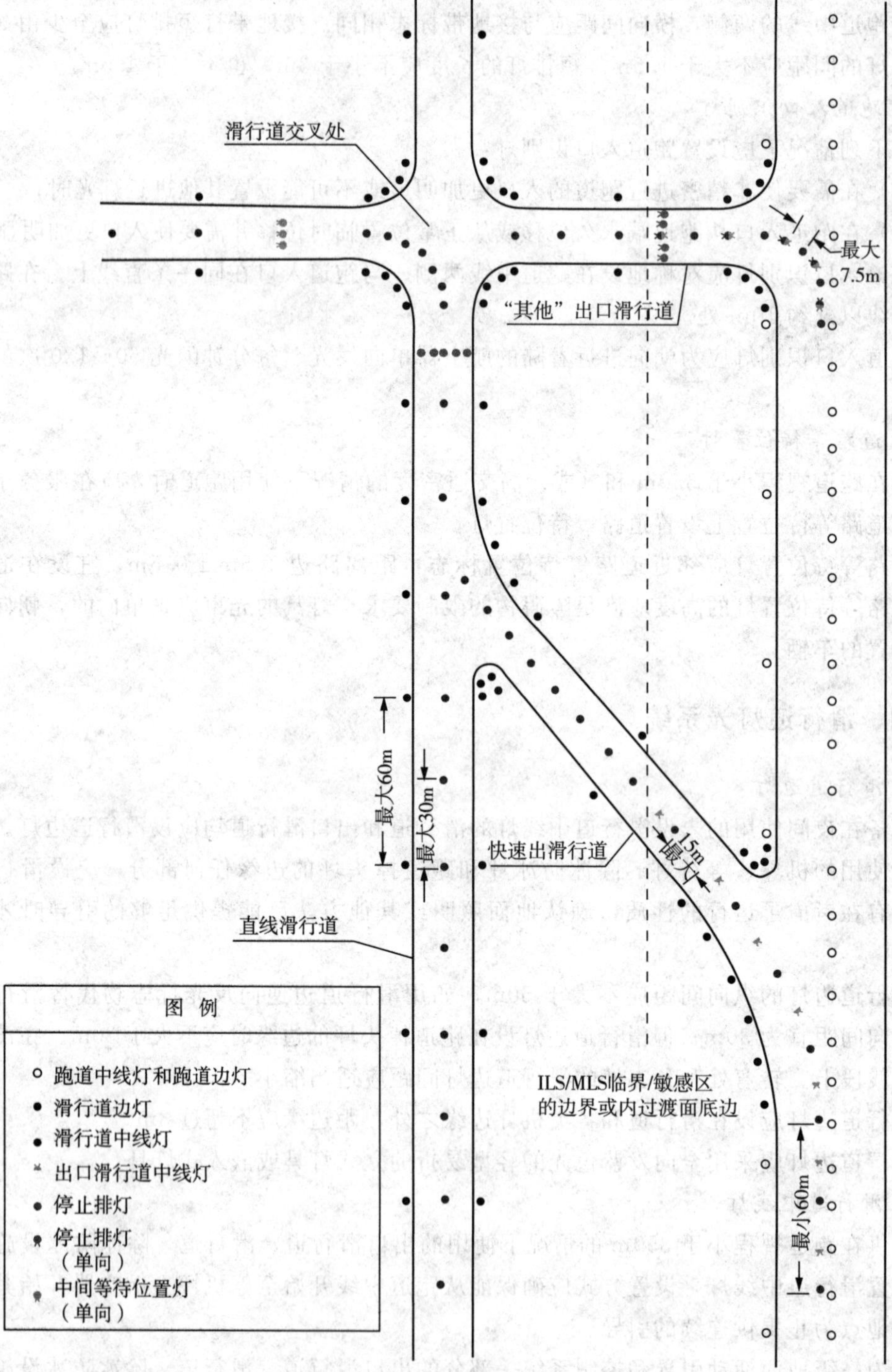

图 5－111　滑行道灯

3. 跑道警戒灯

在每个跑道与滑行道相交处宜设置A型或B型跑道警戒灯。

A型跑道警戒灯应设置在滑行道两侧；B型跑道警戒灯应横贯滑行道设置。

A型跑道警戒灯应包括两对背离跑道方向交替发黄色光的立式灯；B型跑道警戒灯应为背离跑道方向发黄色闪光的嵌入式灯，横跨滑行道全宽设置，间距为3m，如图5-112所示。

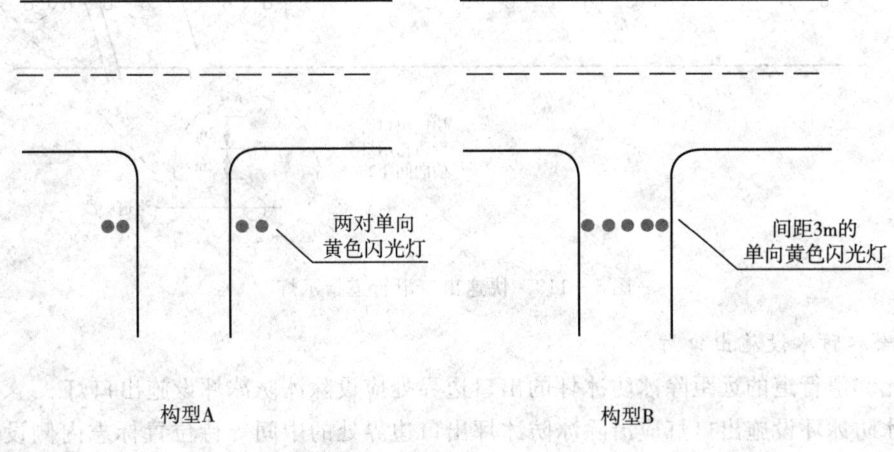

图5-112　跑道警戒灯

4. 中间等待位置灯

在不需要像停止排灯那样提供停止或通行信号的中间等待位置标志处宜设中间等待位置灯。

中间等待位置灯应沿中间等待位置标志设置并在标志的等待侧距离0.3m处。

中间等待位置灯应由3个具有类似滑行道中线灯的光强分布特性、朝向中间等待位置的航空器发黄色光的单向恒定发光灯组成。灯具应垂直于滑行道中线设置，间距为1.5m。

5. 停止排灯

在每一个通向拟在跑道视程小于550m情况下使用的跑道，在跑道等待位置以及打算实行停止或放行控制的中间等待位置上应设停止排灯。但在下列情况下可不设：

(1) 具备防止航空器和车辆偶然侵入跑道的适当助航设施和程序；

(2) 在跑道视程低于550m的情况下，具备限制同一时间内在机动区只有一架航空器和必不可少的最少车辆的运行程序。

在夜间和跑道视程大于550m情况下使用的跑道，在跑道等待位置宜设置停止排灯，作为防止跑道侵入的有效措施之一。

停止排灯应设在滑行道上要求航空器停住并等待放行之处，由若干个朝向趋近停止排灯的航空器发红色光的嵌入式灯组成。停止排灯应横贯滑行道，灯间均匀分布，距离不大于3m。

6. 快速出口滑行道指示灯

在跑道视程低于350m的情况下运行的跑道和（或）高交通密度的跑道应设置快速出口滑行道指示灯。

一组快速出口滑行道指示灯应与相关的快速出口滑行道设在跑道中线的同一侧，如图5-113所示。在每一组中，灯间距离应为2m，最靠近跑道中线的灯距离跑道中线应为2m。

快速出口滑行道指示灯应为单向黄色恒定发光灯，朝向趋近跑道着陆的航空器。

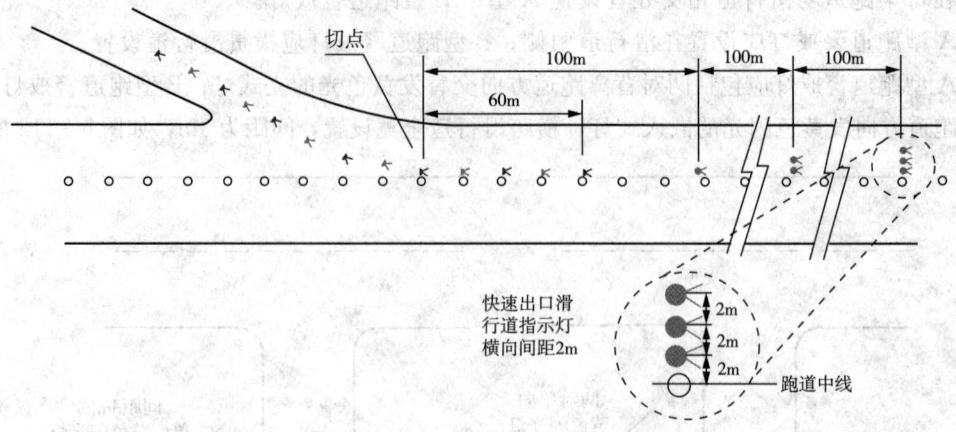

图 5-113　快速出口滑行道指示灯

7. 除冰防冰设施出口灯

在比邻滑行道的远距除冰防冰坪的出口边界处应设除冰防冰坪设施出口灯。

除冰防冰坪设施出口灯应沿除冰防冰坪出口边界处的中间等待位置标志内侧设置，距离标志 0.3m，如图 5-114 所示。

除冰防冰坪设施出口灯应由若干个具有类似滑行道中线灯的光度特性、朝向趋近出口边界方向发黄色光的单向嵌入式恒定发光灯组成，灯具应以 6m 的等间距设置。

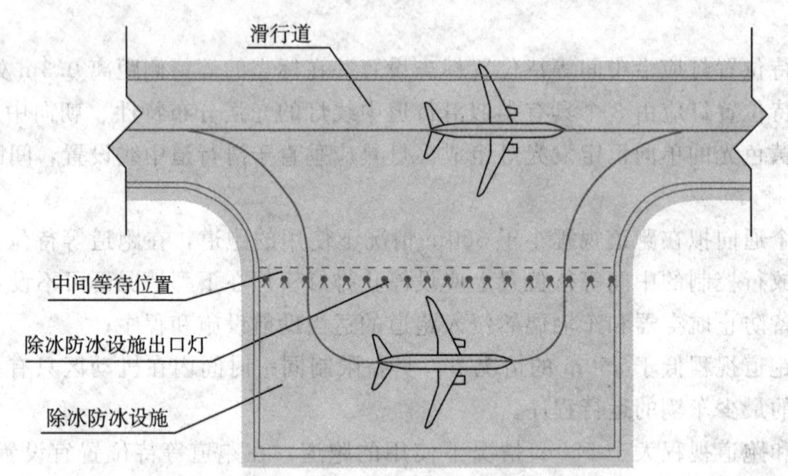

图 5-114　典型的远距除冰防冰坪出口灯

8. 跑道掉头坪灯

在夜间使用的跑道掉头坪宜设置跑道掉头坪灯。

跑道掉头坪灯应设置在跑道掉头坪标志上，只有在实际不可行时可偏离标志不超过 0.3m。

跑道掉头坪灯应是单向绿色恒定发光灯，其光束范围应只有从位于或趋近跑道掉头坪的航空器上才能看见。

9. 机位操作引导灯

为便于在低能见度条件下将航空器准确地停放在航空器机位上，应在航空器机位标志上设机位操作引导灯，但若设有能提供足够引导的其他设施则可不设。

用以标出引入线、转弯线和引出线的灯具在曲线上的间距应不大于 7.5m，在直线段上的间距应不大于 15m。

除了标示停住位置的灯应为恒定发红色光的单向灯外，其他航空器机位操作引导灯应为恒定发黄色光的灯，发出的光应在由它提供引导的整个区段内都能看到。

五、其他灯光系统

1. 不适用地区灯

供夜间使用的活动区，在滑行道、机坪、等待坪上不适于航空器活动但可让航空器在其旁边安全通行的任何部分，应设置不适用地区标志灯。

不适用地区标志灯应是红色恒光灯。

2. 风向标灯

每个机场应在跑道两端的瞄准点附近，距离跑道近边 45～105m 设置风向标。风向标宜设置在跑道入口的左侧，应设在从机场上空容易看见，且不会受到附近物体引起的气流干扰之处。

准备在夜间使用的机场，风向标应有照明装置。

3. 着陆方向标灯

在未设有目视进近坡度指示系统的跑道入口以内，应设“T”字形标志（仅供白天使用时）。

“T”字形标志应为白色。当供夜间使用时，着陆方向标应以灯光标示，灯具布置如图5－115所示。

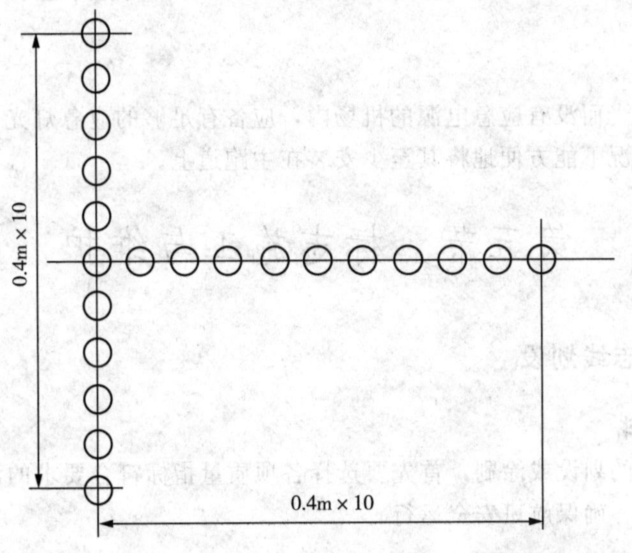

图 5－115 “T”字形标志轮廓灯

灯具应发白色光，以勾画出“T”字形标志的轮廓，灯具应低矮、轻质和易折。

4. 停止道灯

供夜间使用的停止道上应设置停止道灯。

停止道灯应沿停止道全长设置，设在与中线等距并与跑道边灯线重合的两条平行线上。停止道灯还应横贯设置在停止道端垂直于停止道轴线的一条直线上，该直线应尽可能靠近停止道端并在任何情况下不越过停止道端外 3m。

停止道灯应为单向朝跑道方向发红色光的恒光灯。

5. 航空灯标

准备夜间使用的每个机场，在运行需要的场合应设置机场灯标或识别灯标。

机场灯标应显示有色与白色交替的闪光或仅显示白色的闪光。总的闪光频率应为每分钟 20～30 次。在使用有色闪光的场合，陆地机场灯标发出的有色闪光应为绿色，水上机场灯标发出的有色闪光应为黄色。

6. 盘旋引导灯

在跑道准备用于盘旋进近的情况下，若现有的进近和跑道灯光系统不能保证盘旋飞行的航空器驾驶员识别跑道和（或）进近区，则应设置盘旋引导灯。

盘旋引导灯应为恒定发光灯或闪光灯。闪光灯应发白光，恒定发光灯应发白光或为气体放电灯。

7. 跑道引入灯光系统

为了避开障碍物、危险地形或为了减少噪声等目的，需要沿某一特定的进近航道提供目视引导的机场应设跑道引入灯光系统。

跑道引入灯光系统应由多组至少包括 3 个闪光灯的闪光灯组组成，从跑道端外常规进近航道终点上空容易发现的一点开始，以不大于 1600m 的间距沿要求的特定进近航道设置，直到可见进近灯光系统、跑道或跑道灯光系统处为止。每一组灯的位置和朝向应便于从前一组灯的上空发现，使引导连续不断。在每个闪光灯组中可加设若干个恒定发光灯。

8. 应急灯光

在设有跑道灯光而没有应急电源的机场内，应备有足够的应急灯光设备，以便在正规灯光系统失效的情况下能方便地将其至少安装在主跑道上。

第五节　标志施工与维护

一、机场标志线划设

（一）标线涂料

进行道面标志的划设或涂刷，首先要选择各项质量指标符合要求的油漆，从根本上保证标志的施工质量，确保航班安全运行。

1. 涂料类型

目前，在用的各种交通标线涂料包含液态溶剂型、双组分、水性和固态热熔型四大

类，适用于公路、城市道路、机场、港口、厂矿等地区划设标志线使用。机场道面标志线一般采用丙烯酸马路画线漆和环氧马路画线漆。

2. 涂料技术性能

（1）溶剂型涂料

溶剂型道路标线涂料属于传统型标线涂料，这种涂料虽然干燥慢、使用寿命短，但其成本较低，在我国城市道路中广泛使用。

（2）热熔型涂料

热熔型道路标线涂料的特点是干燥快、涂膜厚、使用寿命长、反光持续性好，目前在我国高等级公路中使用占统治地位。

（3）双组分涂料

双组分道路标线涂料具有良好的抗滑性能和耐磨性能，使用寿命长、反光效果好，不易产生低温断裂、高温软化，且不易老化，性能非常稳定。

（4）水性涂料

水性道路标线涂料具有环保、干燥快、涂膜厚等优点，目前存在的问题是对沥青道面的黏结力及耐水性较差。我国有关厂商引进国外水性标线材料，但在应用过程中也未得到满意的效果，因此水性涂料在我国还处于开发和试应用阶段。

（5）玻璃珠性能

路面标线用的玻璃珠由钠钙硅酸盐玻璃制造，可以分为表面铺撒玻璃珠和预混玻璃珠两大类型。根据玻璃珠用途按照粒径由大到小可将玻璃珠分为 1 号、2 号和 3 号玻璃珠，分别用于热熔型涂料面撒珠、热熔型涂料预混珠和常温溶剂型涂料面撒珠。

（6）涂料色度性能

路面标线涂料色度性能要符合相关技术标准，其色品坐标和亮度因数则要符合规定值的范围。

3. 涂料的包装、运输与存储

（1）包装

溶剂型、双组分、水性涂料产品应存放在清洁、干燥、施工方便的带盖大开口塑料或金属容器中。热熔型涂料产品则要存放在内衬密封塑料袋外加编织袋的双层包装袋中，袋口封闭要严密。

（2）运输

产品在运输时要防止雨淋、日光暴晒，并符合运输部门的有关规定。

（3）储存

产品存放时要保持通风、干燥、防止日光直接照射，并要隔绝火源，夏季高温时应设法降温，水性涂料产品存放时温度不得低于 0℃。超过储存期的涂料应检验各项技术指标，符合要求的可继续使用。

（二）标志线施工工艺与方法

1. 施工工艺

施工前首先清扫道面，除净浮灰、砂石、油脂、油类、水泥浆或其他能够降低涂料与道面黏结力的异物，保证涂料对道面的附着。清扫完成后，按照施工图纸的尺寸和位置使用测量设备在现场进行放样定线，使用墨斗或白粉划出底线。

如使用常温型涂料，直接将稀释后的油漆涂敷于样线内即可；如为热熔型或加热型涂料，则须先在热熔釜内加热或熔化涂料，然后涂刷底漆，最后涂敷搅拌均匀并保持一定温度的油漆。如果机场需要夜间使用，还应在涂敷标线的同时撒布反光玻璃珠。

2. 施工方法

机场标志划设可采用滚涂和喷涂两种方法，对于尺寸较大的地面标志线或物体上的标志一般采用喷涂法，而尺寸较小或线条复杂的标志，则适宜使用滚涂法。

滚涂法较为简单，涂料调配好后，用滚刷蘸取涂料涂刷在目标物上或放样线内；喷涂法则是使用划线机（见图 5 - 116）或带手持式喷枪的划线机进行划设，喷涂过程中保持较慢且均匀的速度。划线机按照行走方式可分为自行式划线机、手推式划线机和车载式划线机；按照喷洒的溶液不同可分为冷喷划线机、热熔划线机和双组分划线机；按照喷头不同可分为单喷头和双喷头两种，喷头可调节喷洒宽度。

(a) 冷喷型

(b) 热熔型

图 5 - 116　划线机

3. 施工质量要求

(1) 所选涂料的技术性能要求

选择涂料时，除了要符合国家或行业标准外，还应该保证涂料有鲜明的效果；附着力强，经久耐磨，安全防滑，使用寿命长；较强的耐候性、耐腐蚀、抗污染和抗变色性；施工简便，安全性好。

(2) 涂料施工温度要求

热熔型涂料在熔解釜内加热时，温度要控制在 180℃～220℃，同时要充分搅拌并保证涂料被涂于道面时的温度不低于 180℃；加热溶剂型涂料温度则要控制在 50℃～70℃。

(3) 标志线质量总体要求

各种划设好的标志线及文字必须做到整齐、清晰、醒目、线条流畅、线型规则、色泽和漆膜厚薄均匀。标志线涂层不应有皱纹、斑点、起泡、开裂、发松、脱落等现象。所划设的方向箭头、道面文字等标志要确保边齐、角齐、圆滑无毛边，划设带有弧度的标志

时，弧度必须圆滑流畅，符合导向轨迹要求。

在规定的使用期限内，标志线不应出现明显变色。

对于热熔型涂料底漆，沥青道面涂敷一遍，水泥道面涂敷两遍，待底漆溶剂挥发后立即划设热熔漆。底漆的尺寸必须大于热熔漆标志线尺寸的5%。

（4）标志线细部质量要求

标志线干膜厚度标准：常温型漆为0.15～0.20mm；加温型漆为0.20～0.50mm；热熔型漆为1.80～2.50mm。

标志线在涂刷时要及时纠正人为偏差，其中位置允许偏差为±20mm，标志线端线与道面边线垂直允许偏差为±2°，标志线宽度允许偏差为0～+5%，每条线段纵向允许偏差为±50mm。

各种标志线复划时，必须与原线重合（除了纠正不符合要求的线外），横向允许偏差为0～+10mm，纵向允许偏差为0～+0.1m。

4. 施工中注意事项

在标志线施工时，为了保证施工质量和安全应做到：

（1）不得在雨天和潮湿冰冻的道面上施工，环境相对湿度也不能超过80%；

（2）涂料在施工前一定要搅拌均匀；

（3）稀释剂加入量不能超过涂料体积的5%，若因天冷涂料黏度高而使稀释剂加入量过多时，应复涂一次，保证干膜厚度；

（4）常温型和热熔型涂料施工时的气温分别不宜低于5℃和10℃；

（5）不同类型的涂料不得混用，应将设备清理干净后方可更换另一种涂料；

（6）不同材料的道面应按规定或要求选用不同类型的涂料；

（7）水泥混凝土新道面在涂刷标志前应有足够的养生时间保证涂料对道面的黏着；

（8）沥青混凝土新道面可将常规标志线漆作为底漆，底漆厚度不大于正常厚度的一半，隔一段时间后再刷一次标志漆；

（9）老道面上涂刷时要先将原标志、轮胎橡胶等沉积物清除；

（10）用于喷涂道面标志线的工程车辆必须配备灭火器材；

（11）用机动车装运涂料、溶剂、手推划线机等必须安放稳固；

（12）施工人员不得在装有危险品的车辆上及设备旁吸烟或点燃明火。

5. 工程质量验收

（1）质量检查内容

① 标志线平面尺寸是否达到要求，每一种标志线抽测2～5处；

② 标志线的位置、直线性的偏差是否符合要求，每一种标志线抽检的数量不少于标志线总长度的15%；

③ 标志线垂直角度的偏差是否符合要求，抽检2～5处；

④ 标志线的厚度是否符合要求，抽查检测并记录5～10处。

（2）质量评定标准

标志线、文字与符号线条总体质量、完工涂层质量、厚度、颜色指标验收时必须符合相关标准，要严格要求，严禁发生和存在相关质量问题；其他项目应保证工程安全和使用功能的基本要求，允许存在一定限度的偏差和缺陷。检查验收时，按照检查内容中要求的进行检查，实测或抽检内容应全部满足才为合格，但如果偏差实测数据的符合率不小于90%也为合格。

二、旧标志线的清除

除了新建道面和机场以外，修复原有道面标志线时，如果旧标志线磨损严重，需要先将原标志清除干净，再在其上划设新标志线。标志线的清除方法与跑道除胶方法相同。

三、标志线日常维护

（一）道面巡视与检查

每个机场都应建立适宜自身情况、满足最低要求的道面巡查制度。一般情况下，每日机场开放前都应进行一次包括外来物、道面状况、排水情况、目视助航设施等在内的跑道全面检查。当机场每日起降量大于 15 架次时，还要进行不少于 3 次的中间检查，其中在机场高峰时段之前必须进行一次中间检查。跑道检查应该与航空器起飞或着陆的方向相反，一般采用驱车检查，车辆速度不大于 45km/h。

除了跑道以外，每天还要对所有铺筑道面、升降带、跑道端安全区、飞行区围界、巡场路进行不少于一次的巡查。每季度对跑道、滑行道、机坪的铺筑道面至少进行一次徒步检查。

（二）修复与刷新

当发现标志线油漆脱落或遭受污染时要及时补刷，补刷前先清除污染物；当标线由于胎迹或其他破坏清晰度受到大面积影响时，则要全部重新喷涂一次，每平方米用漆量为0.5～0.6kg，颜色要求均匀一致。

对于年客流量超过百万人次的机场每年应全面涂刷两次，其他机场视具体情况进行 1～2 次的涂刷。

第六节　标志物设置与维护

一、标志物的设置与验收

（一）分类与命名

1. 类型

标志物按其安装底座的形式可以分为 A、B、C 三种：

（1）A 表示地锚式底座：底座下端为易打入地下的尖端或扁形，适于安装在无铺砌面上。

（2）B 表示嵌入式底座：底座为笔筒形，预埋在铺砌道面内，适于永久性地安装在铺砌道面上。

(3) C表示平底式底座：底座类似法兰盘形，适用于安装或胶固在铺砌面上。

也可以按其易折方式分为D、P、W三种：

(1) D表示标志物在收到碰撞时，其易折件折断；

(2) P表示标志物无易折件，在收到碰撞时底座以上部分破碎或折断；

(3) W表示标志物无易折件，在收到碰撞时底座以上部分弯倒。

2. 命名方式

其命名型号可以表示为：

TRM—X—X—XX

TRM代表逆向反光标志物；第一个X代表易折方式；第二个X代表底座安装形式；XX代表标志物安装总高度，以cm为单位。

(二) 技术要求

1. 总体结构要求

标志物具有符合要求的逆向反光面积，并能够将射来的光线朝着光线来源方向反射回去。标志物一般为柱形，其结构在收到飞机碰撞时不对飞机造成损坏。逆向反光材料为蓝色并牢固地附着在标志物主构件上，不会滑动或松开。标志物表面应平滑、无明显皱纹、凹痕或变形。逆向反光材料的拼接应尽可能少。

2. 尺寸要求

从任一水平方向观察时，标志物的逆向反光面积不小于15000mm^{2}并为矩形。标志物安装后的逆向反光面积从安装表面50mm以上开始计算，正投影宽度为50～200mm，总高度不大于350mm，只有在积雪地区才允许大于350mm，但最高不大于750mm。

3. 抗风性能

安装后的标志物，能承受160km/h的风力荷载，不出现折断或永久性变形，标志物及其部件不会被飞机气流吹走、吸入或改变位置。当风速为80km/h时，保持形状不变。

4. 易折性

标志物在受到飞机碰撞时不造成飞机损伤，标志物则出现弯倒、破碎、折断等情况。当标志物设有易折点时，易折处距离安装表面不大于38mm，折断后，易折件的残留应以能轻易从底座中取出为宜。

5. 材料要求

标志物主要构件由轻质和（或）脆性材料制成，部件使用的材料具有耐腐蚀性或镀有防腐层。

逆向反光材料的色度性能、逆反射系数和发光强度系数要符合交通行业标准JT/T 279—2016中的要求。反光材料外表可以加保护层，但不能影响逆向反光性能。

6. 外观要求

目视检查标志物的表面是否平整光滑以及有无明显皱纹、凹痕或变形。反光材料的附着和拼接是否符合要求，并采用下列方法检测：

(1) 用直尺测量并计算标志物有效部分的逆向反光面积是否符合尺寸要求；

(2) 用直尺测量标志物的直径和顶部至预定安装表面的高度是否符合尺寸要求；

(3) 检查易折件的形状是否正常和至安装表面的距离是否符合易折性的尺寸要求。

第七节　标记牌施工与维护

一、标记牌施工

标记牌安装应按以下程序进行：

（1）标记牌的安装位置测量埋桩后，经检查确认，预埋保护管；

（2）确认基础高程，预置线缆保护管后进行基础浇注；

（3）安装标记牌底座；

（4）铺设线缆，做接头，检测是否合格；

（5）检查牌面信息正确，方可安装。

二、标记牌施工质量要求与验收

1. 标记牌施工质量要求及检查内容

材料到场后，要进行收货验收，确定符合要求并能提供正规技术文件的，才能在施工中使用。主要检验以下项目：

（1）包装机密封性是否良好，在运输过程中是否受到碰撞、雨淋、受潮等破坏。

（2）相关技术、认证、许可文件是否齐全。

（3）附件、备件、特殊安装工具是否齐全。

（4）外观检查，包括牌面是否平整；外形尺寸是否符合要求；牌面与文字的颜色、尺寸、形状与间隙是否符合标准，逆向反光膜是否平整；接缝处是否衔接良好，铆钉、螺钉连接是否牢靠、接触紧密；焊接质量是否良好，有无裂纹；油漆是否均匀，有无气泡、脱落等现象；电气元件、电线、灯泡等是否符合要求并能正常使用；等等。

标记牌安装之前，还要对基座、电缆沟等进行质量检查，包括：

（1）预埋件、预留孔、电缆沟、槽及盖板的位置、尺寸大小均应符合设计要求，预埋件应牢固；

（2）混凝土基础强度要达到75%，基础位置、尺寸大小、高程、地脚螺栓孔应符合施工规范和设计要求，基础表面应光洁平整；

（3）基础周围土方是否按照密实度要求夯实；

（4）现场杂物是否清理完毕。

在上述质量达到要求以后，就可进行标记牌安装，在安装过程中及完成后，必须确保：

（1）牌面内容、朝向、发光颜色及支柱易折性符合要求；

（2）牌面照明亮度均匀，目视无明显明暗偏差；

（3）电气接线牢固可靠；

（4）标记牌密封圈的沟槽保持清洁，密封圈位置正确；

（5）牌面垂直于临近道面中线或滑行道中线标志；

（6）紧固件齐全，安装牢固，进出线保护管口封堵严密；

（7）标记牌至边线的距离允许偏差为±50mm，牌面与边线角度允许偏差为±2°，纵向距离允许偏差为±300mm；

（8）多牌面标记牌顶部要同高，相邻牌顶高差不大于2mm，总高差不大于5mm，牌面平整度不大于1mm。

与此同时，与标记牌配套的灯箱及隔离变压器要求：

（1）灯箱与保护接地线必须可靠连接；

（2）灯箱表面光洁、无毛刺，灯箱无裂纹或缺损，密封应良好；

（3）灯箱的管螺纹应完整、正确，断丝或缺丝不超过螺纹全扣数的10％；

（4）灯箱在安装前应按每批订货量的5％做水密性抽查，以历时24小时不渗漏为合格，如有渗漏，应加倍抽查，直至逐个检查，不合格的灯箱修补后，再做水密性检查，合格的方可使用；

（5）灯箱与进出线缆保护管连接处应做密封处理，灯箱内应清扫干净，密封垫圈尺寸选用应恰当，箱体与箱盖之间的密封应良好；

（6）安装完成后，灯箱顶部相对于基础表面的高度宜不大于60mm；

（7）安装前对隔离变压器进行电气测量，初、次级绕阻的直流电阻，初、次级间绝缘电阻和初级对地的绝缘电阻，采用2500V兆欧表测量，其中绝缘电阻应趋于无穷大；

（8）隔离变压器接地端子与保护接地线应可靠连接；

（9）隔离变压器的插头与插座应插接牢靠，并有密封措施；

（10）熔断器的底板支架为绝缘材料做成。

2. 标记牌质量抽查及验收标准

按交验数量的3％抽查标记牌内的外清洁性、结构及安装牢固性、紧固螺母与螺栓的完整性及电气接线的正确、可靠与密封性；按10％抽查标记牌的发光颜色及朝向、照明的均匀性、牌面有无破裂与裂纹、牌面信息与安装位置的符合性；按3％抽查灯箱内部清洁状况，以及密封是否良好，接地是否可靠；按3％抽查隔离变压器插接件的插头与插座接触是否良好，插拔力是否适中，密封是否良好；插头与插座的接地线应可靠连接；其他项目需要100％进行检测。

允许偏差的项目检测数据符合率不小于90％为合格，其他项目实测或抽查全部满足要求为合格。

二、标记牌日常维护

滑行引导系统标志牌维护多为反光涂料材料制作，要求字迹清晰、反光效果良好，要经常清除灰尘污染，使用年限过久、字迹和反光效果模糊的应重新刷写或更新。

第八节　助航灯光检查维护

一、立式进近灯具

（一）检查周期

立式进近灯具包括进近灯、进近侧边灯、顺序闪光灯和环视灯。预防性检查维护周期应符合表5-20中的规定。

表5-20 进近灯光灯具预防性检查维护

维护内容	每日	每月	每半年	每年	不定期
1. 检查灯具的发光情况	★				
2. 目视检查灯具的安装角度	★				
3. 清洗灯具玻璃罩		★			
4. 仪器检查灯具安装的直线性和安装角度			★		
5. 检查灯具的外部结构			★		
6. 检查顺序闪光灯的户外控制箱				★	
7. 目视检查灯具的机械结构和光学部件					★
8. 因特殊原因进行的检查维护					★

（二）检查维护内容

1. 每日检查维护内容

（1）检查灯具的发光情况。目视检查灯具发光的均匀性、颜色、覆盖范围是否正常，顺序闪光灯闪光是否正常，在其不满足要求时做以下工作：①更换失效的灯泡；②更换破损的玻璃罩及滤色片；③清理灯具的遮挡物及玻璃罩上的污垢。

（2）目视检查灯具的安装角度，对有显著偏差的灯具应重新调整。

2. 每月检查维护内容

清洗灯具玻璃罩。

3. 每半年检查维护内容

（1）仪器检查灯具安装的直线性和安装角度，检查每个灯具的仰角，对仰角出现偏差的灯具应重新调整。

（2）检查进近灯光系统中灯具的外部结构，如灯具易折件、连接件等，对已损坏的灯具外部结构件进行维修或更换。

4. 每年检查维护内容

检查顺序闪光灯的户外控制箱。

（1）检查顺序闪光灯户外控制箱的密封情况；

（2）检查或更换避雷器及其他失效组件；

（3）紧固接线端子，清洁控制箱的内部设备；

（4）校验顺序闪光灯的反馈信号及闪光频率是否正确。

5. 不定期检查维护

在以下情况应进行不定期检查维护：

（1）机场新建成或灯具更新一个月内；

（2）天气温度骤变或大风、暴雨（雪）等恶劣气象条件；

（3）灯具达到一定使用年限或发生异常灯具损坏等。

不定期检查维护的内容：

(1) 目视检查进近灯具的密封性能、机械结构及光学部件，如反光器、玻璃罩及滤色片等。

(2) 检查灯具内部有无渗水或损坏，更换灯具的失效组件及密封圈；

(3) 检查维护灯具的防腐层；

(4) 检查灯具内外紧固件的有效性。

二、目视进近坡度指示系统

(一) 检查周期

预防性检查维护应符合表 5 - 21 中的规定。

表 5 - 21　目视进近坡度指示系统（PAPI、APAPI）预防性检查维护

维护内容	每日	每月	每年	不定期
1. 检查灯具的发光情况	★			
2. 检查每台 PAPI 灯具的仰角		★		
3. 检查每台 PAPI 灯具内、外部光学部件		★		
4. 检查机械部件有无损坏		★		
5. 检查灯具及户外配套电气设备的密封情况		★		
6. 检查每台 PAPI 灯具的安装			★	
7. 清除可能遮挡住灯具光束的杂草、积雪或障碍物				★
8. PAPI 校验				★
9. 因特殊原因进行的检查维护				★

(二) 检查维护内容

1. 每日检查维护内容

检查灯具的发光情况：

(1) 检查所有灯泡工作情况，更换失效的灯泡；

(2) 目视检查灯具红色滤色片有无破裂或移位现象，更换失效的滤色片或将滤色片卡到位。

2. 每月检查维护内容

(1) 检查每台 PAPI 灯具的仰角和水平安装角度，应符合相关规定；

(2) 检查每台 PAPI 灯具内、外部光学部件有无破损和位移，并清除污垢；

(3) 检查每台 PAPI 灯具的机械结构和部件安装情况，对松动或损坏的部件进行紧固和更换。

(4) 检查每台 PAPI 灯具及户外配套电气设备的密封情况，更换失效的密封件。

3. 每年检查维护内容

检查每台 PAPI 灯具基础是否出现位移或沉降。

4. 不定期检查维护

在以下情况应进行不定期检查维护：

(1) 机场新建成一年内或任意一组灯具总成更新；

（2）大气温度骤变或大风、暴雨（雪）等恶劣气象条件；

（3）发现灯具基础有明显冻胀或沉降；

（4）外界扰动造成灯具仰角发生了变化。

不定期检查维护内容：

（1）检查并清除可能遮挡住灯具光束的遮挡物或障碍物；

（2）检查 PAPI 灯具的仰角和安装情况。

（三）PAPI 校验

（1）按照 PAPI 灯具空中校验安排与仪表着陆系统同时进行空中校验；

（2）在定期校验周期中，PAPI 灯具调整后应当重新进行空中校验或地面校验。

三、跑道和滑行道灯具

（一）维护周期

跑道和滑行道灯具分为嵌入式灯具和立式灯具，包括跑道入口灯、跑道入口翼排灯、跑道入口识别灯、跑道末端灯、跑道边灯、跑道中线灯、接地带灯、滑行道中线灯、滑行道边灯、快速出口滑行道指示灯、跑道掉头坪灯、停止排灯、中间等待位置灯、道路等待位置灯、除冰防冰坪出口灯、飞机机位操作引导灯、不适用地区灯、跑道警戒灯和嵌入式进近灯等。跑道和滑行道灯光系统的预防性检查维护应符合表 5－22 的规定。

表 5－22　跑道和滑行道灯具预防性检查维护

维护内容	每日	每周	每月	每半年	不定期
1. 检查灯具的发光情况，更换失效的发光组件，破损的玻璃灯罩	★				
2. 目视检查立式灯具的纵向和横向的直线性	★				
3. 检查并记录跑道警戒灯的两灯交替变化频率		★			
4. 检查各类嵌入式灯具上盖			★		
5. 检查跑道上嵌入式灯具上盖的固定螺栓的扭矩（跑道等待位置以内）			★		
6. 检查并清洗嵌入式灯具投光窗口的污垢			★		
7. 清洗立式灯具玻璃罩			★		
8. 检查除跑道以外的其他嵌入式灯具上盖的固定螺栓的扭矩				★	
9. 清除可能遮挡住灯具光束的杂草、积雪或其他类障碍物					★
10. 因特殊原因进行的检查维护					★

（二）检查维护内容

1. 每日检查维护内容

（1）检查灯具的发光情况。目视检查灯具发光的均匀性、颜色、覆盖范围是否正常，

在其不满足要求时应做以下工作：①更换失效的发光组件；②更换破损的嵌入式灯具上盖；③更换破损的立式灯具的玻璃灯罩。

（2）目视检查立式灯具的纵向和横向的直线性，重新调整显著偏差的灯具，维修倒伏灯具。

2. 每周检查维护内容

检查并记录跑道警戒灯的两灯交替变化频率，应符合相关规定。

3. 每月检查维护内容

（1）逐个检查各类嵌入式灯具上盖有无变形、破裂或紧固件脱落。如果有应查明原因，立即更换；

（2）检查跑道上嵌入式灯具上盖的固定螺栓的扭矩（跑道等待位置以内），按照该灯具产品说明书规定的扭矩紧固螺栓；

（3）检查并清洗嵌入式灯具投光窗口的污垢；

（4）清洗立式灯具的玻璃罩。

4. 每半年检查维护内容

检查除跑道以外的其他嵌入式灯具上盖的固定螺栓的扭矩。

5. 不定期检查维护

在以下情况下应进行不定期检查维护：

（1）机场新建成投入使用一年内或灯具更新一个月内；

（2）大气温度骤变或大风、暴雨（雪）等恶劣气象条件时；

（3）在实施除冰雪作业后和道面土建维修工程（道面盖被等）后；

（4）灯具达到一定使用年限，或发生异常灯具损坏（飞机牵引车的抱轮机构刮坏或划中灯具上盖）等。

不定期检查维护内容：

（1）灯具的安装角度；

（2）检查并清除可能遮挡住灯具光束的橡胶层、杂草、积雪等遮挡物和障碍物；

（3）灯具的完好情况。

第六章 机场鸟害防治

第一节 机场鸟击防治的组织建设

机场鸟击防治工作是保障飞行安全的一项重要工作。各级要以保证飞行安全为中心，坚持“以防为主、驱避结合、标本兼治、综合治理”的原则，及时、有效地组织，实施机场鸟击防治工作，为飞行创造良好条件。

一、机场鸟击防治工作的基本任务

1. 组织实施机场鸟情调查研究，建立鸟情档案，发布鸟情通报。

2. 组织飞行人员学习鸟类基本知识，了解和掌握机场、空域、航线（军用机场还包括靶场、空降场、野外着陆场）鸟类活动规律，增强防鸟击意识，科学制订飞行计划。

3. 组织实施飞行三个阶段驱鸟利日常驱鸟工作。

4. 组织实施机场及周边环境的管理与整治。

5. 管理维护机场驱鸟装备、设备及器材，使之经常处于良好状态。

6. 积极向机场及周边地区的广大群众宣传鸟类对飞行安全的危害，普及鸟击防灾知识，提高群众鸟击防灾的意识，同时防止因驱鸟发生不必要的纠纷。

7. 发生鸟击飞机事件后，组织实施鸟击现场勘查和特情处置工作。

二、组织领导

民用航空方面，民航局及各方面和机场应有针对性地成立专业鸟击防范机构。军方应在军区空军、航空兵师（基地）、飞行学院、航空兵团、场站等成立机场鸟击防治工作领导小组，加强机场鸟击防治工作的领导。民用机场和军用机场场站，要选调综合素质好的人员成立驱鸟队，具体负责组织实施鸟击防治工作。各级机场营房部门是本级机场鸟击防治工作的业务主管部门。

1. 民用机场集团公司或机场及军区空军一般成立的鸟击防治工作领导小组，应由民用机场副总经理及部队副司令员负责，成员包括有关部门。

2. 军方航空兵师（训练基地、飞行学院）和所有驻地飞行部队的场站都要成立防鸟击工作领导小组，专门有一名领导具体负责，并成立机场鸟击防治工作办公室。场站应抽调专人组成专职驱鸟队。

3. 民用机场鸟击防治工作领导小组要由总公司领导，军方场站机场鸟击防治工作领导小组要由场站党委直接领导，在上级业务部门指导下抓好鸟击防治工作。其主要负责：

（1）认真组织学习、贯彻落实上级关于鸟击防治工作的规定、指示、要求。结合实际，建立健全的各项工作制度和安全措施，并督促检查落实情况。

（2）组织鸟情调查，建立并完善机场鸟情档案。负责机场生态环境管理，制定机场鸟类活动环境综合治理方案，并组织实施。

（3）定期分析鸟击防治工作形势，讲评工作落实情况。指导驱鸟队采取多种方式开展日常和飞行驱鸟工作。

（4）定期向飞行单位和有关人员通报鸟情，及时向飞行指挥员提供飞行日鸟类活动情况预报，合理建议航空公司调整时间、高度，以避开空中鸟类集群，军方飞行部队适当改变或修订飞行计划。

（5）组织人员参加技术培训和科研创新，协助组织有关技术人员深入到航空公司和飞行部队宣讲鸟击防治知识。

（6）负责机场鸟击防治工作的对外联络，协调地方政府有关部门，抓好机场周围鸟击防治，禁止放养鸽子等影响飞行安全的鸟类。

（7）负责驱鸟设备、猎枪及子弹的申领、使用、管理。领导小组组长对驱鸟枪弹的使用、管理、安全负有领导责任。

（8）鸟击防治工作领导小组及时向上级有关部门汇报鸟击防治工作情况。负责组织有关登记、统计上报工作。

（9）会同有关部门进行鸟击飞机事件的现场勘查鉴定工作，并及时向上级业务部门报告。

4. 机场（场站）驱鸟队在机场鸟击防治工作中，主要负责：

（1）制定驱鸟预案及鸟击防灾应急预案，组织实施飞行日驱鸟和日常驱鸟工作。

（2）管理维护驱鸟装备、设备及物资器材，使之经常处于良好状态。

（3）依据鸟类活动规律，定期巡查机场及周边环境，积极参与机场鸟类活动环境综合整治工作。

（4）积极开展机场鸟情调查工作，组织定期观测鸟情各要素，做好记录，并将观察结果输入数据库；整理并保存机场鸟情档案，管好用好机场鸟情资料。

（5）组织鸟击防治人员训练，总结机场鸟击防治工作经验。

三、机场鸟击防治工作制度

为切实抓好工作落实，要逐步建立、完善机场鸟击防治工作制度，形成鸟击防治工作制度体系。

（一）飞行驱鸟工作签字制度

机场、航空公司及部队场站，应建立飞行驱鸟工作签字制度。开飞前，驱鸟队值班负责人应向外场值班员报告驱鸟工作完成情况，并由其提请外场负责人及部队值班首长对驱鸟工作完成情况复查签字。

（二）登记统计报告制度

民用机场及部队场站，应建立鸟击防治工作登记统计及报告制度。民用机场及部队场站机场鸟击防治工作领导小班督促指导驱鸟队及时填写《机场鸟情表》《机场鸟类活动环境情况表》《驱鸟工作日志》《机场鸟害防治工作月报表》等各种登记统计表，并由机场场务部门及部队场站机场营房股于每月 5 日前，将上月民用机场及部队场站机场鸟击防治工作领导小组审批后的《机场鸟害防治工作月报表》报上级业务部门。目前，民用机场鸟击防灾工作上报还有待完善。部队军区空军后勤部队机场营房处汇总审核后，填写《军区空军机场鸟击防治工作月报表》，于每月 10 日前报至空军后勤部队机场营房部机场鸟害防治办公室。

机场及场站每季度要向军区空军后勤部报告机场鸟害防治情况。各军区空军后勤部每半年向上级空军后勤部上报本区机场鸟害防治情况，主要内容包括鸟情和鸟害防治工作开展情况，驱鸟设备使用维护情况，鸟击事故、事故征候、问题等，并提出工作中存在的问题、意见和建议。

（三）鸟情观察制度

场站应建立机场区域鸟类活动情况观察制度。每日将观察收集到的过往鸟群、留鸟活动时间、数量、飞行高度、地段等情况及时记录，并输入本单位的机场鸟击防治信息系统终端计算机，便于统计分析。

（四）鸟情通报制度

机场及场站应建立鸟情通报制度。机场及场站鸟击防治工作领导小组要定期以书面形式向航空公司及飞行团通报机场鸟情，每月不少于一次，特殊鸟情，应及时通报。遇有突发性鸟情变化，对飞行安全造成威胁时，也可及时以口头形式通报。

（五）鸟击报告制度

机场及场站应建立鸟击报告制度。发生鸟击飞机事件后，机场、部队飞行团、场站主要领导和有关专业人员（药剂师）进行现场调查和分析研究，准确判断鸟击性质，鸟的种类；查清原因，明确责任；在规定时限内，逐级上报有关情况。

（六）形势分析会制度

场站应建立鸟击防治工作形势分析会制度。工作协同会通常每月召开一次（鸟类活动频繁时期适当增加次数），由机场场务部门及场站机场鸟击防治工作领导小组组长主持，各有关单位人员参加，讲评鸟击防治工作，分析鸟击防治形势，总结经验教训，研究改进措施，布置相关工作。指定专人登记并保存好会议记录。

（七）工作协同会制度

机场及场站应建立鸟击防治工作协同会制度。协同会通常每季度召开一次，由机场及场站机场鸟击防治工作领导小组组长组织，征求航空公司及飞行部队对鸟击防治工作的意见，研究解决存在的问题，指定专人登记并保存好会议记录。

（八）工作讲评制度

建立机场鸟击防治工作讲评制度。机场及场站驱鸟队每个飞行日对驱鸟工作进行讲评，无飞行时每周讲评一次，及时纠正问题，总结经验；机场场务部门及场站（含部队及营股）每月对鸟击防治工作讲评一次（可与形势分析会合并进行）；机场集团公司和军区

空军后勤部每半年对全区机场鸟击防治工作进行一次讲评通报，并抄送民航局和空军后勤部；空军每年对空军机场鸟击防治工作进行一次讲评通报。对于在驱鸟责任范围内发生的鸟击飞机事故征候或飞行事故，民航局或空军后勤部在15日内通报各航空公司及飞行部队，并对责任机场及场站的机场鸟击防治工作进行讲评通报。

(九) 安全管理制度

机场及场站应建立鸟击防治工作安全管理制度。对驱鸟用枪支弹药，易燃、易爆、有毒化学物品等危险品，要按照民航局总部、空军有关规定完善其使用管理制度，严格抓好落实，防止发生问题。

1. 驱鸟猎枪（弹）的使用管理

对于驱鸟猎枪弹的使用管理，民航局应按国家枪支使用、保管的有关规定，管好猎枪(弹)，军方应严格按照空军颁发的《空军机场鸟害防治猎枪及子弹使用管理暂行规定》(〔2001〕司军字第107号通知）执行。

2. 雷鸣弹、钛雷弹、鞭炮、农药的使用管理

机场常用来驱鸟的危险品，如雷鸣弹、钛雷弹、鞭炮、农药等使用时应严格管理，杜绝事故发生。

(1) 机场及场站对危险品的购置、请领、管理使用和安全负总责；就部队而论，军训部门负责检查监督飞行训练期间危险品使用情况，防止影响飞行安全的事故发生；军务部门监督检查爆炸品类危险品管理使用情况，指导部队做好枪弹使用管理和安全工作；卫生部门监督指导农药等有毒危险品的管理使用情况；保卫部门要对危险品使用保管人员做好政治审查、协调地方公安机关等做好购置报批工作，以及负责危险品被盗等案件的侦破；机场场务部门及机场营房部门负责危险品的购置、销毁，未爆弹的处理，以及实用技术指导和存放柜的配备。

(2) 购置爆炸类及有毒危险品，必须经机场及场站机场鸟击防治工作领导小组审批并严格购置程序，所购危险品应符合国家相关安全和技术标准；发货运输应严格执行国家、部队有关安全管理规定，落实安全措施。

(3) 使用保管危险品的人员需经专业培训、机场及场站机场鸟击防治工作领导小组政治审查和技术考核合格后，方可上岗执勤。要求做到熟悉基本性能，熟知日常管理，会检查、使用，会紧急避险和处理危险情况。

(4) 库存爆炸类危险品应存放于机场专门仓库的部队场站军械部门弹药库，并专柜存放，机场专门仓库和部队临时使用的少量爆炸类危险品应存放于警卫连枪械库（室），并专柜存放。民用机场、部队以及场站的有毒类危险品存放于驱鸟队驱鸟器械仓库，并专柜存放。危险品的存放应严格落实双人双锁以及“三铁一器”的安全制度。

(5) 机场及场站应建立危险品使用管理登记制度，对危险品的补充、消耗情况逐次登记，每周清点一次，核准数量，做到账、物、卡相符；动用临时使用的危险品必须经驱鸟队领导批准，部队驱鸟队动用军械库等库存的危险品必须经机场及场站机场鸟击防治工作领导小组组长批准，出入库按照军械仓库有关枪、弹出入库管理规定执行；每次驱鸟任务完成后，应准确清点剩余危险品数量，由驱鸟员如数交回并登记，驱鸟队干部检查签字。

(6) 在使用雷鸣弹、钛雷弹等爆炸类危险品驱鸟时，通常由1名操作手和1名助手组

织实施。使用前仔细检查燃放装置，仔细观察周围环境，确保飞行和人员安全。驱鸟结束后及时回收弹壳等遗留物，防止污染道面。

(7) 申领的农药最好一次用完，不能在个人手中保管过夜；喷洒结束后及时洗罐，确保农药无残留。

(8) 工作当中交接危险品时，必须清点剩余危险品数量，准确交接并登记签字。

3. 禽流感的防范

在鸟击防治工作中，应采取有效措施防范人员感染禽流感病毒。

(1) 积极宣传禽流感防范知识，提高全体人尤其是驱鸟人员对禽流感的认识以及防范意识。

(2) 驱鸟人员在接触鸟类时，应佩戴消毒手套、消毒口罩，猎捕的鸟类存放于密封的口袋中；工作完毕后及时进行个人清洁，对工作中使用的手套、口罩、口袋以及驱鸟工具应定期消毒，鸟类迁徙季节应每日消毒。

(3) 非驱鸟人员禁止私自摘取粘鸟网和其他补鸟器上捕获的鸟类；驱鸟人员不得将捕获的鸟类用于食用、养殖、出售或赠予他人，捕获的鸟类应由专人负责处理，及时在指定地点掩埋销毁，并对场地撒石灰粉消毒。

(4) 制作鸟类标本时，应使用捕获的健康鸟类制作，制作过程要佩戴手套、口罩，严格按程序消毒。

4. 狂犬病毒的防范

蝙蝠是数十种病毒的自然宿主，其中有亨德拉病毒、尼帕病毒、狂犬病毒等烈性病毒。因此，对蝙蝠防治人员要求采取防范措施，防止被蝙蝠抓伤、咬伤，一旦被蝙蝠抓伤、咬伤，必须及时注射狂犬病疫苗。蝙蝠危害较重的机场及部队场站卫生部门要制订防范措施，做好应急准备。

5. 有毒动物的防范

在鸟击防治工作中，驱鸟人员要小心谨慎，加强自我保护意识，必要时应佩戴防护用具，防止毒蛇、蜈蚣、蜘蛛、蝎子等有毒动物的伤害。

第二节 日常驱鸟工作

日常驱鸟工作要持之以恒，坚持每日开展，主要包括坚持鸟情观察制度，建立机场鸟情档案，发布鸟情通报，制定、完善驱鸟预案和环境综合治理方案，并根据预案和应急方案具体实施日常驱鸟、防鸟工作和环境整治，及时填报各种登记统计。灾害尤其是特大自然灾害或重大任务时，机场应驱鸟，保证飞行安全。

一、建立机场鸟情档案

1. 调查掌握机场周围 5km 范围内（以跑道边线为基准，下同）鸟的种类和活动情况，确定威胁飞行安全的鸟类，掌握其主要飞行路线、高度、聚集场所和种群数量等情况，研究其生活习性、活动规律和飞行特点。

2. 调查掌握机场周围 5km 范围内吸引鸟类活动、生存的环境情况，如食物、水源和

栖息场所等，主要包括：

（1）机场周围是否种植谷类等吸引鸟类的农作物；

（2）机场周围是否存在垃圾场、沟塘、树林、灌木丛等吸引鸟类的场所；

（3）飞行场区草高是否符合规定；

（4）飞行场区是否存在鼠、兔等吸引鸟类的动物；

（5）飞行场区是否存在积水坑塘，排水系统是否畅通。

3. 根据机场周围鸟情和吸引鸟类活动的生态环境情况，建立机场周围5km范围内鸟情档案。包括鸟情表（表6-1）、机场鸟类活动环境情况表（表6-2）、机场鸟类分布及环境情况示意图、机场常见鸟类基本情况展示图（或鸟类标本展示）等。机场鸟类分布及环境情况示意图，应标示清楚机场周围5km范围内主要威胁飞行安全的鸟类分布情况和吸引鸟类活动的环境情况。

表6-1 机场鸟情表

<table>
<tr><td>机场名称</td><td></td><td>机场位置</td><td></td><td>驻用部队</td><td></td><td>使用机型</td><td></td></tr>
<tr><td colspan="8">（一）鸟情概述
（主要说明在机场周围5km范围内和飞行航线内，各季节出现的鸟的种类和活动情况。）</td></tr>
<tr><td colspan="8">（二）严重威胁飞行安全的鸟类详情</td></tr>
</table>

序号	鸟类名称	大小(cm)	体重(kg)	数量	生活习性	飞行高度	食物	活动规律	活动区域

二、发布鸟情通报

场站机场鸟击防治工作领导小组应及时将机场鸟情通报空勤、地勤有关部门和人员。鸟情通报应建立在鸟情观测和科学分析的基础上，通报内容一般包括鸟类活动情况、场站应对措施、防鸟击建议三部分。

机场鸟类活动环境情况表应包含下述内容：

（1）机场周围吸引鸟类的农作物种植情况栏主要说明农作物的种类、生长时间、离机场距离、面积、高度及易吸引的鸟类等。

（2）机场周围树木（含果园）、灌木丛等吸引鸟类的场所分布情况栏主要说明其种类、生长时间、离机场距离、面积、高度及易吸引的鸟类等。

（3）机场周围垃圾场、养殖场、屠宰场、沟塘等吸引鸟类的场所分布情况栏主要说明其离机场距离、面积及易吸引的鸟类等。

表 6-2　机场鸟类活动与环境状况表

机场名称		机场位置		驻用部队		使用机型	
机场周围吸引鸟类的农作物种植							
机场周围树木、灌木丛等吸引鸟类的场所分布情况							
机场周围垃圾场、饲养场、屠宰场、沟塘等吸引鸟类的场所分布情况							
飞行场区植被情况							
飞行场区吸引鸟类觅食的动物情况							
飞行场区积水坑塘、排水系统情况							
其他情况							

（4）飞行场区植被情况栏主要说明场区内种植草面积、种类、生长环境、生长周期、特性及其是否符合规定等。

（5）飞行场区吸引鸟类觅食的动物情况栏主要说明场区内动物种类在机场内活动区域、生活习性及易吸引的鸟类等。

（6）飞行场区积水坑塘、排水系统情况栏主要说明坑塘面积、在厂区中的位置、用途、水深、周围环境情况等，以及排水系统分布情况、最近一次整修时间、使用情况等。

（7）其他：①报告鸟类活动情况，总结上一阶段的鸟情，预测下一阶段鸟情。鸟情主要有鸟类组成、主要危险鸟类、所处季节阶段（迁徙、繁殖、越冬等）、飞行路线、高度、密度、时段规律、形体大小等与制定、调整飞行计划密切相关的要素。

② 场站应对措施为场站针对鸟情所采取的针对性防治方法。

③ 提出防鸟击建议，针对鸟类活动规律，向驻场部队提出适度调整飞行计划，做好防鸟击应急准备的建议和意见。

④ 驻场飞行部队应认真研究《鸟情通报》，针对鸟情适当调整飞行训练计划，避开鸟类活动高峰期；针对不同的鸟类可能诱发的鸟击，制定针对性应急处置预案；鸟击严重季节，地勤人员应加强对飞机，尤其是夜航飞机的检查工作，及时发现并处理问题。

三、制定机场驱鸟预案

根据机场鸟情、吸引鸟类活动的环境情况、季节、驱鸟设备等，结合飞行训练科目，

制定有针对性的驱鸟方案，包括日常驱鸟预案和飞行日驱鸟预案两部分。主要内容为：驱鸟方法、采用的设备和器材、人员组成、人员组织和分工。重点是飞行前、飞行中以及出现鸟类异常活动情况时的驱鸟预案。日常驱鸟应每天进行。

第三节 飞行驱鸟工作

飞行驱鸟工作，在飞行指挥员和场站外场值班首长的统一领导下，由场站驱鸟队具体组织实施。机场驱鸟工作范围为机场飞行场区内高度 80m 以下。

一、场站飞行准备阶段的驱鸟保障工作

飞行准备阶段的驱鸟工作，必须在开飞前规定时限内做好下列工作：

(1) 根据机场鸟情、环境情况、季节特点、驱鸟装备器材和飞行训练科目，拟制具体驱鸟计划；

(2) 检查驱鸟车、煤气炮、猎枪、粘鸟网等驱鸟装备、设备、器材的技术状态；

(3) 登记领取猎枪（弹），补充雷鸣弹、钛雷弹等驱鸟物资器材；

(4) 进场后，根据驱鸟计划安排驱鸟人员和装备进入指定区域进行驱鸟；

(5) 驱鸟队值班员检查驱鸟效果并向场站外场值班员报告鸟情和飞行准备阶段驱鸟工作情况；

(6) 场站外场值班员向飞行指挥员汇报驱鸟工作完成情况，提请飞行指挥员、场站外场值班首长在开飞前对驱鸟效果进行复查，并在《飞行驱鸟工作检查签字登记表》（见表 6-3）上签字；

表 6-3 飞行驱鸟工作检查签字登记表

日期		星期		天气		温度		风向风力		值班干部			
飞行单位		飞行次数		开飞时间		结束时间		进场驱鸟时间		驱鸟结束时间		驱鸟带队人员	
上个飞行日待办事项处理情况								场站外场值班首长检查签字					
鸟情状况													
采取的措施、消耗的器材、弹药等								飞行指挥员检查签字					
驱鸟效果													
飞行实施阶段	突发性鸟类活动												
	采取的措施、消耗的器材、弹药等												

交班时间： 接班人：

(7) 开飞前，驱鸟执勤人员和机场驱鸟车等驱鸟设备到达指定地点或区域观察、

待命。

二、场站飞行实施阶段的驱鸟保障工作

飞行实施阶段做好下列工作：

(1) 驱鸟执勤人员应坚守岗位，密切观察飞行场区鸟类活动情况，随时准备实施驱鸟。

(2) 驱鸟执勤人员发现危及飞行安全的鸟类活动时，应及时报告场站外场值班员（场站外场值班首长或驱鸟队值班员），并由其向飞行指挥员汇报鸟情。

(3) 飞行指挥员根据鸟情报告及飞行要求向场站外场值班员下达驱鸟命令，场站外场值班员根据命令指挥驱鸟。

(4) 在场站外场值班员的指挥下，驱鸟员迅速实施驱鸟，实施完毕报告情况并在指定地点待命，继续观察鸟情，记录情况。

(5) 驱鸟猎枪操作人员，应注意避让飞机。当使用猎枪等可能影响飞行安全的手段驱鸟时，不得擅自开枪驱鸟，必须经飞行指挥员批准后方可实施。

(6) 驱鸟执勤人员和驱鸟装备应在指定区域进行驱鸟，不得随意变换位置，当发生鸟击飞机，出现飞机迫降等特情时，应立即避让。

三、机场场务部门及部队场站飞行讲评阶段的驱鸟保障工作

飞行讲评阶段做好下列工作：

(1) 驱鸟队值班员向机场场务部门及部队场站外场值班员报告当日驱鸟保障工作情况，参加机场及部队场站讲评和飞行保障场次质量评定。

(2) 驱鸟队值班员组织驱鸟执勤人员及装备退场。检查驱鸟装备器材情况，发现损坏及故障，及时组织修复；登记弹药等物资器材消耗情况，清点、回收弹壳及剩余子弹入库。

(3) 组织讲评飞行驱鸟保障情况，提出改进措施和下一飞行日保障要求，按规定要求填写各种登记、统计信息，并将有关保障情况录入本单位的机场鸟击防治信息系统终端计算机。

四、特殊情况下的驱鸟保障工作

当机场及部队场站在接到紧急保障任务时，驱鸟队应根据飞行指挥员或机场及部队场站飞行保障指挥室的指示，结合飞行准备阶段和飞行实施阶段驱鸟保障工作的有关规定，及时实施驱鸟保障。

五、鸟击飞机事件处理

（一）鸟击飞机事件的分类

根据对飞行的影响程度和飞机的损伤程度鸟击飞机事件可分为鸟击飞机问题、鸟击飞机事故征候、鸟击飞机事故。一般情况下根据飞行部门的划分依据同等执行。

（二）鸟击飞机事件处置

飞行中一旦遭遇鸟击，飞行员要沉着冷静，及时报告，正确处置；飞行指挥员接到鸟击飞机报告后，正确实施指挥，并组织指挥现场紧急处置工作。

1. 机务人员要仔细检查报告鸟击的飞机，发现鸟击痕迹，报告飞行指挥员。

2. 飞行指挥员要及时协调组织团、站主要领导和有关专业人员进行现场调查和研究分析，做出调查结论。现场调查包括对现场进行拍照、摄像，采集数据，搜集残骸、碎片等残留物。

3. 对于造成飞行事故或事故征候（性质严重、问题典型）的鸟击事件，应准确判断鸟击的性质，查清原因，明确责任。民航分局要按规定逐级上报民航局，并由民航局向多部门通报。军方应由军区空军、航空兵师（基地）、飞行学院要对飞行团的防鸟击工作情况、场站的鸟击防治工作情况进行检查，并形成报告［包括报告鸟击情况、防鸟驱鸟情况、改进措施及建议、鸟击报告表（表 6 - 4）等］，逐级上报至空军各有关业务主管部门。

表 6 - 4　鸟击报告表

鸟撞时间			降水情况	
天空云量			温　度	
飞机	型号编号		鸟撞地点	
	训练科目		飞行高度	
	飞机状态		飞行速度	
	鸟撞部位		受损部件	
	对飞行的影响			
	事先是否警告飞行员			
鸟类	鸟的种类		鸟的大小	
	发现数量		鸟撞数量	
备注				

对航空公司或部队飞行团，防鸟击工作情况检查的主要内容包括：组织领导和制度建立；飞行区域鸟类活动规律的掌握；飞行计划安排的合理性（时间、空域、航线、高度等）；机务保障方面、鸟击飞机的等级、统计、报告情况等。

对民用机场及部队场站机场，鸟击防治工作情况检查的主要内容包括：组织和制度是否健全；鸟类活动规律是否已掌握；鸟类活动环境是否按要求治理；驱鸟装（设）备是否按规定要求管理使用；驱鸟工作签字、登记、报告制度是否落实；飞行日驱鸟工作是否落实等。

4. 对于一般性鸟击飞机事故征候和鸟击飞机问题，要查明原因。团、站达成一致意见，填写制式《鸟击报告表》，上报至上一级部门，并按业务渠道迅速逐级上报至民航局。

5. 如某一段时间内频繁发生鸟击事件，应高度重视，有效应对，并视情况及时上报。

6. 各级应加强对所属机场鸟击事故、事故征候、鸟击问题规律的研究，制定针对性防范对策和措施。

7. 当天无法识别击机鸟种时，应协调将收集到的鸟击残留物（残尸、血迹、体液、羽毛等）寄（送）到有关研究机构，进行科学鉴定。

第四节　驱鸟方式与方法

目前，世界各国用于驱鸟的措施很多，主要有听觉威慑、视觉威慑、网捕、猎杀、化学药剂驱除及猎犬、猎鹰驱鸟等。各种驱鸟方法的效果也各不相同。根据某一特定地方的情况，当一种方法失效时，就需要采取多种办法。在大多数情况下，把几种方法结合使用，即驱鸟设备的联合使用，其效果比较好。一旦选用了一种方法，就必须注意鸟类对这种驱赶方法的反应情况，这样就可立即知道这种方法是否成功。

一、听觉威慑

听觉威慑包括用于驱散鸟类的自然和人工的声音。可用来驱赶鸟类的自然声音包括受惊恐鸟或遇险鸟发出的报警惊叫声或求救悲鸣声，以及鸟类天敌的鸣叫声。人工声音包括气炮声和爆竹声，以及用电子装置产生的各种抽象的电子声。重要的是，在使用恐吓装置之前，要制定措施，避免在飞机起飞着陆期间使用，以免受惊吓刺激的鸟类撞击飞机。

虽然听觉威慑被广泛地用于驱赶机场鸟类，也非常有效，但如果较长一段时间内连续使用一种驱鸟设备或固定某种声音，则会令该鸟类产生惯性适应证。事实上，鸟类的适应性是个突出问题。惯性适应证是指当鸟类知道某种现象不会对其产生危险时，它们对该现象就会表现出没有任何反应的一种情形。对于鸟类有某种含义的自然声音，如同类鸟的求救悲鸣声或其天敌的鸣叫声，鸟类形成惯性适应的可能性较小。然而，即使是对这类声音，鸟类也会逐渐习惯。为了降低适应性的影响，声源的位置必须经常更换，并要捕杀一些鸟，以向其余鸟类证明这种声音是有危险的。听觉威慑对偶然造访的鸟类和路过的鸟类来说，要比对留鸟的效用大。

图 6－1　驱鸟煤气炮

（一）煤气炮

煤气炮是一种从听觉角度来驱赶或威慑鸟类及其他野生动物的设备。煤气炮以煤气为燃料，电子点火激发而发出类似枪炮类爆鸣声，如图 6－1 所示。煤气炮一般有固定式和流动式两种，其主要特点如下。

1. 反应迅速即时

现在煤气驱鸟炮已经可以做到定时起爆、人工遥控起爆和计算机控制起爆。过去有些机场在使用煤气炮时，往往采用定时起爆，如 5 分钟或 10 分钟起爆 1 次。在使用初期这种起爆方式的驱鸟效果往往比较理想，但随着时间的推移效果逐渐减弱，其主要原因是鸟类对煤气炮的反应刺激阈值提高，使鸟

类的反应随着时间的推移越来越迟钝。因此通过人工监测的办法，配合遥控煤气炮，做到发现鸟类活动再启动驱鸟炮，效果较为理想。

2. 可以在人员无法到达的地方发挥作用

煤气炮能够在飞行期间设置在驱鸟人员不能进入的区域进行遥控作业。由于煤气炮作业时无碎屑和弹片，因此，可以安装在跑道边的任何区域。而土道面上许多区域在飞行时是无法进入的，但遥控式煤气炮可以解决这个问题。

3. 流动车载煤气炮具有良好的机动性

机场配置流动车载煤气炮是比较理想的选择，原因是流动式煤气炮具有固定式煤气炮所不具有的特点，它除了可以在机场内进行驱鸟作业，配合固定式遥控煤气炮进行作业外，还可以进行场外作业，如平时可用于机场附近地区的驱鸟工作等。

一些专家推荐，驱赶海鸥时，应沿着跑道 50m 放置一枚煤气炮，大多数煤气炮是自动的。每 2 周检查 1 次，经常变换煤气炮的位置将会加强其使用效果。为减少鸟群对煤气炮形成的适应，可偶尔杀死几只鸟或采用其他辅助技术。

煤气炮的优点是：劳动力和操作成本低；方向、时间间隔以及爆炸音量很容易调整；可移动；白天夜晚都适用。缺点是：容易使鸟群形成适应；老式的煤气炮有火灾隐患，不能放在燃料附近；射程短，覆盖面小；需要定期维护。

据有关部门报告，煤气炮对于水鸟和其他害怕枪声的野生鸟类以及非居留性的鸟群短期控制很有效。在早秋迁徙的幼鸟、家鸽可能很快就能适应。因此，鸟类控制不能仅依靠煤气炮，更不能把它当作鸟类控制程序的主要部分。在利用声音驱鸟中，还可以利用钛雷炮，并与煤气炮同时使用，以发出不同的声源，减缓鸟类惯性适应感的产生。建议将煤气炮作为机场驱鸟工作的一部分，与其他产品和技术结合使用。

（二）烟花

烟花是一种较为有效的驱赶鸟群的方法。无论在白天或黑夜，使用效果都非常明显。可以用霰弹猎枪、发令枪、手枪以及专门制造的发射器来发射，驱赶的方向可以人为控制。

有些烟花发射时发出的突发性高音与霰弹枪发出的声音很像，有些烟花在使用中还带有闪光，给鸟群以视觉和听觉的双重威慑。有些装置发射烟花时发出的光能传播 25～300m，还有些在发出连续声响的同时发出的光也能传播到 100m 远的地方。

用烟花、弹药来惊吓鸟群，对驱散那些短暂停留的鸟群非常有效，如海鸥、乌鸦、八哥和各种水鸟，在短射程内对猛禽也有一定的效果，而对家鸽、麻雀以及大部分湿地鸟类则无效。

烟花经常单独使用，但是如果将其与鸟类哀鸣的录音及其他驱鸟技术结合使用将会有更好的效果。

烟花的使用需要大量劳动力，会增加飞机跑道上的物体碎片，如果烟花使用过于频繁，鸟类便会适应，且在干燥的情况下使用烟花驱鸟容易引起火灾。

（三）遥控空爆弹

遥控空爆弹又称高空鸣炮、声音炮弹，类似于平时看到的烟火装备，可以用于驱散高空翱翔的鸟群。通过遥控或手动点火，在弹道的尾部燃炸（约 150m 高处），发出大而突

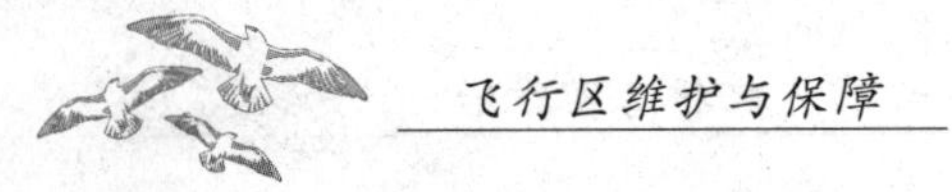

然的响声来惊吓鸟群。

遥控空爆弹在高空对鸟群的威慑相当有效。其缺点是，难以瞄准，会产生残骸碎片，只能在目标远离飞机活动区域时使用，而且不能快速消除鸟群。

（四）鸟类悲鸣声或鸟类天敌鸣叫声

鸟群不容易对包含着某种意义的自然声音形成适应，比如同伴的求救呼叫和猛禽的叫声。因此，可以利用鸟的悲鸣声或天敌叫声使鸟类认为其同伴已经蒙难而赶快逃走。通常是将各种鸟的悲鸣声或其天敌的鸣叫声用磁带或光盘录下来，再用大功率扬声器播放驱鸟。使用结果表明，开始效果明显，但一段时间后，鸟类还是能够产生适应性。因此，要延缓适应，可以时常移动声音来源，确保声音发出的随机性，并偶尔射杀一些鸟以使其同伴确认声音代表真实的危险。

1. 鸟类哀鸣

许多鸟类在被捕获、受伤或处于危险的时候会发出哀鸣，它象征着危险并且警告其他成员迅速分散。每个特定的种群都有自己特定的哀鸣，并只能影响到同类。而有些鸟类，如家麻雀，还没有发现有哀鸣。

哀鸣在不同鸟类和地区都有区别。大多数鸟类都只对同类的求救声作出反应，即便在同一种类中，所处地区不同的鸟类求救声也不同。据研究表明，在北美洲驱散银鸥用的警告声对西欧的银鸥毫无用处。加拿大渥太华的海鸥对于俄罗斯的海鸥求救录音只有放到第四遍时才会有反应。所以，为了驱散海鸥必须准备大量的求救录音。要对录音进行分类，对不同的种群用不同的录音。为了达到最好的驱除效果，应该选择质量好的播放设备。如果可能的话，最好录制本地区鸟类的哀鸣声，让被驱赶的对象听得懂。

不断变化地播放录音很有作用，可以减少鸟群的适应。在机场和农田的应用中，在3～10分钟内以5～60秒的间隔播放录音，建议采取“10秒开、10秒关”循环播放1.5分钟，或采取“15秒开、25秒关”循环播放2.5分钟。正确使用有效的声音可以在几秒内把海鸥驱赶出去。

如果鸟群栖息的地方很大，而且鸟群是从几个方向来的，这就需要更多的装置。在每一群鸟飞来时都要放求救录音，在接近日落时更要持续不断地放。第一天晚上播放哀鸣，可能还是会有相当数量的鸟群进入栖息地，因为这些鸟一旦选择了栖息地就不会轻易离开。这时继续播放录音是无意义的。不过接连3～5个晚上重复这个程序可能会驱除栖息地形的鸟群。

哀鸣可以用来驱除夜间栖息的八哥、乌鸦，操作人员应该在日落前2小时就位。

2. 报警鸣叫

报警鸣叫是指当鸟群被猛禽发现时，鸟类发出的警告同伴的声音。同伴听到警报的正常反应是惊慌并散开找地方隐藏。与哀鸣类似，报警鸣叫是有种类区分的。对以葡萄为食物的混杂鸟群的研究发现，最初所有鸟对其中某一种鸟的警报都有反应，几天后报警鸣叫只对它所属的种群有作用。这说明其他种类的鸟，最初只是因为鸟类对声音有反应而做出反应，而不是对警报本身的反应。但是由于许多种群的报警鸣叫很相似，所以一种报警鸣叫可能会有较为广泛的应用。

因为对警报的反应是鸟类的本能，所以产生适应的可能性会降低。鸟类报警鸣叫在音

调上要比其他鸣叫高，音量上要小，所以警报声不能传播很远。报警鸣叫的适用和哀鸣方法类似，与烟火和偶尔射杀相结合使用能提高其有效性，报警鸣叫可以用于鸟群驱除。由于很难得到合适的录音，所以对其有效性进行评估的案例很少。

3. 猛禽鸣叫

猎鹰和猫头鹰发出的叫声会对驱除鸟类群有一定效果。它用来警告鸟群有猛禽存在，鸟群听到后会惊慌，有时会飞散。猛禽叫声可以用哀鸣和报警鸣叫相同的设备来播放。猛禽的叫声用于驱除特定鸟类群。鸟类对于猛禽的叫声适应起来比较慢。猛禽的叫声对驱除鸟类群的有效性只做过一次比较笼统的评估。在那次评估中，游隼的叫声在 Vancouver 国际机场成功地驱散了海鸥。不过值得注意的是，猛禽在狩猎时都是静悄悄的，不会暴露自己，所以，使用它们的叫声与自然情况不太符合。

目前，国内多数机场使用的声响装置是国外公司进口设备。因不同的鸟类产生的悲鸣声不同，故只适用于该地区。即使是同一种鸟类，由于其语言结构的不同，国外的产品在国内不一定有效。因此，须结合当地情况使用。

（五）霰弹枪

霰弹枪现在被广泛用于惊吓鸟群。其弹药筒能够容纳双发 12mm 口径的霰弹枪子弹，子弹发射到目标鸟类群中爆炸。为了增强驱鸟效果和威慑力，有些弹药筒还加入了闪光粉，有些在飞行过程中还带有啸叫声。

霰弹枪在使用过程中要定期清理，正确的清理方法如下：将大小合适的毛刷绑在一根直棒上，将其放入枪管中来回刷，以清理未燃尽的火药粉末。更换一把毛刷重复刚才的操作，接下来用一块干净的布给枪管涂上专用的润滑油，枪支的外表也需要涂上薄薄的一层，以防止潮湿和生锈，最后检查武器的各部分以确保它们运转正常。

霰弹枪使用时还应注意的有关事项有以下几点：

（1）无论有无装弹药，枪支不要指向任何人；

（2）不用时要卸下枪支中的弹药；

（3）使用前要确保枪管的干燥；

（4）不要在车辆中装卸弹药或者发射；

（5）小心放置弹夹以确保其不变形、不被损坏，并注意防潮；

（6）把弹药塞进发射筒时不要太用力，如果弹药不能顺畅地塞入，则作为哑弹处理；

（7）应该戴手套和袖套以保护皮肤不被烧伤；

（8）随时回收用过的弹壳，以防止未燃尽的火药再次着火产生危险；

（9）不要在飞机跑道上射击；

（10）如果霰弹不能完全发射，有的可能还残留在枪管里，遇到这种情况，要将枪口指向安全的方向至少 3 秒钟后再检查枪的后膛。

通常说来，发射出的子弹在空中爆炸的效果要比在地面爆炸好得多。要用最少的发射次数达到预期的目标，过多的发射会导致鸟群的适应。第一枪能吓到鸟群，紧接着第二枪常常就能将它们驱散，要确保鸟类的尸体迅速被移走处理，以免引来食腐动物。如果在机场不存在食腐动物，在适当的位置放置鸟类尸体，将会有很好的威慑效果。

总之，经过周密安排的枪炮可以驱赶鸟类集群飞向安全的地方或者彻底离开机场，两

个或更多的射击者合作驱鸟效果会更好。

二、视觉威慑

视觉威慑包括：稻草人或其他假人，旗子和飘带，灯光，鸟类天敌模型，等等。

视觉威慑可应用于机场驱鸟。同听觉威慑一样，鸟类对于视觉威慑同样存在逐渐习惯的问题。

路过的鸟类更易被视觉威慑所恐吓，因为它们没有机会对这种方法逐渐适应。问题仍然是发生在常住鸟身上，因为它们被机场的一些永久性特点所吸引。把视觉威慑和听觉威慑（通常是爆炸物）结合使用，有时会提高驱鸟效果。

（一）风动驱鸟仪（恐怖眼）

风动驱鸟仪驱鸟是通过视觉威慑来驱赶鸟类的一种技术。风动驱鸟仪是一种风动装置，风力使一块带有猛禽面部图案的板状物不停旋转，从而使一些鸟类产生恐怖的感觉。其基座可带反光装置，在晴天时可不停旋转反光，以加强对鸟类的视觉刺激，如图 6－2 所示。

图 6－2　风动驱鸟仪

（二）驱鸟彩色风车

由红、绿、蓝等多种不同颜色的叶片组成的彩色风轮在自然风力作用下围绕风轮连接绳快速转动，产生交替反光效果，对鸟类的视觉系统产生刺激，从而使鸟类因恐惧、害怕而远离彩色风轮布置区域，进而达到驱鸟效果。彩色风轮一般安装在机场平地区内、土跑道外侧、水沟和池塘等鸟类活动频繁地区，供昼间进行机场驱鸟，如图 6－3 所示。

（三）反射性飘带

飘带在驱除乌鸫、乌鸦和麻雀方面很有效。飘带由反射型聚酯制成，是一种三层的弹性膜，一面是镀银层，另一面是着色的合成树脂层。这种飘带会反射阳光，而且在风中鼓动时会发出声响。在试验中，将飘带每隔 3m 放置一根，每 30m 扭曲 2～4 次能达到最佳的使用效果，要确保飘带之间有足够的空间使其达到 0.5～1.0m 的波动，过多的扭曲和

图 6-3 驱鸟彩色风车

过紧绷的旗面都会影响使用效果。跨越池塘放置飘带可以起到很好的效果，特别是在驱赶海滨鸟类和鸭子方面。

反射性飘带能显著减少乌鸦、八哥、家麻雀的数量，但是并不能彻底驱除这些鸟类，而且目前还未发现它对金翅雀和哀鸠有作用。

（四）激光驱鸟

激光驱鸟主要是利用一定强度的激光对鸟类的视觉进行伤害，从而达到驱赶鸟类的目的。目前已研制的激光枪的价格较高，且使用不当会对使用人员的视觉有伤害，因此，使用时需注意安全。

（五）无线电遥控航模

无线电遥控航模能用来骚扰和驱除机场的鸟群，这些航模可以制成猎鹰的形状。机场使用无线电控制航模取得了不错的效果，但是，其需要训练有素的操作人员。控制航模需要很高的专业技术能力，需对机场驱鸟人员进行专业培训，而且需要经过足够的训练才可以成为合格的控制人员。

无线电遥控航模可以消除鸟群带来的危害，对很多种群都有效。航模可以覆盖很广的范围，可达到操作人员视线所及的任何区域，对于驱除在高空盘旋的鸟类，如鹰、隼很有效。无线电遥控航模随时在运动，可以遥控航模将鸟群按指定方向驱离机场的敏感区域，并防止鸟群在被驱散后返回原地。

航模不能在大风中使用，在雨雪天气也要减少飞行。它对在水中栖息的鹅群无效，但可以用无线电模型船代替。鸟群虽然不会出现适应，但是威慑效果不能持久，鸟群经常在第二天甚至几个小时以后就返回。为了保证有效果，航模必须一直回绕机场飞行，但是航模需要着陆补充燃油或电力，模型的维护也会非常耗时。机场使用无线电遥控航模时，一定要注意其无线电不要干扰机场其他设备，同时防止航模失控撞击飞机或机场其他设施。

三、架设鸟网

架设鸟网是最简单易行的机场鸟类驱除技术，它可防止跑道或滑行道两侧草丛中的鸟类在受惊时突然冲向跑道而引起鸟击事故。鸟网捕到的多为鹡鸰、云雀、田鹨、伯劳等飞行高度较低的鸟类。

使用建议：

（1）鸟网高度一般控制在4m以下；

（2）鸟网在架设时应避免呆板单调的“一”字形的排列，可部分前后交叉排列，以提高鸟网拦截的效率；

（3）架设位置选择在靠近跑道边鸟类活动较多的地带，特别是飞机着落点及起飞拉升点的两侧；

（4）必要时需适当变换鸟网的位置；

（5）鸟网上捕获的鸟要及时取下，一方面鸟在鸟网上挣扎的惊叫、悲鸣声可在一定程上使其同类远离该地；另一方面鸟网上鸟的叫声又会吸引一些捕食者，故应将撞上鸟网的鸟及时取下。

四、猎枪驱鸟

利用猎枪射杀是一种非常有效的机场鸟类驱除方法。但使用此方法时应随时回收弹壳，如果弹壳被吸入飞机发动机就可能会导致严重损坏。所以，要尽量减少可能落在平坦表面（如跑道）反弹出去的猎枪子弹。

许多鸟类受法律的保护，机场人员必须得到特别的许可才能猎杀顽固并且非常危险的物种。机场场务部门及部队机场营房，要严格执行枪支的使用与管理规定，制定机场的枪支使用管理办法，并符合以下要求：

（1）遵守国家关于枪支的管理办法及猎枪弹具管理办法的规定。

（2）机场驱鸟人员持枪上岗前，应该接受有关部门的培训，合格后才能持枪上岗。

（3）在条件允许时，驱鸟人员应当首先采用其他方式驱赶鸟类，如核弹枪、人工驱赶等，无效后才能考虑使用猎枪驱赶方式。

（4）驱鸟人员在使用猎枪驱鸟时，应严格遵守避让飞机、人员、机场设施的要求。

（5）使用猎枪猎杀鸟类后，其尸体应妥善保存，进行鉴定和标本留存。

（6）猎枪和子弹必须由专人、专柜保管，平时保存时，枪弹必须分离。驱鸟人员在使用前后应登记持枪者姓名、枪支数量、弹具数量等使用情况。无关人员不得使用枪支，否则，将追究有关人员责任。

（7）驱鸟人员在携带枪支由生活区进入机场跑道周围前，枪弹必须分离。在没有发现鸟类影响飞机飞行安全的情况下，驱车或行走时，枪弹必须分离。

（8）枪支弹具严禁携带出机场范围。

（9）一旦发现枪支弹药丢失，应及时向上级报告，积极协助有关部门调查问题。

五、驱鸟药剂法

（一）致命化学药品

用于杀灭野生动物的化学药品分为四类：烈性毒素（摄取致命剂量后被杀死）、抗凝血剂、脱钙物（通常应使用几次并要经过一定时间）和薰剂（使穴居动物窒息而死）。

通常仅限于对小动物（尤其是啮齿）使用毒药。这是因为诱饵放置在其他动物不易接近的区域（包括洞穴），少量的毒药可解决大量啮齿动物，成本相对较低，并且处理啮齿动物尸体的相关问题最少。因为尸体一般就掩埋在洞穴中，避开了肉食鸟类以及公众的注意。致命化学品也用于捕杀家鸽、麻雀和椋鸟等。

致命化学药品的使用应当确保使用者、环境以及非目标物种的安全，掌握正确的处理方法。所有的化学杀虫剂产品标签都包括安全使用指导，应当严格按指导使用这类产品。如果使用不当，毒药有可能污染土壤和地表水。被毒死的动物有可能被肉食鸟类或其他食腐动物吃掉，导致二次中毒。基于这些原因，要正确处理有毒物质、移除动物尸体。

许多除草剂（控制野草）、杀虫剂（控制昆虫）、杀真菌剂（控制霉菌和真菌）以及杀死鸟类或其他动物的毒药，使用时应经过有关机构的批准。化学品需经过试验以证明其功效和安全性，这些试验应当测定化学品的毒性及其潜在的对健康的危害，对食物和饮用水的不利影响以及对环境的总体影响。

由于毒杀化学药剂容易造成环境污染，且不易控制，因此，建议使用驱鸟化学药物。

（二）化学药物驱鸟剂

化学药物驱鸟剂是一种人工配制的化学药剂，具有快速、简便、高效驱鸟的特点。它主要用来控制那些鸟类集群的地方，如栖息地、筑巢区、觅食区以及空中集群迁徙路线区和影响飞机飞行的敏感区域。实践中，化学药剂驱鸟是机场应急驱鸟的良方。鸟类因摄入化学药品而导致味觉、嗅觉失灵，甚至会使鸟群生病。这种控制手段的最大好处是大部分化学药品只会引起动物的生理反应，而鸟类很难适应。因此，化学驱鸟剂被广泛应用于机场及周边地区的驱鸟。

从保护机场生态环境的理念出发，驱鸟使用的任何化学物质，包括使用可能致死的鸟类控制药品和驱除剂，都必须通过产品审核，必须达到安全、环保的要求。化学驱除剂产品的标签上都必须标注使用说明和安全注意事项。有些化学物质是受严格控制的，使用前需要得到批准或许可证。

化学药物驱鸟剂主要分为接触式、行为类、间接式、感官类化学驱鸟剂等。

1. 接触类化学驱鸟剂

这类驱鸟剂主要用来阻止鸟类在建筑物上降落和栖息。接触式驱除剂一般都是黏性混合物，能在－9℃～48℃时保持黏性，其中有的化学成分会适度刺激鸟的脚部。这种驱除剂受天气影响较大，气温不合适或是灰尘的存在都会影响其有效性。该产品在－9℃以下会失效，冬天有的机场不能使用。这种材料可能会影响一些建筑物的美观度。这类产品对控制鸽子、燕子很有效，但是对麻雀作用相对小一些：因为麻雀栖息只需要很小的一块地方，可以避免接触驱除剂。这类产品还用于防止猛禽栖息于天线。

2. 行为类化学驱鸟剂

行为类化学驱鸟剂是通过生物体的摄取起作用，被作用的鸟类会做出反常的行为，并发出哀鸣。这些反常的行为会惊吓它们的同伴，从而达到驱鸟目的。目前，使用最广泛的行为类化学驱鸟剂是 Avitrol（4 -氨基吡啶），可以用来驱除乌鸦、八哥、家麻雀、鸽子以及海鸥等。

3. 间接式化学驱鸟剂（苯菌灵）

这类化学驱鸟剂一般不直接驱鸟，而是以切断鸟类的食物链达到驱鸟目的。苯菌灵

(Tersan) 和灭蚯灵可用于机场跑道和滑行道周围灭杀地栖无脊椎动物，如蚯蚓、马陆、蚰蜒、蜈蚣等。

苯菌灵呈粉末状，在机场草坪或草地上喷洒使用时，需要将它喷洒覆盖整个目标地点，并且每一两周需要重新喷洒一遍。它可防治地下害虫，减少鸟类等有害动物在机场跑道及滑行道 30m 范围以内活动，每亩用量 150～200g。该产品防治蚯蚓和其他地栖无脊椎动物效果比较明显，同时对食草性昆虫及鸟类的数量也有较好的控制效果。蚯蚓及地栖无脊椎动物的减少，直接切断了鸟类及一些小型兽类的食源，特别是可以减少海鸥、鹛类等以蚯蚓为食的鸟类的数量，对有效地控制机场鸟害具有显著的作用。

但是这种驱鸟剂会引起动物眼睛、鼻子、喉咙和皮肤的不适，而且还会污染水体。出于环境保护的考虑，建议当跑道周围出现大量蚯蚓，并引来了大批鸟类造成了很大危害时，再使用该产品。

4. 直接驱鸟剂

将碳酸氢铵 50%、醋精 5%、敌敌畏 1%、大蒜头（捣烂）5%、水 41%兑成液体，装在容器中，放置在机场燕子较多的地方，任其慢慢蒸发，驱赶燕子等效果较好。

5. 感官类化学驱鸟剂（甲基氨基苯甲酸盐）

目前常用的感官类化学驱鸟剂是甲基氨基苯甲酸盐。这类产品有自然添加剂，可以使经其处理的食物味道变差，让所有鸟类都难以进食，使鸟类产生感官排斥从而影响其觅食行为。甲基氨基苯甲酸盐的毒性相当低，对鸟类不会造成身体上的伤害，正常情况对鸟类和人、畜等都比较安全，并且很容易被生物降解，对环境影响不大。但是如果在水中泄露了高浓度的甲基氨基苯甲酸盐，则会破坏环境，过多接触这种产品会引起眼睛和皮肤不适。甲基氨基苯甲酸盐的价格比较高。

(三) 生物类驱鸟剂

将 5～6 只老鼠，连皮毛一起捣烂，装在盛有 5000g 水的罐子内，用塑料薄膜将口扎紧，在阳光下暴晒 4～6 天，待鼠肉彻底腐烂后，罐内的液体变成酱油色时，用纱布取原液，兑水 75kg，均匀喷施到机场鼠类活动的栖息地。老鼠闻到气味后，会集群迁移出机场及周边地区。老鼠迁移出机场，会切断以田鼠为食的鸡形目鸟类在机场及周边地区的觅食活动，从而达到间接驱鸟的目的。

此外，用鸡蛋壳 20～30 只，放在铁锅上烤至黄色，研成细末，投放在机场跑道或滑行道蚂蚁出没的地方。使用一周后，蚂蚁就会销声匿迹。蚂蚁少了，以其为食的鸟类或其他动物的食物链就被切断了，鸟类数量自然会减少。此方法防治蚂蚁的效果十分明显，既环保又经济，值得大力推广。

(四) 混合型驱避剂

机场驱避剂有很多种类，但有的驱避剂有效时间太短，不能满足实际工作的需求；有的驱避剂成本太高，难以推广使用；有的驱避剂香气过强，会给人类带来刺激和不快，其效果不佳。因此，多数驱避剂都很难推广应用。

目前国内研究机构开发的鸟类驱避剂，是以大环酮类（如麝香酮、灵猫酮等）或内酯类（如 12 -氧杂十四内酯等）为有效成分配制而成的鸟类驱避剂，是一种理想的高效驱避剂。

1. 主要特点

香气宜人且对人体无刺激；充分利用鸟类等动物对本剂气味的嫌恶，来达到对鸟类驱避目的，使用效果好，鸟类的忌避有效期长，一般可以满足使用要求；对人畜无毒、无害，使用安全，既环保又经济。

2. 主要用途

根据机场及周边地区驱鸟的需要，可将本剂喷洒在鸟类栖息、繁殖、集群及觅食场所或鸟类经常栖息的物件、树木、房顶、地面及水边，即可使需要忌避的鸟类，如雉、鸽子、麻雀、燕子、喜鹊、乌鸦等拒绝前往，从而达到驱鸟的目的。

六、其他驱鸟方法

(一) 猎鹰驱鸟

猎鹰驱鸟利用了鸟类对猛禽恐惧的天性。经过训练的猎鹰，如隼、鹰等，会追赶、惊吓甚至猎杀机场上空的鸟群，达到驱赶的目的。猎鹰训练术有100多年历史，不过直到20世纪70年代，国外才开始用于控制鸟类。

据研究表明，应用猎鹰控制鸟类具有生物学基础。鸟群容易被驱除而且不会发生适应，如果猎鹰偶尔实施捕杀威胁将会更大。不过猎鹰不能在大雾、高温、大雨或大风等恶劣的天气条件下使用，单独使用猎鹰并不能解决问题。应该将其和其他鸟类控制方法结合使用。需要注意的是，由于鸟群被驱散的方向不能控制，鸟群很可能沿着或者穿越飞机跑道飞行。机场里存在的任何鸟类都能对飞机造成威胁，所以，猎鹰应该完全在驯鹰者的控制中，而且随时要和控制塔台保持联系。

驱赶机场内不同种类鸟群需要使用不同的猎鹰。一些庞大的鸟类，如大鹰并不害怕猎鹰。猎鹰驱鸟不仅需要经验丰富的驯鹰人员，同时，需要适合的鸟，这都是很缺乏的。虽然在一些情况下，猎鹰是一种有效的鸟类控制手段，但是，训练猎鹰需要相当高的专业知识，一套完全的猎鹰训练程序非常昂贵。在某些阿拉伯国家，训练一只猎鹰有时要花10万~20万美元，而且猎鹰失控时会带来直接的严重鸟击威胁，机场在考虑使用猎鹰作为鸟类控制手段时必须十分慎重。此外，鹰为国家级保护鸟类，在机场使用猎鹰驱鸟时，要得到鸟类保护机构的许可。为提高鸟击防灾水平，综合治理改善，我国军用机场某部队驯养猎鹰驱鸟，取得了较好的效果。

(二) 牧羊犬驱鸟

牧羊犬在机场控制方而很有效果，能对鸟类构成严重威胁，这种控制手段的生物学基础很好，所以不会引起鸟类的适应。

牧羊犬在全世界的民用机场和空军基地的使用都非常有效。KLECE生态咨询公司的研究表明，机场使用了一只牧羊犬后，鸟群的数目极大减少。Vancouver国际机场在使用牧羊犬一年后，机场出现的鸟群数量锐减了近50%，同时烟火使用量也大幅减少，从而使鸟类管理费用显著下降。美国Cold Lake空军基地在其机场使用了一只牧羊犬，便成功驱除了跑道周围的鸟类和鹿。

使用牧羊犬驱鸟的方法需要适合的狗和优秀的训练员，牧羊犬必须由训练有素的机场工作人员、牧羊犬职业训练员进行专门的训练管理。因为牧羊犬是由专业训练者直接控制的，理论上它们可以在指定的地区按照指定方向驱除鸟类。如果接近飞机，牧羊犬可及时在任何地点停下，可以通过训练员的指挥来避免潜在的危险，这就允许它在机场最繁忙的时候不间断工作。牧羊犬是靠视觉驱除鸟群，机场噪音不会影响它们行动的效率。

牧羊犬可长时间工作，能适应各种环境并能随机应变，不受天气和地形条件的限制，甚至可以到沼泽或水塘里追赶水禽。牧羊犬驱赶成群的动物是它的天性，训练员也训练它们不要去捕杀动物，正因为它们不会伤害鸟群，所以可以用它们驱除受保护的鸟类。牧羊犬对环境没有任何破坏，而且这种方法在公众中印象很好。一个训练员、一只牧羊犬再配上一辆车就能控制一大片区域。训练员可以指挥牧羊犬改变方向、接近鸟群、撤退、搜寻目标，可以指挥牧羊犬按规定方向驱散鸟群，避免了驱散的鸟类重新结群。

牧羊犬的寿命为 14 年左右，它可以在 1 岁的时候开始工作直到十一二岁。但是，狗对于很小的鸟类，如燕子和滨鹬的驱赶效果很差，而且它不能阻止海鸥和其他鸟群飞越机场，也不能阻止猛禽在机场捕猎。即便没有鸟群的出现，牧羊犬仍然需要每天外出工作训练。牧羊犬和训练人员都必须经过职业训练。合格的牧羊犬非常昂贵（价格相当于能辨别毒药和炸药的狗），训练机场人员的花费也不小。

（三）机动车辆驱鸟技术

使用的车辆需要达到以下要求：

驱鸟车辆可用于指挥调度与驱除鸟类，是机场驱鸟管理程序必需的一部分。通常驱鸟使用的车辆需要达到以下要求：

（1）四轮驱动。四轮驱动的汽车稳定性、灵活性相对较好，不容易损坏机场草坪、弄脏道面而吸引鸟群。

（2）耐损伤的轮胎。汽车经常在飞机跑道、滑行道以及不同的无路地点行驶，垃圾废物处理站中的物体碎片会对轮胎造成显著的伤害。“胎印”宽橡胶增加了轮胎在泥地和软地上的浮力，使车辆行驶时带起的泥和石头容易被甩掉。

（3）安全和通信设备。频闪灯具是所有机场车辆都使用的标准设备，VHF 频段的对讲机便于驱鸟工作的所有相关人员保持联系；可调聚光灯非常适用于夜间观察鸟类和大型哺乳动物；盒式或数字录、放音装备，包括外置的扩音器，可以播放事先录制好的哀鸣。

（4）音效威慑。这是一种有效的惊吓技术，不过只能临时使用。这些音效包括警报、种群的哀鸣和猛禽的叫声、汽车喇叭、人造声音、放大的录音、烟火声音。

有研究表明，使用频率高于或低于人类听觉的音效，对机场及周边地区的鸟群有很好的威慑作用。此外，鸟类迁徙期间，在鸟击防灾预测预报的信息帮助下，使用该手段驱赶短期途经机场及周边地区的鸟类效果十分理想，甚至会改变少数鸟群的迁徙路线和栖息地。

总之，机场鸟击防治应该遵循“以环境治理为主、驱鸟措施为辅”的原则。场站在进行驱鸟工作时，应注意各类驱鸟方式综合运用，具体问题具体分析，总结出适合自己的、更为有效的机场鸟击防治措施。

第五节　机场生态环境综合治理

开展机场鸟类活动环境整治，其主要目的是减少机场吸引鸟类的因素，降低鸟撞飞机

的概率。它是机场鸟害防治的第一道防线，是最有效和应优先考虑的防治方法。机场环境综合治理主要对机场场区内容易吸引鸟类活动的草地、池塘、灌丛、林地、污水沟、垃圾场等场所，采取相应的措施进行综合整治，达到场区环境美化，土质地带平整密实；灌丛林地草场整治及时，无密集灌丛、林地，无高草；排水通畅，无污水沟塘，无坑洼，无积水；无露天垃圾；等等。最大限度地消除鸟类食物链，从根本上减少鸟类在场区活动，达到驱鸟防鸟目的。

民用或军用机场必须根据机场周围鸟情和吸引鸟类活动的环境情况，在专家指导下，结合场站自身人力、物力、财力条件，制定切实可行的机场鸟类活动情况环境综合治理方案，并根据季节气候变化更新完善。内容包括基本环境特点、环境与鸟击的关系、应对策略、组织领导、人员装备、任务分工、实施方法、整治效果等。

一、跑道、停机坪和滑行道

大雨过后，蚯蚓等地下生活的土壤动物会爬到跑道上面；鸟类啄食破损道面上的粗砂，以帮助消化食物；冬季混凝土及沥青道面比土壤温度高，为鸟类提供了舒适的栖息环境；跑道及滑行道两侧的灯箱为鸟类提供了休息地。所以，建议采取以下治理措施：

1. 对蚯蚓等土壤动物的措施

在跑道两侧的低草区域，成带状施用杀蚯蚓的化学物（如苯菌灵和钾盐镁矾）；在跑道两侧使用驱蚯蚓剂。

2. 对昆虫的措施

在跑道两侧喷洒杀虫剂（如灭虫威），但必须小心使用，并随时检测效果；更换跑道灯光，因为在许多情况下灯光能吸引大量的昆虫。目前，已有研究表明，橙色吸引昆虫较少，故有专家建议用橙色灯替换白色灯。

3. 对指示牌、灯箱等的措施

由于许多鸟类特别是猛禽类会停息跑道、滑行道两侧的指示牌或灯箱上，可以在其上放置带尖齿的物体，或在其上方喷洒具黏性的物质，以阻止鸟类的停息。

4. 对跑道的措施

经常检查跑道，尽快清除散落在跑道上的可能吸引鸟类的动物尸体、纸袋、面纸等。

第七章 机场除冰雪

第一节 除冰雪概况

一、国内现状

影响机场除冰雪能力的因素包括机场拥有的设备类型、数量、作业模式及作业管理模式、人员数量和操作技能水平等。现在我国各机场完好设备的数量和除冰雪的能力与中国民航机场的航班需求还存在不小差距。

全国民航机场所使用的除冰雪专业类型设备中，吹雪车占总数的一半，吹雪车中大部分是国产的热吹设备。从 2012 年的统计数据看，除冰雪专业设备中国产设备占 23%，进口设备占 77%。

从 2004 年底的民航设备普查结果中发现，中国民航除冰雪设备还存在着数量严重不足、老化情况严重、设备类型单一、平均效率低等问题，并且还有人工采用扫把、铁锹等简易设备进行大面积除冰雪作业的情况。

在运行模式上，场道除冰雪作业多采用单机作业，作业方式上以吹雪为主，没有形成功能齐备、优劣互补、结构合理的保障装备系统，不能在紧急时刻形成强有力的、高效的、有机配合的运行方式去解决冬季冰雪造成的跑道技术参数不达标或机场临时关闭等问题，所以在大面积冰雪天气下经常造成大量旅客滞留、大量航班延误和取消。

总体来讲，我国的除雪（冰）机械虽然较前有了很大的发展，但其总体水平与发达国家相比，产品品种及性能还有很大的差距，适应不了我国航空公司、机场和公路高速发展的需求，主要体现在以下三个方面：

（1）技术水平低。除雪（冰）机械在结构设计、制造工艺、零部件供应和使用管理等方面都存在技术水平低的问题，致使除雪（冰）机械可靠性差、故障多、寿命短。

（2）功能单一。清冰除雪具有典型的季节性，如果功能单一，只是用作除冰雪专用，那么机器一年中大部分时间都将处于闲置状态，大大增加了除冰作业的成本，加重了航空公司、机场、公路养护部门的负担。

（3）品种类型不全。与国外相比，现在有不少种类除雪（冰）机械在我国还是一片空白，而现有的除雪（冰）机械，无法满足高速公路和机场的作业要求。

二、国外现状

冬季降雪量较大的国际枢纽机场非常重视机场道面除冰雪工作，可体现在设备配置、

人员配备、培训和组织管理上。

每个机场都设有场道除冰雪指挥控制中心，冬季 24 小时值班。采用大规模的数字化信息采集、处理与传输系统，航班状态、跑道的摩擦系数、气象信息、冰雪警报系统及各个作业车辆的参数等实时信息都收集在大型数据库中，方便相关部门的查询统计。除冰业务都由机场下属的一个部门或公司负责，上级监管部门对部门具体工作进行不定期和针对具体事件的检查，每年雪季检查 4～5 次。机场除冰雪部门拥有跑道、滑行道与机坪除冰雪的大、中、小型设备，可完成推、扫、铲、抛、运和喷洒液、固体除冰材料的各项作业，作业效率高。

场道除冰雪部门都有固定的工作人员，进入冬季前注重新来人员培训，每年 9—10 月对临时人员进行培训。将新老队员组合一起参加系统的培训，选拔优秀人员，进行优化组织。

高效率的场道除冰雪保障能力加上这些机场都有两条或以上的跑道，可以轮换使用和除冰雪作业，使其能够实现不停航除雪，关闭跑道而不关闭机场。即使在极其恶劣的情况下，也至少保证一条跑道正常运行。

年旅客吞吐量 3000 多万人次的加拿大多伦多机场，有 5 条跑道，起降飞机 40 万架次，涉及业务的航空公司 100 家，除冰雪工作由机场当局下设的一个场道除雪部门负责。包括 42 个全职驾驶员、6 个业务监察员、7 个经理，冬季临时再聘请 56 个临时人员，临时人员每年更换率为 10％。大型集成多功能设备和小型专用设备齐全，数量充足，中雪天气下对一条跑道除雪仅需 12 分钟。

慕尼黑机场的除冰液回收再利用系统是世界上成功的典型，它的建设不但解决了环保问题，也为慕尼黑机场的除冰降低了大量的成本，减少了动用车辆的台次，同时在除冰液的再处理过程中出现的副产品——废液蒸发时的高温蒸汽，可用于慕尼黑机场的冬季候机楼办公楼供暖，为回收加工公司带来了效益。

第二节　冰雪对航班运行的影响

机场道面的作用是保证飞机在地面的正常活动，这些活动包括飞机的停放、滑行、起飞和着陆等，因此机场场道的运行状况直接影响着航班的运行安全。从民航飞行事故统计上看，在机场周围发生的事故占总数的 60％以上，其中大部分又与机场的运行状况有关。

冰雪天气是影响航班的主要气象条件之一，经常造成航班的取消、延误、备降、出现事故征候，若以此为统计对象，在全国有降雪报告的 77 个机场中出现不正常航班的数量是相当大的，这些机场主要分布在以东北、华北、西北为主的全国大部分地区。

一、冰雪霜对航班的影响

在近几年内，我国民航航班受冰雪气象的影响呈上升趋势。从数据上看，冰雪霜天气条件对快速发展的中国民航航空事业有着不可低估的负面影响。

不正常航班：若因为航空公司的机务维护、航班调配等原因，造成航班在始发地延误或取消，属于不正常航班；由于天气、突发事件、空中交通管制等非航空公司原因造成航班在始发地延误或取消，也属于不正常航班。区别在于前一种情况下的乘客可以要求航空公司提供一些与之相关的补偿服务，如安排食宿等；后一种情况下，根据约定航空公司可以不为乘客提供相应的补偿。

流量控制：流量控制简称流控，也就是航路上空中交通流量超过能够容纳的数量时，准备起降的飞机需要在某一时段受到控制或者退出起降，避免航路上出现拥挤，形成不安全隐患。流控可以在飞机起飞前或降落前进行。通俗的比喻就是高速公路上车辆太多造成交通堵塞，行使不畅，需要控制进入高速公路的车辆的数量和时间间隔。

这里只讨论冰雪天气状况下发生的不正常航班，其他因素不讨论。见表 7 - 1 和表 7 - 2。

表 7 - 1　2003 年受影响航班情况

管理局	东北局	华北局	华东局	西南局	中南局
延误架次	92	80	44	32	47
取消架次	51	9	16	11	15
备降架次	6	3	32	2	10

表 7 - 2　2004 年受影响航班情况

管理局	东北局	华北局	华东局	西南局	中南局
延误架次	134	106	123	78	134
取消架次	36	39	79	30	39
备降架次	3	7	54	10	28

在有统计的机场中，沈阳桃仙机场受冬季冰雪影响出现的不正常航班最多，其他机场发生不正常航班的数量也不可忽视。

二、冰雪霜对航空公司运行成本的影响

冰雪霜天气造成的航空公司运行成本增加主要表现在以下四个方面：第一，冰雪霜天气下，航空器需要除冰雪霜作业，要支付除冰雪霜作业的人工费、设备费、机场占地费、消耗品费用等；第二，因冰雪霜天气造成的航班延误或者取消，按照民航的相关法规对耽误行程的旅客要进行补偿和提供旅客服务；第三，要多支付航空器的折旧或租赁费和额外的燃油费；第四，工作人员加班会产生各种额外费用。这些因素都加大了航空公司对受冰雪霜天气影响的航班的资金投入。

所以，作为管理机构应该在每年冬季雪期到来之前，认真仔细研究除冰雪的方法和预案，演练队伍，训练指挥人员、操作人员现场处理问题的能力，编制运行指挥调度系统方案。在不同气象条件下模拟运行除冰雪预案，发现问题及时调整、完善，形成有可靠保障能力的、高效的除冰雪运行队伍。

三、冰雪霜对社会秩序的影响

冰雪天气对交通运行的影响不仅表现在成本和效益上，还表现在对社会秩序的破坏上。在降雪天气下，一旦造成飞机航班的延误，会引起工作人员和管理机构的工作压力，容易发生心理急躁，处理问题不妥当，以致发生平时不易出现的事故或争端。这些问题一

则影响航空公司的形象，二则会埋下不可低估的安全隐患，有时还会造成候机楼等区域的混乱。2004年12月22日，因为天降大雪，首都国际机场航班全部延误，导致机场滞留旅客近万人，给航空公司的运行管理带来很大困难，对内、对外造成了严重不良影响。2004年12月30日，上海地区因普降大雪，导致虹桥机场、浦东机场航班大面积延误、取消，大量旅客滞留候机楼，特别是浦东机场，到市区的道路因为结冰基本无法通行，机场周边旅馆床位极其匮乏，使旅客长时间无法疏散，出现旅客损坏值机柜台设备、殴打值班人员等过激行为。虹桥机场因为停机坪结冰、停机位紧张、除冰工作量大等原因，东航航班到31日中午以后才恢复运行。同年年底，从北方的某机场起飞的航班发生坠机事件也与冬季的气候有一定关系，不良的运行状况形成了旅客对某一航空公司、某一机场工作的不信任，有些损失是很难挽回的。

四、冰雪霜对机场道面条件的影响

冰雪霜天气对机场的影响还表现在降低道面摩擦系数方面，本来机场的道面表面在建造时和维修过程中要求“宏观”平整且“微观”具有一定的粗糙度，形成基本均匀的具有一定量级的滑动、滚动组合的摩擦力。首先，道面上有冰雪霜覆盖时，冰雪填充了原来建造出来的凹槽或者颗粒的间隙，提高了“宏观”平整度；其次，冰雪霜全部或部分融化后自然流动，再结冰时将填平凹槽或者颗粒的间隙，提高了“微观”的平整度、光洁度；再次，在可能与飞机机轮接触的跑道表面上可能被冰雪霜覆盖，形成的是机轮与冰雪霜之间的摩擦状态而不是机轮与道面间的摩擦。其实多数情况下三种状态或两种状态是同时存在的，三者的同时作用，形成了光洁平整的、摩擦系数很小的道面。在飞机着陆时的刹车制动过程中，跑道和机轮间仅有一个很小的前进方向上的阻力和侧滑方向上的阻力，飞机将很难在短距离内将速度降低或停下来。同时由于机轮的刹车作用，地面不能提供足够的摩擦力后飞机开始侧滑，将失去方向控制。没有足够的刹车阻力和均衡的侧向阻力，飞机容易冲出跑道形成事故。

正常的干态跑道道面摩擦系数为0.5～0.82，滑行道道面摩擦系数为0.45～0.7，下雪后干雪道面摩擦系数为0.2～0.4，湿道面摩擦系数为0.1～0.3，严重结冰道面的摩擦系数可降低到0.07～0.1。

因此，冰雪天气下飞机的运行需要一份可靠的、完整的表征冰雪跑道面摩阻特性的资料。当跑道部分或全部被冰雪覆盖时，应及时测量道面特别是供飞机起降的跑道的摩擦系数。除了跑道，如果认为飞行区其他道面摩擦系数状况不理想，也应进行测试。

五、冰雪霜对助航灯光的影响

道面上的积雪和结冰还会影响助航灯光的正常工作，轻则遮挡灯光光线，影响灯光的光强，重则覆盖灯具使飞行员看不到灯具发的光，以致破坏助航灯光系统中各功能灯具组的构型。冰雪天气下气温的变化会造成密封部件变性；冰雪融化形成的水会造成灯筒进水，降低助航灯光系统的绝缘等级，造成线路接地现象；下雪天气条件下能见度的下降都将限制助航灯光系统作用的发挥，危机飞机起降的安全。跑道和滑行道两侧的雪堆过高也

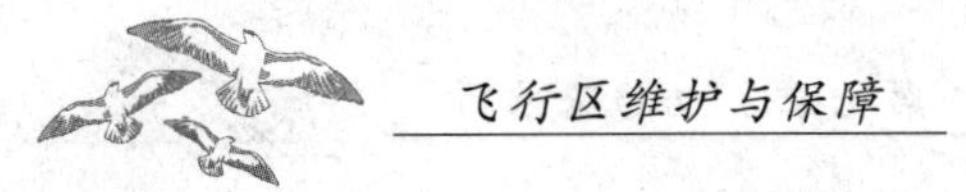

会影响飞机的起飞、降落和滑行，造成地面滑行的飞机在转弯时看不清灯光信号而选错行走路线，也会造成起落架、发动机外壳的损伤等不必要的事故。

第三节　除冰雪预案设计

除冰雪预案是每个有雪情机场进入冬季运行前应该完成的一项工作，也是每年都要完善和改进的工作。除冰雪预案要求对可能存在的与除冰雪工作相关的各种情况进行预测，并按可能性制定应对的策略、办法、操作，预案要具有可操作性，要具体化，不能在出现作业需要时再大面积地协商，协同作业或相关部门之间的责任要提前约定，免得扯皮推诿。机场的实际情况差别太大，不宜按照一个特定的模式一概而论，下面就冬季服务中除冰雪预案的制定应该考虑和设计的各方面工作给予界定、建议或参考，以便于各个机场根据自身的情况（包括设备、人员、物资、天气、雪的性质、飞机的机型、跑道的数量和长度等）制定当年最适合的预案。

一、除冰雪预案的准备

编写人员：预案是人制定的，要制定预案首先选择能够制定预案的人员。

对预案制定人员的能力要求：专业岗位能力、技术知识、运行经验、决策能力。这些人要了解设备的技术参数、具体设备运行的宏观意识，了解场道的整体概况，具有预案的文字表达能力和图示能力。

审批部门：具有权威性、执行力或强制力，审批之后尽快颁布，一旦发现原则问题应及时修改，更改后重新颁布执行；一般由审批部门或相应的职能部门负责预案执行过程中细节的检查。

预案制定的依据：

（1）年降雪量、降雪天数、航班数；

（2）设备数量、类型、具体参数；

（3）人员情况、技术水平、年龄、健康情况；

（4）辅助设备、对讲机、GPS、照明、补给；

（5）跑道面积和长度、宽度，滑行道面积和长度、宽度，机坪面积和长度、宽度，以及辅助道面的参数；

（6）冰雪天气下机场对外承诺的清扫冰雪时间；

（7）执行部门是预案中所涉及的有除冰作业、管理、质量监督、物资供应、技术保障等任务或责任的部门，预案制定后要通知、贯彻到所有部门，不能有疏漏，每个部门都要明确工作负责人。

二、除冰雪预案的制定

制定除冰雪预案首先要根据当地实际情况划分雪情，比如暴雪、大雪、中雪、小雪或小雪结冰、中雪结冰、大雪结冰等情况，然后根据雪情和机场场地等其他情况确定所需物资、除冰雪方法等其他要素。

（一）预案包含的内容

本场为除冰雪做了哪些或必须做哪些准备工作，一般应包括：

物资准备——约定物资的种类、数量、质量和到位时间，储存方式和地点。消耗的燃料、易损易耗物品的备品备件。

设备准备——现有车辆设备的数量、状态、保养、检修、检查情况的落实。照明设备、对讲通信设备、安全防护设备或装备、服务车辆等的准备。

人员准备——参加人员的数量、技术能力、健康状况、岗位分工、责任划分。

人员培训准备——按岗位培训、考核、演练；防护设备、装备和通信工具的使用培训安排；机场情况的培训，熟悉飞行区的跑道、滑行道、机位的编号和位置，车辆集结地培训安排。

在预案中也同时要写明各作业小组之间，组长与指挥部或塔台之间，指挥部与塔台之间的通信联络程序，包括：

通信联络图——将相关人员的通信联系方式、号码、频段、频率整理成册，形成通信联络网络图，登记后不得随意更换。

内部联络程序——作业小组内指挥员和操作员之间的联系。

外部联络程序——作业小组指挥与现场总指挥之间、现场总指挥与塔台之间、塔台与指挥中心之间的联系。

（二）不同时期的工作目标

在除冰雪预案中最关键和最重要的是确定除冰雪工作程序与工作目标，因其是工作人员进行冰雪处置的依据。

1. 保障运营期间

本阶段的任务是降雪期间保障机场的正常运行。工作目标：（1）保证跑道摩擦系数达到机场开放标准；（2）助航灯光导航设备运行达到标准；（3）保证滑行道滑行线清晰；（4）保证机坪标志线清晰，使特种车辆能正常停靠、通行。

车辆：吹雪车、扫雪车、推雪车、除冰剂撒布车、除冰液喷洒车、摩擦系数测试车。

2. 全面清雪期

本阶段的主要任务是停雪后对飞行区积雪的全面清理。

工作目标：清除飞行区内积雪。

车辆：装载机、推雪车、运输卡车、吹雪车、摩擦系数测试车。

3. 防冰期

本阶段的主要任务是在下雪后防止重要位置结冰。

工作目标：保证跑道、机位线、特种车服务区、客桥活动区不结冰。

车辆：除冰剂洒布车、除冰液喷洒车、摩擦系数测试车。

最后，还应该写明在除冰雪过程中的安全注意事项，避免人员安全或财产受到不必要的损失，包括：人员安全注意事项、设备操作注意事项、与飞机相关的安全注意事项等。

三、具体的除冰雪方案

（一）小雪无结冰现象

作业顺序：跑道、滑行道。

机场正常运行状态：在降雪初期，除冰雪现场指挥请示现场运行指挥中心，是否对跑道、联络道实施除冰雪作业，经中心同意后进行除冰雪作业。根据雪情随时测量摩擦系数，并将结果报塔台、指挥中心。随着降雪的延续，定时对上述区域喷洒除冰液。根据环境温度参照场道除雪剂的使用说明，确定除雪剂的配制浓度；根据雪量的大小，设定除雪剂的喷洒量。在除雪剂已经确定后，要指定出现场可以方便操作的浓度和计量换算数据表供现场人员参考。

雪停后视积雪情况，决定是否使用吹雪车热吹。若天气转好，气温有上升趋势，当前道面摩擦系数已经满足机场跑道正常开放的技术要求，可以不使用专用设备清除道面上的微量积雪。如果虽然雪量不大，但是道面的摩擦系数已经接近机场跑道正常开放的技术要求临界值，气温还在下降，那么为了防止道面上的积雪在少量融化之后结冰，要采取除雪措施；可能出现的环境温度在除雪剂的有效温度之上时，可采用少量喷洒除雪剂以抑制冰的形成；可能出现的环境温度在除雪剂的有效温度之下时，可采用吹雪车冷吹、热吹方式清除道面积雪。

机场关闭状态：这时可以在降低运行成本，减少化学制剂排放的前提下，决定下一步的操作。在可能的下一个航班到来之前（包括没有备降任务），积雪可能融化，则等待天气“帮忙”；在可能的下一个航班到来之前，积雪不会融化，则在下一个航班到来之前一定时间内完成积雪清除工作。

（二）中雪无结冰现象

作业顺序：跑道、滑行道、机坪、辅助道面。

机场正常运行状态：在降雪初期，除冰雪委员会根据现场情况指挥现场对跑道、联络道实施除冰雪作业准备。根据雪情和塔台指令随时测量道面摩擦系数。随着降雪的延续，定时对上述区域喷洒除冰液和融雪剂。在出现道面摩擦系数测量值小于正常开放的技术要求时，在现场指挥中心的统一指挥下，按照机场对外承诺的清扫冰雪时间组织快速作业。可用扫雪车进行扫雪作业，吹雪车进行吹雪作业，保持机场正常开放。降雪结束后再用吹雪车按照机场的规定时间对跑道、联络道、滑行道实施热吹作业。

机场关闭状态：这时同样考虑可以在降低运行成本，减少化学制剂排放的前提下，决定下一步的操作。在可能的下一个航班到来之前（包括没有备降任务），积雪可能融化，则等待天气“帮忙”；在可能的下一个航班到来之前，积雪不会融化，则在下一个航班到来之前一定时间内完成积雪清除工作。中雪状态下要以推雪车或有推雪功能的联合作业车为主，将大量的道面积雪清除后再采用扫雪车完成道面余雪的清理工作。扫雪作业结束后及时测量道面摩擦系数。

（三）大雪无结冰现象

作业顺序：跑道、滑行道、机坪、辅助道面。

机场正常运行状态：在降雪初期，除冰雪委员会根据现场情况指挥现场对跑道、联络道实施除冰雪作业准备。除冰雪委员会根据道面积雪厚度和道面摩擦系数的测量值，随时准备对跑道、联络道实施推雪扫雪操作，并对滑行道、机坪引导线喷洒融雪剂，以保证按照机场对外承诺的清扫冰雪时间组织快速作业。根据雪情和塔台指令随时准备测量摩擦系数。随着降雪的延续，摩擦系数符合标准机场正常使用，定时对上述区域喷洒除冰液和融

雪剂及进行吹雪作业，保持机场正常开放；同时组织人员对机坪的引导线和机位线进行人工喷洒融雪剂并用推雪板推出机位线，廊桥活动区和特种车辆活动区，保持机场正常开放，如遇特殊情况请机场除冰雪委员会协调解决。

降雪结束后按照除冰雪委员会的安排再用吹雪车对跑道、联络道、滑行道实施热吹作业。一旦摩擦系数达不到标准，将测试结果通报塔台、运行指挥中心，并发布航行通告关闭机场。

机场关闭状态：机场关闭期间，除冰车要按时喷洒除冰液、融雪剂，以防止积雪结冰。同时在机场关闭至雪停期间，禁止除冰车之外的任何车辆上跑道、联络道、滑行道。雪停后，按照除冰雪委员会的安排对上述区域实施全面除冰雪作业，各种设备尽可能地采用联合作业的方式，在较短的时间内完成除冰吹雪工作，并按照机场规定的时间宣布对外开放。

（四）暴雪无结冰现象

作业顺序：跑道、滑行道、机坪、辅助道面。

跑道作业预案可参考上述大雪无结冰情况的方案制定。

（五）中小雪有结冰现象

作业顺序：跑道、滑行道、机坪、辅助道面。

一旦出现道面结冰情况，首先安排除冰剂撒布车对跑道、联络道喷洒除冰液，对滑行道、机坪引导线喷洒融雪剂，同时根据塔台指令随时测量摩擦系数。摩擦系数达不到标准时，将测试结果通报塔台、运行指挥中心，并发布航行通告关闭机场。机场关闭期间，除冰剂洒布车按时进行除冰液、融雪剂的喷洒，并适当加大喷洒量。同时在机场关闭至雪停期间，禁止除冰剂洒布车之外的任何车辆上跑道、联络道、滑行道。雪停后按照运行指挥中心的安排对上述区域实施扫雪、吹雪作业，并按照机场规定的时间完成。

（六）大雪结冰现象

作业顺序：跑道、滑行道、机坪、辅助道面。

跑道作业预案可参考上述中小雪有结冰情况的方案制定。

总之，制定本场除冰雪方案要根据本地区的雪情、机场规模、气象条件、设备配备等因素制定，有所选择地借鉴其他机场的方案。

第四节　除冰雪人员的培训与演练

一、人员培训

人员培训安排在每年冬季除冰雪演练前 10～20 天进行，之前应制定详细的除雪人员培训计划。培训计划应包括各种车辆操作培训、除冰雪预案的培训、机场情况的培训及技能考核。培训内容如下。

1. 车辆设备使用操作

操作人员按照所有可能使用的设备的操作规程、操作要领进行训练，达到熟悉、准确操作；掌握除冰雪作业时制剂的用量、行驶速度、作业宽度等相关参数。

2. 除冰雪预案的培训

熟悉除冰、除雪的方法；熟悉飞行区除冰除雪预案；了解编队作业时各种车辆的位置、功能、责任，出现纰漏时如何补救；知道自己岗位的上级部门或下级岗位、部门的联系方式。

3. 机场情况的培训

熟悉飞行区的跑道、滑行道、联络道、机位廊桥的编号和位置；熟悉车辆集结地点和除冰雪作业时机场的功能区、作业区划分情况；练习飞行区平面图的识别；必要时到现场确认飞行区道路交通管理规定。

二、除冰雪演练

1. 时间安排

初次除冰雪演练安排在每年冬季降雪之前的 20～30 天进行。在冬季没有雪情时每月安排一次演练。演练以不影响正常运营为前提，要求提前 5～7 天申请停航区域，在夜间跑道停航后进行。每次演练时间为 1～2 小时，也可视实际情况确定演练所用时间。

2. 区域确定

演练只针对跑道除冰雪工作，通常以主跑道区域为演练区域，包括平行滑行道、快速脱离道和回转道。

3. 演练目的

检验《飞行区场道除冰雪预案》对除冰雪工作的指导性，以及验证跑道区域除冰雪时间与除冰雪工作效率要求的符合性，检查设备状况和人员的操作技术水平。

4. 演练内容

演练时一切按照实际除冰雪工作要求操作进行，所需人员、设备以及编队、分组作业等实施方案都必须符合《飞行区场道除冰雪预案》中的详细规定，最大限度地模拟实际除雪作业。在演练过程中除冰雪指挥人员要对演练进行全过程的监控外，以便对出现和发现的问题进行总结并制定整改措施，必要时还可以现场纠正，组织人员对出现问题的环节进行重新演练，使工作人员能够及时纠正作业错误，避免在实际除冰雪工作中出现类似问题。

5. 安全保障的相关措施

(1) 演练前的 24 小时内要对所有的通信设施完成检查，确保通信联系的畅通，对所有参加演练的车辆进行检查，检查项目包括车辆的车况以及车上活动部件是否固定牢靠，如灭火瓶等；(2) 演练前要召开全体除雪人员工作布置会议，在会议中要明确安全注意事项以及各除雪工作人员的任务和职责；(3) 演练中要遵守《飞行区场道除冰雪预案》中对安全方面的各项规定；(4) 演练不等同于实际除雪作业，但是应当指出演练中的安全风险在某些方面要高于实际除雪工作，由于非专业除雪人员和车辆的增多，比如新闻工作人员、公司管理部门人员等，都容易造成演练中的人员、车辆失控现象，所以要求所有现场人员的行动，包括人员、车辆的行进路线、等待位置、撤离时间、撤离方式等都必须服从除雪指挥部/员的指令，以确保演练在安全、有序的良好环境下顺利完成；(5) 所有车辆和人员不得穿越行进中的除冰雪车辆编队，或超越除冰雪指挥车到编队的前方，在尾随编队行进时要注意与队尾的除冰雪车保持安全距离；(6) 设专门的救援人员，一旦出现特殊情况可及时救援，如车辆故障等；(7) 设专人负责对全过程中各个可能出现安全问题的环节进行监控，并对演练的各项数据进行统计，不得要求驾驶人员兼任统计任务；(8) 演练结束后要对演练区域的道面进行全面检查，并仔细检查除冰雪和指挥车辆，确保车辆上的

部件完整无缺，并且没有物品遗留在跑道区域。

6. 演练规定

(1) 除冰雪操作人员服从除雪指挥员的命令，除冰雪指挥员服从除冰雪指挥部和副总指挥的命令；(2) 在除冰雪总指挥要求撤离时，除冰雪车辆由除冰雪指挥员带领，除冰雪指挥员要确保在撤离过程中避开其他还在作业车辆的行进路线；(3) 所有除冰雪指挥员在带队完成除冰雪总指挥和副总指挥下派的除冰雪任务后（包括撤离到某一地点），都要马上向除冰雪总指挥和副总指挥汇报；(4) 摩擦系数测试车在完成测试后及时向除雪总指挥汇报测试结果，除冰雪总指挥根据车辆撤离情况确认跑道区域除冰雪是否已完成。

第五节 雪情检查和发布通告

一、雪情检查

降雪过程中（含降雨可能结冰时）场务值班人员适时对飞行区道面进行检查，在跑道出现大部分被雪覆盖、结冰等道面情况明显变化时进行摩擦系数测试，并及时向机场值班室、空管情报室（必要时）、塔台等部门通报检查测试结果。

依据主要的天气条件按下列先后顺序对飞行区道面实施检查：

(1) 跑道和与之相连的滑行道、联络道；

(2) 连接跑道和停机坪的滑行道；

(3) 通往导航支援站的道路；

(4) 与跑道、滑行道相连的所有服务型道路。

机场管理部值班领导随时掌握雪情，必要时会同场务人员跟踪检查。机场管理部预计雪情发展将影响飞行安全时，应及时上报，由一号值班官员确定是否临时关闭机场。跑道摩擦系数降至 0.29 及以下时，机场必须立即临时关闭。

二、雪情通告的发布

(一) 雪情的通报

气象部门遇有雪情预报应及时通报机场运行管理部门，通报雪情预计开始时间、雪量、持续时间、风速和地面温度。通报应该告知所涉及的所有相关部门的相关岗位人员。

场务值班人员应及时与气象部门联系，以便掌握天气变化情况，遇有雪情预报应及时通报场务值班队长及机场管理部门值班领导，机场运行管理部值班领导视情况转报机场一号值班官员，并向空管情报室通报雪情，通报内容为道面积雪、摩擦系数情况（必要时）等。

场务值班人员及场务值班队长应及时通知相关岗位的工作人员做好工作准备，检查可能使用到的所有设备和需要提前预热才能工作的设备。

一般通报方式包括书面报告和口头报告两种。书面报告即为雪情通告；口头报告可以以对讲机、电话等方式进行。

(二) 雪情通告的格式及内容

发布雪情通告时，内容部分会从雪情通告表中的项目，按照实际情况进行选择，见表 7-3 所列。

表 7－3　雪情通报表

<table>
<tr><td rowspan="2">COM 报头</td><td colspan="5">电报等级</td><td colspan="5">收发单位　<≡</td></tr>
<tr><td colspan="5">签发日期和时间</td><td colspan="5">发电单位（代号）　<≡</td></tr>
<tr><td rowspan="2">简化报头</td><td colspan="8">（SMAA※顺序号）</td><td colspan="2">（地名代码）（观测日期时间）（人选项）</td></tr>
<tr><td>S</td><td>W</td><td>※</td><td>※</td><td></td><td></td><td></td><td></td><td colspan="2"><≡（</td></tr>
<tr><td colspan="11">SNOWTAM——（顺序号）</td></tr>
<tr><td colspan="10">机场名称（四字地名代码）</td><td>A）→</td></tr>
<tr><td colspan="10">观测日期和时间（测定结束时间，世界标准时）</td><td>B）→</td></tr>
<tr><td colspan="10">跑道代号</td><td>C）→</td></tr>
<tr><td colspan="10">清扫跑道长度</td><td>D）→</td></tr>
<tr><td colspan="10">清扫跑道宽度</td><td>E）→</td></tr>
<tr><td colspan="10">全部跑道堆积物→
（自跑道代号数字的一端着陆入口开始，在跑道上每三分之一地方观察）
NIL——没有积雪，跑道上干雪
1——潮湿
2——湿或小块积水
3——雾凇或霜覆盖
4——干雪
5——湿雪
6——雪浆
7——冰
8——压实或滚压的雪
9——冰冻的轮辙或冰脊</td><td>F）</td></tr>
<tr><td colspan="10">跑道总长每三分之一的平均深度（mm）</td><td>G）→</td></tr>
<tr><td colspan="10">每三分之一跑道的摩擦系数和测量设备
测定或计算的系数　或　估计的表面摩擦力
0．4 及以上　好　－5
0．39～0．36　中/好　－4
0．35～0．30　中/好　－3
0．29～0．26　中/差　－2
0．25 及以下　差　－1
（在测定的摩擦系数后要加上测量设备的简称）</td><td>H）→</td></tr>
<tr><td colspan="10">临界雪堆</td><td>J）→</td></tr>
<tr><td colspan="10">跑道灯</td><td>K）→</td></tr>
<tr><td colspan="10">进一步清扫计划</td><td>L）→</td></tr>
<tr><td colspan="10">预计完成扫雪时间</td><td>M）→</td></tr>
<tr><td colspan="10">滑行道</td><td>N）→</td></tr>
<tr><td colspan="10">滑行道雪堆</td><td>P）→</td></tr>
<tr><td colspan="10">停机坪</td><td>R）→</td></tr>
<tr><td colspan="10">下次计划观测时间</td><td>S）→</td></tr>
<tr><td colspan="10">明语注</td><td>T）<≡</td></tr>
</table>

为了便于计算机自动处理数据库内的雪情通告，一般采用简化报头。简化报头组成如下：

TTAAiiiiCCCCMMYYGGgg（BBB）

报头中各代码表示的意义：

TT——雪情通告的识别标志，填写SW；

AA——填写国家或地区地理位置识别代码，如华北地区ZB；

iiii——四字组雪情通告编号；

CCCC——雪情通告所涉及的机场四字地名代码；

MMYYGGgg——观测的日期和时间，各由两位数字表示月、日、时、分；

BBB——任选项，用同一编号更改先前发布的雪情通告，即COR。

例如，11月7号世界标准时间06：20于苏黎世的观察，代号为0149的雪情通告，简化报头如下：

SWLS0149 LSZH 11070620

表7-3中各项的名称和含义如下。

A项——机场名称：填写四字地名代码。

B项——观测日期和时间：由八位数字组成，按观测的月、日、时、分填写，单位为m。

C项——跑道代号：填写跑道代号数字小的一端的代号。

D项——扫清的跑道长度：当小于公布的跑道长度时填写，单位为m。

E项——扫清的跑道宽度：当小于公布的跑道宽度时填写，单位为m。自跑道代号数字小的一端着陆入口观测，如偏离跑道中心线左面或右面，应加注“L”或“R”。

F项——跑道堆积物：跑道上的全部堆积物。自跑道代号小的一端着陆入口开始观测跑道的每三分之一地段的堆积物情况，用“/”分开。可以配合使用格式中该项的数字，以说明跑道各段的情况。如果同一部分跑道上存在一种以上的堆积物，应当按照从上至下的顺序依次报告。积雪或者远远超过平均值的堆积物深度，或者堆积物的其他重要特征，可以在T项用明语报告。

G项——平均跑道雪深：自跑道代号数字小的一端着陆入口开始观测跑道的每三分之一地段的平均雪深（单位为mm），用“/”分开。如果无法测量或者对航运不重要，用“XX”表示。估计值应准确到：干雪20mm，湿雪10mm，雪浆3mm。

H项——跑道摩擦系数：自跑道代号数字小的一端着陆入口开始观测的跑道每三分之一地段的摩擦系数和测量设备，用“/”分开。测定或计算的系数为两位数，如无此系数，采用一位数的估计表面摩擦系数。当道面情况或现有测量设备不允许进行可靠测量时，填入代码9。

使用以下简称表示所用测量设备的类别：SFH道面摩擦力试验仪（高压轮胎）；SKH溜滑仪（高压轮胎）；SFL道面摩擦力试验仪（低压轮胎）；SKL溜滑仪（低压轮胎）；TAP泰普莱仪。如采用其他设备，以明语说明。

J项——临界雪堆：如存在，自跑道代号小的一端着陆入口观测，填入高度（单位为cm）和离跑道边缘的距离（单位为m），后随的英文字母L（左）、R（右），或LR（左右）。

K 项——跑道灯：如跑道灯被遮盖，填入 YES，自跑道代号数字小的一端着陆入口观测，后随英文字母 L（左）、R（右），或 LR（左右）。

L 项——进一步清除计划：计划进一步扫除跑道的长度和宽度（单位为 m）。如果为跑道全长，则填入 TOTAL（全部）。

M 项——预期完成扫雪的时间。

N 项——滑行道：滑行道雪情可以用表格中 F 项的代码来描述滑行道情况。如无滑行道可用，则填入 NO（无）。

P 项——滑行道的雪堆：滑行道雪堆如存在，填入 YES，后随侧向距离（单位为 m）。

R 项——停机坪：停机坪雪情可以用表格中 F 项的代码来描述。如停机坪不能使用，则填入 NO。

S 项——下次观测时间：填入计划下次观测或测定时间。

T 项——说明：用明语说明在运行上具有重要意义的资料。但应经常报告未清除的跑道以及按下列方法报告跑道每三分之一（F 项）的污染范围：

跑道污染 10%——表示被污染的跑道小于 10%；

跑道污染 25%——表示被污染的跑道为 11%～25%；

跑道污染 50%——表示被污染的跑道为 26%～50%；

跑道污染 100%——表示被污染的跑道为 51%～100%；

（三）雪情通告相关要求

当一份雪情通告发布两条以上跑道的雪情时，应重复 C 项至 P 项，分别说明每条跑道的雪情；某些项目如果无内容，该项代号和内容可以省略；发布雪情通告采用米制单位，但填发时不报计量单位。

雪情通告的最长有效时间为 24 小时。在任何时候，雪情有下列重要变化时，必须发布新的雪情通告：

（1）摩擦系数变化约为 0.05；

（2）堆积物深度变化大于 20mm（干雪），10mm（湿雪），3mm（雪浆）；

（3）跑道可用长度和宽度变化大于 10%（含）；

（4）堆积物类别或覆盖范围有任何变化（此种变化应重新填写 F 项或 T 项）；

（5）当跑道一侧或两侧有临界雪堆时，雪堆的高度或离跑道中心线的距离有任何变化；

（6）跑道助航灯光被遮盖，灯光亮度有明显变化；

（7）根据经验或当地环境，任何其他已知重要变化。

第六节　除冰雪作业方法

目前机场中常用的除冰雪方法主要有四种：机械式物理法、机械式化学制剂法、机械式热力学方法（外部热力学方法）和人工清扫法。国外大多数机场的积雪清除工作都是采用机械式物理法完成的，国内大多数机场的积雪清除工作都是采用机械式物理法和机械式热力学方法完成的，有些机场还配以机械式化学制剂法，各机场的作业方式存在着很大的

差异，从设备配置表中可见一斑。因国人对环保问题的重视以及各种化学除冰制剂的使用成本问题，国内机场采用机械式物理法除冰雪的比例在增加。人工清扫法一般作为机械式物理法、机械式化学制剂法的补充，特别适用于停机坪的边、角等机械作业受到限制的小区域。因此，在机场道面除冰雪过程中，几种方法通常是互相结合、相互补充地使用，以达到最佳的除雪效果和效率。

一、机械式物理除雪法

目前机场中常用的机械式物理除雪法设备主要包括推雪车、抛雪车、吹雪车和扫雪车等类，有些机场还有小型除雪设备。在实际的除雪过程中，几种设备常常相互联合，以加快除冰雪的速度，使机场尽快恢复正常运行。

1. 推雪车

推雪车是所有除雪机中应用最为广泛、起源最早的除雪设备，主要适用于未被压实也没有结冰现象的新降积雪，积雪厚度较厚的情况。它的工作装置是推板安装于车辆的前端，推板有整体式（小弧度推雪板与“C”字形推板）、两段式（“V”字形推板）（如图 7 -1 所示）、三段式之分。由于该类除雪机具有结构简单、性能可靠和价格低廉等特性，因而受到广大用户的认可，得以广泛使用。

图 7 - 1　两段式推雪车

应用于机场的推雪车多数是专门设计的，主要用于清除跑道、滑行道和没有飞机停放的机坪上大面积的厚雪。实际应用中推雪车的作用有两种：其一是开路，推雪车将地面上的积雪推向一侧或两侧，留下供自身和其他不具备涉雪行驶能力或涉雪行驶能力较弱的车辆行走的道路；其二是集雪，将散铺在道面上的积雪集中起来，以达到利于清理道面或集中运输的目的。

2. 吹雪车

如图 7 - 2 所示的吹雪车，可用于大面积地吹扫干雪、湿雪以及清除其他除雪设备够不到或者作业后剩下的危险雪堆。推雪车和扫雪车作业后剩下的雪堆排列在跑道、滑行道、联络道边上，犹如一长列的雪堤。在清除跑道上长列的雪堆之前，吹雪车常常用于清除滑行道、停机位和停机区上的积雪。吹雪车又分为冷吹式除雪车和热吹式除雪车：冷吹式除雪车一般用于清除跑道、滑行道等开阔地区的各种干雪，并适用于在下雪过程中边下边吹扫；热吹式除雪车一般用于清除开阔地区的各类雪，尤其适用于清除湿雪、雪浆及道面结冰。低温天气下雪过程中热吹式除雪车作业时容易造成道面结冰，因为刚吹过的道面仍有一定的温度，这时再落上的雪会很快融化成水，并随着温度的下降再次结冰。这种除雪后的结冰现象应引起各部门的足够重视。

图 7-2　热吹式除雪车

3. 扫雪车

扫雪车主要用来清扫推雪车或抛雪车作业后在道面表面所留下少量冰雪的残余物，也用于清除少量的积雪和扫除抛撒在跑道上的沙子，以提高道面的洁净度。扫雪车是三种基本除冰雪设备类型中可供全年使用的装备，冬季之外也可用来清扫跑道和滑行道上的杂物，以防止发动机吸入杂物，避免外来物（FOD）对飞机的损伤。扫雪车一般不作为雪地上的开路机械，可在小雪状态下直接投入使用。扫雪车做一次性清扫要比使用热风式吹雪车作业经济得多。然而，它的使用和吹雪车一样可以清除由于冰冻造成的道面材料破损残余物和其他异物，可消除飞行员对异物吸入发动机的担心。根据工作方式的不同，扫雪车又分为：毛刷辊后置式扫雪车（如图 7-3 所示）、毛刷辊前置式扫雪车和盘式毛刷扫雪车。

4. 旋切式抛雪车

该车工作方式分为自行式和悬挂式两种，主要由离心式抛雪机、风道、抛雪筒、护板和螺旋形集雪器等部件组成，结构相对比较复杂。工作时，借助主机或专用底盘的动力，驱动风机做高速旋转运动，将集雪器集拢的雪经由风道、抛雪筒抛出去，抛出的距离角度可根据需要自行调整。在清除雪障时，旋切式抛雪车具有明显的优势，该设备适用于积雪厚度大于 20cm 以上的情况，积雪越厚，其他的设备作业效率低，才显出此设备的强大功能。在极恶劣的雪情下，抛雪车可以作为“开路先锋”打通道路，像挖掘机一样地工作。

图 7－3　组合式扫雪车

二、机械式化学制剂除雪法

除雪用的化学制剂分固体颗粒和液体两种，通称融雪剂，成分和功效有所不同，在使用过程中通常采用撒布和喷洒的方法将化学制剂均匀地撒在积雪表面上。

液态化学制剂装进防腐容器中，由加压泵加压后通过管道输送到各个喷嘴上，由嘴喷出小液珠，均匀地落在积雪表面上或者直接射入雪中。液珠的大小与喷嘴的结构、雾锥的形状以及喷嘴处的液体压力有关。一般压力越高喷射的距离越远，但是随着压力升高，其雾化效果更好。雾化效果好时，液体的喷射距离会缩短。雾化的小液珠容易受风速的影响，所以在风速较大时，不能采用雾化喷射方式，应尽量采用较大的液珠喷射，这样可以减少被风吹掉的液体的量。

为了扩大液体除冰制剂的喷洒面积，又要防止被风吹掉，通常将喷嘴安装在距离雪面几十厘米高的位置上，多喷头同时喷射。将多喷头排列安装在可伸展的长臂上，作业时伸开，不作业时收起。融雪剂喷洒车如图 7－4 所示。

图 7－4　融雪剂喷洒车

固态化学制剂装进防腐容器中，由振动和搅拌的方式下料，通过蛟龙输送器送到离心抛射转盘上，再由转盘加速后沿抛料扇面抛出。抛出的速度和角度以及抛射转盘的高度决定物料抛射的距离，下料的速度和车辆行驶的速度决定一定面积内化学制剂的抛撒密度。在一些固体化学制剂撒布车上也加装了液体制剂的喷洒系统，这样一车两用，方便实用。

颗粒很小的固体制剂颗粒若是高速运动，设施也会受到风力的影响，所以在风速较大时要调整初射高度和抛射距离，以免被风吹掉。

三、热力除雪法

热力除雪法的基本作用是利用热源防止积雪成冰或将积雪融化。根据热源的不同，热力除雪法主要有电力道面加热法、热水融雪法、喷气发动机尾气加热法和火焰加热法等方法。由于各种限制，这几种方法还没有得到广泛应用，但在不久的将来，随着科技的发展，热力除雪法可能会有广阔的应用空间。

1. 道面电加热法

这种方法是将电格栅设置在沥青道面面层或混凝土跑道的混凝土上层中来加热道面，雪花落到道面上后很快就会受热融化。这可能是以防止积雪的形成来除雪的一种很有前途的办法。在除雪开始或稍提前接通电格栅电源，保持道面表面温度高于雪水的结冻点。在外部条件变化时，如环境温度下降，降雪量骤增时，系统可以根据现场反馈的温度信号自动调节电能的输出量，保证足够的热能输出以融化道面上的雪。这种系统从技术上是可行的，就目前条件来说，大规模地采用以电力资源来对道面表面加热实现防冰和除冰并不经济，高昂的电力费用限制了这种方法的应用。

2. 热水融雪法

对道面加热是利用电力转换成热能防止积雪的形成，热水融雪法则是在积雪形成的初期阶段利用加热的水将积雪融化掉。与传统的除雪方法相比，热融化方法还不具有足够的竞争力，它有许多自身的限制。这种方法除雪的速率则相对较低，燃料费用高；另一个缺点是当排出的水到达排出口前，水可能又重新冻结了。

3. 飞机喷气和火焰加热

在某些国家的军用机场中，使用涡轮发动机的废气和火焰吹管来加热，被认为是一种新颖的除雪方法。但是，这种融化积雪的方法非常慢，还涉及很高的燃油消耗和热量损失，当加热不均匀时，还会导致道面的损坏。

四、化学制剂除雪法

1. 钾盐、钠盐

钾盐、钠盐除冰，将其溶解成水溶液，降低雪的冰点，在一定环境下降低结冰的可能性。这些成分在水中的溶解度受温度影响较小，稳定的溶解量是这类制剂融雪效果的保障。

2. 氨水、尿素

尿素具有较好的除冰功能，同时也具有很好的防冰效果。环境气温在－9℃以上时，

当跑道为湿滑状态和预测环境温度即将达到结冰温度时，或者当预测将有降雨和道面温度低于冰点两种情况同时发生时，使用尿素来防冰是很有效的。尿素能够降低水混合物的冰点，从而有时间将水排走以阻止其在道面上结冰。并且实验数据和事例证明它是对飞机各部件、机场构筑物的危害作用小并对周围的生态环境污染副作用小的除冰制剂。氨水的使用量在逐年减少，因为它对设备和设施有腐蚀性。

五、机械式除冰法

近几年，我国通过引进设备和技术，在除雪机械方面取得了迅速发展。但由于在除冰机械方面的研发开展较晚，许多机场还没有配备这些专业设备，仍然使用热吹方式的吹雪车进行烘烤除冰，其作业效率低并且成本高。由于高温气体对道面和机场设施具有破坏性，所以有必要用新的除冰方法替代过去的旧方法、旧工艺。根据现在使用的设备情况，除冰机械按其工作原理可分为以下四种类型：

1. 振动式除冰法

在振动式除冰车辆中，通常装有下述设备：发动机、传动机构、启振装置、配重和专用的作业压轮。为了简化，传动机构一般采用发动机带动液压泵，液压系统驱动振动马达，以带动偏心轴的旋转，在离心力的作用下，使压轮产生沿上下方向的振动。振动除冰车的作业轮上采用半球状或者条形突起形式以增大作业轮对地面的压强，借助于作业压轮上下方向的振动作用力和水平方向的揉搓作用力，使振动轮表面的凸块挤压并切入冰层，致使冰层断裂破碎与地面剥离，达到除冰的目的。振动轮后安装一刮铲，形状类似于除雪犁，使脱离路面的碎冰沿刮铲流向作业面的一侧或两侧，使清理后的道面达到基本清洁。为了获得更好的道面清洁效果，可以让扫雪车跟随后面，将碎冰块扫走。

2. 静压碾压式除冰法

静压碾压式道面除冰车由发动机动力源、传动机构、转向机构和两个专用的锥形作业轮组成。工作轮装置悬挂于机架前端，通过碾压轮上的组合突起，依靠滚压轮自身的重量和来自碾压轮不同位置的线速度差形成的搓力，在发动机的驱动下将冰层压碎。静压碾压式除冰车与振动式除冰车的不同之处在于它没有上下方向的振动，二者在其他方面相似。

3. 柔性链条击打式除冰法

柔性链条击打式道面除冰车在专用的行驶轮上安装多组特制链条，车辆边行走边抽打前面的道面而形成破冰功能。特制链条的一端有吊环，通过吊环安装在行驶轮上，在主机的驱动下，链条做高速旋转，对路面进行柔性抽打，从而获得破冰效果。在离心力的作用下，快速抽打道面上冰层之后的链条随着车辆的行进散乱地压在主轮下，形成在主轮上的凸起，主轮的压力通过链条施于道面上的冰层上，形成又一次破冰。这种作业方式在车辆行驶速度快时的作用效果更好，如图 7-5 所示。链条是本设备的易损件，在每次开始作业之前，要检查整车的状况，尤其注意链条的磨损和破坏情况，发现问题及时更换新链条，防止在高速作业过程中，链条脱落造成伤人和破坏设备的事故。

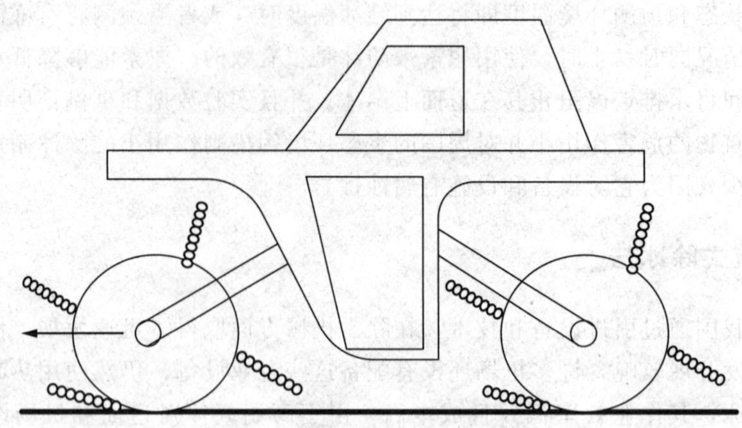

图 7-5　链条击打式除冰车示意图

4. 铲剁式除冰法

由多刃刀组成的工作铲在曲轴的带动下上下运动，对路面冰层进行剁击。该机构采用带柔性缓冲的连接，实现了对路面高低不平的自动补偿，以免过度施力（过度施力既损坏道面同时也大幅缩短刀组的工作寿命），如图 7-6 所示。曲轴每旋转一周，位于曲轴中心轴两侧的刀组分别剁击地面一次，刀刃与道面接触的长度（即刀刃的宽度）基本等于车辆行走的距离，这样保证道面上的冰层受到均布刀刃的剁击而脱离道面，柔性连接处的性能既使得刀刃接触冰面时能够产生足够的力来剁碎冰层，又使得接触到硬道面时能受超限力而压缩，以保护刀刃和道面。附带的除雪犁形状的斜铲使脱离道面的碎冰沿斜刮铲流向作业面的一侧或两侧，以清除碎冰。

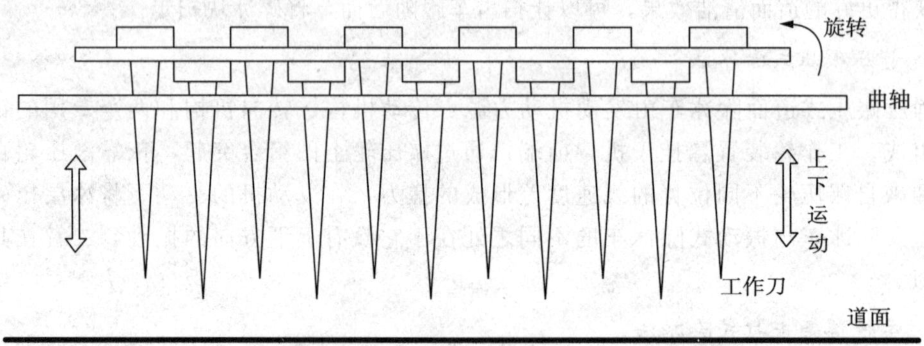

图 7-6　铲剁式道面除冰车的作业原理示意图

六、化学制剂除冰法

化学制剂的作用一般是融化冰和防止道面结冰，尤其适用于机坪、勤务车辆通道等不适用于机械除冰的区域。但要注意，许多化学制剂对制造飞机所使用的材料都有一定的腐蚀性。因此，为了确定哪一种化学除冰制剂对飞机部件没有损害作用，在使用之前，必须进行彻底、仔细的实验分析。实验表明，在飞行区道面上使用氯化钠或氯化钙作为除冰剂对飞机和灯具有腐蚀作用，建议不使用或少使用。

无论是使用液态还是固态化学制剂，都要注重考虑其对道面摩擦系数的影响，严重降低飞机刹车作用的除冰剂不能使用。此外，还要特别注意它们对本地区环境（包括空气、土壤、水源和其他生物）的影响。除冰所使用的化学物质应该是无毒的，不易燃的，不构成严重火灾危险的；其检测参数是无公害的，公共排水系统管理部门能够接受的。

相对于跑道除冰的尿素除冰剂，国产的 ARD－1 跑道除冰防冰液属于环保型除冰/防冰产品，以乙酸盐为主体，是缓蚀、增效等提高产品性能的助剂，与氯盐类化学制剂相比具有冰点低，对飞机、地面材料腐蚀小，对周边环境污染小等特点，是较好的除冰防冰的环保产品。ARD－1 型机场跑道除冰剂能够有效地去除跑道、停机坪、滑行道等地面上覆盖的薄冰、雪、霜，能在较短时间内通过融化、渗透、分离等作用使冰层松动、脱离，以便于清除。与传统的热能式除冰方式相比，能够节约能源和降低劳动强度，提高除冰效率。

在美国一些机场使用的基于乙烯乙二醇的 UCAR 跑道除冰液，作为机场跑道和滑行道防冰和防冻混合抑制剂效果很好，但具有一定的污染。乙烯乙二醇的闪点较高、安全性较高且价格便宜的特点使其得到了较广泛的应用。UCAR 跑道防冻液能穿透并且破坏大块雪冰和跑道表面的连接，以方便通过机械方法除去冰雪混合物。适量应用 UCAR 跑道防冻液可减低跑道上的冰聚合的可能性，即达到防冰的效果。UCAR 跑道防冻液的应用可以减少除雪所需的时间和设备数量，同时也减少机场关闭导致的综合损失。

UCAR 跑道防冻液与砂和尿素等其他除冰/雪制剂相比还有如下优点：砂子可能会被吸到喷气发动机里，引起磨损、击毁及航空器的高保养费用；尿素的除冰效果在低温环境下效果不好，在－9℃或者更低气温下几乎无效；UCAR 跑道防冻液在 0℃～－18℃的温度范围内都是有效的。作为液体，它不易像砂子或尿素被喷气发动机的气流或风吹出跑道。

芬兰航空公司成功研制了 NAAC 固体跑道除冰剂，其性能较尿素和传统除冰剂有很大的改进。这种新型的用于跑道除冰的 NAAC 固体除冰剂经美国联邦航空组织鉴定并在技术指标上给予肯定，可以用于民用机场和军用航空设施。NAAC 除冰剂是一种无水醋酸钠盐，是一种高性能的尿素替代品，在－15℃的低温下依然效果很好，且其作用时间短、效用长、无污染。

在过去的几年里由于使用了醋酸钾盐（E36）的除冰剂替代乙二醇基的除冰剂，民用和军用机场不仅减少了对周边环境的污染并且因此受益很大。在过去长时间一直使用的尿素，认为其是一种安全的物质，但它对水源还是有一定污染的。

七、机械热能除冰法

热能除冰法主要有两种设备，一种是利用吹雪车喷气发动机产生的热能将冰（雪）融化并利用高速气流将融化的冰水吹出跑道、滑行道，这种设备耗能大、成本高、噪声大，对跑道有一定的破坏性，在国外机场很少采用；另外一种是利用微波产生热能将冰层融化（如图 7－7 所示），这种设备一般适用于清除薄冰，且除冰效率太低，不太适用于飞行区大面积除冰。但是，目前国内机场场道除冰设备中使用热能除冰设备的比例很高。

图 7-7　微波加热除冰车

八、除冰雪作业时的编队

在除冰雪作业时，特别是机械物理式除冰雪时，为了提高效率，减少除冰雪时间，尽快恢复机场正常运行，要同时使用多台设备车辆，按一定的编队行进，一次性或一个来回清除掉跑道上的冰雪。

作业队形一般采用两种形式，一种是“人”字形编队，适用于无风或无强侧风的情况，顺着风向前进；另一种是梯形编队，适用于在作业的同时存在强侧风的情况，选择行进方向时，侧风总是吹向行进方向的右侧。

第七节　除冰雪注意事项

一、采用机械化设备除冰雪作业时驾驶车辆的注意事项

（1）冰雪道面附着力小，摩擦系数下降，汽车的刹车距离加长，在积雪道面上的刹车距离是正常道面的几倍，而且还容易引起刹车制动跑偏和甩尾，对行车安全极为不利。

（2）对于没有安装刹车防抱死系统（ABS）的车辆，在制动前要充分减速，可辅助使用发动机制动，使用驻车制动器配合使用脚踏制动器，并且不要一下子把脚踏板踩到底，要分多次急速踩。在制动过程中还要掌握好方向盘，控制车辆防止跑偏。

（3）冬季冰雪道面上的行车速度一定要低于正常作业的限速。

（4）在积雪道面上行车要避免三急，即急加速、急刹车、急转弯。

（5）在车辆行驶时已经出现车辆跑偏或者侧滑时，首先要保持清醒、冷静，然后将控制行车方向的转向轮调到阻止车辆继续跑偏和侧滑发展的方向，防止车辆侧翻造成恶性事故。

二、采用人工除冰雪作业时的注意事项

（1）工作人员要远离机械化作业车辆将冰雪抛出的方向，防止受伤。

(2) 工作人员要界定在一定区域内作业，在没有得到许可的情况下不能在机械作业区活动，也不能在无法通知到的区域活动。

(3) 工作人员要穿戴好防寒防冻服装和用具，防止生病和出现冻伤。

三、冰雪天气下机场的关闭与开放

(一) 机场的关闭

在已经运行的机场出现异常情况时，也要将机场或跑道经过审批后采取某一时间段内的关闭措施，以防止情况和事态的“恶化”。某一时间段内机场或某条跑道关闭的信息要对外通告，并通知相关部门和机构该机场所处的关闭状态。可能有以下原因造成这种状况：

(1) 机场出现飞行事故，需要处理事故；

(2) 机场出现安全隐患，危险因素未被排除，可能危及飞机运行的安全；

(3) 机场的设备、设施由于某种原因造成性能下降并低到可能危害飞机、人员或设施的安全；

(4) 因为不可抗力形成的飞行条件破坏，如暴雨、大雪、大雾、道面结冰、暴风等。

除冰雪指挥部根据雪情、结冰情况、地面温度、道面等情况，及时测试跑道道面摩擦系数，观察判断机场道面结冰、积雪情况和发展趋势，适时开始进行除冰扫雪工作。当已经出现因为天气原因引起的跑道有效视程、跑道摩擦系数、助航灯光系统开启状态下的“4C”指标等条件中任意一条不能满足适航要求时，均须考虑机场或跑道的关闭，并向机场管理部门部值班领导提出临时关闭机场的建议。

机场的关闭对于一个机场来讲是件非常重大的事情，要慎重地按照科学依据去决策，同时又要果断，不能因优柔寡断而贻误时机。机场关闭过早会影响正常的飞行航班和机场的效益，机场关闭过晚会造成不可预测的安全隐患，因此机场关闭要在恰当的时刻按照一定的程序进行。程序执行的顺畅与否影响机场关闭的效果和后果。一般临时关闭机场的程序有以下五点：

(1) 场务队除冰雪指挥根据跑道道面摩擦系数及雪情预测向机场管理部门汇报道面雪情和相关技术参数，建议临时关闭机场；

(2) 机场管理部向值班领导汇报机场雪情，并根据雪情及除冰雪设备情况向一号值班官员提出机场关闭的建议及开始关闭的时间；

(3) 一号值班官员决定临时关闭机场；

(4) 场务队以文件形式通报空管中心临时关闭机场；

(5) 空管中心发布机场临时关闭通报。

(二) 机场的重新开放

由于冰雪原因引起机场关闭后，在完成除冰雪工作后，当跑道有效视程、跑道摩擦系数、助航灯光系统的“4C”指标、助航灯光系统开启状态下的能见度等参数已经满足适航标准时，应该及时启动机场开放程序。当机场某一区域除冰雪完毕后，机场管理机构应当对该区域进行检查，符合条件后，应当及时将开放的区域报告空中交通管理部门。开放程序如下：

（1）除冰雪工作结束后，场务队负责测试跑道摩擦系数（必要时），巡视跑道助航灯光系统是否正常，符合适航标准后，场务除冰雪指挥向机场管理部汇报除冰雪情况，建议机场开放；

（2）机场管理部向机场一号值班官员汇报扫雪情况，请示开放机场；

（3）机场一号值班官员决定开放机场；

（4）场务队以文件形式通报空管中心开放机场；

（5）空管中心发布机场开放通报。

第八章 机场净空保护

第一节 机场净空保护区的划定与公布

一、机场净空保护区的划定

机场净空保护是指对机场周边影响飞行安全的障碍物进行高度管制，禁止干扰航空安全的活动（如烟雾、孔明灯、无人机等），从而营造一个安全适航的净空环境的行为。为了让人们了解机场净空保护的范围，首先要做的就是对净空保护区进行划定，并进行公布，从而让附近居民有净空保护的意识。

机场管理机构应当依据《民用机场飞行区技术标准》及其附件一的要求，按照机场远期总体规划，制作机场净空保护区图。军民合用机场的净空保护区图可以按照军航和民航的标准联合制作，也可以分开制作。

机场的净空保护区范围是指由机场净空障碍物限制面外边界所围成的区域。多跑道机场的净空保护区范围是由每条跑道的障碍物限制面外边界叠加而成的最大区域。机场净空障碍物限制面为保障航空器起降安全而设定，由内水平面、锥形面、进近面、过渡面和起飞爬升面组成。

二、机场净空保护区的公布

机场管理机构应当将最新的机场净空保护区图及净空限制要求报所在地县级（含）以上政府规划、无线电、气象、公安、建设建筑业、市容绿化、安全监督等主管部门备案，备案记录应当妥善保存。

当机场净空保护区范围涉及多个城市时，机场管理机构应当将净空保护区图及净空限制要求同时报备所有涉及城市的县级（含）以上政府主管部门。

机场净空保护区图原则上同机场总体规划一并审批。机场总体规划发生调整时，涉及跑道延长或者新增跑道的，机场管理机构应当一并调整机场净空保护区图，在机场总体规划批复后的20个工作日内按照要求完成重新报备工作。

机场管理机构应当协助所在地县级（含）以上人民政府向社会公布机场净空保护区范围和净空限制要求。公布机场净空保护区范围时，可以标注边界上道路、山川、河流或村镇等名称。机场管理机构应当协助所在地规划部门将机场净空保护区的限制高度要求纳入

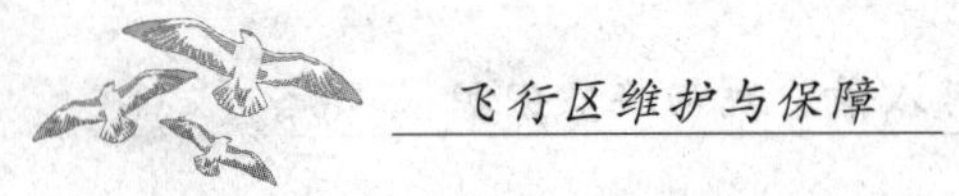

该区域城市规划控制性详细规划中。

第二节　净空限制要求

一、净空保护区内禁止的活动

在机场净空保护区内，禁止从事下列活动：

（1）修建不符合机场净空要求的建筑物或设施；

（2）修建影响机场电磁环境的建筑物或设施；

（3）修建可能在空中排放大量烟雾、粉尘、火焰、废气而影响飞行安全的建筑物或设施；

（4）修建靶场、强烈爆炸物仓库等影响飞行安全的建筑物或设施；

（5）设置影响机场目视助航设施使用或者影响飞行员视线的灯光、标志或物体；

（6）种植影响飞行安全或者影响机场助航设施使用的植物；

（7）放飞影响飞行安全的鸟类；

（8）升放无人驾驶的自由气球、系留气球或其他升空物体；

（9）燃放烟花爆竹；

（10）焚烧产生大量烟雾的农作物秸秆、垃圾等物质，排放大量烟雾、粉尘、火焰、废气等影响飞行安全的物质；

（11）设置易吸引鸟类及其他动物的露天垃圾场、屠宰场、养殖场等场所；

（12）其他影响民用机场净空保护的行为。

二、净空保护区内构建物的要求

机场净空保护区内的建设项目（包括建筑物、铁塔、高压线、烟囱、桥梁等）和其他物体（包括施工塔架/吊、树木、路灯、广告牌、吊车、车辆、船只、旗杆、烟火表演设备等）应当同时满足以下条件：

（1）符合机场障碍物限制面的限制高度要求（满足净空遮蔽原则的物体除外）；

（2）符合机场通信导航监视台站的场地和电磁环境保护要求；

（3）军民合用机场应同时符合军航和民航的净空标准，按较严格的限高要求进行控制；

（4）如建设项目为烟囱，烟气的排放范围和抬升高度应当符合上面的要求。

三、遮蔽原则下的超高项目要求

机场净空保护区内拟利用遮蔽原则建设的超高建设项目和其他物体应当同时满足以下条件：

（1）符合净空遮蔽原则；

（2）满足机场飞行程序和起飞航径区的超障需求；

(3) 符合机场通信导航监视台站的场地和电磁环境保护要求。

四、机场内净空要求

运输机场内除功能需要应当设置在升降带上的易折物体外，所有固定物体不应当超出内进近面、内过渡面和复飞面（简称“无障碍物区”）。在跑道用于飞机着陆期间，不应当有可移动的物体高出无障碍物区的限制高度要求。

Ⅰ、Ⅱ、Ⅲ类进近灯光场地保护区是指距跑道入口 960m（特殊情况除外）及两侧距跑道中线延长线各 60m 的范围。简易进近灯光场地保护区是指距跑道入口 480m 及距跑道中线延长线两侧各 60m 的范围。机场进近灯光场地保护区范围内，除导航所必需的设施外，不应当有突出于进近灯光芯高度以上的物体，不应当存在遮挡驾驶员观察进近灯光视线的物体。

机场障碍物限制面内的超高物体或者障碍物限制面外的高大物体（自然山体除外），应当按照《民用机场飞行区技术标准》设置障碍物标志及灯光标识。机场内及其周围地区可能妨碍或混淆飞行员对地面航空灯识别的非航空地面灯和其他设施（如路灯、广告屏等），应当熄灭、遮蔽或改装。机场内及其周围地区设置激光发射器、探照灯时，不得影响飞机的正常起降。任何情况下，不得以航行研究为依据突破机场障碍物限制面的控制要求，以及飞行程序和起飞航径区的超障需求。

第三节　净空日常管理要求

一、发布净空保护管理规定

机场管理机构应当协助所在地县级以上人民政府制定并发布机场净空保护管理规定。该规定至少包含以下内容：

(1) 净空保护协调机制，包括协调机构的组成、各成员单位的职责以及联席会议制度（一年至少两次联席会议）等。成员单位一般包括所在地政府规划、无线电、公安、气象、建设建筑业、市容绿化、安全监督等主管部门。

(2) 净空保护区内各类建设项目和物体的净空审批程序，包括建筑物、通信铁塔、广告牌、民房、高压线、施工塔吊、烟火表演设备等。

(3) 发现新增障碍物的处置程序，包括超高建筑物、升空物体等。

(4) 保持原有障碍物标识清晰有效的管理办法。

机场净空保护区范围跨涉多个城市的，机场管理机构应当提请机场所在地人民政府帮助协调其他城市县级以上人民政府共同落实机场净空保护的相关要求。

二、净空保护巡查制度

机场管理机构应当建立净空保护区定期巡视检查制度，确保任何可能影响机场净空保护要求的活动及时被发现。巡视检查制度至少应当包括：巡视检查人员组成、巡视车辆及净空检查设备的配备、检查路线、检查周期、检查内容、发现影响净空保护情况的报告及处置程序、巡视检查记录等。机场管理机构应当指定部门和人员负责净空保护区的巡视检查工作，并配置必要的巡视检查车辆、净空测量设备和照相设备等。

机场管理机构对无障碍物区的净空巡视检查，每日应当不少于一次；对障碍物限制面内的净空巡视检查，每周应当不少于一次，可分多天完成。净空巡视检查内容至少应当包括：

（1）检查有无新增的超高建筑物、构筑物、施工塔吊和植物等，并对疑似超高物体进行测量；

（2）检查有无车辆、吊车吊臂、烟尘、灯光、风车和气球等影响净空环境的情况；

（3）检查已有障碍物标志、标志物和障碍灯的有效性。

净空巡视检查情况应当记录和归档。巡视检查记录至少应当包括检查时间、检查人员、检查区域、检查情况等。

三、对影响净空的项目巡查

净空巡视检查中发现有影响净空环境的情况，巡查人员应当要求其停止违法行为，并告知相关的法律条文。不能当场消除影响的，应当立即通报所在地县级以上人民政府相关部门。发现净空保护区内有建设项目正在施工时，机场管理机构应当按照以下要求处置：

（1）复核建设项目拟建高度与机场净空限制高度要求的符合性；

（2）增加巡视检查频次，跟踪建设进度；

（3）发现在建项目拟建高度超高，或施工塔吊、机具等临时设施超高的，应当要求其停止违法行为，并按照相关要求处置。

当接到管制员、飞行员等反映机场净空保护区内存在影响净空安全的不正常事件的信息后，机场管理机构应当立即派出巡视人员前往核查并制止相关违法行为。机场管理机构应当建立机场净空管理档案。档案至少应当包括以下资料：

（1）机场净空保护管理相关规定；

（2）机场净空保护区图及备案证明材料；

（3）净空巡视检查记录；

（4）建设项目和其他物体的净空审核审批资料；

（5）新增障碍物处置资料；

（6）障碍物资料库（包括机场净空保护区内和机场净空保护区外、机场基准点半径55km 范围内高出原地面 30m 且高出机场标高 150m 的障碍物）。

四、净空保护宣传教育

机场管理机构应当定期开展多种形式的机场净空保护知识宣传教育活动，提高机场净空保护区内单位和居民的净空保护意识。

机场管理机构应当监控机场基准点半径 55km 范围内净空环境的变化情况，做好以下工作：

（1）与所在地规划及其他主管部门建立建设项目审批抄送机制，及时收集、整理经审批的机场净空保护区内和机场净空保护区外，机场基准点半径 55km 范围内高出原地面 30m 且高出机场标高 150m 的障碍物资料，修订和完善障碍物资料库。对可能影响机场运行安全的障碍物，应当及时组织航行研究，报所在地监管局。

（2）经航行研究，如果障碍物高度不满足飞行程序和/或起飞航径区超障需求的，机场管理机构应当采取临时安全措施，组织飞行程序的调整优化设计，报管理局审批，抄送所在地监管局。

对于所在地城市规划等主管部门直接审批的净空保护区内的建设项目，机场管理机构在收到抄送的批准文件和资料后，应当进行复核。如发现建设项目超高或未按要求征求监管局净空审核意见的，应当告知审批单位补办净空审核手续。

对于监管局出具的净空审核意见中明确要纳入《航空资料汇编》中的建设项目，机场管理机构应当跟踪其建设进度，及时发布航行通告公布施工塔吊位置和高度。建成后核实建筑物的实际位置与高度，按规定提交机场所在地航空情报服务机构公布。如果核实发现其位置和高度与原净空审核意见不符的，应当按新增障碍物进行处置。

任何新增障碍物都不得以航行通告形式永久存在。经民航管理部门同意纳入《航空资料汇编》的新增障碍物，机场管理机构应及时向航空情报部门上报资料，修订《航空资料汇编》，并撤销临时航行通告。

第四节　发现新增障碍物的处置程序

一、对新增障碍物的处置

机场管理机构在净空巡视检查中，发现疑似新增障碍物，应当立即组织测量，核实超高情况。确认超高时，应当做好以下工作：

（1）立即要求其停止违法行为；未能当场制止并拆除的，要立即发布航行通告，公布障碍物的性质、位置和高度等相关资料。

（2）立即通报空管部门提醒机组注意，组织安全评估，采取必要的安全措施（如限制运行等）。

（3）立即以书面形式报告所在地监管局和县级（含）以上人民政府互相关职能部门。

（4）委托有资质的测绘单位进行正式测量；如测绘单位的测量成果与机场自测结果不符，应当重新发布航行通告，同时将测量成果上报监管局。要求自发现新增障碍物之日起 7 日内完成测量和上报工作（建议与测绘单位签订长期合同）。

（5）积极协调所在地县级（含）以上人民政府及相关职能部门拆除、拆降或迁移超高障碍物。

（6）调查新增障碍物的超高原因、超高部分属性、建设竣工年份、审批情况等，形成调查分析报告，上报监管局。

（7）拆降工作完成后应当组织复测；复测结果符合要求的，及时撤销航行通告。涉及限制运行的，申请撤销运行限制。

(8) 协调所在地县级（含）以上人民政府建立成完善防止和处置。

二、新增超高障碍物的长效机制

监管局收到机场管理机构报送的发现新增障碍物的报告后，应当做好以下工作：

(1) 复核机场管理机构提供的障碍物资料，组织评估其对机场运行安全的影响，提出处理意见。涉及影响机场运行安全需要限制机场运行的，及时上报管理局处理（上报材料包括障碍物资料、安全评估情况和处理建议等）。

(2) 视情将新增障碍物影响机场运行的情况、所采取的临时安全措施、建议的解决方案函告机场所在地县级（含）以上人民政府。

(3) 跟踪障碍物处理的进展情况。在障碍物拆降到位并现场核实后，报告管理局。

第九章　机场通信导航设施及其维护

为了让飞机能够准确地沿着预定航路飞行，同时保证复杂气象条件下，飞机在机场能够安全地起飞、着陆和滑行，机场及航路上配置了各种通信导航和空中交通管制设备。它们与机载设备通过无线电波进行着各种信息的传递与交互。但是无线电信号可能受到附近的固定、移动物体的严重干扰而影响导航精度，甚至造成飞行事故。因此，机场电磁环境的保护是保证机场安全运行的重要工作。

第一节　通信导航设施及其环境要求

一、无方向性信标及其环境要求

无方向性信标（NDB，Non-directional Beacon）是一种供机载无线电罗盘测向用的近程导航设备。用于测定飞机与信标台的相对方位角，引导飞机沿预定航线飞行、归航和进场着陆。根据需要，可以设置在机场跑道中心延长线上，称为近距或远距导航台；也可以设置在航路或航线上，称为航路或航线导航台。

近距导航台（简称近台）距跑道端的距离为1000m左右；远距导航台（简称远台）距跑道端的距离一般为数千米；航路或航线导航台设置在走廊口、转弯点、航路或航线中的重要位置点等。

1. NDB的基本原理

NDB的工作原理就是，以它发出的无方向性的无线电波给飞机判断方位。当飞机进入地面NDB信号的有效范围上空，飞机上的无线电罗盘就开始工作，给飞机指示出一个相对方位角，如图9-1所示。这个相对方位角是指从飞机纵轴沿机头方向顺时针到飞机与导航台连线之间的夹角。地面导航台与飞机上的无线电罗盘配合起来工作，就能引导飞机正常航行。

NDB的工作频率在长波的高段和中波的低段，范围一般为150～700kHz；机载罗盘工作频率范围为150～1300kHz。NDB的作用距离：近台50～70km、远台70～100km、航路台在150km及以上。

2. NDB地面设备的组成

NDB地面设备主要包括设备机柜、天线、地网等三大部分，如图9-2所示。设备机柜主要由发射机、监控器、电源部分等组成。就发射机而言，目前常用的全固态设备，输出功率有100W、200W、500W等几种，以满足不同作用距离的需求。

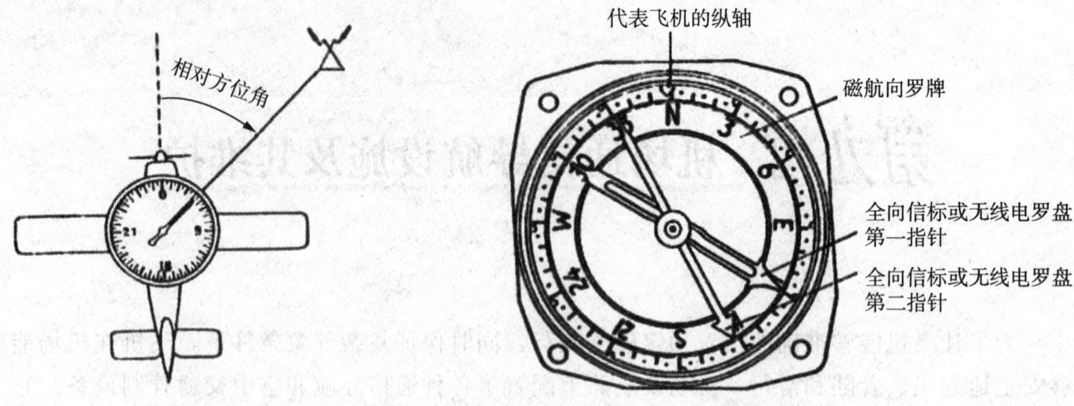

图 9-1 飞机与导航台的相对方位角及无线电罗盘示意图

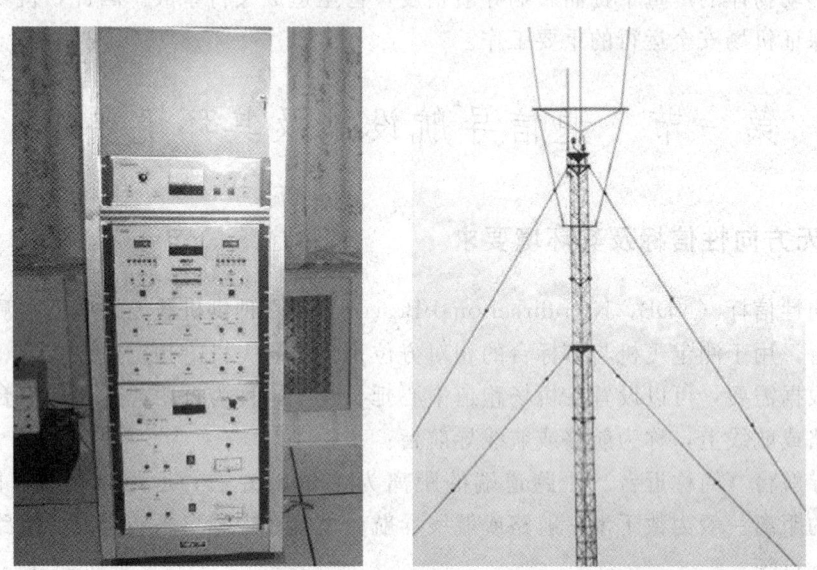

图 9-2 NDB 设备及天线示意图

根据不同的要求，NDB 输出可用调幅报（远、近台）或等幅报（航路台）信号，即地面设备用 400Hz 或 1020Hz 的音频，以调幅或等幅的方式调制载波发射识别信号。通常近台发送一个英文字母的国际莫尔斯电码，远台和航路台发送两个英文字母组成的国际莫尔斯电码。

3. NDB 场地要求

对 NDB 的场地有下列要求：以信标台的天线为中心，半径 100m 内应平坦、开阔、地势较高；半径 300m 内不得有悬崖、海岸斜坡、江河堤坝；半径 500m 内不得有 110kV 及以上架空高压输电线；半径 150m 内不得有铁路、电气化铁路、金属栅栏，金属堆积物、电力排灌站、110kV 以下架空输电线、电话线和广播线；半径 120m 内不得有高于 8m 的建筑物；半径 50m 内不得有交通量大的公路、高于 3m 的建筑物（不含机房）和树木。

NDB通常在机场围界以外，保障NDB环境要求的任务一般由空管部门负责。

二、甚高频全向信标及其环境要求

1. VOR简介

甚高频全向信标VOR（VHF Omni-directional Radio Range）是目前民用航空最常用的近程无线电导航设备，它与机载全向信标接收机配合工作，能全方向地给飞机提供方位引导信息，使飞行员操纵飞机沿预选的航路飞行或进场着陆。

根据设备的用途，VOR分机场VOR和航线VOR两种。机场VOR通常设置在跑道中部外侧（远离航站区的一侧）、符合机场侧净空要求的地方，距跑道中线200～250m。也可设在跑道中线延长线上符合机场端净空要求的地方，距跑道端300～11000m。

同样，根据地面设备的结构，可分为常规VOR（Conventional VOR-CVOR）和多普勒VOR（Doppler VOR-DVOR），其台站外观如图9-3所示。

图9-3　VOR台外观图

2. VOR基本原理

VOR的工作频率为108.0～117.95MHz。在108～112MHz频段内，全向信标用小数点后为偶数的频率，如109.6MHz、111.0MHz等；小数点后为奇数的频率由航向信标使用。

VOR的主要信号成分，为两个30Hz的音频信号：一个称为基准30Hz信号，另一个称为可变30Hz信号。它们一个通过9960Hz副载波调频产生，一个直接由载波调幅产生。VOR的工作原理就是比较基准30Hz和可变30Hz这两个音频信号的相位。当机载接收机收到合成信号后，解调出基准30Hz信号和可变30Hz信号，通过比较这两个信号的相位差，就可得到该点相对于VOR台的磁方位。

3. VOR场地要求

（1）以天线为中心，半径200m内不应有建筑物（机房除外）；半径200m外，金属结构建筑物的高度不应超过以天线基础为准1.2°的垂直张角，木结构建筑物的高度不应超过以天线基础为准 2.5°的垂直张角。

（2）以天线为中心，半径 150m 内不应有树木；距天线 150～300m，不应有高于 9m 的独立树木；300m 以外树木的高度不应超过以天线顶部为准 2°的垂直张角。

（3）以天线为中心，半径 150m 内不应有金属栅栏和拉线以及交通量大的铁路、公路，金属建筑物等；150m 外金属栅栏和拉线的高度不应超过以天线基础为准 1.5°的垂直张角。

（4）以天线为中心，半径 360m 内不应有架空金属线缆，360m 以外架空金属线缆的高度不应超过以天线顶部为准 0.5°的垂直张角；径向进入全向信标台内的电源线和电话线应从 200m 以外埋入地下。

三、测距仪及其环境要求

1. 测距仪组成

测距仪（DME，Distance Measuring Equipment）的作用是通过仪表显示，与机载设备配合工作，给飞行员提供距离信息，用于引导飞机沿预定航线飞行、归航和进场着陆。当 DME 与 VOR 合装时，VOR 提供的方位引导信息与 DME 提供的距离信息组合后，就能给飞机定位。当 DME 与 ILS 合装时，能给进近和着陆的飞机提供至测距仪台、着陆点或跑道入口的连续距离。

DME 工作在特高频频段（微波波段），其作用距离为视距传播。DME 输出的是脉冲功率，目前常用的地面设备的脉冲输出功率，有≥1000W（30dBW）和≥100W（20dBW）两种规格。一般来说，无论哪种输出功率的设备与 VOR 联合工作时，其覆盖区至少应与 VOR 相等。

DME 由机载设备和地面设备组成。机载设备主要由询问器、接收机、天线、距离显示器等组成；地面设备主要由安装在室内机柜中的应答机、监控器、控制器、电源等设备和室外天线组成。地面设备与 VOR 合装时的外观，如图 9－4 所示。

图 9－4　DME 与 VOR 合装时的外观图

2. 测距仪原理

DME 测距的原理是测量无线电脉冲信号在空间的传播时间。对无线电波而言，其在空间的传播速度是不变的，即约 3.0×10^{8}km/s，因此通过测量出从飞机发出询问信号，到接收到地面台的应答信号这段时间，就可计算出飞机到 DME 台的斜距。

其测距过程是：首先由机载询问器向地面台发出询问脉冲对信号；地面台收到有效询问信号后，由应答机发出一对应答脉冲；机载接收机接收到对自己询问的应答后，计算从发出询问信号到接收到应答信号的这段时间，把时间转换为距离数，在显示器上以海里为单位显示出来。

3. 测距仪场地要求

DME 的场地要求与 VOR 相同。通常来说，与 VOR 合装时，适合 VOR 的场地，一般也适合 DME；与 ILS 的下滑台合装时，除下滑天线和机房属于障碍物外，场地环境一般是没有问题的。

四、精密进近雷达及其场地要求

精密进近雷达（PAR，Precision Approach Radar）可以向着陆方向交替发射水平和垂直扫描波束，接收飞机的反射回波，测定其位置，用于引导飞机进场着陆。

精密进近雷达站通常设置在跑道中部的一侧，距跑道边缘 120～250m。

精密进近雷达站的覆盖区是以天线为基准，方位±10°、仰角－1°～8°、距离 35km 的区域。精密进近雷达站周围应平坦开阔，在覆盖区域天线 500m 内不得有高于以天线为基准 0.5°的垂直张角的障碍物。

第二节　仪表着陆系统及其环境要求

仪表着陆系统（ILS，Instrument Landing System）由地面设备和机载设备组成。地面设备可以分为三个部分：航向信标台、下滑信标台、指点信标台或测距仪台，如图 9－5 所示。当测距仪为仪表着陆系统的一部分时，其通常安装在下滑信标台。机载设备则包括相应的天线、接收机、控制器及指示器等。它为飞机提供航向道、下滑道和距跑道着陆端的距离信息，供在复杂气象条件下引导飞机进场着陆用。

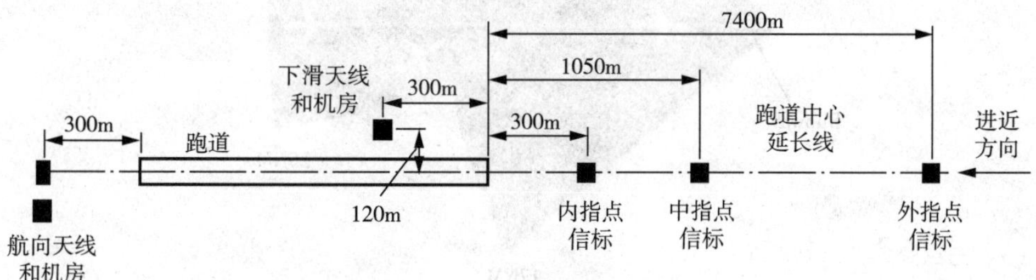

图 9－5　ILS 典型位置示意图

一、航向台及其保护区

航向台（LLZ，Localizer）（有时也简称 LOC）由航向台天线和机房组成。机房设置在天线一侧 60～90m 处，如图 9－6 所示。天线及机房高度应符合机场净空要求。天线通常设置在跑道中线的延长线、距跑道端 250～400m 处，主要作用是给进近和着陆的飞机提供对准跑道中心延长线航向道（方位）信息。

图 9－6　航向台天线阵

航向台工作在 VHF 频段，频率范围为 108.1～111.975MHz。每个频道之间的间隔为 0.05MHz，并优先使用小数点后一位为奇数的那些频率点，如 109.7MHz、110.3MHz 等；小数点后一位为偶数的那些频率点则分配给了全向信标。因此，航向信标只有 40 个频道可使用。

航向台向飞机着陆方向发射水平极化的扇形合成场，其信号覆盖区如图 9－7 所示，是以航向台天线为基准，在跑道中线延长线±10°以内为 25 海里、延长线是±10°～35°的为 17 海里的范围。

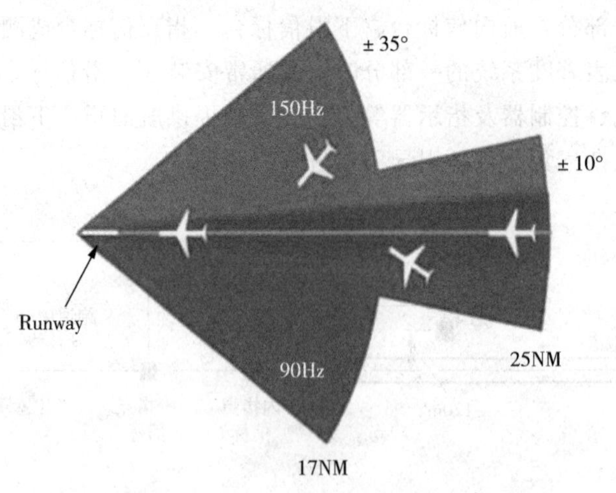

图 9－7　航向信标覆盖范围示意图

图 9-8 为航向台保护区。为保证正常工作，在航向台保护区内不应有树木、高秆作物、建筑物、道路、金属栅栏和架空金属线缆，杂草高度要小于 0.5m。进入航向台的电源线和电话线应从保护区外埋入地下。在航向台天线前方±10°距离天线阵 3000m 的区域内，不应有高于 15m 的建筑物、高压输电线等大型反射物体存在。在保护区内不应停放车辆或飞机，不应有任何地面交通活动。

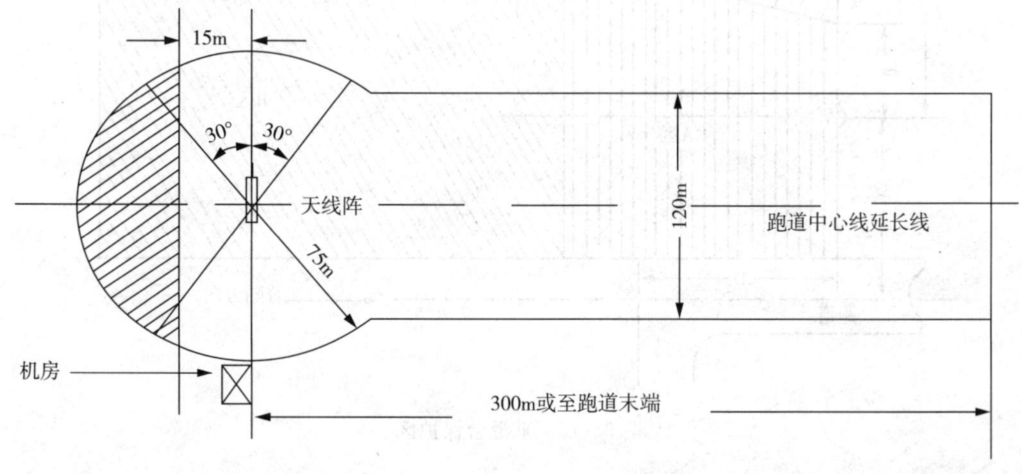

图 9-8　航向台保护区

二、下滑台及其环境要求

下滑台（GP，Glide Path 或 Glide Slope）（见图 9-9）的主要作用是给进近和着陆的飞机提供与地面成一定角度的下滑道（仰角）信息。工作在 UHF 频段，频率范围为 328.6～335.4MHz，每个频道之间的间隔为 0.15MHz，其工作频道与航向信标的工作频道配对使用，因此也只有 40 个频道可供使用。下滑台通常设置在跑道着陆端内跑道的一侧，距跑道中线 75～200m，最佳为 120m，距跑道入口的纵向距离为 200～400m。

下滑台向飞机着陆方向发射一水平极化的扇形合成场。其覆盖区在下滑道左右 8°以内、仰角 0.45θ～1.75θ（θ 为下滑角）之间不小于 18km。

下滑台的保护区如图 9-10 所示。在 A 区内不得有高于 0.3m 的农作物和杂草，不应停放车辆和飞机，不应有任何地面交通活动。在 A 区和 B 区内不应有金属栅栏、架空线缆、单棵树木和建筑物，在 C 区内不应有高于 10m 的金属建筑物、高压输电线、堤坝、树林、山丘等。下滑信标台的机房应设在天线杆后方 2～3m 处。进入下滑信标台的电源线和电话线穿越保护区时应埋入地下。

图 9-9　下滑台天线阵

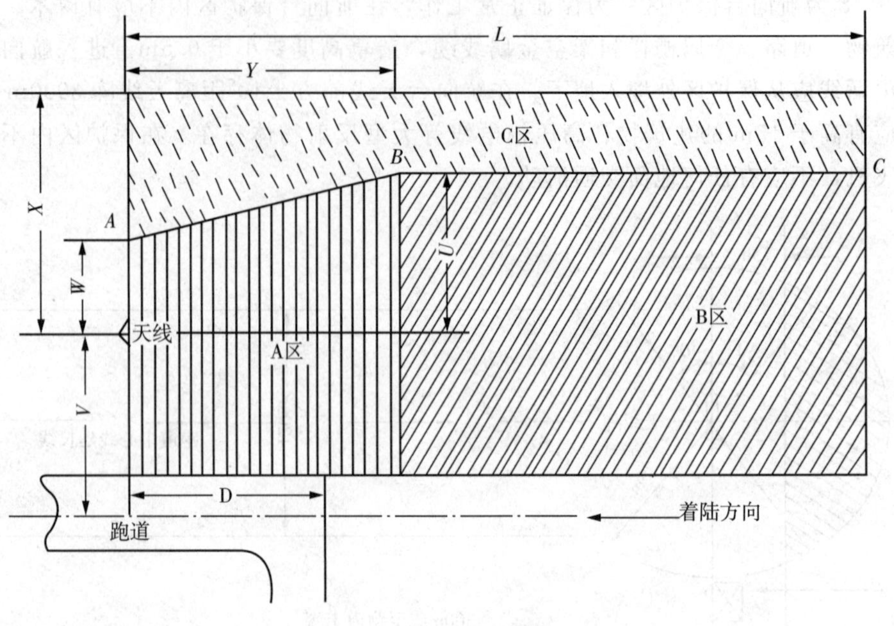

图 9－10　下滑台保护区

三、指点信标台

指点信标台主要由室内的设备机柜和室外的天线阵组成，如图 9－11 所示。其作用就是给进近和着陆的飞机提供距跑道入口的距离信息。有内、中、外三个指点信标台，简称分别为 IM（Inner Marker）、MM（Middle Marker）、OM（Outer Marker），均设在跑道中线延长线上。

图 9－11　指点信标台天线和机房

内指点信标台（IM），设在Ⅱ类精密进近最低决断高度 30m 处，离跑道入口为 75～

450m。中指点信标台（MM），设在使飞行员在低能见度情况下知道飞机已临近目视引导的地方，离跑道入口 1050m±150m，通常与近距导航台设在一起。外指点信标台（OM），设在最后进近点处，供飞行员检查飞行高度、距离和设备工作情况，离跑道入口 6500～11100m，宜为 7200m，通常与远距导航台设在一起。

指点信标台工作在 VHF 频段，固定频率为 75MHz。射频载波由 400Hz（外）或 1300Hz（中）或 3000Hz（内）单音调制后，由天线向上发射一定宽度的信号，其覆盖区域：高度 50～100m 时，纵向宽度为 200～400m；高度 200～400m 时，纵向宽度为400～800m。覆盖范围示意图如图 9－12 所示。

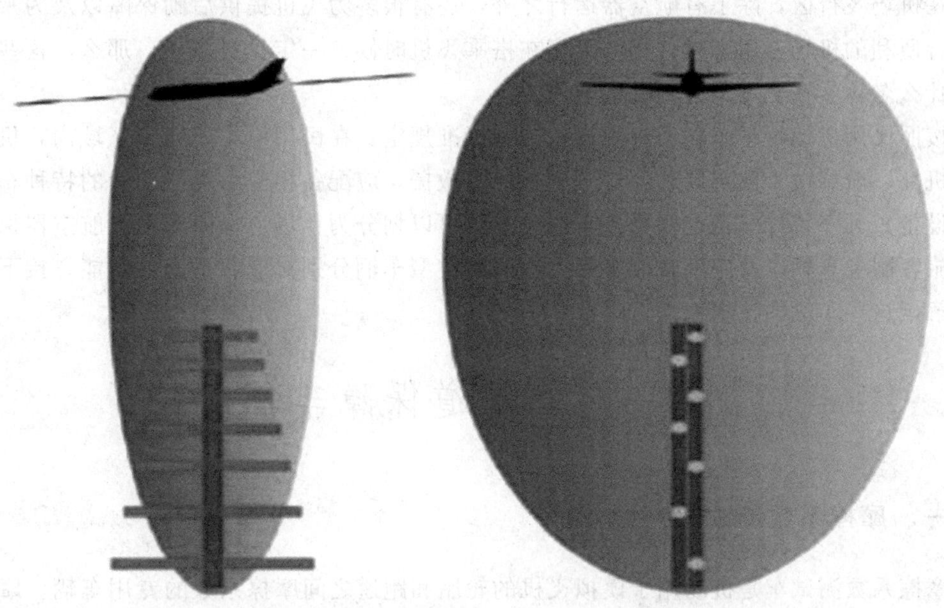

图 9－12 覆盖范围示意图

图 9－13 为指点信标台保护区。要求地形应平坦开阔，不得有超出以地网和天线阵最低单元为基准，垂直张角为 120°的金属建筑物、架空线缆、树木等地物。

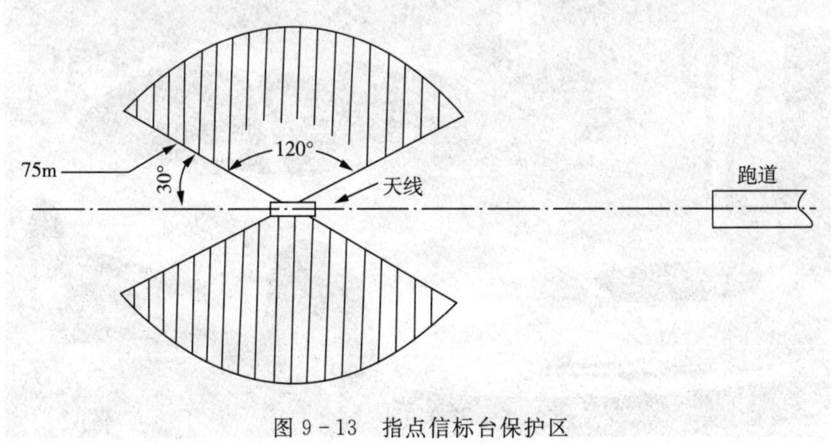

图 9－13 指点信标台保护区

第十章　民用机场特种车辆

在机场飞行区，除了有航空器运行之外，还有很多为飞机提供后勤保障以及为乘客提供出行便利的机场专用车辆，相信大家在搭乘飞机时候也一定见过不少，那么，这些车辆都叫什么名称？在机场又起到哪些作用呢？

按照民用机场特种车辆、专用设备配备标准规定：在民用机场所划定区域内，机场场道、机坪、航站楼、航空器和运输服务、应急救援，应配备相应品类与数量的特种车辆和专用设备。其中特种车辆也叫勤务车辆，大致可以划分为：场道保障车辆、航空器保障车辆、旅客服务车辆以及应急救援车辆，这四种类型车辆分别对应着不同的功能，接下来将详细解读这些车辆的技术特点。

第一节　场道保障车辆

一、摩擦系数测试车

摩擦系数测试车是机场用于模拟飞机的轮胎和跑道之间摩擦系数的专用车辆。摩擦系数测试车（如图 10 - 1、图 10 - 2 所示）能够按照不同地区机场的格式输出测试报告，提供精确的机场跑道横向摩擦系数值，作为机场跑道养护的一部分并为之提供依据，以及确定飞机起降时是否符合安全标准，如图 10 - 1、图 10 - 2 所示。

图 10 - 1　摩擦系数测试车

图 10-2　拖车式摩擦系数测试车

二、除胶车

飞机在起飞和降落时由于摩擦，造成胶轮热脱胶，这种胶层牢牢附于跑道上，长此以往，胶层日益增厚，造成飞机起降时摩擦力愈加减少，这就加大了飞机滑行的距离，极易引发飞机冲出跑道事故。而除胶车就是专门为去除跑道上的轮胎橡胶而服务的特种车辆。“多功能跑道除胶车”应用高压水射流技术进行除胶作业，同时也可以对道面的标志线、油漆等进行清除。值得一提的是，其在工作工程中，不用添加任何的化学试剂，对周边环境没有任何的污染。如图 10-3 所示。

图 10-3　除胶车

三、除冰雪车辆

在城市里，如果下雪了，除了铲雪车，人们还会拿出铁锹等工具到街上扫雪、除雪。

但在机场，用一般的铲雪车或铁锹会损坏跑道，因此必须要有特种除雪车，这些除雪车不会伤害路面，同时也会加速路面积雪的融化。这些车辆在我国北方的机场应用的比较多，但是为了防止遇到较大范围的降雪，南方有些机场也要求配备。

1. 扫雪车、推雪车

机场配备的扫雪车、推雪车便可以及时地清扫飞行区跑道和滑行区跑道上的积雪，以免积雪对飞机的正常降落和起飞产生影响，如图 10-4、图 10-5 所示。

图 10-4　扫雪车

图 10-5　推雪车

2. 吹雪车

吹雪车特别适合在刚刚下雪的那一段时间里使用，即在雪未被碾压过的时候使用。它可利用汽车底部的吹雪器将落雪吹离飞行区跑道和滑行区跑道。吹雪车吹出的风力范围能达十几米甚至几十米，最大风力可达到 10 级。吹雪车不仅能将地上的冰雪吹走，同时还

能将跑道上的石子等杂物一并吹飞。吹雪车如图 10－6 所示。

图 10－6　吹雪车

3. 场道除冰车

场道除冰车是在冬季跑道结冰后，在飞行区跑道、滑行道播撒除冰液进行除冰的车辆，如图 10－7 所示。

图 10－7　场道除冰车

四、扫道车

扫道车是用于清扫跑道、滑行道、机坪的车辆，从而提高道面清洁程度，降低飞机发动机吸入小石子等杂物的风险，如图 10-8 所示。

图 10-8　扫道车

五、机场驱鸟车

驱鸟车可用于指挥调度以驱除机场跑道附近的鸟类，是机场驱鸟管理程序必需的一部分。通常驱鸟使用的车辆需要达到以下要求：

(1) 四轮驱动。四轮驱动的汽车稳定性、灵活性相对较好，不容易损坏机场草坪、弄脏道面而吸引鸟群。

(2) 耐损伤的轮胎。汽车经常在飞机跑道、滑行道以及不同的无路地点行驶，垃圾废物处理站中的物体碎片会对轮胎造成显著的伤害。“胎印”宽橡胶增加了轮胎在泥地和软地上的浮力，使车辆行驶时带起的泥和石头容易被甩掉。

(3) 安全和通信设备。频闪灯具是所有机场车辆都使用的标准设备；VHF 频段的对讲机便于驱鸟工作的所有相关人员保持联系；可调聚光灯非常适用于夜间观察鸟和大型哺乳动物；盒式或数字录、放音装备，包括外置的扩音器，可以播放事先录制好的鸟的哀鸣。

(4) 音效威慑。这是一种有效的惊吓技术，不过只能临时使用。这些音效包括警报、种群的哀鸣和猛禽的叫声、汽车喇叭、人造声音、放大的录音和烟火声音。

有研究表明，使用频率高于或低于人类听觉的音效，对机场及周边地区的鸟群有很好的威慑作用。此外，每个鸟类迁徙期间，在鸟击防灾预测预报的信息帮助下，使用该手段驱赶短期途经机场及周边地区的鸟类效果十分理想，甚至会改变少数鸟群的迁徙路线和栖息地。驱鸟车如图 10-9 所示。

图 10-9　驱鸟车

六、割草车

机场飞行区的草如果过高会招引鸟类，也有可能遮挡助航灯光以及影响无线电导航信号的传播，所以机场飞行区草的高度一般控制在 30cm 左右。割草车如图 10-10 所示。

图 10-10　割草车

第二节　航空器保障车辆

一、飞机牵引车

飞机牵引车又称拖车，是一种在机场内中短距离牵引飞机移动的保障设备。跟汽车、船舶不一样，绝大多数飞机是没有“倒车”功能的。当一架飞机停在廊桥或停机位时，不靠外力牵引，它是不能自己到跑道“发车”的，这时候就需要牵引车。飞机向后的方向和动力完全由拖车来提供和控制，当牵引车把飞机推到合适的位置后，飞机才“开车”启动。与飞机比起来，牵引车个子小，但它却能推动几百吨重的飞机。

牵引车可分为两类，一类是有杆牵引车，另一类则是无杆牵引车，如图 10－11 和图 10－12所示。有杆牵引车通过一根连接杆与飞机连接，以达到牵引、顶推飞机的目的。无杆牵引车又称抱轮拖车，是一种不使用牵引杆而通过夹抱起飞机前轮，使飞机前轮离开地面来牵引飞机。这种飞机牵引车无需牵引杆，可以更加灵活、快速、高效地牵引、顶推飞机。

二、飞机专用除冰车

飞机专用除冰车（如图 10－13 所示）是一种在冬季时或在有冰雪天气时清除飞机机身、大翼、襟翼、尾翼、起落架等部位的霜、雪、冰的专用车辆。冰、雪等附着在机身上会增加飞机重量，降低飞机的气动性能，冰也可能会堵塞飞机测速管，飞机起飞后从机身上掉下的冰有可能被吸入发动机，不利于飞机飞行安全。所以，有结冰霜的飞机在起飞前都要进行除冰。除冰车里有除冰液苯二醇，可直接喷洗除霜、除冰等，从而排除飞行安全隐患。

按照除冰的步骤分为一步除冰和两步除冰，前者指通过喷洒加热后的除冰水溶液进行既除冰又防冰的除冰程序；后者指先采用加热除冰液进行除冰，再喷洒常温的防冰液保护相关的机体表面，从而最大限度地提高机体表面的防冰能力。

图 10－11　有杆牵引车

图 10－12　无杆牵引车

图 10－13　飞机专用除冰车

三、行李牵引车

行李牵引车又称行李拖车，是用来将行李、货物、邮件、设备等运送至停机位或行李、货物分拣区位置的车辆。行李拖车采用的是牵引模式，最多的可以牵引 10 个车厢。如图 10－14 所示。

图 10-14　行李牵引车

四、升降平台车

升降平台车是为飞机货舱装卸集装箱、集装货板的专用车辆。升降平台车一般有两个可升降的平台，一个平台通过升降跟飞机货舱地板齐平；另一个平台通过升降运送货物，然后通过平台上的滚轮将货物运输到货舱中。如图 10-15 所示。

图 10-15　升降平台车

五、行李传送车

乘坐飞机时，每个乘客可以自带一定重量的行李，超过的部分或者大件的行李，则需要办理行李托运。行李传送车是用于飞机装卸行李、包裹及邮件等货物的专用设备，把行李从行李拖车运送上飞机机舱的任务就是由行李传送车完成的。行李传送车上发挥主要作用的是传送带，传送带可以根据机舱门的高度进行调节，只要把行李放在传送带上，行李就自动装上或卸下飞机了。如图 10-16 所示。

图 10－16　行李传送车

六、加油车

加油车是在机场内往返于航空加油站和停机坪之间，给飞机定点加注燃油的车辆。加油车又分为两种：一种是油罐车，如图 10－17 所示。它可以装 10 吨以上燃油，上面有加油臂，一分钟可泵油 4000L。另一种是油栓车，如图 10－18 所示。它把机场供油系统在机坪上的供油栓和飞机的加油孔连在一起，在 10 分钟内可以为波音 747 这样的飞机把油装满。

图 10－17　油罐式加油车

图 10-18　油栓式加油车

七、地面电源车

在飞机停放地面发动机未开启前，由这种车辆供电，用于启动发动机、照明和空调。地面电源车发电机组提供 400Hz、115V 的电源，和飞机发电机的发电频率、电压一致。如图 10-19 所示。

图 10-19　地面电源车

八、气源车

当飞机无法使用 APU 来启动飞机发动机时，就需要使用气源车。气源车是为涡轮式飞机发动机启动时提供气源动力和供给飞机机舱空气调节的专用车辆，如图 10－20 所示。

图 10－20　气源车

九、空调车

空调车，又称飞机通风车，用于在飞机发动机停机状态下，向飞机电子设备舱、驾驶舱、旅客座舱提供给定压力、温度和湿度的洁净冷空气或热空气，用于保证飞机电子、电气设备的工作性能和可靠性。如图 10－21 所示。

图 10－21　空调车

十、食品车

食品车是机场为飞机旅客配送航空食品的地面特种车辆，大家在飞机上享用的免费午餐或免费饮料就是由这种车辆运送至飞机上的。如图 10－22 所示。

图 10－22　食品车

十一、清水车

清水车为飞机供应饮水，可以携带数吨饮用水。过站时间不足 1h 的中小型飞机，在旅客全部离机后 5 分钟内到位；按离站时间提前 20 分钟完成注水。过站时间在 1h 以上的大型飞机，在旅客离机后 15 分钟内到位；按离站时间提前 30 分钟完成注水。如图 10－23 所示。

图 10－23　清水车

十二、污水车

飞机上一共有三个地方排出水污，一个是厨房里面的水，一个是厕所洗手池的水，还有一个是马桶。前两者通过两个防冰加热管排到机外，后者是排到飞机里面的污水箱。飞机落地以后，污水车就会将污水箱里的污水吸走。如图 10－24 所示。

图 10－24　污水车

十三、垃圾装卸车

垃圾装卸车简称垃圾车，是回收盛放航空器上生活垃圾的专用车辆。按外形可分为摆臂式垃圾车、筒式自装卸垃圾车、压缩式垃圾车、车厢可卸式垃圾车、密封自卸式垃圾车等。如图 10－25 所示。

图 10－25　垃圾装卸车

第三节　旅客服务车辆

一、摆渡车

一些机场飞机数量多，而机位少，建设一个机位所需要的资金大，所以差不多有三分之二的飞机停留在了远机位，需要通过机场摆渡车运送乘客到机位。摆渡车是连接机场内候机厅和远机位飞机的唯一通道，是一种运行于航站楼登机口与停机坪机位之间，安全、方便、快捷接送乘坐航空器旅客的地面设备。摆渡车也是在机场内除了飞机之外最大的移动载体。乘客每次用在摆渡车上的时间是 12 分钟左右。如图 10 - 26 所示。

图 10 - 26　摆渡车

从外形上看，机场内摆渡车与道路上行驶的公共汽车没有太大的区别，但机场摆渡车由于承担的是机场内部乘客的转运工作，所以，机场摆渡车仍属于特种车，在设计上也就不受客车标准法规的一些限制。为最大程度的满足机场内人员的转运的需求，机场摆渡车更注重整车的使用空间，为满足多拉乘客的需求，机场摆渡车的车身在设计时宽度可以达到 3 米，长度有的近 14 米。机场摆渡车为了更加快速地方便乘客上下，左右两侧也均设有车门。

二、客梯车

飞机客梯车是供旅客上下飞机的机场专用设备。客梯车通过自身动力装置将登机梯升起，并与飞机出入口相结合，乘客便可直接由登机梯上下飞机。当飞机停放远机位时，需要旅客通过客梯车登上飞机。为及时有效地在突发情况下正常保障航班，在每天的航班高峰期提前 60 分钟将客梯车驶入机坪，直至航班结束后将客梯车驶离机坪。如图 10 - 27 所示。

图 10-27 客梯车

三、残障旅客升降车

对于一些行动不便的残障乘客，一些机场还设有残障旅客升降车。残障乘客以及危重病乘客在登机时，可以不用爬登机梯，残障旅客升降车可以直接与飞机对接。车内设有用于固定残疾人轮椅的设备，防止轮椅侧滑。此外，残障旅客升降车还具备一系列安全保护特性及应急功能，如遇紧急情况关机、停机时，整车无电或停机，还有手动应急系统和电动应急系统进行互补等功能，有效保障了人员、设备及飞机的安全。残障旅客升降车提高了机场的“无障碍通行”服务水准，体现了机场的人性化关怀。如图 10-28 所示。

图 10-28 残障旅客升降车

第四节　应急救援车辆

一、应急指挥车

应急指挥车作为现场一级的应急指挥场所，在应急事件发生时为现场信息的采集上报、事态发展的有效控制、救援资源的调度指挥、事件处置的会商决策提供技术和装备的支持平台，起到及时可靠通信、有效指挥、高效处置的作用。按照国家应急平台体系建设技术要求，应急指挥车包括应急平台综合应用系统、通信系统、计算机网络系统、视频会议系统、图像接入系统、安全支撑系统、车辆改装与基础支撑系统。如图 10－29 所示。

图 10－29　应急指挥车

二、消防救援车

机场消防救援车具有车速更快、功率更大、越野性强等特点，还具有边行驶边喷射灭火剂的功能。国际民航组织明确规定，机场消防车到达机场起落区域任何部分的响应时间应不超过 3 分钟，最好不超过 2 分钟。如图 10－30 所示。

三、医疗急救车

医疗急救车是一种主要用于抢救遇险飞行人员、旅客和外场飞行卫生保障的救护车。采用越野底盘，后部装载承重医疗方舱。在方舱上安装由液压系统控制的可升降伸缩旋转吊臂；在吊臂顶端安装有可折叠吊篮。医疗方舱配有发电机、空调、清洗消毒设备、折叠

图 10－30　消防救援车

式医疗台、空勤急救医疗设备等。能快速抵达事故现场，迅速救出遇险飞行员，可满足机场区域医疗救护保障需要。如图 10－31 所示。

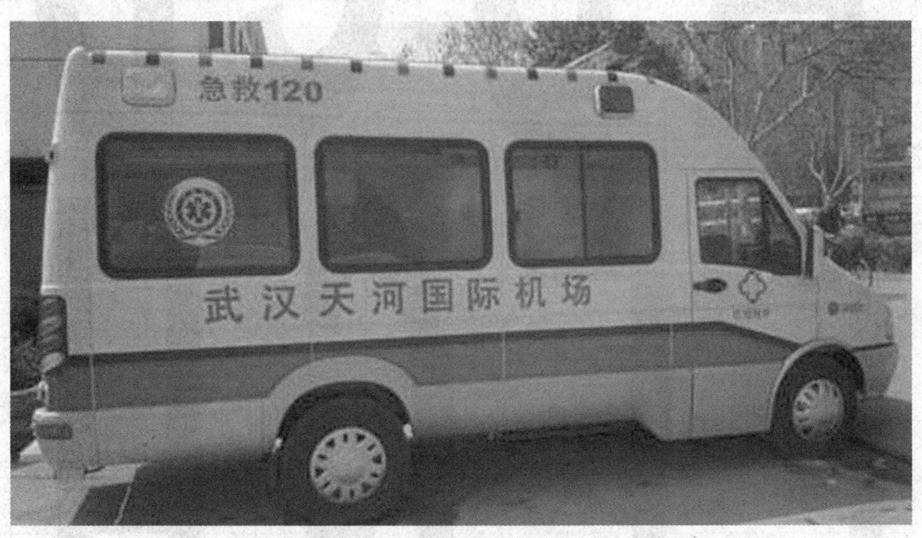

图 10－31　医疗急救车

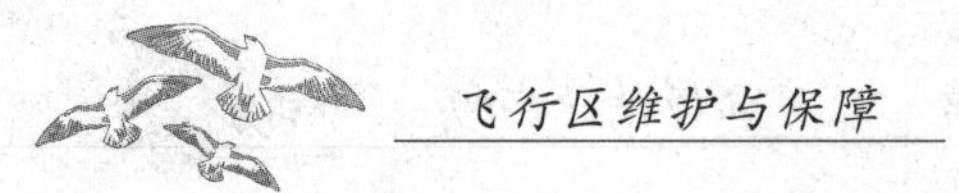

附录A 标志的字符形状、比例与尺寸

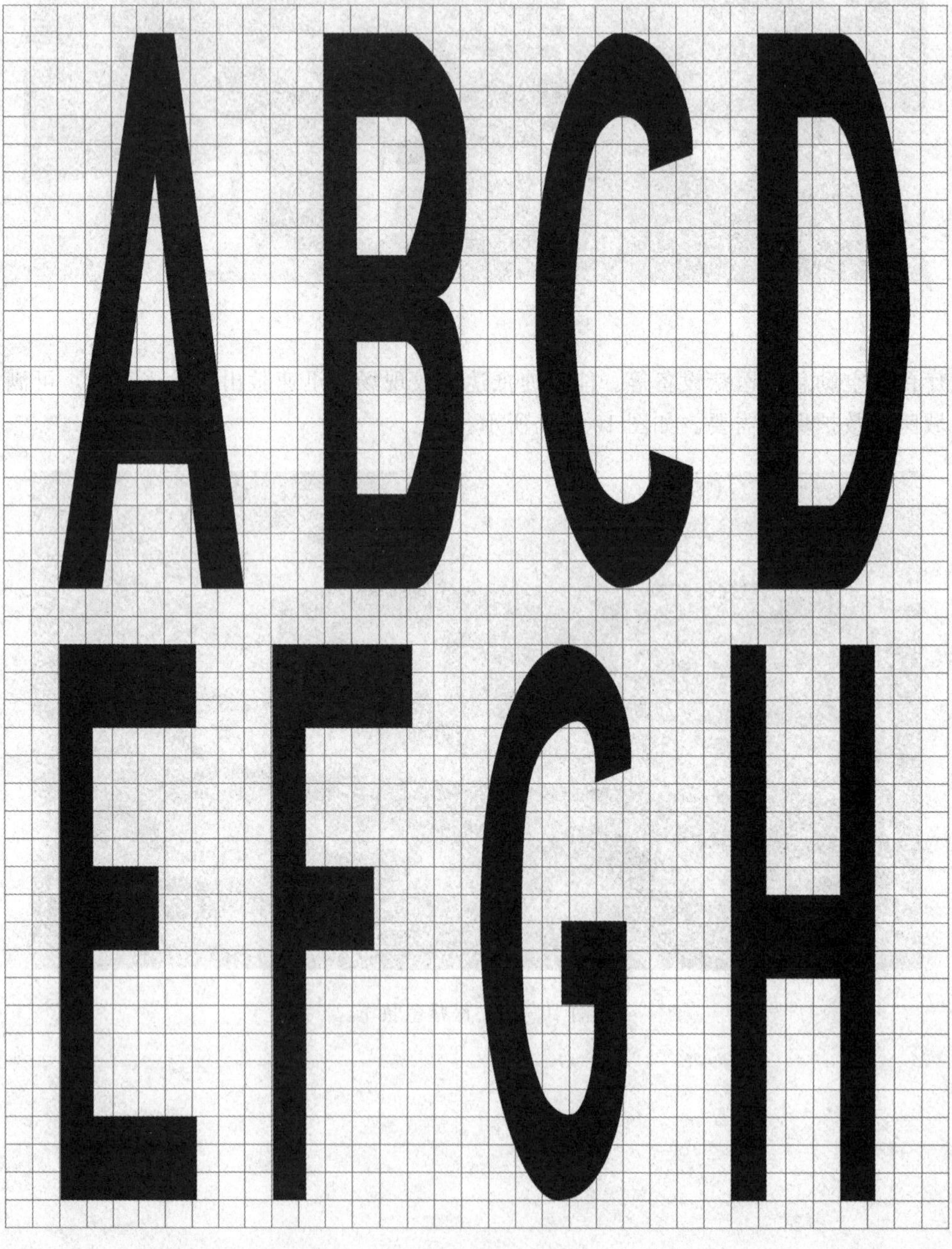

ABCD

EFGH

注：设在 0.2m×0.2m 方格网上。

注：设在 0.2m×0.2m 方格网上。

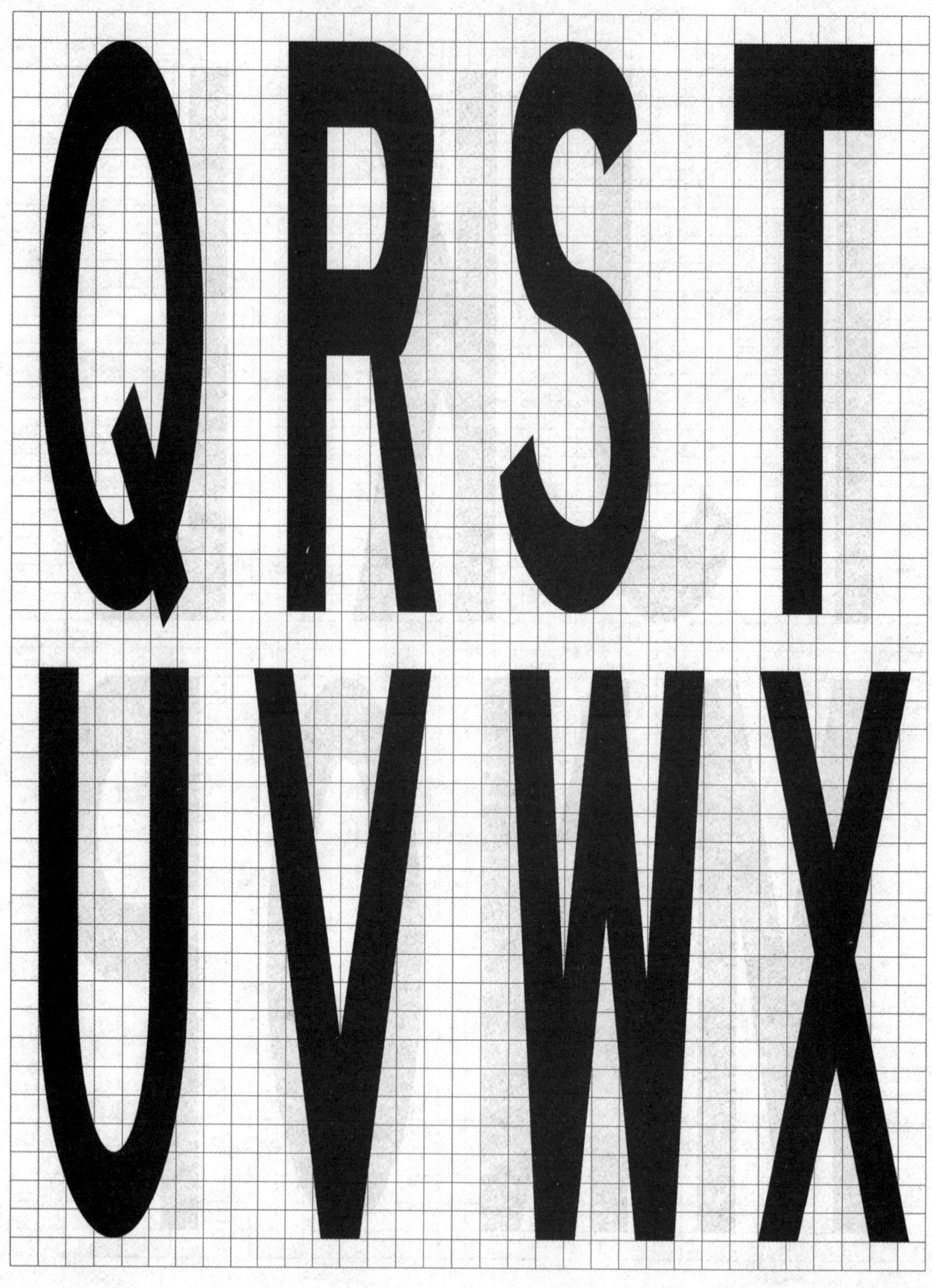

注：设在0.2m×0.2m方格网上。

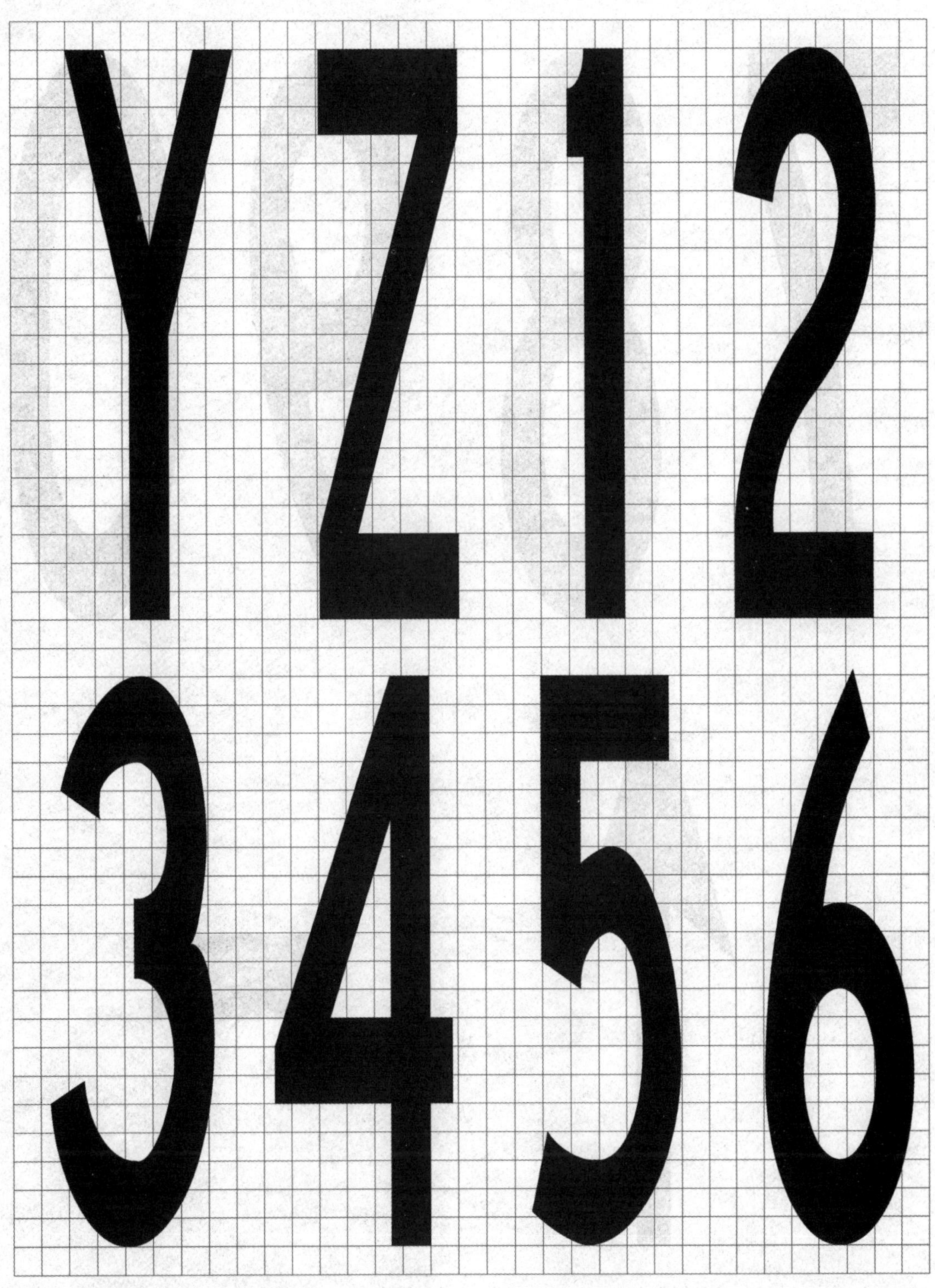

注：设在 0.2m×0.2m 方格网上。

注：设在 0.2m×0.2m 方格网上。

参考文献

[1] 中国民用航空局机场局司．民用机场飞行区技术标准：MH 5001—2013［S］．

[2] 中国民用航空局．民用机场水泥混凝土道面设计规范：MH/T 5004—2010［S］．

[3] 中国民用航空局．民用机场沥青混凝土道面设计规范：MH/T 5010—2014［S］．

[4] 中国民用航空局．民用机场飞行区水泥混凝土道面面层施工技术规范：MH 5006—2015［S］．

[5] 中国民用航空局．民用机场飞行区沥青混凝土道面施工技术规范：MH 5011—1999［S］．

[6] 中国民用航空局．民用机场飞行区土石方与道面基础施工技术规范：MH 5014—2002［S］．

[7] 中国民用航空局．民用机场飞行区工程竣工验收质量检验评定标准［S］MH 5007—2000［S］．

[8] 中国民用航空总局．航空无线电导航设备　第一部分：仪表着陆系统（ILS）技术要求：MH/T 4006.1—1998［S］．

[9] 中国民用航空总局．航空无线电导航设备　第二部分：甚高频全向信标（VOR）技术要求：MH/T 4006.2—1998［S］．

[10] 中国民用航空局．民航常用无线电导航设备简介［Z］．2013.

[11] 中国民用航空局机场司．民用机场助航灯光系统运行维护规范［S］．2009.

[12] 中国民用航空局机场司，安全技术中心．FOD 防范手册，2009.

[13] 中国民用航空总局机场司．民用机场飞行区场地维护手册：WM-CA-2000-8［Z］．

[14] 中国民用航空局．民用机场飞行区场地维护技术指南：AC-140-C A-2010-3［Z］．

[15] 中华人民共和国交通部．公路土工试验规程：JTGE 40-2007［S］．北京：人民交通出版社，2007.

[16] 中国民用航空局．民用机场道面评价管理技术规范：MH/T 5024-2009［S］．

[17] 王维．机场飞行区管理与场道施工［M］．北京：人民交通出版社，2007.

[18] 王维．机场场道维护管理［M］．北京：中国民航出版社，2008.

[19] 施泽荣．机场鸟击防范与管理［M］．合肥：合肥工业大学出版社，2014.

[20] 彭余华．机场道面施工与维护［M］．北京：人民交通出版社，2015.

[21] 民航教程编委会．民航概论［M］．北京：经济日报出版社，2015.

[22] 中国民用航空局．民用机场不停航施工管理规定：CCAR-163［S］．

[23] 中国民用航空华东地区管理局．机场净空遮蔽原则应用指南［Z］．2017.

[24] 中国民用航空华东地区管理局．华东地区民用航空机场净空管理办法［Z］．2016.

[25] 冷培义，翁兴中，蔡良才．机场道面设计［M］．北京：人民交通出版社，1995.

[26] 高金华，王维．机场工程［M］．天津：天津科技出版社，2000.

[27] 姜昌山．机场水泥混凝土道面设计方法［Z］．北京：中国民航机场建设总公司，1996.

[28] 李满仓．场道维护与养护［M］．北京：中国民航出版社，2006.

[29] 上海机场集团，等．上海机场道面管理技术规程［Z］2002.

[30] 李仕东．工程测量［M］．北京：人民交通出版社，2002.

[31] 张坤宜．交通土木工程测量［M］．武汉：武汉大学出版社，2003.

[32] 李青岳，陈永奇．工程测量学［M］．北京：测绘出版社，2000.

[33] 杨太东，张积洪．机场运行指挥［M］．北京：中国民航出版社，2008.

[34] 国际空港信息网．机场的这些特种车辆都见过么［Z/OL］．2016.

[35] 刘波．机场特种车辆详解［Z/OL］．卡车之家网，2016.

[36] 百度文库．首都机场特种车辆简介［Z/OL］．2007.

[37] 卞士生．民用机场需要哪些特种车辆［Z/OL］．民航资源网，2014.

[38] 邱团结．基于道面表层构造特征的抗滑性能研究［D］．天津：中国民航大学，2015.

[39] 中国民用航空总局．民用机场运行安全管理规定：CCAR-140［S］．2007.

[40] 马世宁，刘晓军，董军．机场除胶技术对道面的影响［J］．公路，2010，(10)：97—100.

[41] 高浩然，何昕，詹建明．我国多跑道机场运行发展研究［J］．交通企业管理，2013，(6)：60—61.

[42] 中国民用航空局飞行标准司．民用航空机场运行最低标准制定与实施准则：AC-97-FS-2011-01［Z］．2011.

[43] 赵荷花．机场地面综合交通系统布局优化研究意义与方法探讨［J］．空运商务，2013，(12)：39—41.

[44] 国际民用航空组织．国际民用航空公约附件14：机场［M］．Montreal：国际民用航空组织，2009.

[45] 中国民用航空总局．民用航空运输机场安全保卫设施：MH/T 7003-2008［S］．

后 记

随着社会经济的发展和人们生活水平的提高，乘坐飞机出行越来越成为首选的交通方式。当旅客到达一个陌生城市，给他留下第一印象的就是机场。机场不仅是一个城市的对外窗口，还是一个城市的经济、文化等综合实力的象征，对当地经济的发展也起到很好的带动作用。

机场作为航空运输的地面设施，其中的机场飞行区是航空器的主要活动场所。机场飞行区对高效、安全运行的航空运输起到了重要的保障作用，因此机场飞行区的维护与保障是机场所有保障工作中的重中之重。

航空业务量的增加，对机场飞行区的维护和保障工作提出了更高的要求。飞行区维护的工作内容繁多，每一项工作都有不同的规章、规范。为了让民航从业人员对飞行区维护与保障工作能有一个总体的、系统的、准确的认识和了解，本书作者结合现行的民航规章及技术规范，参阅了大量机场飞行区维护与保障的相关书籍、论文，咨询了很多机场方面的专家，力求使本书能够更加准确、全面、系统，成为机场飞行区维护与保障方面的一本具有理论性和实践性相结合的参考书。本书共分为十章，分别为机场基础知识、机场飞行区构成、机场道面、飞行区场地维护与保障、飞行区目视助航设施及其维护、机场鸟害防治、机场除冰雪、机场净空保护、机场通信导航设施及其维护、民用机场特种车辆。

本书是由广州民航职业技术学院李荣波老师、施泽荣教授主编，白文娟、吴昊、张亮、赵文娟、乔亮、任素丽、张秀明、陈裕通、杨佳阳等为本书的编写做了大量工作，并提出了很多好的建议和修改意见，为完善本书起到了重要作用。在编写过程中还得到了白云机场等多个集团的大力支持。

此外在本书的编写过程中，还参考了民航相关的规章标准、公开发表的教材、论文著作以及网站相关资料，在此向有关专家和编著者表示衷心的感谢！

因编者能力所限，书中难免有不准确、错误之处，望读者批评指正。

2017.10.18